고등수학 1등급의 비결

도서 출판 맑은샘

저자 손 중 모

- 서울대학교 자연과학대학 수학과 졸업

- 미국 NTU Computer Science 석사과정 수료

- 마이크로소프트 컨설팅사업부 아키텍트 컨설턴트/이사 역임

- MSF/CD(Microsoft Solution Framework/Component Design) Certified Trainer
·컴포넌트기반 시스템 설계방법론(요구분석 및 솔루션설계)

- MSF(Microsoft Solution Framework) Certified Trainer
·프로젝트 관리방법론(대단위 팀기반 프로젝트 계획 및 실행관리)

- 표준문제해결과정 및 자기주도학습방법론 연구 : 현재, 형상화수학 아카데미 운영
·표준문제해결과정 : 내용형상화 〉 목표구체화 〉 이론(솔루션)적용 〉 계획 및 실행

저작

- 형상화수학: 중등수학 이론학습 지침서 (2014, 맑은샘)

- 형상화수학: 4Step 사고를 길러라 (2013, 맑은샘)

- Microsoft .NET System 구축방법론 (2002, 정보문화사)

- MSF/CD 기반 컴포넌트 설계방법론 집필 (2004, 정보문화사)

- MSF for QSDP, ASD(Agile Software Development) Process: VS-TFS Embedded (2006, Microsoft)

형상화수학
고등수학 1등급의 비결
- 고등수학 이론학습 지침서 -

수학공부는
"생각의 과정에 대한 훈련"이다

이론학습이란,

방법적인 측면에서는

이론의 가정으로부터 결론을 이끌어내어 가는

논리적인 사고과정에 대한 훈련이고,

결과적인 측면에서는

본격적인 문제해결 훈련의 장이 될 대상 이론 지역들에 대한

효과적인 이론지도의 생성 및 확장이라 할 수 있다.

문제풀이학습이란,

방법적인 측면에서는

문제마다 각기 달리 주어진 상황에서 효과적으로 목표를 찾아가기 위한

해결 실마리를 찾아가는 논리적인 사고과정에 대한 훈련이며,

결과적인 측면에서는 틀린 문제를 통해

1. 자신의 현재 사고과정의 논리성에 대한 점검 및 보완을 수행하고,

2. 기존에 생성된 이론지도에 대한 내용의 보완 및 상호 연결을 수행하는 것이라
   할 수 있다.

표준문제해결과정 4Step (VTLM) 형상화

- 효과적인 문제해결을 위한 논리적 사고의 흐름

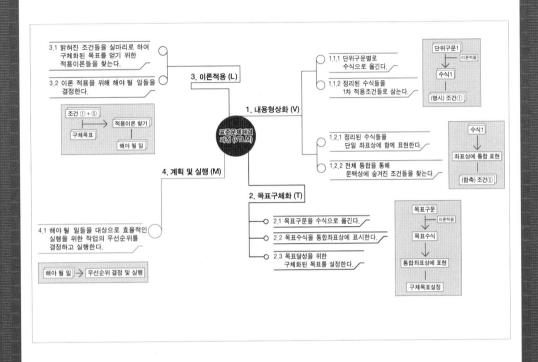

- VTLM : Veri Tas Lux Mea   진리는 나의 빛

→ Content Visualization

→ Target Concretization

→ Logic Application

→ Execution Management

어떡하면 1등급을 맞을 수 있을까?

아이들은 일단 현상만 보고 대답한다. 시험을 잘 보면 돼요…

그럼 어떡하면 시험을 잘 볼 수 있을까?

아이들은 다시 현상만 보고 대답한다. 그 중

— 꾀돌이는 말한다. 족집게 선생을 만나, 시험에 나올 문제들을 미리 풀어 보면 돼요…

— 우직이는 말한다. 수학도 암기과목 이예요. 많이 풀어보는 것이 최고예요. 유형별 문
  제집을 사서, 반복해서 많이 풀어보면 돼요 …

아마도 이것이 대개의 우리 학생들이 생각하는 수학공부의 모습일 것이다.

그런데 이것은 한마디로 말해, 최고로 멍청한 수학공부 방법입니다. 아까운 청춘의 시간
을 낭비하게 되는 방법일 뿐입니다. 비유하자면, 여러분 자신의 몸을 구성하는 요소 어딘
가가 부족하거나 고장이 나서, 그래서 현상적으로는 열이 나고 머리가 아프기 때문에 병
원에 갔습니다. 그런데 의사선생님이 근본적으로 치료해야 할 원인에 초점을 맞추기 보다
는 (왜냐하면 짧은 시간에 원인을 찾는 것이 쉽지 않기 때문에), 현상적으로 드러난 문제
인 열나고 머리가 아픈 것에만 초점을 맞추어, 해열제와 진통제만 처방하는 꼴입니다. 그
러고 나면 여러분은 며칠 못 가서 다시 열이 나고 머리가 아파오겠지요. 이 얼마나 어리석
은 모습인가요?

당연히 우리는 무엇이 잘못됐는지, 그 원인을 찾아서, 그것을 해결해야 합니다. 그것이
결국 시간과 노력을 절약하는 가장 효과적인 방법이기 때문입니다.

우리 학생들은 미성년자입니다. 즉 무언가 스스로 판단하기에는 아직 사고능력이 부족한

상황입니다. 건강에 비유하면, 스스로 밖에 나가 활동하기에는 아직은 아픈 상태인 것입니다.

문제를 풀었을 때 틀리는 이유는, 관련 이론들에 대한 이해가 부족하거나, 주어진 상황에 대한 분석 및 판단 등 문제해결을 위한 사고의 과정이 올바르지 않기 때문입니다.

여기서 왜 틀렸는지 그 이유를 찾지 않고, 그냥 풀이방법을 외우는 것은 현상적인 치료에 그치는 것과 동일합니다. 우리 학생들은 자신의 현재 사고과정을 돌아보고, 그 이유를 찾는 과정을 훈련해야 합니다. 그리고 잘못된 부분을 찾아내어, 그것을 하나씩 고쳐나가야 합니다. 그래야 비로서 실력이 느는 것입니다. 즉 건강해지는 것입니다. 현상 치료만으로는 원인을 제거할 수 없습니다.

학습과정을 통해, 학생들이 고쳐야 하는 주 대상은 이해가 부족한 이론들에 대한 보완과 문제해결을 위한 논리적인 사고과정 자체입니다. 그런데 이것의 실천을 위해서는 판단을 위한 기준이 필요합니다. 그리고 그러한 판단 기준과 실행 내용을 담고 있는 것이 바로 올바른 학습훈련 체계인 것입니다.

그런데 문제는 대부분의 중위권 학생들은 자신이 왜 그 문제를 틀렸는지 스스로 찾지 못한다는 것입니다. 아니 찾으려고 하지 않습니다. 그 동안 너무나도 현상적인 치료방법(/훈련방법)에 익숙해져서, 그것이 잘못되었다고 생각지 않습니다. 그래서 그들은 여전히 아픕니다. 그런데 중요한 점은 그렇게 아픈 상태로 그냥 지나가는 학생들은 성인이 되어서도, 중요한 순간에 책임질 수 있는 판단을 스스로 하지 못한다는 것입니다. 안타깝게도 올바른 치료(/훈련)을 제대로 받아본 적이 없기 때문이지요 ㅜㅜ. 그래서 어쩔 수 없이 다른 사람들이 어떻게 하는지 눈치를 보게 되는 것이지요. 그리고 이것은 자신의 인생을 스스로 선택하기 힘들다는 것을 내포합니다.

공부과정에서 학생들이 어떤 문제를 틀린다는 것은, 성인에게는 어떤 상황을 주고 선택을 하라고 하였을 때, 그 사람이 잘못된 판단을 하는 상황과 같습니다.

물론 사회생활을 하는 성인의 경우라면 잘못된 판단에 대한 책임을 져야 하겠지만, 아직 미성년인 학생들은 한 사람의 훌륭한 성인이 되기 위한 훈련과정에 있는 것이므로, 그들이 져야 할 책임은 바로 잘못에 대한 인지와 개선노력인 것입니다.

배우는 학생들에게 모르는 것 자체는 창피한 것이 아닙니다. 정작 창피한 것은 자신의 잘못을 들여다 보지 않고, 고치려고 노력하지 않는 것입니다.

훈련하는 과정에 있는 학생들에게 문제풀이란 개선된 사고과정에 대한 체득훈련이자 새로운 치료를 위한 검사과정으로 보아야 합니다. 단지 실력평가를 위한 수단으로만 보아서는 안됩니다. 바로 이러한 단편적인 시각이 결과지향적인 세상의 인식과 더불어 현재의 잘못된 공부방법을 불러온 것이기 때문입니다.

따라서 공부하는 과정에서 문제를 틀렸다는 것은, 검사를 통해 원인으로 접근하는 실마리를 찾을 수 있는, 어떤 현상을 보여주는 것이므로, 오히려 긍정적으로 보아야 합니다. 그리고 검사에 대한 노력의 대가를 위해서라도 반드시 그 원인을 찾아야 하는 것입니다. 그리고 최종적인 목적인 치료를 위해 그러한 원인을 하나씩 해결해 나가야 하는 것입니다.

"검사/이론및 문제풀이 → 진단/원인파악 → 치료/체득훈련(문제풀이)"

이 과정의 올바른 실행이 시간과 노력을 절약하는 가장 효과적인 공부방법인 것입니다. 그리고 이것이 바로 일등급의 비결인 것입니다.

이 책은 이러한 공부방법을 실천하기 위한, 효과적인 방법과 훈련 체계를 설명하고 있습니다.

― 어떻게 이론공부를 해야 하고, 어떻게 문제를 풀어나가야 하는가?

어떤 기준을 가지고 잘못을 판단하고, 그 원인을 찾아나갈 수 있는가?

원인의 치료를 위해, 즉 개선된 사고과정의 체득을 위해 어떻게 훈련해야 하는가?

그리고 이러한 관점에서 문/이과를 망라한 고등수학 전 과정의 주요 이론들을 서로 연결하여 설명을 하고 있습니다. 각 과정의 이해를 통해, 학생들은 점차 자신의 전체 이론지도를 갖추어 갈 수 있을 것입니다.

중등수학의 전체 이론지도가 작은 우리 동네의 지도라면, 고등수학의 전체 이론지도는 복잡한 서울 지도라 할 것입니다. 여러분이 서울 정도의 규모와 복잡성을 가진 영역에 대한 지도를 직접 돌아다니면서 스스로 만들어 갈 수 있다면, 이 세상 어디에 가서도 문제가 없을 것입니다^^ 분명 성인이 되어 어떤 일을 선택하든, 스스로 헤쳐 나갈 수 있을 것입니다.

전체적인 책에 대한 접근을 쉽게 할 수 있도록 간략히 책의 구성을 소개하면,

제 1 부 올바른 수학 공부의 방향 및 효과적인 이론학습체계 는
실제 이론공부에 들어가기 앞서, 효과적인 이론학습방법 및 체계에 대해 살펴봄으로써, 부분에 들어가기 전에 독자가 이론공부에 연관된 전체적인 흐름을 상상할 수 있도록 하였다.

제 2 부 고등수학이론 은
이 책의 주된 내용으로 일반적으로 학생들이 개념을 제대로 잡고 있지 못하는 수학이론들을 주 대상으로하여, 각 이론을 형상화하며, 효과적으로 개념과 원리를 파악하는 방법을 기술하였다. 그리고 이해의 과정을 통해 전체 수학이론지도를 만들어 갈 수 있도록 하였다. 전체 그림을 볼 수 있도록 위해서 하나의 이론을 다룰 때, 가능한 연관된 이론들을 종합하여 설명하려고 시도하였다. 이에 따라 문과학생들에게는 부분적으로 현재 교육과정의 범위를 넘어서는 설명도 있겠지만, 추상적으로나마 이해를 구해 보더라도 전체 이론지도를 그려가는데 분명 도움이 될 것입니다.

제 3 부 논리적 사고과정에 의한 문제풀이 학습체계 는

공부한 수학이론지도에 기반하여 어떻게 논리적으로 문제를 풀어가야 하는지, 그 방법과 절차를 구체적으로 설명하였다.

마지막으로 부록에서는 중요한 시기에 있는 아이들의 고민에 도움이 될만한 내용들을 주제별로 정리하여 기술하였다.

다음의 절차를 따라 공부한다면, 학생들은 가장 효과적인 학습능력 향상을 기대할 수 있을 것이다.

첫째, 이 책의 내용을 끝까지 정독하여, 올바른 수학공부방법에 대한의 자신의 방향을 세운다.

둘째, 각 단원별 이론 공부 시에는, 우선 교과서 및 시중참고서를 기준으로 해당 단원을 공부한 후에, 이 책의 관련 이론 부분을 읽어 보고, 각 이론에 대한 자신의 이해의 방향 및 수준을 점검함으로써 각 단원별 자신의 1차 이론지도 형성을 마무리한다.

셋째, 이 책에서 설명하고 있는 4 Step 사고에 기반하여, 시중 참고서의 해당 단원의 문제들을 풀어 봄으로써, 자신의 문제해결능력 훈련 및 1차 형성된 자신의 이론지도에 대한 보완 및 확장을 수행한다.

이 책이 학생들이 효과적인 공부의 방법을 터득하게 하는데 많은 도움이 되기를 바라며, 그리고 누군가에 의해 지속적인 발전을 이어갈 수 있는 베이스라인 역할을 하기를 소망합니다.

이 책이 나오기까지 물심양면으로 많은 도움을 주신 동료 선생님들과 학부모님들께 심심한 감사의 뜻을 전합니다. 특히 책의 구성부터 세부 문맥의 흐름까지 다양한 검토 및 개선 의견을 주신 김주완, 정찬호선생님 그리고 손형욱 학생에게 각별한 감사를 드립니다.

핵심은 각 이론의 결과물인 공식만을 외우려 하지 말고, 그 공식의 논리적인 도출과정을 생각하여, 현재 이론과 배경이론들과의 구체적인 연관성을 찾아 냄으로써 전체 이론 지도를 만들어 가는 것이다.

구체적으로는

수학이론은 과학의 논리적인 공증절차인 공리→정리→현상 의 단계 중 정리에 해당되는데, 후속 이론(/정리)은 앞서 증명된 이론들(/정리들)에 기반하여 만들어진다. 비록 우리 학생들이 직접 새로운 이론을 위한 유용한 조합을 만들어 내긴 힘들어도, 논리적인 사고력을 갖추고 있다면 이미 결론이 정해진 이론에 대해 구성조합을 찾아내고 이해하는 것은 그리 어려운 일이 아닐 것이다. 따라서 선생님께 설명을 듣기 전에, 각 이론의 도출과정에 대해 먼저 생각해보고 어떤 부분이 이해가 안 되는지 파악해보는 것은 마치 병원에서 정확한 증상을 밝혀내기 위해 사전 검진을 하는 활동과 같이 꼭 필요한 일이 된다. 또한 이것은 문제클리닉을 받기 전에 스스로 문제를 풀어보고 채점을 하여 틀린 문제를 찾아내는 것과도 같다 할 것이다. 그런데 아직 자기주도 학습능력을 갖추지 못한 많은 학생들은 새로운 이론은 혼자서는 할 수 없고, 반드시 선생님께 배워야 한다고 잘못 생각하는 듯 하다.

― 이론 학습과정:
1. 먼저 혼자 힘으로, 각 이론에 대해, 가정과 결론 부분을 나누어 구분해 본다.
   그리고 가정에 속한 주어진 조건들을 실마리로 하여, 결론을 이끌어 내기 위한 논리적인 흐름을 찾아낸다.

2. 도출 과정 중 잘 이해가 되지 않는 부분을 정리하여, 선생님께 질문할 내용을 구체화한다. 만약 선생님이 없다면, 해당 내용을 책이나 인터넷을 통해 자료조사를 할 수도 있을 것이다.

3. 수업을 마친 후 자신이 잘못 이해했던 내용을 중심으로 설명들은 내용을 복습하고, 그 내용들을 정리하여 나만의 초기 이론지도를 작성한다. 이론지도는 자기 자신에게 설명하는 연습을 통해 자연스럽게 만들어 질 것이다.
   - 이러한 초기 이론지도의 완성도는 자신의 현재 문제해결능력 단계에 따라 상이하다.
   - 자신이 제대로 공부를 했는지 파악하는 한가지 방법은 이론의 내용을 이미 지화해서 상상하고, 그것을 남에게 설명해 보는 것이다. 그럴 수 있다면, 이론공부를 제대로 했다는 것을 의미한다.

- 문제풀이 학습과정을 통한 이론지도의 보완 및 완성:
1. 문제풀이 과정은 주어진 조건들을 실마리로 하여 길을 찾아가는 활동과 같다 할 수 있다. 따라서 우리는 머리 속에서 각 조건에 연관된 이론들을 떠올려 목표를 찾아가는 전체 길을 완성하려고 할 것이다. 이 과정에서 자연스럽게 우리는 공부한 이론들에 대해 적용할 기회를 갖게 된다. 그런데 만약 부분적인 길들의 조합이 아닌, 최초의 입구와 마지막 출구가 고정된 하나의 독립적인 길 형태로서 단순히 이론을 외워서 공부했다면, 이 문제에서 필요한 부분적인 적용이 어렵게 되어, 결국 해당 문제는 풀기 어렵게 될 것이다.

2. 이후 문제클리닉을 통해 틀린 이유를 제대로 찾게 된다면, 우리는 전체 통으로된 해당이론을 몇 개의 조각으로 나누게 될 것이다. 즉 각각의 이론이 재활

용이 쉬운 부분 이론들의 조합 형태로 재구성되는 것이다. 참고로 각각의 이론은 쓰기 알맞은 단위로 잘게 쪼개져 구성될 수록 그리고 입구와 출구 역할을 할 곁가지들이 많을수록 다양한 경우에서 효율적으로 이용될 수 있을 것이다.

3. 당일 복습과정을 통해, 문제클리닉에서 발견된 내용을 상기하며, 해당 문제를 다시 풀어보고 관련 이론지도를 보완 및 확장함으로써 자신의 이론지도에 대한 완성도를 높여나간다.

   — 올바로 공부한다면, 문제풀이는 논리적인 사고과정에 대한 훈련의 도구이자 공부한 이론의 내용에 대한 숙련 및 완성도를 끌어 올릴 수 있는 기회를 제공한다.

미리 보기 : 시험을 가장 잘 볼 수 있는 모습에 대한 청사진

시험을 어떡하면 잘 볼 수 있을 것인가? 모두가 궁금해 할 것이다. 비록 시험자체가 공부의 근본적인 목표는 아닐지라도, 그 과정의 결실로서 현실적으로 얻어야만 하는 것이 분명하기 때문이다. 그럼 이러한 과정의 목표로서 시험을 잘 보기 위한 청사진을 분명하게 한번 그려보도록 하자. 그리고 이 책에서 언급될 자기주도학습 방법대로 공부를 한다면, 이 목적이 잘 이루어질 수 있겠는지 스스로 점검해 보도록 하자.

우선은 시험범위내의 이론들을 잘 알아야 할 것이다. 그럼 어떤 상태가 이론들을 가장 잘 아는 것일까?

첫 번째, 연관된 모든 이론들이 상호 연결된 완전한 지식지도를 갖춘다.

- 고등학교까지 배우는 수학이론들의 기본원리들은 비록 정해져 있지만, 그러한 원리들을 이용한 파생이론들의 수는 너무 많기 때문에, 단순히 모든 변형에 대한 경우를 외우려 시도해서는 도저히 커버할 수 없다.
- 지식지도의 완성 수준은 자신의 문제해결능력 단계에 따라 달라진다. 왜냐하면 선생님이 각각의 이론에 대하여 상호 연결과정을 설명을 잘해 주어도, 이해가 안간다면, 대부분 그냥 결과만 외우게 되기 때문이다. 아무리 많이 시도해도 담을 수 있는 지식의 양은 자신의 그릇의 크기(현재 문제해결능력 수준)에 따라 결정된다.

이제 이론들을 잘 알았다면, 해당 이론들을 문제 상황에 맞게 잘 써먹을 수 있어야 할 것이다. 그런데 이론의 내용을 단순히 일대일로 매핑하여 풀 수 있는 낮은 난이도의 문제는 그리 많지 않다. 그럼 어떤 상태가 문제를 풀기 위하여 이론들을 적재 적소에 가장 잘 활용할 수 있는 것일까?

무엇이 더 필요한 것일까?

두 번째, 주어진 조건들을 정확히 파악하고, 상황에 맞는 최적의 솔루션을 선택할 수 있도록 필요한 문제해결능력 레벨을 갖춘다.

― 단순히 이론들을 잘 알고 있다고 하여, 모든 문제를 잘 풀 수 있는 것이 아니다.

다양한 상황의 문제들을 잘 풀기 위해서는
1. 문제의 상황은 하나 일 수도 있고, 복잡해 진다면 여러 개가 섞여 있을 수 있다. 그리고 구체적인 말로 명시될 수도 있지만, 많은 경우 추상적인 말들로서 함축적으로 표현되기도 한다. 따라서 우선은 주어진 조건 상황들을 구체화하여 분명하게 정리하는 것이 필요할 것이다.
2. 문제의 목표 또한 단순하게 주어질 수도 있고, 여러 개의 조건하에 변동하는 상황으로 주어 질 수도 있다. 마찬가지로 이러한 내용을 분명하게 정리하고 구체화할 수 있는 능력이 필요 할 것이다.
3. 주어진 상황을 잘 이해하였다면, 이제 목표를 달성하기 위하여, 즉 문제를 풀기 위하여 어떤 이론들을 어떤 순서대로 적용하는 것이 가장 효과적인 지에 대해, 실마리를 찾아내고 솔루션을 설계할 수 있는 능력이 필요할 것이다.
4. 마지막으로 파악된 일들을 효과적으로 실천할 수 있는 능력이 필요할 것이다.

위의 과정에 필요한 능력들을 종합하여 문제해결능력이라 부른다.

― 이러한 종합적인 문제해결능력은 발생 가능한 상황들을 세부적으로 구분하고 필요한 각각의 훈련을 체계적으로 그리고 지속적으로 해 나감으로써 단계적으로 향상시켜 나갈 수 있을 것이다.

목 차

제1부 올바른 수학 공부의 방향 및 효과적인 이론학습체계

Section 2. 미분과 적분

05. 극한

06. 미분

Part 5: 확률(確率)과 통계(統計)

Section 1. 확률

Section2. 통계

제3부 논리적 사고과정에 의한 문제풀이 학습체계

★ 별첨

표준문제해결과정 4*Step*(*VTLM*)

표준문제해결과정의 형상화

표준문제해결과정 적용노트

수학공부 할 때는?

올바른 수학 공부의 방향 및 효과적인 이론학습체계

01

올바른 수학공부의 방향

1. 두 가지 수학공부 방법의 차이

왜 수학공부를 해야 하는 것일까?

무엇을 쌓으려고 하는 것일까? 그것은 쌓으면 유용한 것인가?

그리고 어떻게 그것을 쌓으려고 하는 것일까?

위의 질문에 대답하는 과정을 통해, 가장 효과적인 우리 아이들의 공부방법을 찾아보자.

왜 수학공부를 해야 하는 것일까?

아마도 가장 쉽게 떠오르는 대답은 좋은 대학을 들어가려면, 수능을 잘 봐야 하는데, 준비해야 할 가장 중요한 과목중의 하나가 수학이기 때문에… 일 것이다.

그리고 이것을 준비하기 위해 현재 가장 많이 이용되는 공부방법은, 암기과목 공부하듯이 수학이론의 공식 및 문제풀이 방법을 외우는 것이다. 왜냐하면 그것이 누구나 가장 쉽게 접근할 수 있는 방법이기 때문이다.

→ 이론공부: 선생님은 이론을 설명해주고, 아이들은 결론의 도출 과정의 이해보다는 결과물인 공식을 외운다

→ 문제풀이공부: 선생님은 문제를 풀어주고, 아이들은 문제풀이 방법을 익힌다.

그러나 쉬운 방법이란 그만한 이유가 있는 법이다.

- 이러한 공부방법은 암기하고 기억해내는 단순한 사고과정만을 필요로 하기 때문에, 공부를 통해 사고과정의 깊이가 향상되기를 기대하기는 어렵다.

- 이러한 공부방법을 통해 쌓을 수 있는 것은 광대한 양의 지식에 대한 암기일 것이다. 그런데 그렇게 외운 수학지식들을 과연 나중에 커서 써먹는지를 생각해보면, 아니올시다 일 것이다. 그럼 집안이 부유하거나 생각이 달라, 굳이 대학을 갈 이유가 크지 않은 아이들은 힘든 공부를 할 의지를 잘 내지 않게 된다.

그런데 수학공부를 해야 하는 이유에 대해 좀더 깊이 생각해 보자.

과연 좋은 대학에 들어가려는 이유는 무엇일까? 결국은 "졸업 후 좋은 직장을 얻기 위해서"로 귀착될 것이다. 그런데 회사는 일을 잘 할 수 있는 똑똑한 사람을 뽑고 싶어한다. 왜냐하면 현실에서의 말들은 직접적인 표현보다 간접적인 표현을 통해 숨어 있는 내용을 전달하는 경우가 많다. 그래서 소위 회사에서 필요로 하는 똑똑한 사람이란 문맥상에 숨어 있는 사실을 올바로 잡아낼 수 있는 깊이 있는 사고력과 적극적인 실천력을 갖춘 사람을 뜻한다. 그러한 사람을 찾기 위해서 확률적으로 높은 좋은 대학을 찾는 것이다.

- 같은 내용을 설명해 주면, 문맥을 이해하여 전후 상호 연관관계를 한번에 파악해 낼 수 있는 사람

- 문제를 주면, 스스로 적극적으로 해결해 낼 수 있는 능력과 자세를 갖춘 사람

그러나 만약 두 지원자가 같은 능력을 갖추었다고 판단되면, 회사는 상대적으로 적극성을 더 갖춘 지방대생을 더욱 선호할 것이다. 그리고 만약 누군가가 (가능성

은 무척 희박하지만) 제대로 공부하지 않고도 운이 좋게 입시를 통과하여, 좋은 대학을 나왔더라도, 주어진 일을 기대만큼 수행해 내지 못한다면, 결국 그는 회사에서 얼마 버티지 못하게 될 것이다.

정리하면, 좋은 대학, 아니 좋은 직장을 얻기 위해서, 우리 아이들이 성인이 되기 전에 훈련해야 할 것은 문맥을 이해하고 문제를 풀어나갈 수 있는 깊이 있는 사고 능력과 지속적인 실천능력인 것이다.

그런데 현재 사회에 팽배되어 있는 위와 같은 공부방법은 그러한 요건을 충족시키지 못한다. 그럼 어떻게 공부를 해야 깊이 있는 사고 능력과 실천능력을 훈련할 수 있을 것인가?

이러한 목적을 달성하고자 할 때, 수학공부는 가장 효과적이고 체계적인 훈련방법이 된다. 앞으로 이 책을 통해 처음에는 익숙하지 않아 어렵게 느껴지겠지만, 갈수록 힘이 나는 수학공부방법을 소개하고자 한다.

→ 이론공부: 선생님은 바로 내용을 설명해 주기보다는, 각 이론의 결과물인 공식이 주어진 상황 및 배경이론들 하에서 어떻게 도출되는 지, 그 과정에 대해 아이들이 스스로 실마리를 찾아갈 수 있도록 도와준다. 그러한 과정을 통해 아이들이 자연스럽게 가정에서 결론을 유추해 나가는 논리적인 사고과정을 익히고, 기존 이론들과 새로운 이론간의 연관관계를 인지하여 스스로의 초기 이론지도를 형성할 수 있도록 한다.

→ 문제풀이공부: 선생님은 바로 문제를 풀어주어 아이들이 단순히 문제풀이 방법 자체를 외워서 익히도록 하기보다는, 우선 문제마다 달리 주어진 조건상황을 구체적으로 인지한 후 실마리를 찾아가는 논리적인 사고과정을 통해서 문제를 풀어 나가야 한다는 점을 주된 방향으로 인지시키고, 아이들 단계에 맞게 그 방법

을 점진적으로 훈련시켜 나가도록 한다. 실행의 주안점은 어느 과정에서 그 문제를 틀렸고 왜 틀렸는지를 인식하게 한 후, 그것을 고쳐나가도록 하는 것이다. 그리고 이것의 실행과정에서 기준이 되는 것이 바로 표준문제해결과정이다.

이런 방식으로 공부하는 것은 어느 정도 익숙해질 때까지는 힘이 들 것이다. 그렇지만 일정 사고 깊이가 갖추어지고 나면, 점점 수월하게 그리고 효과적으로 공부해 나갈 수 있게 될 것이다.

아이들은 공부하는 과정을 통해 자연스럽게 다음의 두 가지 능력을 훈련하게 된다.
- **깊이 있는 논리적 사고과정에 대한 훈련**
- **일정 성취에 도달하기까지, 힘든 것을 참고 이겨내는 실천 능력**

즉 이러한 능력이 공부를 함에 따라 쌓여지게 되는 것이다. 그리고 이것은 아이들 스스로 자부심을 느끼게 할 것이고, 그것은 수학공부에 점차 흥미를 부여시켜 줄 것이다.

다음에 위에서 열거한 두 가지 공부방법을 비유를 통해 각각 형상화 해 봄으로써, 이해를 돕고자 한다.

첫 번째 공부방법은 마치 어떤 동네에서 다음과 같이 목적지를 찾아가는 것과 같다.
- 일단 출발하여, 선생님은 아이를 데리고, 정해진 목적지까지 데려 간다.
- **아이는 따라가면서 가는 길을 외운다.** 이때 아이는 따라가는 길의 인지만을 목적으로 함으로 주변 환경에 대한 인식의 시야는 상대적으로 좁게 된다.
- 다음날 아이보고 혼자서 가보라고 한다. 아이는 어제 간 길을 더듬어 가지만, 길을 잃거나 또는 공사 등 장애상황을 만날 경우 계속 가지 못하고 결국 제자리로 되돌아 오고 만다.

두 번째 공부방법은 동일한 상황에서, 다음과 같이 목적지를 찾아가는 것과 같다.

― 출발하기 전에 선생님은 아이에게 목적지가 현재 위치에서 어느 방향에 얼만큼 떨어져 있는지 인지 시킨다. 그리고 그 방향으로 아이와 함께 출발한다.

― 목적지까지 가는 도중에 만나는 각각의 갈림길에서 아이에게 그때까지 이미 온 거리 및 앞에 주어진 상황을 고려하여 어느 길을 선택할 것인지 판단해 보라고 한다. 이때 아이는 주변 상황을 파악해야 함으로 살펴보는 시야는 상대적으로 넓어지게 될 것이다. 그리고 만약 잘못된 판단을 할 경우, 왜 그랬는지에 대해 아이에게 인지시키고 스스로 고쳐나갈 수 있도록 한다.

― 다음날 아이보고 혼자서 가보라고 한다. 아이는 우선 어제 간 길을 더듬어 갈 것이다. 그러나 중간에 길을 잃거나 또는 공사 등 장애상황을 만날 수도 있다. 그렇지만 어제 각각의 갈림길에서 현재 주어진 상황을 고려하여 적합한 길을 찾는 과정을 연습하였으므로, 스스로 목적지로 가는 다른 길을 찾아낼 수 있을 것이다.

지식의 습득 자체에 치중한 첫 번째 공부방법은 단지 암기와 기억의 단순 사고만을 요구하므로, 처음에 접근하기에는 쉽지만 시간이 지나도 공부의 효율은 크게 높아지지 않는다. 왜냐하면 상호 연결 없이 단순히 쌓아 놓은 지식은 그리 오래 기억되지 않기 때문이다. 그리고 문제의 난이도가 높아질 수록 문제의 패턴은 급격히 늘어나고 그에 상응하여 필요한 공부 시간도 급격히 늘어나게 됨으로, 점차 감당하기 어렵게 된다. 즉 이것은 현실적으로 기본 패턴을 벗어나지 않는 쉬운 문제 풀이에나 적용 가능한 공부방법인 것이다. 더욱이 공부가 단순히 암기를 하는 것처럼 인식되어 재미도 없을 뿐 아니라, 꾸준히 노력해도 발전하는 느낌이 없어 점차 공부가 지겹고 힘들게만 느껴지게 될 것이다.

그에 비해 **자연스런 지식 습득을 위해 필요한 능력 형성에 초점을 맞춘 두 번째 공부방법은 난이도에 따라 요구되어지는 깊이 있는 사고력을 단계적으로 훈련해 나가는 것이다.** 이 방법은 비록 처음에는 단순히 외우는 것에 비해 접근하기 어렵게

형상화수학
고등수학 1등급 비결

느껴지지만, 올바른 훈련 과정을 통해 사고력 단계가 일정수준이상 올라갈 경우, 학생은 연결된 지식의 습득을 넘어 다양한 상황의 문제를 스스로 풀어가고 있다는 감을 느끼게 된다. 그리고 그러한 시점을 고비로 공부의 효율 또한 급격히 좋아지게 된다. 그리고 공부를 하면 할 수록 스스로 해낼 수 있다는 자신감과 더불어 스스로 똑똑해져 감을 느끼게 된다. 비록 땀이 나는 만큼 힘은 들지만, 노력한 만큼 실력도 쌓이고 스스로에 대한 뿌듯함도 얻게 될 것이다.

현실적인 이야기를 하면, 수능난이도 정도를 커버하기 위해 필요로 하는 공부시간을 비교해 보면, 첫 번째 방식으로 공부하는 학생은 두 번째 방식으로 일정수준에 오른 학생에 비해 열 배 이상의 시간을 투자해야 할 것이다. 즉 공부효율의 극심한 차이로 인해 두 사람의 경쟁구도는 아예 성립조차 되기 힘들 것이다.

2. 단순 암기 방식의 이론공부방법에 대한 문제점의 이해 : 이론의 적용측면

하나의 이론은 사용되는 용어들에 대한 정의와 이론이 적용되는 상황에 대한 가정 그리고 결론으로 구성된다. 그런데 많은 학생들이 이론을 공부할 때 너무 결론에만 치중하여 생각하려 한다. 복잡해 보이는 과정에 대한 이해보다는 결론에 해당되는 이론의 공식을 적용하는 방법만을 쉽게 얻으려고 하는 것이다.

그러다 보니 이론공부가 일정한 상황패턴과 그와 연결된 공식의 암기로 되어버린 것이다. 이러한 공부방식은 어쩔 수 없이 다음과 같은 문제점들을 내포하게 된다.

- 이론자체의 재사용/적용 측면 : 하나의 이론이 도출되기까지의 전체 전개과정은 몇 개의 단위 과정에 해당되는 이론 블록들이 합쳐져서 구성된다. 이것은 마치 출발점에서 목표지점에 가기까지의 전체 길은 도중에 만나는 각각의 갈림길에 의해 구분되는 단위 길들이 합쳐져서 구성되는 것과 같다고 할 수 있다.
현실적으로 재사용 측면에서 본다면 전체 길보다는 작은 단위 길들이 훨씬 더 빈도가 많게 될 것이다. 그러기 위해서는 이러한 단위 길들이 제각기 입구와 출구를 가질 수 있어야 하는데, 만약 전체를 하나의 패턴으로만 기억하고 있다면 그러한 입구와 출구를 인지하지 못해 **작은 길 단위의 재사용은 어렵게 될 것이다.** 왜냐하면 어떤 길이 재 사용되기 위해서는 우선 그 자체가 인지될 수 있어야 하고 또한 선택되어져야 하기 때문이다. 여기에서 작은 길은 전체 이론의 부분과정을 비유하고 있다.

- 적용할 이론에 대한 선택 측면 : 어딘가를 가기 위해 길을 나설 때, 때론 무작정 길을 나서기도 하지만, 많은 경우 평소에 알고 있는 정보를 기반으로 현재 시점에 적당한 루트를 생각한 후, 출발을 하게 된다. 특히 처음 가는 길이거나 시간이 촉박한 것처럼 별도의 상황이 주어진 경우, 이러한 사전 계획은 꼭 필

요한 일이 된다. 즉 출발 전에 알 수 있는 주변상황에 대한 조사를 한 후, 구체화된 정보를 기반으로 어떤 길이 현재 상황에 가장 적합할 고민하고, 최선의 루트를 선택하게 되는 것이다.

그리고 우리는 목표지점까지 가는 동안 여러 번의 갈림길을 만나게 되는 데, 각 갈림길에서 그 동안 변한 내용이 없는 지 판단하여, 필요한 경우 가야 할 루트를 조정하기도 한다. 이과정을 통해 우리는 자연스럽게 각각의 갈림길마다 작은 시작(/입구)과 끝(/출구)을 갖게 되는 것이다.

즉 무작정 전체 길 단위로 외운 길을 가지 않고(/네비게이터에 의존하여 안내대로 마냥 길을 쫓아 가지 않고) 각 갈림길에서 주변 상황의 변화를 고려하여 새로운 판단을 하면서 길을 찾아가는 방식을 지속한다면, 얼마 가지 않아 자연스럽게 전체 동네 지도를 그려 낼수 있게 될 것이다. 또한 그 과정을 통해 판단하는 사고과정의 속도 또한 상응하여 빨라질 것이다. 그러나 반대로 네비게이터에 의존하거나 단순히 외운 전체 길을 따라서 간다면, 전체 동네지도를 만들기까지는 요원하게 될 것이다.

독자 여러분도 느꼈다시피, 여기서 전체 동네 지도가 비유하고 있는 것은 하나의 단원에 속한 수학이론지도이다. 그리고 수학이론지도를 완성했다는 것은 이론의 개념과 원리를 완벽히 이해했다는 것을 의미한다.

고등학교까지의 수학공부의 목적은

궁극적으로는 논리적인 생각의 깊이와 속도를 향상시키는 데 있다. 즉 성인이 되었을 때, 임의로 주어진 상황에서 본인이 원하는 선택을 하기 위한 기본적인 사고능력을 확보시키고사 하는 것이다.

그렇지만 눈에 보이는 측면에서는 시험을 잘 보기 위해 필요한 단원들의 수학이론지도를 완성하는 것이라 할 것이다. 다음 장에서 다루게 되겠지만 사고능력과 이론지도의 완성도는 밀접한 상관관계가 있다.

이러한 관점의 당위성은 실제 사회에서 이용하는 필요한 수학이론들에 대한 분야별 기초이론은 대학의 전공별 학사과정에서 다시 다루게 될 것이며, 전문적인 적용이론 또한 석사과정 이후 또는 회사에 들어가서 비로서 다루게 된다는 것이다. 또한 고등학교 졸업 후에는 많은 사람들이 더 이상 수학공부를 하지 않는다는 점을 상기해 볼 때, 고등학교까지의 수학공부의 목적은 이론 자체의 내용에 대한 중요성보다는 그것을 소재로 하여 훈련해야 하는 논리적인 사고능력에 있다 할 것이다.

현재 우리 모두는 방향을 제대로 인지하지 않고, 남들이 뛰니까 같이 뛰어가고 있는 형상이다!!!

3. 효과적인 문제 해결을 위한 논리적인 사고과정에 대한 이해

표준문제해결과정 : 논리적인 사고의 흐름

1) 내용의 형상화(V) : 세분화 및 도식화 – 주어진 내용의 명확한 이해

– 百聞 不如一見 : 주어진 내용의 가장 정확한 이해는 그 내용을 이미지화 하여 상상할 수 있는 것이다.

그것을 위해

① 단위문장을 기준으로 각각의 내용을 식으로 표현한다.

→ 문장전체를 한번에 읽고 올바로 해석하여, 한꺼번에 관련된 식을 도출하는 것은 쉽지 않지만, 단위 문장 하나씩을 식으로 표현하는 것은 쉽게 할 수 있다. 만약 식으로 표현하지 못한다면 각 문장과 관련한 이론의 점검이 필요하다.

② 식으로 표현된 조건들을 그림으로 표현하여 종합한다.

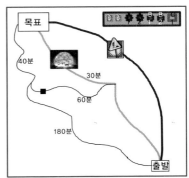

→ 각각의 내용을 종합하여 표현하면, 교점과 같이 문맥상에 숨어 있는 사실 및 구체적인 적용범위들이 겉으로 드러나게 된다. 함수의 그래프 표현은 이 과정을 위한 매우 유용한 도구이다.

2) **목표의 구체화(T)** : 구체적 방향을 설정하고 필요한 것 확인

– 목표의 명확한 인식을 통해 五里霧中을 경계한다.

① 목표의 형상화 : 형상화된 조건들과 함께 목표를 연관하여 표현

→ 조건에 따라 변화하는 목표의 경우, 관련 식을 통해 변화의 궤적을 구체적으로 표현해야 한나.

② 필요한 것 찾기 : 형상화된 내용을 기반으로, 목표를 달성하기 위해서 추가적으로 필요한 것을 찾는다.

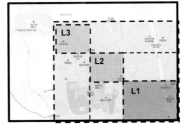

→ 이것은 대상을 구체화하여 고민의 범위를 줄이는 것이다.

3) 이론 적용(L) : 구체화된 정보를 가지고 상황에 맞는 최적의 접근방법 결정하기

- 주어진 조건들을 실마리로 하여, 필요한 것을 얻기 위하여 적합한 이론을 찾는다.

→ 쉬운 문제의 경우, 밝혀진 식들을 가지고 단순히 연립방정식을 푸는 형태가 될 것이다. 그러나 어려운 문제의 경우, 주어진 조건들에 기반하여 새로운 적용이론을 찾아야 할 것이다.

※ 문제가 잘 안 풀릴 경우, 논리적인 접근방법

① 주어진 조건 중 이용하지 않은 조건이 있는지 확인한다.

- 주어진 조건을 모두 이용해야 문제를 가장 쉽게 풀 수 있다.

② 현재 밝혀진 조건 이외의 문맥상에 숨겨진 다른 조건이 더 있는지 확인한다.

③ 현재 고민하고 있는 내용이 목표와 방향성이 맞는지 확인한다.

- 고민의 범위가 너무 막연한 게 아닌지 확인한다 : 목표의 구체화를 통한 고민의 범위 줄이기

- 주어진 상황과 접근방법 자체에 대한 점검 : 부정방정식에 대한 접근방법 고려

⇒ 만약 내용형상화 단계에서 주어진 어떤 내용을 식으로 표현(/조건의 구체화)하지 못했다면, 관련이론에 대한 자신의 이해를 다시 점검한다.

4) 계획 및 실행(M)

- 해야 될 일들에 대한 우선순위를 정하고, 정리된 계획을 실행에 옮긴다.

전 과정의 실행 후에도 여전히 미 해결내용(모르는 것)이 있을 경우,

모르는 것이 다시 목표가 되고, 현재까지 밝혀진 내용을 주어진 내용으로 삼아, 1–4 과정을 반복 시행한다. (문제의 난이도 상승 : $L1 \rightarrow L2 \rightarrow L3$)

표준문제해결과정의 형상화

– 표준문제해결과정은 문제를 가장 쉽게 푸는 방법이다.

1. 내용형상화(V)

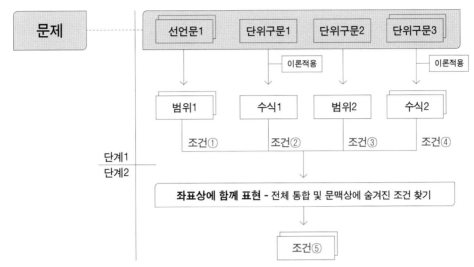

2. 목표구체화(T)

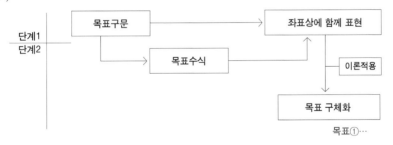

3. 이론적용(L)

밝혀진 조건들(①②③④⑤……)을 실마리로 하여, 구체화된 목표를 구하기 위한 적용이론들(/접근방법)을 찾는다.

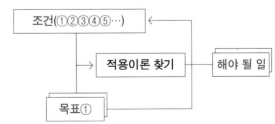

4. 계획 및 실행(M)

> 효율적인 작업을 위한 일의 우선순위 설정 및 실행

표준문제해결과정 및 적용

STEP 1 : 내용 형상화

의미: 제한된 시간 안에 목표 지점을 찾아가기 위해서는, 내가 이용해야 할 조건들을 구체적으로 알아야 효과적으로 계획할 수 있다. 그런데 문제의 내용은 대부분 제시자의 시각에서 주관적이고 묘사적인 방법으로 기술되어져 있다. 그런데 이는 풀이하는 입장에서는 처음 접하기 때문에, 물론 문장 구성의 정도/난이도에 따라 다르겠지만, 한번에 그 내용을 이해하기는 어렵다. 따라서 주어진 각각의 내용을 객관적으로 구체화하고 이를 전체적으로 구성해 보는 작업은 정확한 상황에 대한 이해를 할 수 있게 하는 데 꼭 필요한 일이 된다. 그리고 그 작업이 표준문제해결과정의 첫 번째 스텝이 되는 것이다. 이 내용을 형상화해 보면, 문제에 관련된 동네의 지도를 준비하고, 그 지도 위에 밝혀진 조건들을 표시하는 것이다.

절차:

1) 접속사나 마침표를 기준으로 전체 문장을 하나씩 단위 구문 별로 세분화한다.

2) 각 단위 구문을 하나씩 식으로 옮긴다. 식이 성립되지 않는 경우, 그 주된 내용을 알기 쉽게 정리해 놓는다. 이렇게 정리된 내용들을 이용해야 할 구체적 조건으로 삼고, 하나씩 번호를 부여한다.
   - 식으로 옮기는 행위자체가 묘사적인 수식어들을 제외한 핵심사항을 정리하는 것과 같다.
   - 주어진 내용을 식으로 옮기지 못한다면, 관련된 이론에 대한 이해가 부족한 것을 뜻한다. 즉 그 이론을 다시 설명할 수 있을 정도로 공부한 후, 이 문제를 다시 도전해야만 한다.

→ 도형이나 그래프로 제시된 문제와 같이, 내용이 이미 형상화 된 문제에 대한 이 스텝의 진행과정은 역방향이라 할 수 있다. 수식을 그림으로 형상화하는 대신에

그림 속에 표현된 각각의 내용에 해당되는 수식을 찾아내는 것이다.

난이도 $L1$이 안되는 문제의 경우, 대부분 이 단계에서 내용형상화는 끝이 난다. 게다가 더욱 쉬운 문제는 처음부터 내용이 아예 식으로 주어지는 경우이다. 그런데 난이도가 올라갈 경우, 어떤 문제는 비록 처음부터 식으로 주어져 있지만, 문맥상에 숨어있는 내용을 파악해내지 못한다면 문제를 풀기 어려운 경우도 있다. 즉 어려운 문제의 경우, 문맥상에 숨어 있는 조건들을 찾아내야만 그 문제를 풀 수 있는 것이다.

3) 문맥상에 숨어 있는 조건들을 겉으로 드러나게 하는(일관성 있게 적용할 수 있는) 좋은 방법중의 하나는 주어진 조건들을 그림으로 형상화하여 상호관계가 눈에 보이도록 하는 것이다. 예를 들어, 구체화된 조건 식들을 같은 좌표평면상에 통합하여 함께 그래프로 나타내면, 자연스럽게 교점 및 범위 등이 드러나게 되는 것이다. 그렇게 새롭게 발견된 조건들을 이용해야 할 조건으로 추가하고, 각각 번호를 부여한다.
   - 함수의 그래프를 그리는 방법(부록1 참조)을 터득해 놓는 다면, 이 작업을 상대적으로 쉽게 할 수 있을 것이다.
   - 만약 그래프로 표현하기 어렵다면, 통합을 하여 표현하기 위한 목적을 맞출 수 있는 벤 다이어그램/순서도 등과 같이 다른 그림 수단을 이용할 수 있을 것이다.

→ *Tip*: 문장이 하나일 때는 대부분의 학생들이 그 내용을 쉽게 구체화 한다. 그런데 서술형문제와 같이 여러 개의 문구나 문장이 길게 늘어져 있을 때는, 그 내용을 쉽게 구체화하지 못한다. 그것은 아이들이 욕심을 부려 한꺼번에 머리 속에서 문제에 대한 종합적인 이해를 시도하기 때문이다. 그러한 시도는 자신의 현재 능력을 배재한 체, 그렇게 하는 것이 가장 빨리 가는 방법이라고 머리 속에 잠재하고 있기 때문에 일어나는 자연스런 현상이라 할 수 있다. 그렇지만 그러한 마음을 스

스로 통제할 수 있어야 하는 것이고, 그것도 수학공부를 통해 훈련해야 하는 것 중 하나이다. 따라서 이에 대한 생각을 인식시키고, 그것을 서서히 바꾸어 주어야 한다. 즉 한꺼번에 하려 하지 말고, 현재 할 수 있는 능력에 맞춰, 단위 구문 별로 하나씩을 구체화하고, 이것을 여러 번하여 자연히 전체 내용을 구체화할 수 있도록 생각의 전환을 유도해야 한다.

— 불행히도 논리적 사고과정이 배제된 패턴별 문제풀이 학습방법이 쉽게 가려는 아이들의 욕구에 맞춰준 양상으로 성급한 인식을 고착시키는 데, 일조하지 않았나 싶다.

STEP 2 : 목표 구체화

의미: 쉽게 말하면, 목표를 형상화된 내용과 함께 연계시키는 것이다. 즉 같은 지도에서 목표의 위치를 확인하는 것이다.

절차:

1) 목표구문 및 문장을 해석하여 목표를 명확히 확인한다.

목표가 상황에 따라 변하는 경우, 그 내용을 수식으로 표현하고, 그 변화하는 궤적을 형상화한다.

→ 목표의 형식 및 표현내용도 이용해야 할 조건이 될 수 있다.

2) 목표를 얻기 위해 필요한 것들을 구체화하고, 현재 주어진 조건들과 비교해 본다.

이미 밝혀진 사항을 제외하고 남은 필요한 것을 구체화된 목표로 삼는다.

→ 이렇게 구체화된 목표는 고민의 범위를 줄여준다.

STEP 3 : 이론 적용

의미: 지금까지는 목표지점에 가기 위해 어떤 루트를 선택할 지를 결정하기 위해 사전조사를 한 셈이다. 즉 알고 있는 내용들을 가지고 구성된 (이론)지도 위에 출발발

점과 목표 그리고 지금까지 밝혀진 조건들이 해당 길 위에 표시 되어 있는 셈이다. 이제 남은 것은 이것들을 실마리로 하여 현재 상황에 맞는 최적의 루트를 찾아내는 것이다.

절차:

1) 밝혀진 조건을 모두 이용하는 이론(/루트)을 선정한다.

    — 쉬운 문제인 경우, 이 루트(/적용이론)는 각 조건에 연결된 이론으로부터 이미 만들어진 식들을 가지고 단순히 연립방정식을 푸는 것이 될 것이다.

    — 어려운 문제인 경우, 이 루트(/적용이론)는 여러 개의 이론(/길)들의 조합이나 비교/판단/확장 등 논리적인 추론을 좀더 필요로 한다. 이때 추론의 방향은 무작정 찾는 것이 아니라, 구체화된 목표와 연계하여 주어진 조건들을 실마리로 하여 찾아야 한다.

        → 목표의 형식 및 표현내용도 이용해야 할 조건 및 실마리가 될 수 있다.

        → 주어진 조건들을 실마리로 하여 적용이론을 찾는 과정에 있어, 주어진 조건의 형태가 예상 적용 이론과 직접적인 매치가 될 수도 있지만, 어려운 문제 일수록 직접적인 매치보다는 확장을 하여 매치 점을 찾아내야 한다. 마찬가지로 확장의 방향은 무조건 아무거나 시도하는 것을 아니라, 주어진 조건을 실마리로 이용하는 쪽이 되어야 보다 쉽게 문제를 풀어갈 수 있다.

    — 적용이론(/루트)을 찾는 과정이 여러 *Cycle*의 깊이 있는 사고를 필요로 하는 경우, 한 *Cycle*의 사고를 통해 새롭게 밝혀진 내용을 구체적으로 표현해 놓아야 한다. 그래야만 그 내용을 다음 *Cycle*의 사고에서 쉽게 이용할 수 있게 되기 때문이다.

2) 문제가 잘 안 풀린다면, 다음의 사항들을 기본적으로 점검한 후 필요한 작업을 수행한다.

- 구체화된 모든 조건을 다 이용하였는가?

- 모든 조건을 다 구체화 하였는가? 혹시 선언문 등 빠뜨린 것은 없는가?

- 목표구체화를 통해 세부 목표를 찾아내고, 거기에 맞추어 고민의 범위를 줄였는가?

- 형상화를 통해 숨어 있는 조건을 모든 찾아 내었는가?

- 마음이 조급하여, 논리적인 사고과정에 따라 객관적으로 문제를 풀어가지 않고, 과거에 경험한 특정 패턴에 맞춰 상황을 무리하게 꿰 맞추는 시도를 하고 있지는 않은가?

  → 그렇다면 마음을 바로잡고, 첫 번째 스텝부터 다시 해나가야 한다.

위의 사항들을 모두 점검하였는데도 잘 문제가 풀리지 않는 다면, 현재 실력에 비해 제 시간 안에 풀기 어려운 문제이니, 조급해 하지 말고 충분히 시간을 가지고 고민하는 것이 올바른 공부 방법이 될 것이다. 꾸준한 훈련을 통해 사고의 근육을 쌓으면, 정확도와 속도는 점점 빨라질 것이기 때문이다.

STEP 4 : 계획 및 실행

의미: 이제는 선택된 루트를 따라 실제 진행하는 것만이 남았다. 그런데 여러 개의 일들이 조합되어 있는 경우, 순서를 반드시 지켜야 하는 일들과 그렇지 않은 일들이 있을 것이다. 즉 실천의 정합성과 효율성을 위하여, 일의 우선 순위를 결정한 후, 순서에 따라 실행을 하는 것이 필요하다. 그리고 실행 도중에, 혹 가정했던 상황이 바뀐다면, 해당 스텝으로 되돌아 가야 할 것이다.

절차 :

1) 실천의 효율성을 위하여, 일의 우선 순위 결정한다. 즉 요구된 일들의 실행순서를 결정한다.

2) 계획된 순서에 따라, 일을 실행한다.

3) 실행 도중에, 혹 가정했던 상황이 다르다는 것을 알게 된다면, 해당 스텝으로 되돌아 가서 필요한 조정을 수행한다.

02

효과적인 이론 학습 체계

1. 이론 구성 원리와 이해의 단계

역사상 가장 위대한 수학책이라 불리는 유클리드(*Euclid*)의 『원론(*Elements*)』은 철학, 과학 등 각종 학문들뿐만 아니라 현대의 우리 사고방식에도 큰 영향을 주었다. 모두 13권으로 구성된 『원론』은 5개의 공리와 5개의 공준으로 시작한다. 여기서 공리는 증명이 필요 없는 자명한 명제, 진리로 인정되며, 다른 명제를 증명하는 데 대전제가 되는 원리를 의미한다. 그리고 공준은 기하학에 관련된 공리라고 할 수 있다.

<유클리드 5공리>
- ✓ 공리1: 동일한 것에 같은 것은 서로 같다. ($a=b,\ a=c \rightarrow b=c$)
- ✓ 공리2: 같은 것에 서로 같은 것을 더하면 서로 같다. ($a=a',\ b=b' \rightarrow a+b=a'+b'$)
- ✓ 공리3: 같은 것에 서로 같은 것을 빼면 서로 같다. ($a=a',\ b=b' \rightarrow a-b=a'-b'$)
- ✓ 공리4: 서로 포갤 수 있는 것은 같다.
- ✓ 공리5: 전체는 부분보다 크다.

<유클리드 5공준>

- ✔ 공준1: 임의의 점에서 임의의 점으로 한 직선을 그을 수 있다.
  - 두 점을 지나는 직선은 한 개뿐이다.
- ✔ 공준2: 유한 직선은 그 양쪽으로 계속 직선으로 연장할 수 있다.
- ✔ 공준3: 임의의 점에서 임의의 반지름을 갖는 원을 그릴 수 있다.
- ✔ 공준4: 모든 직각은 서로 같다.
- ✔ 공준5: 두 직선이 하나의 직선과 만날 때 같은 쪽에 있는 두 내각의 합이 180도 보다 작으면, 두 직선을 무한 연장했을 때 반드시 그 쪽에서 만난다.
  - 직선 밖의 한 점을 지나 이 직선에 평행하는 직선은 오직 하나뿐이다.

『원론』은 이같은 공리와 공준을 토대로 해 465개의 명제를 증명해 낸다. 물론 명제들을 증명하기 위해서 점, 선, 면과 같이 기초적인 개념에 대한 정의가 각 권에 선행되기는 하지만, 이 정의들을 제외한다면 결국 10개의 전제를 토대로 465개나 되는 명제를 증명하는 내용을 포함하고 있다.

이러한 증명체계를 토대로 이후 수 많은 새로운 정리들이 도출되었고, 그것이 발전하여 자연현상까지 정확하게 밝혀냄으로써 이 세상의 과학이 빈틈없이 발전해 온 것이다. 우주여행을 할 수 있을 정도로…

우리가 학생시절에 배우는 대부분의 이론은 "정의→공리/공준→정리→현상"에 이르는 과정중 정의와 정리에 해당된다고 할 수 있다.

그럼 어떻게 하면 각 이론의 개념과 원리를 가장 잘 이해할 수 있는 것일까? 그리고 그 이해의 과정을 통해서 어떻게 자신의 사고체계를 발전시켜 나갈 수 있을까?

이미 언급한 바와 같이 새로운 이론이란 기존 이론들의 특정 조합을 통해 새롭게 만들어진 유용한 사실/정리라고 할 수 있다. 만약 이론에 대한 개념과 원리의 이해라고 칭해지는 이론공부의 현실적인 목적을 각 이론의 결과적인 현상에 대한 이해라고 생각한다면, 이것은 배경이론들의 특정 성질들을 가지고 새로운 결론을 도출하기까지의 과정 자체에 대한 이해라고 할 수도 있다. 하지만 이론공부보다 발전적인 목적은 현재 이론의 이해 자체를 넘어서 이론공부에 대한 향후 자기주도학습능력을 확보하는 것이라 할 것이다. 이것을 위해 보다 중요한 것은 결과의 해석적인 측면 뿐만 아니라 어떠한 실마리를 가지고 그러한 배경이론들을 사용하게 되었는지, 그리고 결론에 이르게 되었는지에 대한 동적인 사고의 과정을 이해하는 것이라 할 것이다. 그래야만 이론의 자기주도학습 능력향상을 위한 훈련이 될 것이기 때문이다. 따라서 정작 우리 학생들이 훈련해야 할 부분은 누군가 만들어 놓은 결론의 내용에 대한 이해보다는 선정된 적용방법이 어떤 판단과정을 거쳐 선택되었는지에 대한 사고과정 자체인 것이다. 이 것은 당연히 문제풀이의 경우도 마찬가지이다.

이제부터 그러한 사고의 과정을 알아보자.

하나의 이론은 기본적으로 참, 거짓을 판별할 수 있는 명제라고 할 수 있다. 그리고 우리가 배우는 이론은 대부분 참인 명제이다. 각 이론의 내용은 사용되어지는 용어와 조건, 그리고 그들간의 관계로서 규명되어 진다.

－ 이론의 내용구성 : 용어 ＋ 조건 ＋ 관계
즉 이론의 전개는 사용된 용어의 의미 전제하에서, 기존에 참으로 밝혀진 관계로부터 새로운 관계 또한 참임을 보이는 것이라 할 수 있다.

－ 사용된 용어들 : 이론의 영역 및 범위를 결정한다.
→ 용어의 정의로부터 적용 영역 및 범위를 유추할 수 있어야 한다.

- 주어진 조건들 : 정의된 영역 하에서 적용될 범위를 결정한다.

- 기존에 참으로 밝혀진 관계들 : 이미 증명된 배경이론들로부터 나온다.

→ 직접적으로 표현되지 않을 경우, 주어진 조건들로부터 관련이론에 대한 실마리를 찾아야 한다.

- 새로운 관계 : 참임을 증명해야 할 대상이다.

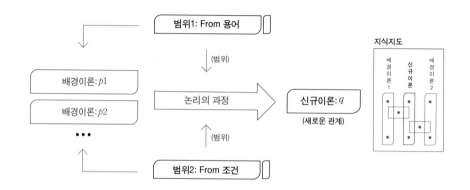

위 그림에서 검정색 글씨 부분은 각 이론에 명시적으로 표현되는 내용들이다. 그리고 파란색 글씨 부분은 대부분의 경우 명시적으로 표현되지 않으므로 우리 스스로 찾아야 하는 부분으로써, 이론의 개념과 원리에 대한 보다 정확한 이해를 위해서 우리 학생들이 이해해야 만 하는 내용들, 즉 이론공부의 대상인 것이다. 이러한 이해의 과정을 통해 우리 학생들은 그들의 논리적 사고력을 훈련하게 되고, 그에 따라 이론의 발전과정에 대한, 바꾸어 말하면 새로운 지식의 습득에 관한 자신의 사고체계를 정립시켜 나가게 되는 것이다.

- 그냥 문제풀이를 목적으로 단순히 공식 암기하듯이 이론을 외우다면, 자신의 논리적 사고체계 정립이라는 진정한 공부는 하지 못하게 되는 것이다.

그럼 위에 제시된 과정을 모두 해 나간다면, 이론을 완벽하게 이해했다고 할 수 있을 것인가?

형상화수학
고등수학 1등급 비결

일견 그럴 것 같지만, 사실 그렇지 못하다.

위의 과정은 하나의 방향에서 본 이론의 내용에 대한 단 방향 이해에 불과하다. 비유해서 설명하면,어떤 사물을 정확하게 이해하기 위해서는 여러 방향의 이해를 종합해 보아야 한다. 코끼리를 정확히 묘사하려면 앞/뒤/옆면에서의 시각을 종합해야만 하는 것과 같은 이치이다.

다음은 이러한 관점에서 이론에 대한 이해의 단계를 $Level$ 0, 1, 2, 3 으로 구분하여 설명하였다. 여러분은 $Level$ 3 단계에서 어느 정도 완성된 지식지도의 모습을 볼 수 있게 됨을 알 수 있다. 즉 이 단계에 도달하면, 특별한 장애상황이 발생하지 않은 한, 임의의 상황에서도 이 이론의 적용을 수월하게 할 수 있게 될 것이다. 소위 이론의 개념과 원리를 가장 잘 이해하는 단계라 할 수 있을 것이다. 이렇게 단계를 구분하는 또 다른 중요한 이유는 이론의 이해능력 훈련에 대한 이정표를 설정함으로써, 학생들의 훈련의 성과에 대한 가시화를 하기 위함이다.

이론의 구성원리와 이해력 단계 비교

◈ *Level* 0 – 이해의 과정 없이 형태와 결과의 암기

 : 이론의 구별을 위한 형태의 인식과 결론에 대한 암기

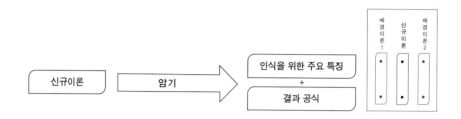

⇒ 설명:

이론이 어떻게 도출되었는지는 상관없이 빠른 습득을 위해 신규이론의 특징적인 모습과 결론만이 관심의 대상이다. 그래서 새로운 이론이 나타나면, 이론의 특징들을 쉽게 얻기 위해서 누군가를 통해 배우려 한다.

 – 이론적용을 위해선 인식된 특징과 딱 맞아야 함으로, 이론의 확장 적용에 무척 제한적일 수 밖에 없다.

 – 비유적으로 이 단계에 있는 사람에게 코끼리는 아이들의 그림 속에 나타내는 길다란 코와 상아를 가진 덩치 큰 동물 수준이다. 누군가 다른 특징/시각의 모습을 설명하면, 그것을 코끼리로 인식하지 못한다.

이러한 접근은 골치 아픈 사고의 과정을 필요로 하지 않기 때문에, 이론에 대한 단순 습득으로는 가장 빠르고 쉬운 방법이다. 그렇지만 마찬가지로 이론 공부를 통한 깊이 있는 사고과정 훈련은 되지 못한다. 또한 이렇게 이론을 암기식으로 공부하면, 이 이론을 이용하는 모든 변형 문제들에 대한 유형 및 풀이방법들 역시 외워야 한다.

◈ Level 1 - 단 방향 논리의 이해

: p의 입장에서, 명제 $p \rightarrow q$ 가 참이 되는 과정을 이해

(진행방향의 이해 : P, Q 의 범위 인식)

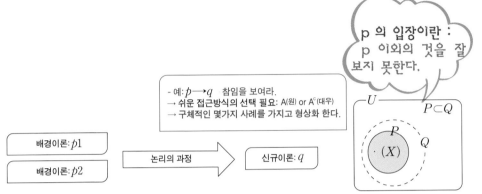

p 의 입장이란 : p 이외의 것을 잘 보지 못한다.

- 예: $p \rightarrow q$ 참임을 보여라.
→ 쉬운 접근방식의 선택 필요: A(원) or A^c(대우)
→ 구체적인 몇가지 사례를 가지고 형상화 한다.

배경이론:$p1$

배경이론:$p2$

논리의 과정

신규이론:q

U $P \subset Q$

P Q

$\cdot (X)$

⇒ 설명:

이론의 일반적인 증명과정은 연역적 방법을 따른다. 그런데 이 과정은 p의 입장에서 보는 것에 따른 다음과 같은 제한점을 가지게 된다.

— 비유적으로 어떤 물건이 집안에 있다는 것을 증명 할 때, 내가 집안에 위치할 경우 증명은 할 수 있지만 집의 모습을 직접 볼 수는 없는 것이다. 즉 신규이론의 전체 모습, 경계를 보기가 어렵다.

— 증명해야 할 대상 또는 종류가 많은 경우, 증명과정이 무척 길게 된다.

만약 결론에 해당하는 Q의 여집합(Q^c)에 속하는 대상 또는 종류가 적다면, 반대 접근방법을 고려하는 것이 좋다. 왜냐하면 원명제($p \rightarrow q : P \subset Q$)와 대우명제($\sim q \rightarrow \sim p : Q^c \subset P^c$)는 같은 상황을 가지고 안에서 밖으로 그리고 밖에서 안으로 보는 시각차이에 따른 구분에 불과하므로 어떤 방식으로 증명해도 결과는 같기 때문이다.

이론에 대한 이해의 과정을 형상화 하기 위해서는 몇 가지 사례를 가지고 구체화해 보는 것이 좋다.

◈ Level 2 : 양 방향 논리의 이해

: $+q$의 입장에서, (역방향의 이해: 대우명제의 구체화)

① 명제 $p{\to}q$가 참이 되게 하는 p의 진리집합, P의 구체적 인식

② 명제 $p{\to}q$가 거짓이 되게 하는 반례,

$(\{x\,|\,x\in P^c \text{ where } x\in Q^c\})$의 구체적 인식

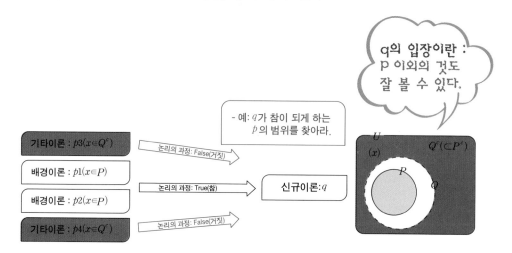

⇒ 설명:

Level 1이 단방향이해에 대한 모습이라면, Level 2는 역방향 이해의 모습을 더한 양방향 이해의 모습을 담은 것이다. 즉 순방향 증명과정에 따른 원명제의 이해와 역방향 증명과정을 따른 대우명제의 이해를 모두 합한 것이라 할 수 있다.

  ― 비유적으로 어떤 사물을 양방향에서 보고 종합하여 묘사한다면, 보다 정확히 실체를 규명할 수 있을 것이다. 이 단계에 있는 사람에게 누군가 코끼리의 뒷모습을 묘사하면, 그것이 돼지가 아닌 코끼리일수도 있음을 예상할 수 있을 것이다.

  ― 순방향 이해 후, 나머지 역방향에 대한 이해는 반례를 통해서 그 내용을 구체화해 보는 것이 좋다.

  ― 대우명제의 이해는 신규이론의 전체 모습, 경계를 볼 수 있게 한다.

◈ **Level 3 : 다양한 시각의 이해 (2차원 이상에서의 이해)**

: Level2 양방향 이해논리를 기반으로 시각의 다각화를 통해

핵심 원리의 도출 및 각 변형의 이해 (q의 다양한 구성요소(성질)의 이해) 그리고

상호 연관 이론들의 연결을 입체화 : 1차원 → 2차원 → 3차원

→ 지식지도의 생성 및 확장

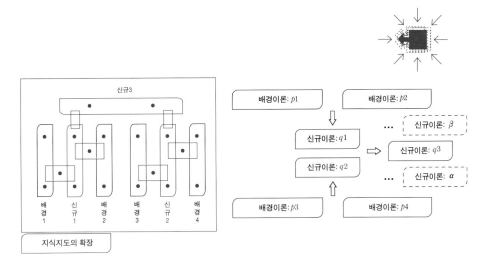

⇒ 설명:

Level 2가 양방향 이해에 대한 모습이라면, Level 3는 옆방향들의 모습을 더한 종합적인 이해의 모습을 담은 것이라 할 수 있다. 다른 시각에서는 관련된 모든 이론들이 서로 연결된 모습이라 할 수 있다.

 − 비유적으로 어떤 사물을 가능한 모든 방향에서 보고 종합하여 묘사한다면, 가장 정확히 실체를 규명할 수 있을 것이다.

 − 이 단계는 신규이론 자체에 대한 이해를 넘어 이론간의 가능한 연결 고리를 찾는 것이라 할 수 있다.

2. 사고력 단계별 이해의 차이와 사고력 단계 향상과정의 모습

〈이론학습〉

〈이해의 모습〉

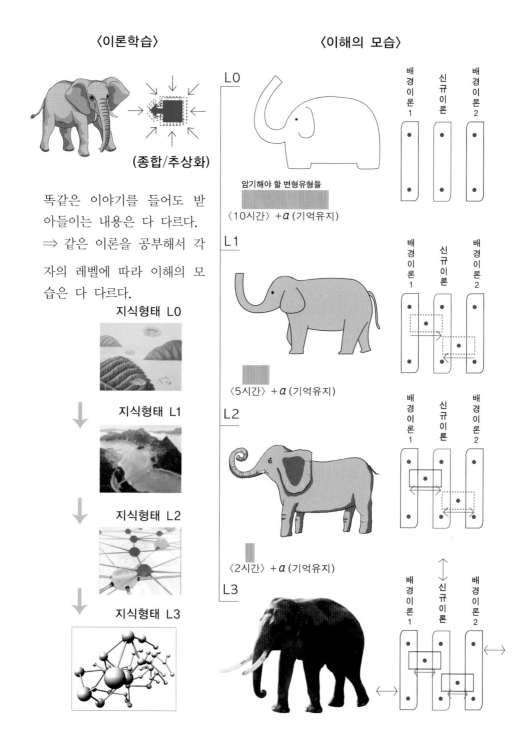

(종합/추상화)

똑같은 이야기를 들어도 받아들이는 내용은 다 다르다.
⇒ 같은 이론을 공부해서 각자의 레벨에 따라 이해의 모습은 다 다르다.

지식형태 L0

지식형태 L1

지식형태 L2

지식형태 L3

사고력 단계에 따른 이해의 차이

앞페이지의 그림은 처음 같은 이론 설명을 들었을 때, 사고력 수준별로 각자의 이해가 어떻게 다를 수 있는 지 비유를 보여주고 있다.

Level 0에 있는 사람은

깊이 있는 사고를 하지 못한다. 따라서 이론의 몇 가지 특징만을 찾아내어 단순히 외우려 한다. 즉 이론간의 상호 연관관계를 생각지 못하고 결과/공식만을 외우려 한다. 결국 비유적으로는 코끼리 코만 크게 강조된 약식 모습으로 기억할 것이다.

Level 1에 있는 사람은

어느 정도 깊이 있는 사고를 할 수 있어, 관련된 사실들을 엮어 보려고 노력한다. 따라서 이론간의 상호 연관관계는 점선으로 약하게 표현될 수 있다. 비유적으로 코끼리는 어느 정도 형태를 갖춘 약식 모습으로 기억될 것이다. 관계 화살표는 단방향…

Level 2에 있는 사람은

바람직한 수준의 깊이 있는 사고를 할 수 있어, 새로운 이론이 만들어 지는 데 있어 관련된 배경이론과의 연관관계를 80% 정도까지 파악해 낼 수 있다. 비유적으로는 코끼리가 꽤 완성형태를 갖춘 모습으로 기억될 것이다. 관계 화살표는 양방향…

Level 3에 있는 사람은

매우 깊은 수준의 깊이 있는 사고를 할 수 있어, 이론 설명을 들었을 때, 거의 완벽하게 설명의 내용을 파악할 수 있다. 이는 관련 이론들이 실선으로 연결된 이론지도를 갖추는 것을 뜻하며, 이론의 적용에 있어 전체적으로 뿐만 아니라 그리고 부분적으로도 가능할 정도로 Loosely Coupled 방식으로 연관관계를 파악해 냄을 의미한다. 비유적으로는 거의 실사에 가까운 코끼리의 모습을 기억하는 것이다.

여기서 이론 설명을 들었을 때는 사회에서는 업무에 관한 어떤 설명을 들었을 때로 바꿀 수 있다.

그런데 각자의 수준별로 위의 사실만을 심증적으로 인정하는 것만으로 끝날 수 있는 것이 아니다. 우리들 각자는 거기에 따른 이어지는 물리적 결과들 또한 순순히 받아 들여야만 한다. 그런데 서로 경쟁해서 파이를 나누어 가져야 하는 생존자의 입장에서는 그렇게 하는 것이 쉽지 않다. 따라서 나름대로의 대응책을 세우고 그것을 실행하게 되는데, 사고력 레벨이 낮을 수록 그러한 대응책 실행의 비효율이 더욱 커지게 된다.

예를 들어, 각자의 능력을 평가하기 위하여 시험을 치게 되는 상황을 가정해 보자, 시험은 각기 다른 대상자의 사고력 레벨을 평가할 수 있도록, 각 레벨에 맞는 난이도를 갖춘 문제들로 적절히 조합하여 구성될 것이다.

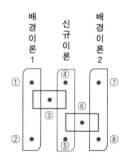

이해를 돕기 위해서, 우측의 이론지도를 가지고 이 상황을 설명해 보자.

이 지도는 신규이론이 두 개의 배경이론과 각각 1개씩의 연결선을 갖춘 간단한 경우이다. 이 지도상에서 만들어 낼 수 있는 모든 경로는

비록 간단해 보이지만,

① → ③ → ④, ① → ③ → ⑤, ① → ③ → ⑥, ④ → ③ → ①, ⑦ → ⑥ → ③ 등

100가지를 넘게 된다.

그에 비해 두 개의 연결선 ③과 ⑥이 없는 경우라면, 역방향을 포함하여 ① → ②, ② → ①, ④ → ⑤, ⑤ → ④, ⑦ → ⑧, ⑧ → ⑦ 6가지 밖에 나오기 않는다.

단순히 비교하면, 두 경우에 대한 경로의 가지 수 차이는 90가지가 넘게 된다.

여기에서 경로의 수는 해당이론을 이용하여 만들어 낼 수 있는 모든 문제들의 총 수로 비유할 수 있다. 말하자면 연결선이 있는 지도를 가진 사람은 100문제를 풀 수 있는 것이고, 연결선이 없는 경우는 6문제밖에 풀지 못한다는 것이다.

그리고 실제 아이들의 이론 공부시간을 참고하여, Case D처럼 신규이론 하나를 단순히 암기하는데 10분이 걸리고, Case A처럼 신규이론을 배경이론들과 연관 지어 이해하는데 1시간이 걸린다고 가정해 보자. D가 A만큼의 응용능력을 가질 려면, 단순계산으로도 약 10시간이상 (10×100=1,000분>10시간)의 시간투자가 필요함을 알 수 있다. 즉 처음에는 시간이 더 걸리겠지만, 단순히 어떤 이론을 외운 것에 비해 관련된 이론들을 서로 연결하여 이해를 한다면, 시험/응용이란 실천적인 면을 고려할 경우, 10배 이상의 효율을 갖추게 된다는 것이다. 게다가 D는 외운 내용이 너무 많아 머리도 아프고 시간이 갈수록 보다 쉽게 잊게 될 것이므로, 우리 학생들이 어떤 방식으로 이론 공부를 해야 함은 너무도 자명하다 하겠다.

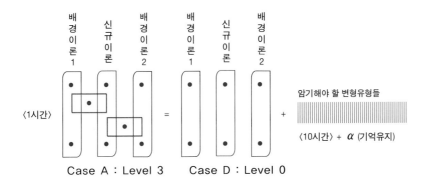

Case A : Level 3   Case D : Level 0

다음은 같은 맥락에서 *Level* 1과 *Level* 2의 문제해결능력 단계에 있은 상황을 묘사하였다.

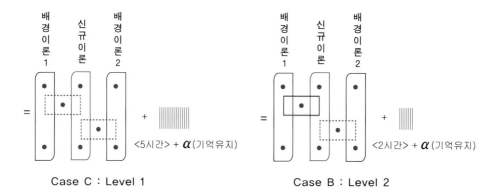

Case C : Level 1   Case B : Level 2

참고로 *Level* 1은 초등학생, *Level* 2는 중학생, *Level* 3는 고등학생에게 요구되어지는 최고 수준이라 할 수 있다.

다만 유의할 점은 이론지도를 완벽하게 갖추었다 하더라도 모든 문제를 풀 수 있다는 것은 아니다. 이는 지도 상의 모든 길을 알더라도 시시각각으로 변하는 도로의 상황을 정확히 반영하지 못한다면, 제 시간 내에 원하는 장소에 갈 수 없는 것과 같은 이치이다. 즉 문제를 풀기 위해서는 장소가 되는 이론을 정확히 알아야 함은 물론이고, 주어진 상황에 따라 적절한 솔루션을 찾고 실행하는 논리적인 사고력(문제해결능력)을 갖추어야 함을 뜻한다.

사람들은 자신의 사고력수준에 따라 자기만의 세상의 틀을 구성하고, 그 안에서 행동한다.

– 문맥을 보지 않고 현상을 쫓는 사람이 많은 이유는

 일차적으로 문맥을 인지하려면 머리가 아프고

 이차적으로 새롭게 인식된 사실에 따라 앞으로 해야 할 일 그리고 자신의 지난 행적을 생각해 볼 때, 무언가를 고치고 일관성 있게 실천해 나가는 것이 쉽지 않다는 것을 느끼기 때문이다.

 이러한 사실은 반대로 인지와 행동측면에서 문맥을 쉽게 읽고 실천할 수 있는 충분한 사고력을 갖춘 사람들은 적다는 것을 의미할 것이다.

문제풀이 과정을 통한 이론 이해 단계의 발전모습

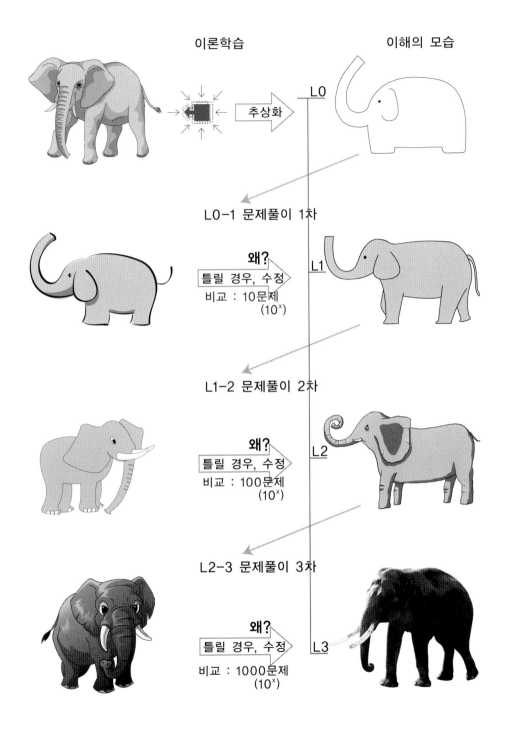

이론학습

이해의 모습

추상화

L0

L0-1 문제풀이 1차

왜?

틀릴 경우, 수정

비교 : 10문제
(10^x)

L1

L1-2 문제풀이 2차

왜?

틀릴 경우, 수정

비교 : 100문제
(10^x)

L2

L2-3 문제풀이 3차

왜?

틀릴 경우, 수정

비교 : 1000문제
(10^x)

L3

앞서 설명한 바와 같이

아이들은 해당 단원에 대해 처음 이론공부를 마쳤을 때, 각자의 사고력 단계에 따라 대상 이론에 대한 각기 다른 수준의 이미지를 갖게 된다.

그리고 이렇게 형성된 최초의 이론에 대한 이미지를 가지고 문제풀이를 접하게 된다. 그런데 자신이 이해했던 방향과 다른 시각에서 비춰진 이론의 이미지가 문제에서 제시되면, 그것을 해당 이론과 쉽게 연결시키지 못하게 된다. 결국 주어진 내용을 구체화시키지 못하여 문제를 틀리게 될 것이다.

그런데 문제를 틀린 원인을 정확히 파악하는 과정에서 잘 모르고 있었거나 이해가 부족한 이론들을 찾아내게 된다면, 문제에서 제시된 시각에서 해당이론을 다시 점검할 기회를 갖게 될 것이다. 그리고 이 기회를 이용해 이론의 이해수준을 한단계 더 높일 수 있게 될 것이다.

즉 단순히 유형별 문제풀이 방법을 외워서 적용하는 것이 아니라, 논리적 사고과정을 통해 문제를 풀이하고 틀린 문제에 대한 원인을 정확히 찾아낸다면, 문제풀이과정을 통해 학생들은 자신의 이론에 대한 이해수준을 계속해서 끌어 올릴 수 있는 것이다.

정리하면, 논리적 사고과정에 의거한 문제풀이는
- 기본적으로 사고의 깊이를 더할 수 있는 논리적 사고과정에 대한 효과적인 훈련방법이다. 게다가
- 자신이 훈련하고 있는 난이도(/사고력 레벨)에 따라 요구되어 지는 이론의 이해 정도가 부족한 이론들을 찾아낼 수 있는 좋은 방법이기도 하다.

이때 효과적인 실천을 위한 일관성 있는 논리적 사고과정의 기준이 되는 도구가, 바로 표준문제해결과정인 것이다.

※ 사고력단계에 따른 기본 공부 자세 및 이론에 대한 이해수준

사고력 Level 0-1 단계

1) 기본 행동 자세

주로 앞만 보고 간다. 목표 지점에 가는 것 외에 다른 것은 별로 관심 없다.

현재 상황패턴을 인식하기 위한 정도로 주위를 돌아 본다.

충분한 근육이 없어 돌아다니는 것을 힘들어 한다.

－ 깊이 있게 사고를 하는 것을 힘들어 한다.

－ 남의 입장을 생각하여 그에 대한 배려를 하기 힘들다.

2) 수학 공부 자세

문제풀이 공부는 패턴 별로 문제풀이방법을 익히려(외우려)한다. 그래서 문제
풀이 방법은 문제패턴을 인식하고 문제해결방법을 기억해내려 한다. 이렇게 단
순사고방식에 익숙해 있기 때문에 집중을 하여 깊이 있는 사고를 하는 것을
골치하프게 생각하며 꺼린다.

3) 내용에 대한 인식 수준

같은 내용을 들었을 때, 단 방향 이해만을 시도하며, 코끼리 코 등 특징적인
것만을 기억한다.

사고력 Level 1-2 단계

1) 기본 행동 자세

길의 연결을 통한 지도생성에 관심을 갖기 시작한다. 그래서 좀더 주위를 관심
있게 돌아본다. 일정수준의 근육이 생성됨에 따라 좀더 돌아다니는 것이 덜 힘
들게 된다.

－ 어느 정도의 깊이 있는 사고를 할 수 있고, 남의 입장을 생각하기 시작한다.

2) 수학 공부 자세

이론간의 연결을 시도한다. 부분적인 이론지도의 모습을 갖춘다. 문제풀이과정을 통한 다양한 시각에서의 이론의 완성도를 높여 나간다. 집중력을 발휘하는 데 있어 주변 환경의 영향을 받는다. 공부 잘되는 곳을 찾아 다닌다.

3) 내용에 대한 인식 수준

같은 내용을 들었을 때, 양 방향 이해를 시도하고, 점차 코끼리의 대략적인 윤곽을 그려낼 수 있다.

사고력 Level 2-3 단계

1) 기본 행동 자세

처음부터 지도를 만들 작정으로 주위를 관심 있게 둘러본다. 이미 온 김에 약간의 시간을 더 투자하여 일부러 돌아가 보기도 한다.
- 새로운 길을 가는 것을 두려워하지 않고, 오히려 즐긴다.
전체 입장을 고려하여, 각 상황에 맞는 최선의 선택을 생각한다.

2) 수학 공부 자세

이론간의 연결을 통해 통합지도를 완성하려 한다. 이론의 이해과정이 문제풀이의 사고과정이 같음을 인식한다. 필요시 집중할 수 있으며, 그에 따라 깊이 있는 사고에 자유롭다.

3) 내용에 대한 인식 수준

같은 내용을 들었을 때, 다 방향 이해를 시도하고, 실제에 가까운 코끼리의 모습을 그려낼 수 있다.

3. 이론 학습과정

❶ 표준이론학습과정: 효과적인 이론의 이해를 위한 4Step 사고에 기반한 사고의 과정

표준이론학습과정 : 이론의 연결

새로운 이론도 외우는 것이 아니고 논리적으로 이해할 수 있어야 한다.

— 표준이론학습절차를 기준으로 이론에 대한 자기주도학습 능력향상

1) 내용의 형상화 : 용어의 정의 및 조건 그리고 결론에 대한 명확한 이해

먼저 새로운 이론의 내용을 읽고, 그 내용을 상상해 본다.

— 명제 $p{\rightarrow}q$의 관계에서 가정과 결론을 구분한다.

— 가정으로부터 주어진 조건들을 찾아낸다.

→ 용어의 정의 자체에 함축되어 있는 숨겨진 조건들을 파악한다.

— 남에게 설명할 수 없는 부분을 모두 체크한다.

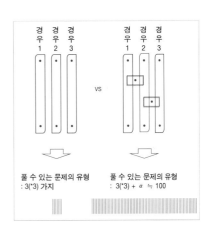

2) 목표의 이해 (구체화)

— 신규이론의 구체적인 내용을 몇 가지 케이스를 가지고 형상화해 본다.

— 목표에 도달하기 위하여 구체적으로 필요한 것이 무엇인지 파악한다.

— 남에게 설명할 수 없는 부분을 모두 체크한다.

3) 솔루션(길) 찾기 – 이론의 연결 : 도출과정 및 모르는 부분 찾기

— 목표를 기준으로 하여, 주어진 조건들을 실마리로 하여 관련된 배경이론을 찾아내고, 신규이론을 도출하는 전체 논리적인 과정을 찾아낸다.

→ 이 과정을 통해 자연스럽게 관련 이론의 연결이 이루어진다.

- 남에게 설명할 수 없는 부분을 모두 체크한다.

4) 계획 및 실행

- 체크된 부분을 기준으로, 우선 용어의 정의 및 관련 배경이론에 대한 이전 설명을 다시 살펴보고, 본인의 이해도를 보완한다.
- 스스로 이해가 잘 안 되는 부분에 대해 선생님의 설명을 듣는다.
- **특히, 이론들의 상호 연결관계를 이해하여 자신의 지식지도를 확장해 나갈 수 있어야 한다.**

※ 남에게 설명이 안 되는 부분을 체크하는 이유 : 안다고 생각하는 것의 차이

C단계 : 다른 사람이 설명해 줄 때, 그제서야 생각이 나는 경우

→ 이렇게 아는 것은 평소에 써 먹을 수가 없다.

B단계 : 해당 내용을 외워서 기억을 하기는 하나 다른 사람에게 설명할 수 없는 경우

→ 이렇게 아는 것은 똑같이 내용이 반복될 경우를 제외하면 조금만 변형이 되어도 써 먹을 수가 없게 된다.

A단계 : 해당 내용을 상대방의 입장에서 다른 사람에게 설명해 줄 수 있는 경우

→ 관련 이론들에 대한 연결 지도를 알고 있기 때문에 별도의 장애상황이 발생하지 않는 한, 대부분의 변형문제들을 해결할 수 있다.

이론학습의 주 목적은 일차적으로는 이론의 연결을 통한 지식지도 형성이라 할 수 있지만, 이면에는 그 과정을 통해 이론에 대한 자기주도학습능력을 키우는 것이 보다 중요하다 하겠다. 그래야만 스스로 자신의 관심분야를 깊이 있게 개척해 나갈 수 있기 때문이다. 그리고 하나의 이론의 이해 과정은 신규이론 자체를 목표로 한 문제해결과정과 같다고 할 수 있다. 즉 직접적인 이론의 이해훈련 뿐만 아니라, 논리적인 문제해결과정의 훈련을 통해서 이론의 이해능력을 키워 나갈 수 있다.

❷ 효과적인 이론학습 훈련과정

1) 자기주도 이론학습과정 : 현재의 사고력에 기반한 이론의 이해수준 점검

　표준이론학습과정에 준하여 각 단원 별로 스스로 읽고 4Step 사고에 기반하여 이해를
　시도한 후, 설명이 안 되는 부분을 체크한다.

　→ 이론의 이해과정은 정해진 상황과 배경이론들을 조건으로 하여 문제를 풀어가는
　　과정과 같다.

　→ 자신만의 초기 이론지도의 생성 : 사고력 수준에 따라 내용이 깊이와 정확도가 달
　　라진다.

2) 수업 과정 : 질문 및 클리닉

　체크된 내용을 중심으로 하여 질문하고 설명을 듣는다.

　→ 의심 가는 부분 및 잘못된 부분에 대한 WHY 중심의 점검 및 클리닉

3) 매듭 과정 : 학습 내용의 정리 및 초기 이론지도 형성

　클리닉 받은 부분에 대해 다시 한번 공부하고 스스로 설명해 본다.

　→ 자신의 초기 이론지도의 보완을 통한 이론 지도 베이스라인의 형성

　이렇게 형성된 각자의 이론지도의 베이스라인은 사고력 수준에 따라 서로 다른, 아직은 완전하지 않은 모습을 가지게 될 것이다. 그런데 문제풀이과정은 논리적인 사고과정의 훈련이면서 동시에 초기이론지도를 보완 및 확장해 나갈 수 있는 기회를 제공해 준다. 왜냐하면 문제풀이를 할 경우 목표지점으로 갈 수 있는 길을 모색하기 위해, 주어진 조건들에 연관된 각 길(이론)의 곁가지들을 탐색하게 되는데, 이때 가능한 상호 연결을 시도하게 되기 때문이다. 즉 이러한 과정을 통해 자연스럽게 초기이론지도는 새로운 연결 및 막힌 길의 정리/정돈 등을 하면서 점차 완성도를 높여가게 될 것이다.

4) **변화관리** : 문제풀이 과정을 통한 이론 내용의 반복적인 적용훈련

　문제풀이 클리닉을 통한 이론지도의 보완 및 확장

→ 암기한 풀이 패턴의 적용이 아닌, 논리적인 사고 과정에 따라 문제를 풀어라. 그리고 틀린 이유를 찾아라.

→ 틀린 원인에 따라 나타난, 자신의 이해가 부족한 이론을 인식하고 해당 이론을 다시 공부한다. 그리고 자신의 이론지도에 잘못된 부분 수정 및 새로운 부분을 추가한다.

최고의 자유형 수영영법을 배우고 이해했다고 해서 그 다음날부터 바로 수영을 할 수 있는 것은 아니다. 비록 해당 이론의 내용 측면인 영법은 배웠지만, 그것도 주가 되는 동작들에 관한 것일 뿐, 모든 경우에 대한 세부동작을 알고 있는 것은 아니기 때문이다. 또한 실행측면에서 아직은 해당 동작을 수행할 힘도 없고 감각도 없다. 즉 요구되어지는 수준의 수영을 잘 할 수 있기 위해서는 그에 따른 실질적인 몸의 변화가 뒤따라야만 한다. 즉 꾸준한 훈련을 통해 필요한 관련 근육들이 생겼을 때 비로서 해당 영법을 소화해 낼 수 있는 힘과 감각이 갖춰지는 것이다.

※ 이론을 가장 오래 기억하려면,

1. 최대한 엮어라.

⇒ 이론지도 만들기, 관련 있는 것과 연상하기.

2. 잘 잊혀지지 않게 임팩트를 만들어라.

－ 어려운 문제에 대해 오랜 시간을 투자하는 것을 아까워하지 말라.

⇒ 고생해라. 항상 노력 만큼의 값어치가 있다.

3. 잊기 전에 반복하라.

⇒ 잊기 전에 반복하면, 복습시간도 짧아지고 기억의 기간은 배로 늘어난다.

한 두 번의 반복을 신경써서 수행하고 나면, 나머지 반복은 시험을 통해 저절로 이루어진다.

효과적인 이론학습 훈련과정 형상화 :

새로운 이론도 외우는 것이 아니고 논리적으로 이해할 수 있도록 해야 한다.

— 표준이론학습과정을 기준으로 이론에 대한 자기주도학습 능력향상

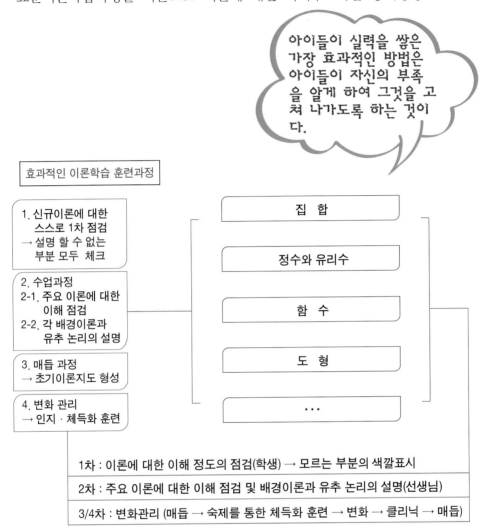

1차 : 이론에 대한 이해 정도의 점검(학생) → 모르는 부분의 색깔표시

2차 : 주요 이론에 대한 이해 점검 및 배경이론과 유추 논리의 설명(선생님)

3/4차 : 변화관리 (매듭 → 숙제를 통한 체득화 훈련 → 변화 → 클리닉 → 매듭)

※ 이론수업에서의 선생님의 역할

— 일관성 훈련을 위하여 표준이론학습과정을 기준으로 아이들이 어려워 하는 부분을 찾아낸다.

— 왜 그러한 어려움이 야기되었는지 그 원인을 파악한다. 대표적인 원인으로는

→ 주어진 조건들과 연관된 배경이론을 찾지 못한다.

→ 용어의 정의 자체에 함축되어 있는 조건들을 이용하지 않는다.

→ 논리적으로 유추하려 하지 않고 그냥 외우려 든다.

− 파악된 원인에 대해, 아이들이 스스로 인지하도록 하고, 재발방지를 위해 어떤 변화가 필요한 지 깨닫도록 한다.

− 효과적인 변화의 방법을 가이드하여, 아이들이 훈련을 통해 변화를 체득화할 수 있도록 한다.

※ 사고력단계에 따른 아이들의 기본 성향에 대한 이해 및 바람직한 훈련 방향

사고력 Level 0-1 단계

1) 기본 행동 자세

주로 앞만 보고 간다. 목표 지점에 가는 것 외에 다른 것은 별로 관심 없다.

현재 상황패턴을 인식하기 위한 정도로 주위를 돌아 본다.

충분한 근육이 없어 돌아다니는 것을 힘들어 한다.

− 깊이 있게 사고를 하는 것을 힘들어 한다.

− 남의 입장을 생각하여, 그에 대한 배려를 하기 힘들다.

문제가 생기면, 원인을 파악해서 재발을 막을 생각을 하진 않고, 단지 문제를 없애려고만 한다. 그리고 잘 안되면, 원인을 찾을 엄두는 안 남으로 주변 환경 탓을 하거나 재수가 없다고 한다.

2) 수학 공부 자세

문제풀이 공부는 패턴 별로 문제풀이방법을 익히려(외우려) 한다.

그래서 문제풀이 방법은 문제패턴을 인식하고 문제해결방법을 기억해 내려 한다.

이렇게 단순사고방식에 익숙해 있기 때문에,

집중을 하여 깊이 있는 사고를 하는 것을 골치아프게 생각하며 꺼린다.

틀린 문제에 대한 클리닉은 단지 풀이방법을 설명 듣고 그 방법을 외우려고 한다.

→ 단지 문제풀이방법을 외우는 것이 아니라, 전체 사고과정 중에서 틀린 이유를 찾아 고치도록 해야 한다. 즉 점차 그러한 공부습관이 들도록 단계적으로 훈련시켜 나가야 한다.

보통 기존의 잘못된 공부습관에서 탈피하여, 새로운 공부습관을 어느 정도 몸에 베이게하는 데는 아이들의 실천의지에 따라 최소 3개월에서 2년 이상 걸리기도 한다.

3) 내용(/수학 이론)에 대한 인식 수준

같은 내용을 들었을,

단 방향 이해만을 시도하며, 코끼리 코 등 특징적인 것만을 기억한다.

→ 이론학습 시 왜? 라는 생각을 끄집어 내어,

질문과 대답을 통해 자연스럽게 배경이론과 신규이론이 연결되도록 해야 한다.

▶ **누구나 훈련을 통해 근육을 만들 수 있다. 왜냐하면 근육이란 순전히 땀의 대가로 만들어 지는 것이기 때문이다.** 그러나 근육이 만들어 지기 까지는 일정 기간 동안 땀 흘릴 정도의 꾸준한 노력이 필요한데, 그 기간 동안 힘든 것을 참고 이겨내는 것이 성취 경험이 없는 아이들에게는 아주 힘든 일이 될 것이다. 대개 이 단계에 있는 아이들은 의지가 약하여, 처음 몇 번 노력해 보고는 바로 결과를 원한다. 그리고 기대한 결과가 나오지 않는다면, "나는 수학에 소질이 없나 봐"하고 쉽게 포기해 버리는 경향이 많다. 즉 스스로에게서 힘든 것을 그만두려는 나름의 이유를 찾는 것이다.

따라서 이렇게 의지가 약하거나 목표의식이 없는 아이들에게는 체계적인 도움이 필요하다. 우선 단계 성취에 대한 목표를 부여하고, 그에 대한 적절한 동기부여를 통해 기본적인 실천의지를 갖추게 하는 것이 필요하다. (그래야 선생님의 설명에 집중하기 때문이다.) 그리고 일정한 성취감을 맛볼 때까지 위에 제시된 훈련 방향을 가지고 일관성 있는 교육을 하는 것이 뒤따라야 할 것이다. 그래야 자신도 할 수 있다는 성취감과 더불어, 그 기간 동안 실천을 위한 기본 근육이 만들어 지기 때문이다. 이 변화 기간이 처음 겪는 아이들에게는 분명 가장 힘든 시간이 될 것이다.

이 단계에 있는 아이들에게 훈련시켜야 할 내용의 주된 방향은 우선 논리적인 사고과정이 무엇인지를 인식시키는 것이다. 그것을 위한 기준으로 표준문제해결과정을 익히게 한 후, 4Step 사고-One Cycle에 해당하는 Level 1 사고과정이 몸에 베어 자유롭게 이루어 지도록 하는 것이다.

사실 이 단계에 교육을 받는 대부분의 학생들이 몰려 있다. 즉 교육의 주 대상 층이 되는 것이다. 그리고 이 때의 교육 방법이 아이들의 첫 번째 공부습관을 결정짓게 되므로, 아주 중요한 시기라 하겠다. 그런데 많은 학원과 학교에서 경제적인 타당성과 학생들의 수 그리고 실행의 어려움/선생님의 의지 등 나름의 이유를 가지고, 암기식 이론 공부 및 유형별 문제풀이 방법을 학습시키고 있는 실정이다. 그것이 시험이 쉬울 때는 단기간의 성과를 기대할 수 있을 뿐만 아니라, 일단은 가르치기 쉽고 아이들이 따라 하기도 쉬운 방법이기 때문이다. 그렇지만 문제는 이러한 교육방법이 아이들에게 나쁜 공부습관을 들이게 된다는 데 있다. 쉬운 데에는 그 만한 이유가 있는 것이다. 즉 사고방식의 변화가 필요한 아이들에게 그냥 원래 하던 대로 생각하라고 맞춰 주는 꼴이기 때문이다.

사고력 Level 1 - 2 단계

1) 기본 행동 자세

길의 연결을 통한 지도생성에 관심을 갖기 시작한다. 그래서 좀더 주위를 관심 있게 돌아본다.

일정수준의 근육이 생성됨에 따라 좀더 돌아다니는 것이 덜 힘들게 된다.

- 어느 정도의 깊이 있는 사고를 할 수 있고, 남의 입장을 생각하기 시작한다.

2) 수학 공부 자세

이론간의 연결을 시도한다. 부분적인 이론지도의 모습을 갖춘다.

문제풀이과정을 통한 다양한 시각에서의 이론의 완성도를 높여 나간다.

집중력을 발휘하는데 있어 주변 환경의 영향을 받는다.

공부 잘되는 곳을 찾아 다닌다.

→ 문제풀이 시 논리적인 사고과정이 패턴에 앞서 자유롭게 적용될 수 있도록 체득해야 한다. 그리고 문제 클리닉 과정을 통해 틀린 이유가 무엇인지 구체적으로 찾아 낼 수 있어야 한다.

→ 수학공부를 통해 개선된 사고방식이 일반 행동 자세에 반영이 되려면, 충분한 사고의 근육이 쌓여야 한다.

3) 내용에 대한 인식 수준

같은 내용을 들었을 때, 양 방향 이해를 시도하고, 점차 코끼리의 대략적인 윤곽을 그려낼 수 있다.

→ 처음 이론을 접했을 때 먼저 설명을 한다는 입장에서 이론의 내용을 꼼꼼히 읽어 본다. 이때 알고 있는 것을 넘어서 설명이 안 되는 부분을 찾아내어 수업시간을 통해 또는 스스로 그 이유를 찾아 낼 수 있어야 한다.

▶ 이 단계에 올라선 아이들은 앞 단계를 통과했던 노력을 통해 이미 기본 근육

을 갖추었고, 일정한 성취감도 맛보았기 때문에, 지속적인 훈련을 하기가 훨씬 수월해 진다. 그렇지만 아직 맛본 수준이기 때문에 관련 근육을 충분히 쌓고 필요한 감각을 익히는 것이 무엇보다 중요하다. 그것만이 그 다음 단계로의 도약을 가능하게 해 줄 것이기 때문이다.

이 단계에게 훈련시켜야 할 내용의 주된 방향은 2단계의 사고 깊이까지 논리적인 사고를 자유롭게 전개할 수 있도록, Level 1 기초 근육을 충분히 다지고, 점차적으로 Level 2 근육을 만들어 가는 것이다. 그것을 위해서는 표준문제 해결과정 4Step 사고-Two Cycle에 해당하는 Level 2 사고과정을 인지하여야 하고, 그러한 사고의 깊이를 요구하는 난이도를 가진 문제 풀이를 통해 필요한 사고근육이 충분히 만들어 지도록 해야 한다.

사고력 Level 2 - 3 단계

1) 기본 행동 자세

처음부터 지도를 만들 작정으로 주위를 관심 있게 둘러본다.

이미 온 김에 약간의 시간을 더 투자하여 일부러 돌아가 보기도 한다.

－ 새로운 길을 가는 것을 두려워하지 않고, 오히려 즐긴다.

  전체 입장을 고려하여, 각 상황에 맞는 최선의 선택을 생각한다.

2) 수학 공부 자세

이론간의 연결을 통해 통합지도를 완성하려 한다.

이론의 이해과정이 문제풀이의 사고과정과 같음을 인식한다.

필요시 집중할 수 있으며, 그에 따라 깊이 있는 사고에 자유롭다.

→ 문제풀이를 위한 논리적인 사고과정이 긴장상황에서 조차도 자유롭게 적용될 수 있도록 체득되어야 한다. 그리고 문제 클리닉 과정을 통해, 스스로 틀린 이유가 무엇인지 정확히 찾아 내고, 요구되어 지는 부분을 고칠 수

있어야 한다.

3) 내용에 대한 인식 수준

같은 내용을 들었을 때, 다 방향 이해를 시도하고, 실제에 가까운 코끼리의 모습을 그려낼 수 있다.

→ 혼자서 이론공부를 마친 후, 바로 난이도 2−3단계의 문제를 풀어본다.

　이론에 대한 자신의 이해정도 및 표준문제해결과정의 체득수준을 점검할 수 있다.

▶ 이 단계에 올라선 아이들은 앞 단계를 통과했던 노력을 통해, 나름의 이론지도를 갖춘다면 이미 스스로 문제를 풀어 갈 수 있는 기본사고능력을 충분히 갖추었다고 본다. 이제 남은 것은 문제해결과정에 대한 속도/감각을 키우면서, 누군가의 도움 없이도 스스로 이론지도를 완성해 나갈 수 있는 능력을 갖추어야 한다. 즉 스스로 지속적인 발전을 해 나갈 수 있는 수준으로 올라서는 것이다.

이 단계에 있는 아이들에게 훈련시켜야 할 내용의 주된 방향은 3단계의 사고 깊이까지 논리적인 사고를 자유롭게 전개할 수 있도록, Level 1/2 기본 근육을 충분히 다지고, 점차적으로 Level 3 근육을 만들어 가는 것이다. 그것을 위해 표준문제해결과정 4 Step 사고−Three Cycle 에 해당하는 Level 3 사고과정을 인지하고, 그러한 사고의 깊이를 요구하는 최상 난이도를 가진 문제풀이를 통해 필요한 사고근육을 만들어 가야 한다.

CHAPTER
02

고등수학이론

우리가 공부하고 있는 수학은 어떤 것인가?

우리가
공부하고 있는 수학은 어떤 것인가?

세부 이론학습과정에 들어 가기에 앞서,

이 책의 효과를 극대화하기 위하여, 이론의 내용을 읽어 나갈 때 주의할 점을 집어 보도록 하겠다.

각 이론이 제시하고 있는 내용의 습득만이 이론공부의 주된 방향이 아님을 상기하자. 이론 공부의 주된 방향은 가정에서 결론을 이끌어 내는 논리적인 사고과정의 훈련이다. 그리고 그러한 훈련과정을 통해 자연스럽게 부분을 엮어 큰 그림을 그려낼 수 있는 이론지도 제작능력을 키우고, 부차적인 이론지도도 얻는 것이다. 그리고 이렇게 이론지도를 완성할 수 있어야만, 이론의 개념과 원리를 정확히 이해했다고 할 수 있는 것이다. 그런데 정작 이러한 이론지도 자체는 학생시절의 훈련과정이 끝나고 나면, 대부분은 사회생활을 할 때는 써먹지 않게 된다. 반면에 논리적인 사고능력과 이론지도 제작능력은 사회 생활에서 각자의 역할을 결정하게 할 중요한 척도가 된다. 주어진 상황에서 올바른 판단을 할 수 있는 능력을 갖춘 사람은 리더가 될 것이고, 그렇지 못한 사람은 리더가 시키는 일을 할 수 밖에 없는 단순 노무자가 될 것이다. 시험만을 목적으로 피상적으로 생각하여, 단순히 이론공식을 외우고 각종 변형 상황에 따른 적용방법들을 기계적으로 익힌다면, 정작 필요한 논리적인 사고능력과 지식지도 제작능력은 키워지지 않을 것이다. 또한 이론의 형태적인 면들만 기억하게 될 뿐, 이론의 개념과 원리를 익히는 것은 요원하게 된다.

따라서 각 이론 과정을 읽어 나갈 때, 이론의 결론 현상 자체에 초점을 맞추지 말고, 가정에서 결론을 이끌어 내는 논리적인 사고과정에 초점을 맞추어 전개 과정의 흐름을 이해하려고 노력해야 한다. 왜냐하면 중/고등수학 이론은 내용 자체의 중요성보다는 논리적인 사고과정을 훈련하기 위한 소재로서의 역할이 더욱 크기 때문이다.

이 책의 이론학습과정은 이러한 근본적인 훈련 목적을 달성하기 위하여,
각 4 Step 단계별로 그때까지 밝혀진 내용들을 실마리로 하여 목표로 가는 경로를 찾는 논리적인 사고과정(/접근방법)에 초점이 맞추어 쓰여 졌다. 그래서 때로는 결과적으로 단순한 것으로 보이는 것에도 그러한 사고과정을 설명하려다 보니, 다소 복잡하게 느껴지는 부분도 있을 것이다. 처음에는 어렵게 느껴지는 것도, 반복하면 점점 쉬워지는 것이 이 세상의 이치이다. 올바른 방향을 갖추고 꾸준한 노력을 통해 학생들이 각자의 효과적인 이론공부 습관을 갖추어 가는데 좋은 길잡이가 되기를 바랍니다.

수학공부는 "생각의 과정에 대한 훈련" 이다.

이론학습이란,

방법적인 측면에서는

이론의 가정으로부터 결론을 이끌어내어 가는

논리적인 사고과정에 대한 훈련이고,

결과적인 측면에서는

본격적인 문제해결 훈련의 장이 될 대상 이론 지역들에 대한

효과적인 이론지도의 생성 및 확장이라 할 수 있다.

■ 접근시각에 따른 수학 분야에 대한 이해 : 기하학/해석학/대수학

각각의 수학 학문 분야에 대한 이해를 통해 큰 그림을 그려보고, 각 분야의 세부 내용에 해당되는 개별 수학 이론들을 이해하는 것은 방향과 방법 측면에서 수학이론에 대한 아이들의 실전 공부를 훨씬 수월하게 해 줄 것이다. 아래의 내용은 이러한 목적으로 각 분야에 대한 전문적인 정의 보다는 아이들의 이해를 돕기 위한 방향에서 개괄적으로 기술되어 졌다.

다음의 상상을 해 보자.

한 사물을 접했을 때, 그것을 보다 정확히 이해하려 한다면, 우리는 과연 어떤 조사/공부를 해야 할까?

우선, 사물의 외형을 분석하고, 그것이 가지는 특정들을 정리할 것이다. 그리고 난 후 두 번째로는 사물을 구성하는 재료들을 분석하고, 그것이 어떤 조합을 통해 만들어 졌는지 알려고 할 것이다. 즉 사물의 내적 요소 및 그들이 가지는 특징들을 정리할 것이다.

마지막으로 현명한 사람은 별도의 시간을 들여 이번 경험을 통해 얻은 유용한 부분들에 대해 일반화 및 추상화 작업을 거쳐, 다음 기회에 재사용될 수 있도록 정리할 것이다.

누군가가 이러한 방식으로 새로운 것을 접하고 행동해 나간다면, 그는 분명 명석한 사람일 것이다.

다음의 수학의 대표적인 세가지 분야는 이러한 접근방식을 각기 내포하고 있다고 할 수 있다.

- 기하학 : 대상의 분석을 위한 외적 모습 및 성질에 대한 연구, 거시적 접근방법
      → 예: 도형
- 해석학 : 대상을 만들기 위해 필요한 내적 요소 및 성질에 대한 연구, 미시적 접근방법

→예: 함수/미적분
 - 대수학 : 대상(구성요소)들 간의 관계에 대한 추상적 표현 및 성질에 대한 연구
→ 예: 방정식

그런데 각 분야의 접근방식은 시각에 따른 각기 나름의 장단점을 자연스럽게 가지게 된다. 따라서 효과적인 발전을 위해서는 상호 보완이 반드시 요구되어 진다. 이에 수학분야의 발전방향 또한 그러한 수요를 반영하면서 나아가고 있는 것이다. 마치 사람이 다양성을 흡수하면서 발전해 나가는 것처럼…

이러한 측면에서 보더라도, 수학공부가 단지 시험을 보기 위한 수단으로만 이용되어서는 안 된다.

올바른 수학공부를 통해 학생들은, 성인이 되어 어떤 새로운 사물/상황을 접했을 때, 당황하지 않고 다양한 시각을 통합하여 그것을 정확히 분석해 냄으로써, 올바른 선택과 행동을 할 수 있는 간접적인 경험 및 세부 노하우를 얻을 수 있어야 할 것이다. 물론 이러한 노하우는 이론 자체의 내용보다는 접근방법에 더 관련되어져 있다 하겠다.

우리 선생님들은 그러한 공부의 방향성에 대해 아이들이 점차 주지해 나갈 수 있도록 지속적으로 관심을 갖고 격려해야 할 것이다. 많은 아이들은 수학공부를 왜 해야 하는지 방향성을 갖고 있지 못한다. 그저 부모님이 시키니까 그리고 남들보다 잘한다는 증명이 될, 시험을 단지 잘 보기 위해서 맹목적으로 하고 있는 것이다. 그래서 수학공부가 점점 지겹고 재미가 없어지는 것이다. 그러나 앞에서 설명한 인식과 방향성을 가지고 수학의 이론공부를 해나가며, 관련 문제풀이를 통해 논리적인 사고과정을 꾸준히 향상시켜 나간다면, 우리 아이들은 지금의 공부가 나중에 어떻게 도움이 되는지 인지할 수 있게 될 것이며, 공부를 해 나갈수록 스스로 똑똑해져 감을 느끼게 될 것이다.

정리하면 수학공부에 대한 올바른 인식과 행동은 수학공부에 대한 동기부여 뿐만 아니라 수학공부 자체를 덜 힘들게 할 것이다.

고등수학 이론 체계 및 학습 순서도

| 개체 관점에서의 현상 및 변화과정 | 이미적 관점에서의 다양한 시각에 따른 미시적 관계 연구 | 개체관점에서의 가시적 관계 연구 |

개체관점에서의 가시적 관계 연구

확률과 통계

〈확률〉 6

1. 경우의 수를 구하기 위한 접근적인 일반적인
2. 순열과 조합의 이해
3. 중복순열에 대한 이해
4. 중복조합에 대한 이해
5. 순열/조합/ 중복순열/ 중복조합의 원리 그리고함수의 종류와의 상호 관계
6. 독립시행과 종속시행의 이해

이미적 관점에서의 다양한 시각에 따른 미시적 관계 연구

해석학 (/내재적 관계)

〈함수 이해: 확장〉 4

1. 함수의 개념에 대한 이해 - 올바른관계 그리고 관점
2. 합성함수와 매개변수 차원의 이해
3. 역함수의 항상화

〈함수와 그래프: 확장〉 5

1. 좌표와 그래프의 이해
2. 그래프의 변화에 대한 해석
- 함수의 평행이동/대칭이동의 이해 : 관점의 차이에 대한 이해

〈함수의 종류〉 1

1. 다항함수/유리함수/무리함수의 이해
   - 수의 체계와 식의 체계
   - 다항함수 /분수함수 /무리함수에 대한 그래프의 이해
2. 지수함수/로그함수: 자연상수의 이해
3. 지수함수/로그함수: 그래프의 이해
4. 로그함수: 지표와 가수의 이해
5. 삼각함수의 이해
   - 라디안의 이해
   - 기울기를 표현하는 방법의 차이
   → $l = r\theta, S = \dfrac{1}{2}r^2\theta$
   - 삼각비는 무엇을 뜻하는가?
   - 사인정리의 기하학적 이해
   - 코사인 제 2법칙의 이해
   → 피타고라스정리의 일반화
   - 각의 합에 대한증명과정의 이해
   - 삼각함수: 함성정리의 이해

대수학 (/관계의 임의적 표현)

〈수에 대한 이해〉 3

1. 수의 의미 및 분류체계에 대한이해 (복습)
2. 비례식의 성질 : 가비의 리 정리의 이해

〈대수의 이해: 함수와의 연결〉 6

1. 이차방정식 근의 공식과 인수분해
   → 하근에 대한 항상화
2. 방 정 식 과 함수그래프와의 관계
   - 방정식에 대한 근의 항상화
   - 근이 (0, 1) 구간에 존재할 경우에 대한 항상화
3. 부등식풀이와 함수그래프와의 관계
4. 부 정방정식 풀이를 위한 접근방법

〈대수의 이해: 기하와의 연결〉

1. 산술/기하/기하/조화평균에 대한 기하학적 이해

기 하 학 (/외향적 관계)

〈평면기하학〉 2

1. 삼각향정리:중명과정을 통한난이도에 따른 표준 문제해결 과정의 이해
   - 각의 이등분선 정리
   - 변의 이등분선 정리
2. 원의 성질:이해를 위한 표준문제해결과정의 적용
   - 왜 원주각은 모두 같은가

3. 도형과 함수 5
   - 점과 직선 사이의 거리
   - 원/포물선
   - 타원/쌍곡선

개체 관점에서의 현상 및 변화과정

집합과 논리

1. 명제 그리고 증명을 위한 접근방법의 이해
   → 연역법과 귀
   → 대우증명법과
1

고 등 과 정

: 1학년
: 2학년
: 3학년

고등과정

〈통계〉 (4)

1. 통계의 목적/성격 그리고 기본적인 자료분포 분석방법
2. 도수분포표의 이해
3. 이항분포의 이해
4. 정규분포의 이해
   - 일반 이산확률 분포의
   - 이항분포와의 관계
   - 이산확률
   - 분포함수와 연속 확률분포함수 에서의 확률에 대한 이해
   - 표준정규 분포함수의 이해
5. 표본평균의 분산에 대한 이해
   : 항상화
6. 표본비율의 분산에 대한 이해

〈함수와 수열〉 (2)

1. 수열의 함수적 해석 - 등차수열의 이해
   - 등차수열의 이해 - 계차수열의 이해
2. 수학적 개념들과 점화식
   - 점화식의 종류 : 수열의 귀납적 현상

〈극한〉 (3)

1. 수열의 극한 그리고 급수
   - 수열의 극한에 대한 함수적 이해
   - 급수의 수렴에 대한 함수적 이해
   - 함수의 극한 그리고 연속
2. 좌극한값/우극한값/극한값의 항상화
   - 연속의 정의에 대한 항상화
3. 극한값의 판정 그리고 그래프 그리기

〈미분〉 (4)

1. 미분의 이해
   - 미분의 정의에 대한 항상화
   - 미분가능한 함수에 대한 항상화
   - 기울기/접선의 방정식이 갖는 의미
2. 로피탈정리의 해석 : 극한값의 변화율
3. 역함수 미분의 항상화
4. 합성함수 미분의 항상화: 미분의 확장에 대한
   - 매개변수 미분의 항상화: 미분의 서술적 이해

〈적분〉 (1)

1. 적분의 이해 - 적분의 정의에 대한 항상화
2. 정적분 - 구분구적법의 이해
3. 부정적분의 이해
4. 미분과 적분의 활용 - 곡선의 길이 구하기
   - 일반함수에 대한 다항함수 표현 -테일러 급수

〈행렬: 다차원으로의 확장〉 (3)

1. 행렬에 대한 이해
   - 도입배경
   - 행렬과 벡터의 관계
2. 역행렬의 항상화
   - 역수 그리고 도형의 크기와의 관계
3. 행렬의 곱셈연산에 대한 이해
4. 행렬의 개념에 대한 역항의 에서의 이해
5. 행렬을 이용한 함수의 일차 변환에 대한 표현

〈벡타 평면에서 3차원 공간으로의 개념의 확장〉 (2)

1. 공간상에서의 각도의 측정 그리고 좌표축의 이해
2. 삼수선 정리의 항상화
3. 벡터 내적과 외적의 항상화
4. 공간에서의 직선방정식의 항상화
5. 공간에서의 평면방정식의 항상화

▲ 자기주도학습 길잡이: 기반 이론의 이론의 개념에 대한이해가 부족한 학생은 다음 페이지에 나와 있는 중등수학 이론체계를 참고하여, 미리 관련 단원을 공부한 후 학습에 임하길 바랍니다.

중등수학 이론 체계 및 학습 순서도

개체관점에서의 가시적 관계 연구

확률과 통계

- 5 1. 경우의 수
- 5 2. 도수분포표의 이해

의미적 관점에서의 다양한 시각에 따른 미시적 관계 연구

해 석 학 (/내재적 관계)

- 5 1. 함수에 대한 이해 - 올바른 관계 그리고 관점에 대한 이해
- 3 2. 그래프에 대한 이해 - 관계를 그림으로 형상화하라
- 4 3. 일차함수의 이해
- 2 4. 이차함수의 이해
- 3 5. 함수의 평행이동/대칭이동의 이해 : 관점의 차이에 대한 이해

대 수 학 (/관계의 임의적 표현)

- 1 1. 소인수분해와 약수의 개수 - 수는 어떻게 구성되어 있는가
- 2 2. 수의 의미 및 분류체계에 대한 이해 - 정수란 무엇인가
- 3 3. 참값/측정값/오차의 의미 그리고 연산 - 생활에서 우리가 실제로 다루는 수는?
- 4 4. 문자식에 대한 해를 구하기 - 문자에 대한 두려움을 없애라
- 5 5. 부정방정식 풀이를 위한 접근 방법

기 하 학 (/외향적 관계)

- 6 1. 삼각형의 합동조건에 대한 이해
- 7 2. 닮음에 대한 이해
- 8 3. 이등변삼각형에 관한 정리 증명 과정을 통한 문제해결을 위한 접근 방식의 이해
- 1 4. 삼각형의 내심/외심/무게중심
- 2 5. 삼각형 확장정리 증명과정을통한, 난이도에 따른 문제해결과정의 이해 : 직각삼각형의 수선 정리 : 피타고라스 정리 - 각의 이등분선 정리
- 1 6. 원의 성질

개체 관점에서의 현상 및 변화과정

집합과 논리

각 주제 이론의 증명 전개과정에서 자연스럽게 4Step 사고에 의한 논리적 사고방식이 스며들도록…

■ : 1학년
■ : 2학년
■ : 3학년

중 등 과 정

Part 1

집합(集合)과 논리(論理)

1. 명제 그리고 증명을 위한 접근방법의 차이에 대한 이해

01

1. 명제 그리고 증명을 위한 접근방법의
차이에 대한 이해

문제를 풀기 위해서 사고를 전개하는 방식에는 크게 연역적 사고방식과 귀납적 사고방식을 들 수 있다.

연역적 사고방식은 정해진 시작점에서 출발하여 한 발짝씩 단계적으로 목표지점으로 접근해 가는 방식이다. 그래서 누구나 이해하기가 쉽고, 일반적인 증명방식으로 사용된다.

예를 들면, 여자는 배란을 할 수 있는 자궁을 가지고 있으므로, 아이를 낳을 수 있다고, 합리적인 근거를 가지고 결론을 이끌어 내는 방식이다. 그래서 논리적인 전개의 오류가 없다면, 누구나 인정할 수 밖에 없다. 그와 반면에,

귀납적 사고는 관찰되는 몇 가지 현상으로부터 결론을 유추해 내는 방식이다.

예를 들면, 영희도 애를 낳았고, 미선이도 애를 낳았고, 지연이도 애를 낳았다. 그래서 여자는 아이를 낳을 수 있다고, 현상의 보편 타당성을 가지고 결론을 이끌어 내는 방식이다. 그래서 그럴 것이라고 생각은 드나, 절대적인 사실로 받아들이기는 어려운 추측의 성

형상화수학
고등수학 1등급 비결

격을 띠고 있다.

일상생활에서는 어떠한 사고 방식이 더 많이 사용될까? 한번 생각해 보자.

과학의 발전에는 이 두 가지 사고 방식이 모두 필요하다.

미지의 영역에서, 앞으로 나아갈 방향을 설정할 필요가 있을 때는, 즉 지금 발견할 수 있는 사실들에 기반하여, 하나의 가설을 세울 때는 귀납적 사고 방식이 필요하며, 그렇게 세운 가설을 누구나 이용할 수 있도록 하기 위해서는 연역적 사고 방식에 의해 그것을 증명하는 것이 필요하다. 하나의 가설이 그렇게 증명이 되면, 그것은 하나의 정리(/사실)가 되는 것이다. 그리고 그러한 정리(/사실)는 누구나 인정할 수 있고, 안심하며 사용할 수 있는 것이다.

그런데 어떤 문제는 연역적인 사고방식으로만 증명하기는 매우 어렵지만, 이 두 가지 사고방식을 적절히 혼용하여 각각의 특징을 잘 이용한다면, 좀더 효과적으로 접근할 수도 있다. 예를 들어 귀납적으로 발견된 현상에서 출발하여 연역적인 논리를 더한다면, 발견된 사실로부터 연역적으로 확장된 부분까지 즉 비록 전체는 아니더라도 부분적으로 믿을 수 있는 영역을 어렵지 않게 구축할 수 있다. 그런 후 점차적으로 그 영역을 확장해 나가며, 전체에 접근해 가는 것이다. 이 시점에서 이러한 방법이 뭔지를 알아차리는 분들도 있을 것이다. 맞다, 수학적 귀납법이 이러한 접근방식의 대표적인 예인 것이다.

기본적인 증명방식은 누구나 믿을 수 있는 연역적인 사고방식을 따라야 하지만, 수학적 귀납법과 같이문제를 풀기 위해서 실제 접근할 수 있는 방식에는 여러 가지 혼용 방법이 있을 수 있는 것이다.

효율적인 접근을 위한 이러한 혼용방법을 생각할 때, 우리는 여기에 한가지 더 고려해야 할 사항이 있는 데, 그것은 사고의 방향성 측면이다. 대부분 일차적으로는 출발지점부터 목표지점까지 순방향으로 직접 가는 지름길을 생각하지만, 차분히 전체를 돌아보고 목표지점의 위치를 파악해 보면, 상황에 따라 조금 돌아가더라도 역방향으로 되집어 가는 길이 현실적으로 효과적일 때가 많다.

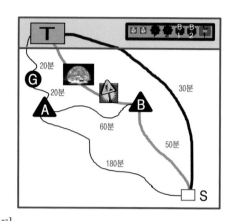

그럼 지금부터 우리에게 익숙하고 가장 대표적인 원 방향에서의 연역적 사고방식 이외에, 몇 가지 유용한 사고방식들에 대해 알아보도록 하자.

첫 번째는 앞서 예시한 역방향에서의 접근방법이라 할 수 있는 대우방향에서의 연역적 사고방식이다.

오른쪽 지도상에서, S지점에서 출발하여 G지점까지 가는 가장 빠른 방법은 무엇일까?

그림자 처진 것처럼 상위부분을 아직 모르고 있다면, 아마도 대부분은

B교차로와 A교차로를 경유해서 G지점까지 가는 루트를 선택할 것이다.

이 길은 약 130분 소요될 것으로 예상된다.

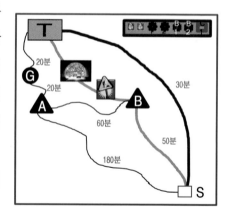

그런데 설사 지리는 알고 있어도 전체를 보고 판단하지 않는다면 또는 파란색 길과 T교차를 경유해서 가는 루트는 돌아가는 길이라 아예 생각지 않는다면, 아마도 같은 루트를 선택할 것이다. 이것은 우리들 대부분이 원 방향에서의 연역적인 사고에 익숙하기 때문이다.

반면에 평소 익숙한 원 방향의 사고에서 벗어나, 전체 지도를 보고 가장 빠른 길을 찾아보자.

비록 돌아가더라도, 당연히 여러분은 파란색 길과 T교차를 경유해서 가는 길을 선택할 것이다.

그 루트는 50분 소요될 것으로 예상되며 이전 루트보다 약 절반의 시간이 절약된다.

이렇게 돌아가더라도, 즉 사고의 방향이 평소와 반대라도, 우리는 상황을 냉철히 판단하여, 목적지에 따라 효율적인 접근을 할 수 있어야 한다.

이것이 대우방향에서의 연역적 사고방식이다.

대우방향에서의 연역적 사고방식을 밴다이어그램을 이용하여 표현해 보자.

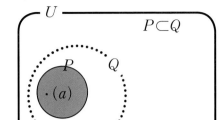

〈그림1〉

하나의 가설/문제는 명제 $p \rightarrow q$로 해석 될 수 있다.

그리고 P, Q가 각각 조건명제 p, q의 진리집합에 해당된다고 할 때, (Cf. 진리집합: 조건명제가 참이 되게 하는 대상 원소들의 집합) 일반적으로 이 가설이 참인 것을 보이려면, $P \subset Q$임을 보이면 된다.

즉 집합 P에 속하는 모든 원소 a가 집합 Q에 속함을 보이면 되는 것이다. 이것이 〈그림1〉에서 묘사하고 있는 원 방향에서의 연역적 증명방식이다.

그런데 P에 속하는 원소의 개수가 많은 때는 이 접근방식이 쉽지 않게 된다. 그럴 때 생각할 수 있는 것이 대우방향에서의 접근이다.

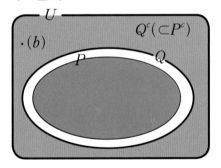

〈그림2〉

〈그림2〉와 같이 $P \subset Q$임을 보이는 것과 $Q^c \subset P^c$을 보이는 것은 동치이다. 즉 같은 현상에 대해, 바라보는 시각만 서로 다른 것이다. 그런데 전체집합에서 P의 원소가 많다는 것은 반대로 여집합에 해당하는 P^c의 개수, 더욱이 Q^c의 개수는 적을 것이라는 것을 예상할 수 있다.

따라서 그러한 경우에는 $P \subset Q$임을 보이는 것 대신에 $Q^c \subset P^c$임을 보이는것이 훨씬 효율적이 되는 것이다. 즉 집합 Q^c에 속하는 모든 원소 b가 집합 P^c에 속함을 보이면 되는 것이다. 이것이 〈그림2〉에서 묘사하고 있는 대우 방향에서의 연역적 증명방식이다. 실전 적용에 있어 기준으로 삼을 만한 포인트는, 문제를 풀 때 처음 시도한 방향에서 해당 경우의 수가 너무 많아 풀어가기가 쉽지 않을 때, 접근할 수 있는 유력한 방식이다. 물론 균등하게 분포되어 Q^c의 개수도 많을 수가 있는 데, 그러한 경우에는 이 접근방식도 적용하기 어렵게 된다. 그런 경우, 다른 조건을 더 찾아내어 범위를 좁히는 쪽으로 방향을 맞추어야 할 것이다.

두 번째는 귀류법으로 알려진 접근방법인데, 이것 또한 관점을 달리 한 대우방향에서의 연역적 접근방식이라 할 수 있다. 다만 접근방향을 명제를 성립하게 하는 기본 가정들을 담고 있는 표본공간에 초점을 맞춘 것이다. 즉 주어진 명제(의 결론)를 부정할 경우, 현재 명제가 존재할 수 있는 기준이 되는 표본공간의 체계에 반드시 오류가 생기게 됨을 보여, 현재 표본공간 내에서는 주어진 명제가 참이 될 수 밖에 없음을 보이는 것이다.

어찌 보면, 전체 집합에 해당하는 전체 공간 (Universe)이란 우리가 믿고 따르는 세상의 진리(/규칙)가 통용되는 공간이라 하겠다. 비록 현재 인류는 창조자라 할 수 있는 하느님이 만들어 놓은 그러한 진리/규칙을 하나씩 찾아내고 있는 형편이지만…

그런데 시각을 달리하여, 각 개인의 입장에서 생각해 보면,

우리 각자는 자신이 만들어 놓은(/이해하고 있는) 규칙이 통용되는 각자의 Universe, 별개의 표본공간 S를 가지고 있는 듯하다. 각자의 입장에서는 S^c가 공집합(ϕ)으로 여겨질 것이다.

그리고 우리는 각자 자신의 시각에서만 생각하기 때문에 서로 맞네, 틀리네 하고 있는 것이 아닐까 한다…

왜냐하면 하나의 정의된 표본 공간(S)에서 어떤 명제가 항상 참이라는 것은 진리집합이 표본공간인 전체집합에 해당 됨을 의미한다, 그리고 해당 명제가 항상 거짓이라는 것은 그 진리집합이 공집합이라는 것과 동일하다. 물론 깨달음이 깊어질 수록 각자의 표본공간은 점점 커져서 전체공간으로 발전하게 될 것이다.

그럼 명제의 관점에서 이러한 표본공간은 어떻게 형성되는 것일까?

표본공간은 참인 명제 $p \to q$ 에서, 가정 p가 모여서 만든 체계, 공간이라 할 수 있다. 현재 우리가 배운 대부분의 정리(/명제)들은 유클리드 원론의 기본 공리/공준에서 출발하여 만들어 졌다. 그래서 이렇게 만들어진 정리들을 근간으로 만들어진 표본공간을 우리는 유클리드 공간이라고 부른다. 그런데 이 유클리드 공간은 기본적으로 평행선 공리/공준이 통용될 수 있는 평면기하학을 전제로 하고 있다. 참고로 삼각형의 내각의 합이 180°인 것이 바로 이 평행선 정리를 이용하여 파생된 것임을 상기해 보자.

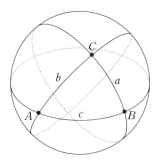

그런데 왼쪽의 그림처럼, 곡면상의 세 점을 이용하여 만든 삼각형 $\triangle ABC$의 내각의 합은 어떻게 될까? 한 눈에 보아도 180°가 넘을 것이라는 것은 쉽게 생각힐 수 있을 것이다. 유클리드 이후 2000년의 시간이 지난 후인 19세기에 이르러서야, 이러한 곡면기하학 측면에서 수학은 새롭게 지평을 넓혀가게 되는데, 이렇게 확장된 전체 공간을 상대적으로 비유하여 비유클리드 공간이라고 부른다. 곡면기하학의 관점에서 평면기하학(/유클리드기하학)은 곡률이 0인 특정 경우에 해당하는 것이다. 그리고 이러한 발전을 기반으로 비로서 아인쉬타인의 상대성이론이 탄생하게 된 것이다.

여기서 조심해야 할 것은 유클리드 기하학이 잘못된 것으로 생각해서는 안 된다는 것이다. 비록 전체 세상의 흐름을 해석하진 못했지만, 미시적 관점에서 평면기하학은 여전히 유효하기 때문이다. 예를 들어 우리는 크게는 지구 표면이라는 곡면상에 위치하여 있지만, 작게는 우리 동네라는 평면상에 위치하고 있는 것이다. 즉 비유클리드 기하학의 탄생은 곡률이 0인 경우에 유효한 평면기하학이 다른 곡률을 포함하는 일반적인 곡면기하학으로 발전한 것인 것이다. 그리고 그에 따라 확장된, 새로운 표본공간인, 비유클리드 공간이 만들어 진 것이다.

이러한 표본공간에 대한 이해를 바탕으로, 역사적으로 유명한 하나의 예시 문제를 가지고 귀류법의 과정을 이해해 보자.

예시문제〉 " $\sqrt{2}$ 는 유리수가 아니다" 임을 증명하라.

역사적 배경

사실 $\sqrt{2}$ 가 무리수임은 피타고라스의 제자인 히파수스가 처음 발견하였다. 직각삼각형에서 빗변 길이의 제곱은 다른 두 변 길이의 제곱의 합과 같다는 피타고라스의 정리에서 한 변의 길이가 1인 정사각형의 대각선의 길이가 $\sqrt{2}$ 가 된다는 사실을 알아낸 것이다. 그렇지만 그것을 발견할 당시, '만물은 정수와 그 비에서 성립한다'고 생각했던 피타고라스는 무리수의 존재를 알고도 그 사실을 비밀에 붙였다. 하지만 그의 제자인 히파수스는 선상에서 그 사실을 주장하다 배신자로 몰려 바다에 빠져 죽음을 맞이한다. 그들이 새로운 수의 발견을 감추려 한 이유는 무엇이었을까? 수학은 그들의 삶에서 아주 특별한 것으로 전체적인 믿음체계에 영향을 주는 생활의 철학이었다. 우주의 근본은 수이며 정수와 이들의 비(유리수)로 모든 것을 나타낼 수 있다고 믿었다. 다른 수가 존재한다는 것의 필요성을 받아들이려 하지 않았던 것이다. 따라서 히파수스가 정사각형의 대각선을 표현할 수 있는 수가(유리수에서는) 존재하지 않는다는 것을 보이자 그들은 큰 혼란에 빠졌고, 급기야 히파수스를 죽음에 이르게 한 것이다.

문제의 해석

특별한 다른 명시가 없으므로, 현재 통용되고 있는 수의 체계에 관한 표본공간이 전제되어 있음을 알 수 있다 : 명제 $p \rightarrow q$ 에서 가정 p 에 대한 묵시적 해석

증명과정) 접근방법 → 귀류법 : $\sim q \rightarrow \sim p$

① $\sim q$: $\sqrt{2}$ 가 유리수라고 가정하면 $\sqrt{2} = \dfrac{b}{a}$ (a, b 서로소, 단 $a \neq 0$)과 같은 기약분수로 나타낼 수 있다.

② 이 식의 양변을 제곱하면, $2a^2 = b^2$ → b^2 짝수 → 홀수의 제곱은 홀수이므로, 즉

Note : 0 이란 숫자는 기원후 4-500경에 인도에서 처음 사용되었다고 한다. 그러나 이것은 십진법의 개념에서 수를 나타내기 위한 것이었고, 기준점으로서 정수의 개념이 체계적으로 사용되기 시작한 것은 12세기 중세에 이르러서이다.

$$b=2k \rightarrow b^2=4k^2$$

③ $2a^2=b^2 \rightarrow b^2=4k^2 \rightarrow a^2=2k^2 \rightarrow a^2$ 짝수 $\Rightarrow a=2k$

④ $\sim p$: $\dfrac{b}{a}$ 이 기약분수가 아니게 되므로, 이것은 표본공간상의 수의 체계에 모순을 불러온다.

따라서, 결론의 부정인 $\sqrt{2}$ 가 유리수라는 가정은 거짓이 된다. 즉 $\sqrt{2}$ 는 유리수가 될 수 없으며, 현재 실수의 체계상 무리수이어야만 한다

귀류법은 위와 같이, 현재 자신이 속해 있는 표본공간을 인식할 수 있게 하는 접근방식이라 하겠다.

어떤 명제 $p \rightarrow q$ 가 참이라는 것을 원방향에서 증명하는 것 대신에, 대우방향에서 접근하여 그것의 결론을 부정할 경우 (Q^c), 가정이 모순됨(P^c)을 증명하는 접근방식이다. 즉 대우명제인 $\sim q \rightarrow \sim p$ 가 참임을 증명하는 것이다. P^c 을 인식하려면, P 를 인지해야 하니까…

이런 생각을 가지고 귀류법의 사전적 정의를 음미해보자.

- 귀류법 : 어떤 명제가 참임을 증명하고자 할 때, 그 명제의 결론을 부정함으로써 가정 또는 공리 등이 모순됨을 보여 간접적으로 그 결론이 성립한다는 것을 증명하는 방법이다.

세 번째는 수학적 귀납법으로 알려진 혼용 접근방식이다.

이 접근방법은 발견된 유용한 현상에서 출발하여 연역적 사고를 더함으로써, 목표범위까지 점차 참이 되는 영역을 넓혀 가는 방식이다.

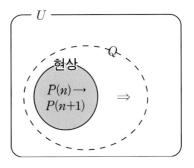

– 수학적 귀납법 : 자연수 n, a에 대하여,

$P(n)$이 참일 때 $P(n+1)$이 참이고 $P(a)$가 참이면, 모든 $n \geq a$에 대하여 명제 $P(n)$은 참이다.

수학적 귀납법을 이용한 대표적인 예가 점화식(항간의 관계)을 이용한 수열의 일반항을 구하는 문제이다.

(예) 목표 : 1, 2, 4, 7, 11, 16, 22, …로 전개되는 수열에서 n번째 수는 $\dfrac{(n^2-n+2)}{2}$임을 증명하라.

　→ 이 경우, 단순히 연역적으로 방법으로만, n번째 수를 추론하기에는 쉽지 않다.

① 수열의 관찰을 통해 발견할 수 있는 첫 번째 현상:

계차 간의 수의 전개가 1, 2, 3, …으로 나아감을 발견하여, $a_{n+1}=a_n+n(n \geq 1)$임을 찾아낸다.

　→ 이 관계식은 a_n의 값이 존재하면(/a_n이 참이면), a_{n+1}의 값도 결정할 수 있다(/a_{n+1}도 참이다)는 것을 뜻한다. 즉 $P(n)$이 참일 때 $P(n+1)$도 참이라는 수학적 귀납법의 첫번째 조건에 해당한다.

② 두 번째 현상: $a_1=1$

　→ $n=1$ 일 때의 a_1 값이 주어지거나 정할 수 있다. 즉 $P(1)$이 참임을 뜻한다.

③ 연역적 사고: 첫 번째 현상으로 발견된 식에 n에 1부터 n까지 넣어 구체적으로 나열해보면,

$a_2=a_1+1$, $a_3=a_2+2$, $a_4=a_3+3$, $\cdots$, $a_n=a_{n-1}+(n-1)$ 으로 표현된다.

이제 좌변과 우변을 모두 더하여 정리하면,

$a_n=a_1+(1+2+3+\cdots+(n-1))=1+\dfrac{n(n-1)}{2}$가 됨을 알 수 있다.

$\therefore a_n=\dfrac{n^2-n+2}{2}(n \geq 1)$

Part 2
기하학(幾何學)

01

평면기하학

1. 삼각형정리 : 증명과정을 통한 난이도에 따른 표준문제해결과정의 이해

◆ 각의 이등분선 정리

각의 이등분선 정리 : 오른쪽 그림과 같이, 한 각의 이등분선과 마주보는 변과의 교점이 생길 때, 다음의 관계가 성립한다.

$$\overline{AB}:\overline{AC}=\overline{BP}:\overline{PC}$$

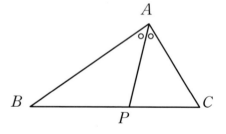

〈증명을 위한 사고의 과정〉

이번 정리는 주어진 조건을 이용해서 실마리를 찾아가는 기본 문제해결원리를 잘 적용하는 것은 물론, 한 단계 더 나아가 확장을 해야만 증명할 수 있는 비교적 난이도가 어려운 문제이다. 이번 증명과정을 통해 확장을 할 때는 어떤 방향으로 해야 하는 지 알아보자.

(상황의 정리 : 내용 및 목표 형상화)

우선 목표는 무엇이고, 내가 무엇을 가지고 있는지 현재 상황을 정리해보자.
명시적으로 주어진 조건은 $\angle BAP = \angle CAP$이 전부인 간단한 상황이다. 그리고
목표는 주어진 관계식이 만족한다는 것을 보이는 것이다.

(실마리/접근방법 찾기 : 이론 적용)

1. 현재 주어진 상황 판단:

    가정으로 주어진 조건은 간단하지만, 목표 관계식이 비례식 형태이므로 닮음비가 관
    련되어 있음을 알 수 있다. 따라서 관계식에 사용된 변들을 가진 닮음 삼각형 두
    개를 찾는 것으로 해결방향을 잡는다. 그런데 문제는 현재 형상화된 모양 그대로를
    가지고는 닮은 삼각형 후보들이 보이지 않는다는 것이다.

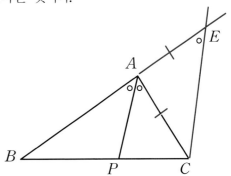

2. 해결 방향 모색 :

1) 닮음비와 관계가 있는데, 현재 구도로는
    닮은 삼각형이 보이질 않으므로, 확장을
    통해 닮은 삼각형을 만들어 내는 방법을
    모색한다. 그러면 확장의 방향은 어떻게
    해야 할까? 일차적으로 효율성을 생각한다면, 현재 주어진 조건을 이용해는 방향으
    로 찾아야 한다. 즉 두 각이 같음을 이용하면서 닮은 삼각형 두 개를 만드는 방법을
    찾아야 하는 것이다.

2) 각과 연관된 우리가 쉽게 떠올릴 수 있는 정리로는 평행선 정리(:동위각/엇각의 크기
    가 같다)가 있다. 그것을 이용하여 한번 확장을 시도해 보자.

여기까지 생각을 전개한다면, 자연스럽게 아래의 실행에 이르게 될 것이다.

(실행: 계획 및 실행)

선택한 접근 시나리오에 따라, 효율성을 고려하여 순서에 따라 하나씩 실행한다.

1. 평행선정리를 이용한 확장을 위하여,

점 C로부터 선분 AP에 평행한 반직선을 긋는다. 그리고 선분 AB의 연장선과의 교점을 E라고 잡는다. 이렇게 확장하고 보니, 2개의 닮음 삼각형이 나타남을 알 수 있다.

→ $\triangle BPA \propto \triangle BCE$

2. 평행선정리에 따라 $\angle BAP = \angle BEC$ (동위각), $\angle CAP = \angle ACE$ (엇각)

  ∴ 선분 AC=선분 AE (∵ $\triangle ACE$ 이등변

  삼각형)

3. Step1에서 $\triangle BPA \propto \triangle BCE$, Step2에

  서 선분 AC=선분 AE

→ $\overline{AB}:\overline{AE}=\overline{BP}:\overline{PC}$ → $\overline{AB}:\overline{AC}=\overline{BP}:\overline{PC}$

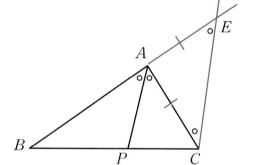

이런 방식의 증명과정을 통해 이론을 공부했을 때의 장점을 다시 한번 상기해 보자.

– 이론을 가장 정확하게 이해하고, 오래 기억하는 방법이다.

그냥 외운 것은 쉽게 잊혀 진다. 그러나 이해한 것은 연결된 끈이 많으므로 오래 기억된다.

– 이론의 증명과정에서 신규이론과 배경 이론들과의 연결 및 반복 적용 훈련 이 자연스럽게 이루어 진다.

  → 이론지도의 생성 및 확장

  → 닮은 삼각형 찾기, 평행선 정리 그리고 비례관계에 대한 적용연습

– 외운 풀이패턴에 의한 단순문제해결이 아닌, 상황분석과 주어진 조건을 이용해 논리적으로 실마리를 찾아가는 사고과정에 대한 훈련을 하게 된다. 더욱이 이번 증명에서는 일차적으로 막힌 상황에서 문제해결 실마리를 찾기 위해 확장을 어떻게 해야 하는지 알아본 것이 큰 의미가 있다 하겠다.

지금까지 이해한 내용을 정리하면,

다음과 같은 각의 이등분선 정리에 관한 이론간 초기 상관도를 얻을 수 있을 것이다.

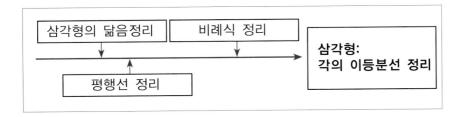

◆ 파보스정리: 변의 이등분선 정리

오른쪽 그림과 같이. 삼각형의 한 꼭지점에서
마주보는 변에 중선을 그었을 때, 다음의 관계
가 성립한다.

$$\to \overline{AB}^2 + \overline{AC}^2 = 2(\overline{AM}^2 + \overline{BM}^2)$$

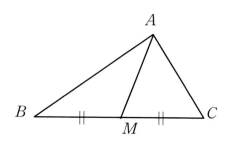

(상황의 정리: 내용 및 목표 형상화)

우선 목표는 무엇이고, 내가 무엇을 가지고 있는지 현재 상황을 정리해보자.
명시적으로 주어진 조건은 |선분BM|=|선분CM|이 전부인 간단한 상황이다. 그리고
목표는 주어진 관계식이 만족한다는 것을 보이는 것이다.

(실마리/접근방법 찾기 : 이론 적용)

1. 현재 주어진 상황 판단:

가정으로 주어진 조건이 간단하므로, 이것만 가지고 접근방법에 대한 실마리를 찾기가
어렵다. 따라서 문맥상에 숨어 있는 조건들을 찾아 봐야 하겠다. 그리고 관계식의 형태
또한 조건으로 이용할 수 있음을 상기하자.

이번 경우는 제곱식의 합의 형태를 가지고 있으므로, 피타고라스 정리를 활용할 수 있
을 것 같은데, 문제는 당장은 이용할 수 있는 직각삼각형이 보이지 않는다는 것이다.

2. 해결 방향 모색:

1) 피타고라스 정리와 관계가 있는 것 같은데, 현
재 구도로는 직각 삼각형이 보이질 않으므로, 확
장을 통해 직각삼각형을 만들어 내는 방법을 모
색한다. 그러면 확장의 방향은 어떻게 해야 할
까? 일차적으로 효율성을 생각한다면, 현재 주

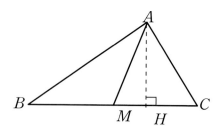

어진 조건을 이용해는 방향으로 찾아야 한다.

그것을 위해 생각할 수 있는 좋은 방법중의 하나는 앞페이지 우측의 그림처럼, 꼭지점 A에서 대변 BC에 수선을 내리는 것이다.

2) 이제 확장된 수선 AH를 이용하여, 주어진 관계식을 정리해 보자.

여기까지 생각을 전개한다면, 자연스럽게 아래의 실행에 이르게 될 것이다.

(실행: 계획 및 실행)

선택한 접근 시나리오에 따라, 효율성을 고려하여 순서에 따라 하나씩 실행한다.

정리하면,
$$\begin{aligned}
\rightarrow \overline{AB}^2 + \overline{AC}^2 &= (\overline{AH}^2 + \overline{BH}^2) + (\overline{AH}^2 + \overline{CH}^2) \\
&= (\overline{AH}^2 + (\overline{BM} + \overline{MH})^2) + (\overline{AH}^2 + (\overline{BM} - \overline{MH})^2) \\
&= 2\overline{BM}^2 + 2\overline{AH}^2 + 2\overline{MH}^2 \\
&= 2(\overline{BM}^2 + \overline{AM}^2)
\end{aligned}$$

2. 원의 성질 : 이해를 위한 표준문제해결과정의 적용
-왜 원주각은 모두 같은가

이번에는 원이 가지는 특성에 대해 알아보자.

◆ 정리1: 공통현에 대한 원주각의 크기는 모두 같다.

위의 내용을 오른쪽 그림과 같이 형상화해 보면,
공통현 AB에 대한 임의의 원주각에 대한 크기가 모두 같다란 말이다.
즉 $\angle P_1 = \angle P_2 = \angle P_3$

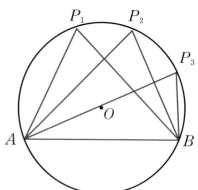

이것을 증명을 위해 어떻게 접근해야 할지 방향을
잡기 위해, 우선 주어진 상황을 정리 및 판단을 해
보자.

(상황 정리: 내용 및 목표형상화)

- 원주각을 만드는 P의 위치는 계속 바뀐다.
- 각의 크기에 대한 아무런 정보도 없다
- 닮은 삼각형도 없다
- 그런데 각 원주각의 크기를 비교해 보니, 정
  말 크기가 비슷해 보인다.

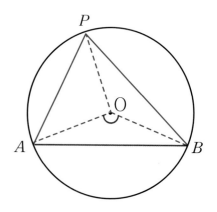

(접근방향에 대한 판단: 이론 적용)

- 원안에 내접한 삼각형의 한 각의 형태로 원
  주각이 형성되어 있으니, 원의 성질을 이용해
  야 할 것 같다. 구체적으로는 외심과 관련이 있어 보인다.

- 외심을 표현해 보면, 공통현 AB에 대해서 고정된 각으로서, 중심각 $\angle AOB$가 눈에 보인다.
- 그런데 P위치가 바뀌어도 공통현 AB에 대한 원주각의 크기가 항상 일정하다고 함으로, 이 원주각의 크기는 고정된 각인 중심각과 일정한 비례관계에 있어야 함을 추론할 수 있다.

방향을 바꾸어, 위의 추론된 내용이 정말인지 알아보자.
- 중심각의 크기가 x 일 때, 원주각의 크기는 얼마일까?

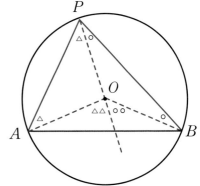

오른쪽 그림에 표현된 것과 같이,
원의 반지름은 모두 같으므로 내분된 세 삼
각형은 이등변삼각형임을 알 수 있다.
즉 각 삼각형의 밑각의 크기는 같다.
그리고 중심각은 $\triangle AOP$ 와 $\triangle BOP$ 의 외각
의 합이므로,
∴ 원주각 $\angle APB = \dfrac{1}{2} \times$ 중심각 $\angle AOB$

그리고 오른쪽 그림에서 P의 위치에 특별한 제한을 둔 것이 아니므로, 공통현에 대한 모든 원주각 크기는 고정된 중심각의 크기에 반이 되는 것이다.

이로서 "정리: 공통현에 대한 모든 원주각의 크기는 같다"가 증명된 것이다.

3. 도형과 함수

17세기 들어서 데카르트의 좌표가 발명되고, 도형의 연구에 그러한 좌표를 이용한 함수적 표현, 즉 해석학적 접근방법을 접목하기 시작하면서 기하학은 급격한 발전을 이루게 된다. 이번 주제에서는 기하학에 있어 근간이 되는 주요 도형들에 대해, 각각의 특성에 기반한 함수적 표현 방법을 알아보도록 하겠다.

〈점과 직선 사이의 거리〉

가장 기본적인 도형이라 할 수 있는 직선은 일차함수에 해당한다. 이에 대해서는 <형상화수학: 중등수학 이론학습 지침서>에서 이미 다루었으므로, 여기에서 다각형 도형의 근간이 되는 삼각형의 높이를 측정하는 함수적 방법으로서, "점과 직선 사이의 거리" 정리에 대해 알아보도록 하자.

    – 정리: 원점에서 직선 $ax+by+c=0$ 까지의 거리는 $\dfrac{|c|}{\sqrt{(a^2+b^2)}}$ 이다.

위 이론의 내용 또한 매우 간단하다. 그렇지만 대부분의 아이들은 그것을 이론 공식으로 외웠기 때문에 왜 그런지 물어보면 올바로 대답하는 경우가 많지 않다. 그에 따라 같은 사고과정을 따르는, 위 이론의 변형 및 확장 케이스를 다루는 문제에서는 많은 어려움을 겪는다. 외운 이론은 시간이 지나면 쉽게 잊게 된다. 또한 수업시간에 해당 과정을 선생님이 설명하여 이해한 것으로 생각되었던 것들 또한 쉽게 잊게 된다. 그것은 스스로의 논리적인 사고를 통해 풀어간 것이 아니라, 선생님의 사고과정을 그냥 쫓아가 본 것에 불과한 것이므로 외운 것과 크게 다르지 않기 때문이다. 이제 위의 내용을 어떻게 논리적으로 유추해 나갈 것인가를 표준문제해결과정에 맞추어 진행해보도록 할 것이다.

1. 내용 형상화 : 용어의 정의 및 조건 그리고 결론에 대한 명확한 이해
1) 가정과 결론의 구분 : $p \rightarrow q$

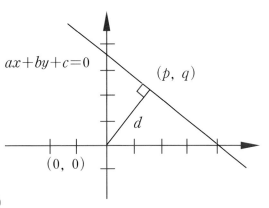

- 가정(p) : 원점과 직선 $ax+by+c=0$

- 결론(q) : 거리$=\dfrac{|c|}{\sqrt{(a^2+b^2)}}$

2) 형상화

- 우측의 그림

3) 주어진 조건 찾기

- 명시적 조건 : 원점 – ①

- 명시적 조건 : 직선 $ax+by+c=0$ – ②

- 숨겨진 조건 : 한 점에서 직선까지의 거리의 정의 → 수직 – ③

2. 목표구체화

- 거리 $d=\dfrac{|c|}{\sqrt{(a^2+b^2)}}$ → 우측의 그림

- 거리 d를 구하려면 필요한 것은 교점의 좌표 (p, q) 이다.

  그러면 $d=\dfrac{|c|}{\sqrt{(p^2+q^2)}}$ ($\because$ 피타고라스 정리)

3. 이론 적용

– 솔루션 찾기 : 도출과정 및 모르는 부분 찾기

– 목표를 기준으로, 주어진 조건들을 실마리로 하여 관련된 배경이론 찾기

1) 교점을 구하기 위해서는, 한 직선의 식을 알고 있으므로 원점(①)을 지나는 수직인 직선이 식이 필요하다. 그런데

2) 직선을 결정하는 요소는 두 점 또는 한 점과 기울기라는 것을 알고 있다.

   그리고 수직인 두 직선의 기울기의 곱은 -1 이므로, 알려진 직선식 ②로부터 기울기 $-\dfrac{a}{b}$ 를 이용하면, 수직(③)인 직선의 기울기는 $\dfrac{b}{a}$ 라는 것을 알아낼 수 있다. 따라서 수직인 직선의 방정식은 $bx-ay=0$

3) 이제 두 개의 직선의 방정식을 연립하여 교점을 구하면,

   $p=\dfrac{-ac}{(a^2+b^2)},\ \dfrac{-bc}{(a^2+b^2)}$ 이 된다.

4) 이 교점을 이용하여, 피타고라스 정리에 의거해 거리 d를 구하면 된다.

$$d = \frac{|c|}{\sqrt{(a^2+b^2)}}$$

4. 계획 및 실행: 과정의 실행 및 이론의 연결

  1) 증명과정의 실행 : 과정 3을 통해 밝혀진 내용의 순차적 실행

  2) 신규이론과 배경이론의 연결 : 수직인 두 직선의 기울기의 곱과 피타고라스 정리를 이용한 한 점과   직선 사이의 거리 공식 유도

   – 이 과정을 통해 주어진 사실들을 이용하여 논리적으로 실마리를 찾아가는 사고 훈련

   – 기존 원리의 반복적용을 통한 숙지 및 신규이론에 대한 개념과 원리의 명확한 이해

   – 이론의 연결을 통한 자신의 지식지도의 확장

배경이론 : 두 직선은 한 점에서 만난다   배경이론 : 일차 연립방정식의 풀이

신규이론 : 한 점(원점)과 직선 사이의 거리 공식

배경이론 : 수직인 직선의 기울기의 곱은 ㅡ1 이다   배경이론 : 피타고라스 정리

〈원〉

1) 원의 정의: 어떤 한 점으로부터 같은 거리에 있는 점들의 집합

2) 원의 함수 표현방법:

　이 정의에 기반하여 평면에서의 원의 방정식을 구해보면

　– 주어진 내용의 정리: 한 점=(a, b), 기준점으로부터의 거리=r, 원 위에 있는 임의의 점의 좌표=(x, y)

　– "두 점 사이의 거리가 일정하다" 관계를 식으로 표현:

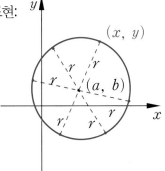

$$\sqrt{(x-a)^2+(y-b)^2}=r \ \rightarrow \ (x-a)^2+(y-b)^2=r^2$$

　→ 같은 접근방식을 삼차원으로 확장하면,

$$|z|=r \rightarrow (x-a)^2+(y-b)^2+(z-c)^2=r^2$$ 는

구를 표현하는 방정식이 된다.

〈포물선〉

1) 포물선의 정의: 지정된 한 점 및 대칭축과 같은 거리에 있는 점들의 집합

2) 포물선의 함수 표현방법:

　이 정의에 기반하여 평면에서의 포물선의 방정식을 구해보면

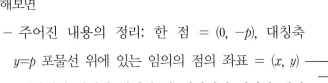

　– 주어진 내용의 정리: 한 점 = $(0, -p)$, 대칭축 $y=p$ 포물선 위에 있는 임의의 점의 좌표 = (x, y)

　– "임의의 점에서 지정된 한 점까지의 거리와 대칭축까지의 거리는 같다" 관계를 식으로 표현:

$$\sqrt{x^2+(y+p)^2}=|y-p| \rightarrow x^2=-4p \cdot y$$

　– 평행이동에 의한 일반화: 위 식은 한 점을 평면상의 임의의 점 (a, b) 로 번경함으로써 일반식으로 확장할 수 있다.

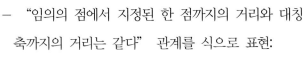

$$\sqrt{(x-a)^2+(y-b)^2}=|y-p| \rightarrow (x-a)^2=2(b-p) \cdot \left(y-\frac{b+p}{2}\right)$$

3) 기존에 알고 있던 사실과의 연결:

포물선 방정식은 기존에 알고 있던 이차함수 식과

일치한다.

즉 기울기가 $\dfrac{1}{(-4p)}$ 인, 원점을 지나며 y축에 대칭인,

우측과 같은 형태의 곡선인 것이다.

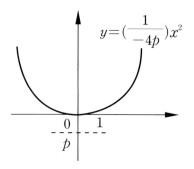

〈타원〉

1) 타원의 정의 : 두 초점과의 거리의 합이 일정한 점들의 집합이는 일정한 길이의

줄을 두 개의 초점에 묶어 놓고 탄탄히 잡아 당겼 을 때, 만들어 지는 모양의 둘레

도형과 같다.

2) 타원의 함수 표현방법: 이 정의에 기반하여 평면

에서의 타원의 방정식을 구해보면

– 주어진 내용의 정리: 두 초점=$(c, 0)$ 와 $(-c, 0)$,

거리의 합=$2a$, 타원 위에 있는 임의의 점의 좌표

=(x, y)

– "임의의 점에서 두 초점까지의 거리의 합은 $2a$ 이다" 관계를 식으로 표현:

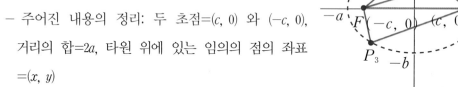

$$\sqrt{(x-c)^2+y^2}+\sqrt{(x+c)^2+y^2}=2a \rightarrow \frac{x^2}{a^2}+\frac{y^2}{b^2}=1, \; c^2=a^2-b^2$$

– 평행이동에 의한 일반화: 위 식은 두 초점을 동시에 x축 또는 y축 방향으로 각각

p, q 만큼 평행이동 함으로써 일반식으로 확장할 수 있다.

$$\frac{x^2}{a^2}+\frac{y^2}{b^2}=1 \rightarrow \frac{(x-p)^2}{a^2}+\frac{(y-q)^2}{b^2}=1$$

3) 다른 시각에서의 타원 함수식의 해석: 이러한 타원함수는 원의 방정식 $x^2+y^2=1$

을 x축과 y축의 주기를 조절함으로써 만들어진 변형함수로 볼 수도 있다.

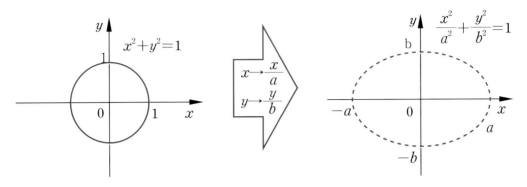

– $c^2=a^2-b^2$에 대한 형상화

앞장 타원 그림에서 원점과 초점 $(c,\ 0)$ 그리고 $(0,\ b)$가 이루는 직각삼각형을 생각해 보자. 두 초점과의 거리의 합이 $2a$ 이므로, 이 직각삼각형의 빗변의 길이는 a가 된다. 따라서 $c^2=a^2-b^2$이 성립함을 쉽게 알 수 있다.

〈쌍곡선〉

1) 쌍곡선의 정의 : 두 초점과의 거리의 차 가 일정한 점들의 집합

2) 쌍곡선의 함수 표현방법:

이 정의에 기반하여 평면에서의 타원의 방정식을 구해보면

– 주어진 내용의 정리: 두 초점$=(c,\ 0)$와

$(-c,\ 0)$, 거리의 차$=2a$, 쌍곡선 위에 있는 임의의 점의 좌표$=(x,\ y)$

– "임의의 점에서 두 초점까지의 거리의 차는 $2a$ 이다" 관계를 식으로 표현:

$$\left|\sqrt{(x-c)^2+y^2}-\sqrt{(x+c)^2+y^2}\right|=2a \rightarrow \frac{x^2}{a^2}-\frac{y^2}{b^2}=1,\ c^2=a^2+b^2$$

– 평행이동에 의한 일반화: 위 식은 두 초점을 동시에 x축 또는 y축 방향으로 각각 $p,\ q$ 만큼 평행이동 함으로써 일반식으로 확장할 수 있다.

$$\frac{x^2}{a^2}-\frac{y^2}{b^2}=1 \rightarrow \frac{(x-p)^2}{a^2}-\frac{(y-q)^2}{b^2}=1$$

3) 다른 시각에서의 쌍곡선 함수식의 해석

이러한 쌍곡선 함수식은, 우측의 그림과 같이 두 개의 무리함수를 합쳐 놓은 것과 같다.

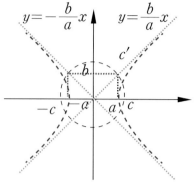

그것은 쌍곡선 식은 아래와 같이 두 개의 무리함수 식으로 전환되기 때문이다.

$$\frac{x^2}{a^2}-\frac{y^2}{b^2}=1 \rightarrow \frac{y^2}{b^2}=\frac{x^2}{a^2}-1 \rightarrow y^2=\frac{b^2}{a^2}x^2-b^2 \Rightarrow y=\pm\frac{b}{a}\sqrt{x^2-a^2}$$

그리고 이 무리함수는 우측 위 그림처럼, $x \rightarrow \infty$에 따라, $y=\pm\dfrac{b}{a}x$에 점점 가까이 가게 된다. 즉 이 쌍곡선 함수는 점근선을 가지게 되는 것이다.

— $c^2=a^2+b^2$에 대한 형상화

이 식은 쌍곡선 좌표의 관계식으로부터 나온 결과이지만, 이 내용을 해석하면, a, b 는 반지름이 c인 원 $x^2+y^2=c^2$ 위의 점들을 의미한다. 그러면, 위 그림에서 초점 $(c, 0)$을 지나며, 반지름이 c인 원을 그릴 때, 점근선 $y=\left(\dfrac{b}{a}\right)x$ 와 만나는 점 c'의 좌표를 연립하여 구해보면,

$\left(\dfrac{ac}{\sqrt{a^2+b^2}}, \dfrac{bc}{\sqrt{a^2+b^2}}\right)$가 나오게 된다. 따라서 $x=a$ 일 때는, c'는 (a, b)가 된다.

이는 계수에 해당하는 $\dfrac{c}{\sqrt{a^2+b^2}}=1 \rightarrow \therefore c^2=a^2+b^2$

즉 형상화하면, 세 점 $(0, 0)$, $(a, 0)$, (a, b) 는 직각삼각형을 이루게 되는 것이다.

02

벡터: 평면에서 3차원 공간으로의 개념의 확장

1. 공간상에서의 각도의 측정 그리고 좌표축의 이해

〈임의의 두 벡터가 이루는 각도의 측정〉

공간상에서 두 직선(/벡터)이 이루는 각도를 재기 위해서는 것은, 우선 교차하는 두 직선으로 평면을 구성한 후, 교점을 중심으로 각 직선의 일정한 길이의 선분을 설정해 (SAS) 삼각형을 만들고, 삼각비를 이용하여 그 사이 각을 계산하면 된다.

그런데 공간상에서 서로 꼬인 위치에 있는 두 직선(/벡터)의 각도는 어떻게 구할까? 그것은 하나를 평행이동하여 두 직선(/벡터)이 만나게 하여, 교차하는 두 직선으로 하나의 평면을 구성한 후, 구성된 평면 위에서 두 직선이 이루는 각도를 측정하면 된다.

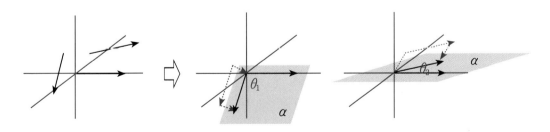

〈한 직선과 한 평면이 이루는 각도의 측정〉

우측의 그림처럼 공간상의 직선 l과 평면 α가 이루는 각을 생각해 보자. 어떤 기준을 가지고 이 각도를 측정하는 것이 올바를까?

분명한 것은 각도는 두 직선이 이루는 것이라 이 직선이 평면 α와 만나는 기준점 O를 지나는 평면 상의 직선과 이루는 각이라는 것이다. 그럼 평면상의 어떤 직선이 이 각을 측정하는데 이용되어야 할까?

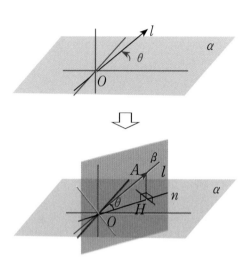

그것은 바로 우측 그림처럼, 직선 l을 포함하면서 평면 α에 수직인 평면 β와 평면 α가 만나서 생기는 직선이다. 그 직선을 형상화해 보면, 직선 l위의 임의의 점 A에서 평면 α위에 수선의 발을 내릴 때, 생기는 교점 H를 지나는 직선인 것이다. 즉 평면 β 상의 점 A, H, O로 이루어지는 직각삼각형에서 빗변 OA와 밑변 OH가 이루는 각이 바로 직선 l과 평면 α가 이루는 각으로 정의된다 .

이제 이 각을 어떻게 측정할 것인지 구체적인 절차를 알아보자.

① 직선 l과 평면 α가 만나는 점을 O라고 하자. 그리고 직선 l위의 임의의 점 A에서 평면 α에 수선의 발을 내리고, 그 점을 H라 하고, 그때 직선 l과 수선 AH가 이루는 평면을 β라 하자.

② 그러면 선분 OH는 평면 α와 평면 β가 만나서 생기는 교선 n위에 위치하게 된다. 그리고 이때 세 점 A, H, O로 만

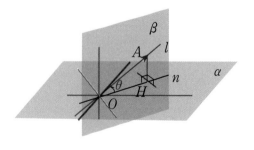

들어지는 직각삼각형은 평면 β상에 위치하게 된다.

③ 이 직각삼각형의 빗변 OA와 밑변 OH가 이루는 각이 바로 직선 l과 평면 α가 이루는 각이 된다. 이때 선분 AH의 길이는 한 점과 평면사이의 거리에 해당된다. 주어진 조건에 따라 삼각비나 내적을 이용하여, 어렵지 않게 각 θ를 구할 수 있을 것이다.

$\sin \theta = \dfrac{|\overrightarrow{AH}|}{|\overrightarrow{OA}|}$ 또는 $\overrightarrow{OA} \cdot \overrightarrow{OH} = |\overrightarrow{OA}||\overrightarrow{OH}|\cos \theta$

아마도 우리가 가장 쉽게 그리고 정확하게 상상할 수 있는 익숙한 환경은 xy 평면, yz 평면, zx 평면상에 위치한 도형일 것이다.

복잡해 보이는 문제의 경우, 주어진 기본 틀의 방향을, 조금 바꿔서 생각할 수 있다면, 위의 내용을 우리가 익숙한 환경에서 좀더 쉽게 상상할 수 있다.

그것은 평면 α를 구성하는 y축, x축을 조금 회전시켜, 직선 n과 이 직선 n에 수직으로 설정된 직선 m에 일치시키는 것이다. 그러면 직선 m, n, r 은 공간좌표축에서 서로 직교하는 x축, y축, z축의 역할을 수행하게 되는 것이다.

이렇게 기본틀을 바꾸어 놓고, 직선 l과 평면 α의 각도를 생각해 보면, 이것은 우리에게 익숙한 하나의 yz 평면상에 위치한 두 직선이 이루는 각도로 해석되므로, 쉽게 그 각을 구할 수 있게 되는 것이다.

그리고 하나의 직선 l과 그에 연계된 세 개의 기본 좌표축, m, n, r의 관계는 다음의 소개될 삼수선 정리의 원형이라 할 수 있다.

2. 삽수선 정리의 형상화

1. $\overline{PH} \perp \alpha$, $\overline{HO} \perp m \rightarrow \overline{PO} \perp m$

직선PH와 직선HO가 이루는 평면을 β라 하면,

$\rightarrow \beta \perp m \ (\because n \perp m)$

그리고 선분PO는 평면 β상에 있으므로,

$\therefore l \perp m$

2. $\overline{PH} \perp \alpha$, $\overline{PO} \perp m \rightarrow \overline{HO} \perp m$

직선 PH와 직 PO가 이루는 평면을 β라 하면,

$\rightarrow \beta \perp m \ (\because l \perp m)$

그리고 선분HO는 평면 β중의 일부분이므로,

$\therefore n \perp m$

3. $\overline{PO} \perp m$, $\overline{HO} \perp m$, $\overline{PH} \perp \overline{HO} \rightarrow \overline{PH} \perp \alpha$

직선 PO과 직선 HO가 이루는 평면을 β라 하면,

$\rightarrow \beta \perp m \ (\because l \perp m$ 또는 $n \perp m)$

그리고 선분 PH는 평면 β중의 일부분이므로,

$\therefore$ 선분$PH \perp m$

그리고 가정에 의해, 선분 $PH \perp$선분HO 이므

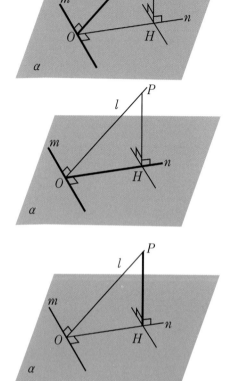

로, 직선 PH가 평면 α를 구성하는 두 직선 m과 n (/ 직선 HO)에 모두 수직임을 보여준다.

$\therefore$ 선분 $PH \perp \alpha$

위의 삽수선 시나리오에서 직선 l에 관련하여, 직교하는 서로 세 직선 m, n 그리고 직선PH는, 직선 l이 yz평면에 위치하도록 방향을 잡았을 때, 각각 상응하는 공간좌표축 x, y, z를 구성하고 있음을 알아차리자. 그럼 위의 삽수선 정리가 직관적으로도 자연스러운 결과임을 알 수 있을 것이다.

– 공간상에서 한 직선이 한 평면과 수직이라는 것은?

아래 그림처럼, 벡터$n \perp \alpha$ 일 때, 평면 α 상에 산개하여 위치한 임의의 세 검은 색 직선(/ 벡터)이 모두 벡터 n에 수직이 될 수 밖에 없는 지는, 오른쪽 그림처럼 각 벡터의 시점의 위치를 원점에 모아서 생각한다면, 그 내용을 쉽게 형상화할 수 있다.

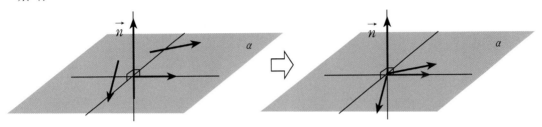

– 공간상에서 두 직선이 이루는 각도가 90*가 아닐 경우에 대한 형상화

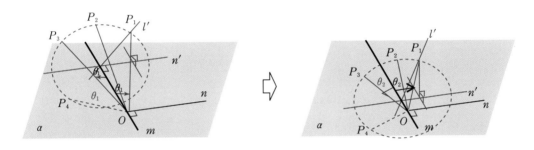

위 그림은 직선 m이 중심축일 때, 점 O를 기준으로 직선 m과 일정한 각도 θ를 이루는 직선 l'(파란색 직선)의 위치벡터를 가르키는 점 P들의 위치를 점선으로 표시한 것이다.

앞의 예시들은 직선 m과 일정한 각도를 이루는 직선들의 위치벡터들은 점 O를 꼭 지점으로 하는 원뿔의 형태를 이루고 있다는 것을 보여주고 있으며, θ가 클수록 넓게 퍼지는 형태로 바뀌어가며, θ가 90°가 되면, 직선 n을 포함하며, 평면 α에 수직인 평면, 앞 페이지의 시나리오에서 평면 β상에 위치하게 된다.

위의 내용을 역방향에서 생각하면, 다음과 같다.

– 평면 α를 통과하는 직선 l에 수
직인 평면 α상의 직선 m은 유
일하다. 왜냐하면, 우측 그림에
서 직선 m을 포함하고 직선 l에
수직인 평면 β는 오직 하나 존
재한다. 그리고 두 평면이 교차
하여 생기는 직선 또한 오직 하
나 존재하기 때문이다.

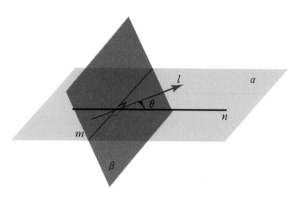

– 우측 아래 그림에서 직선 m에 수직인 직선 l과 직선 l에서 평면 α내린 수선이
이루는 평면 β는 평면 α와 수직을 이룬다.

조심: 두 평면이 서로 수직을 이루
어도, 평면 α 상의 임의의 직선과
평면 β 상의 임의의 직선이 서로 수
직을 이루지는 않는다. 다만
평면 α상의 임의의 직선과 (평면 β,
r 상의) 평면 α의 공통 법선벡터, 반
대로

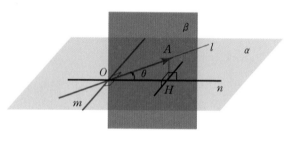

평면 β 상의 임의의 직선과 (평면 α, γ상의) 평면β의 공통 법선벡터가,
평면 γ 상의 임의의 직선과 (평면 α, β상의) 평면 γ 의 공통 법선벡터가
항상 서로 수직을 이루는 것이다.
이 세 공통 법선벡터가 공간에서의 직교 좌표축 x축, y축, z축역할을 하는 것이다.

3. 벡터 내적과 외적의 형상화

〈벡터 내적의 형상화〉

내적의 이해: $\vec{a}\cdot\vec{F}=|\vec{a}||\vec{F}|\cos\theta$

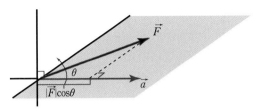

임의의 두 벡터 F, a가 있다면, 두 벡터를 기준으로 하나의 평면(우측 푸른색 평면)을 설정할 수 있다.

두 벡터에 대한 내적의 의미는 한 벡터의 방향을 기준으로 두 벡터가 함께 미치는 영향력의 크기를 의미한다. 이 내적의 계산은 벡터 a를 기준으로 할 경우, 벡터 a의 크기에 벡터 F가 벡터 a의 방향에 미치는 영향력의 크기를 곱하여 계산한다. 이 경우, 벡터 F가 벡터 a에 미치는 영향력의 크기는 $|F|\cos\theta$ 이므로, 자연스럽게 위의 결과식이 나오게 된다. 물론 벡터 F를 기준으로 해도 같은 결과가 나온다.

내적에 대한 물리적인 시나리오를 생각해 보면, 방향성을 가진 물체 A에 어떤 방향으로 힘 F를 가했을 경우, 물체 A에 직접적으로 미치는 영향(/에너지)의 크기를 생각하면 될 것이다.

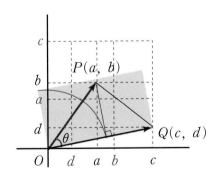

— 좌표를 이용한 내적의 계산:

$$\overrightarrow{OP}\cdot\overrightarrow{OQ}=|\overrightarrow{OP}||\overrightarrow{OQ}|\cos\theta,$$

여기서 코사인 제 2법칙을 적용하면

$$\cos\theta=\frac{|\overrightarrow{OP}|^2+|\overrightarrow{OQ}|^2-|\overrightarrow{PQ}|^2}{2|\overrightarrow{OP}||\overrightarrow{OQ}|}\longrightarrow$$

$$\overrightarrow{OP}\cdot\overrightarrow{OQ}=|\overrightarrow{OP}||\overrightarrow{OQ}|\times\frac{|\overrightarrow{OP}|^2+|\overrightarrow{OQ}|^2-|\overrightarrow{PQ}|^2}{2|\overrightarrow{OP}||\overrightarrow{OQ}|}$$

$$=\frac{|\overrightarrow{OP}|^2+|\overrightarrow{OQ}|^2-|\overrightarrow{PQ}|^2}{2}$$

$$=\frac{(a^2+b^2)+(c^2+d^2)-\{(c-a)^2+(b-d)^2\}}{2}=ac+bd \text{ 가 됨을 대수적으로 어렵}$$

지 않게 도출할 수 있다.

그러나 대수적인 방법만으로는 자유로운 상상이 쉽지 않으므로, 이 과정을 기하학적 측면에서 살펴보는 것도 이해의 깊이를 더하는데 도움이 될 것이다.

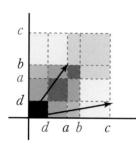

마지막 과정의 배열순서를 살짝 바꾼 후, 왼쪽의 연관 좌표를 이용하여, 면적계산으로 생각해보면, 최종적으로 우측 그림과 같은 결과를 산출함을 알 수 있다.

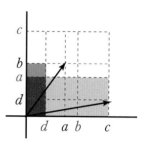

$$= \frac{(a^2+b^2)+(c^2+d^2)-\{(c-a)^2+(b-d)^2\}}{2}$$

$$= \frac{(a^2+c^2)-(c+a^2)+(b^2+d^2)-(b-d)^2}{2}$$

$$= ac+bd$$

〈내적을 이용한 코시-슈바르츠 부등식의 이해〉

$$- \ (a^2+b^2)(x^2+y^2) \geq (ax+by)^2$$

이 부등식은 식의 형태를 살펴보면, 우측의 그림과 같이 두 벡터 P, Q의 내적과 관련이 있음을 알 수 있다.

$|OP|^2=a^2+b^2$, $|OQ|^2=x^2+y^2$,

$(\overrightarrow{OP}\cdot\overrightarrow{OQ})^2=(ax+by)^2$ 그런데

$\overrightarrow{OP}\cdot\overrightarrow{OQ}=|\overrightarrow{OP}||\overrightarrow{OQ}|\cos\theta \leq|\overrightarrow{OP}||\overrightarrow{OQ}|$ 이므로

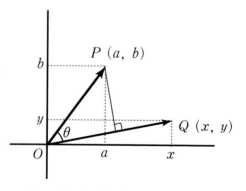

양변을 제곱하면, 자연스럽게 주어진 식 $(ax+by)^2\leq(a^2+b^2)(x^2+y^2)$ 이 성립하는 것을 알 수 있다.

– 내적의 정의에 따른 크기와 벡터 성분의 곱에 의한 내적의 크기의 비교 형상화

$$\overrightarrow{OP}\cdot\overrightarrow{OQ}=|\overrightarrow{OP}|\,|\overrightarrow{OQ}|\cos\theta \qquad\qquad \overrightarrow{OP}\cdot\overrightarrow{OQ}=|ac+bd|$$

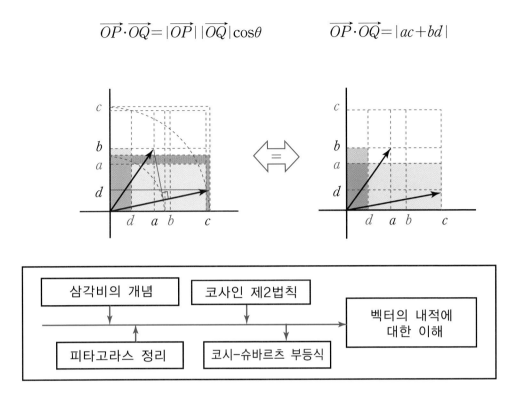

```
┌──────────────────────────────────────────────────────────────┐
│   ┌──────────────┐    ┌──────────────┐                        │
│   │ 삼각비의 개념 │    │ 코사인 제2법칙 │     ┌──────────────┐  │
│   └──────┬───────┘    └──────┬───────┘     │  벡터의 내적에  │  │
│          │          ↑        │        ───→  │  대한 이해     │  │
│          ↓          │        ↓             └──────────────┘  │
│   ┌──────────────┐    ┌──────────────────┐                    │
│   │ 피타고라스 정리│    │ 코시-슈바르츠 부등식 │                    │
│   └──────────────┘    └──────────────────┘                    │
└──────────────────────────────────────────────────────────────┘
```

〈벡터 외적의 형상화〉

그런데 힘 $|F|$를 가했는데, 물체 A 에 $|F|\cos\theta$ 만큼만 영향을 미쳤다면, 나머지 힘은 어떻게 되었을까?

여기에 벡터의 외적이 관련되어 있는데, 외적에 대한 물리적인 시나리오로는 플레밍의 오른손 법칙을 이해하면 될 것이다. 이를 실생활에서 적용한 예로는 헬리콥타가 위로 부상하는 원리나 나사를 오른쪽으로 돌려 깊이 밖는 원리 등을 들 수도 있을 것이다. 즉 평면상의 한 점에 기둥을 두고, 평면 위의 두 방향에서 줄을 메달아 시계 반대방향으로 끌어 당기면, 기둥은 위로 치솟는 힘을 받게 되는 것이다.

앞에서 나온 내적 시나리오를 바탕으로 설명하자면, 내적에 미친 힘을 제외한 나머지 힘은, 바로 위쪽 방향으로 소비된 것으로 볼 수 있다.

외적의 계산은 고등학교 과정을 벗어나는 내용이지만, 벡터 전반에 대한 개념의 틀을 구성하는 데 도움이 될 수 있도록 간략히 살펴보도록 하자.

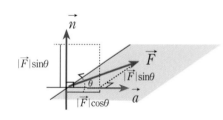

외적의 이해: $\vec{a}\times\vec{F}=\vec{n}$, $|\vec{n}|=|\vec{a}||\vec{F}|\sin\theta$

두 벡터에 대한 외적의 의미는 두 벡터가 이루는 평면에 수직인 방향으로 미치는 법선벡터에 해당한다. 그리고 이 법선벡터의 크기는 $|a||F|\sin\theta$가 되는데, 이는 벡터 F의 내적에 미친 성분의 크기인 $|F|\cos\theta$과 더불어, 외적에 미친 또 다른 성분의 크기가 $|F|\sin\theta$라고 생각하면 이해가 쉬울 것이다.

그리고 이 외적의 크기는 두 벡터가 만드는 평행사변형의 면적과 같다.

– 좌표를 이용한 외적의 계산

이 방법은 두 개의 벡터 좌표가 주어졌을 때, 그것들이 이루는 평면에 수직인 법선텍터를 구하는 데 편리한 방법을 제공해 주기도 하니, 알아두면 좋을 것이다.

형상화수학
고등수학 1등급 비결

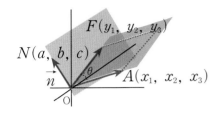

두 개의 벡터 좌표 A, F가 주어졌을때, 외적으로 생기는 법센 벡터 N의 좌표는 평행사변형의 면적을 구하는데 사용되는 신발끈정리로 알려진 방법을 이용하여 구할 수 있다.

– 신발끈 정리

우측 그림의 평행사변형 면적을 구하기 위해, 큰 사각형의 면적에서 주변의 작은 삼각형과 사각형의 면적을 제하는 과정을 정리하면, 평행사변형 면적은 두 점의 x, y 좌표를 신발끈 모양으로 크로스하여 서로 곱한 후 그 차이를 계산하면 나오게 된다는 것이다.

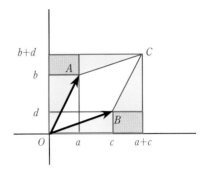

두 개의 벡터 좌표 A, F가 주어졌을때, 외적으로 생기는 법센 벡터 N의 좌표는 신발끈정리로 알려진 방법을 이용하여 구할 수 있는데, 우선 관련된 좌표를 아래처럼 표형식으로 정리한다.

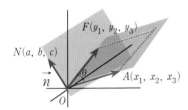

	z좌표	x좌표	y좌표	z좌표	x좌표
A좌표	x_3	x_1	x_2	x_3	x_1
F좌표	y_3	y_1	y_2	y_3	y_1

이제 N의 각 x, y, z 좌표는 우측의 그림처럼, 자신의 좌표축을 제외한 나머지 좌표축 두 개의 값을 신발끈 을 묶는 모양으로 서로 크로스하

	z좌표	x좌표	y좌표	z좌표	x좌표
A좌표	x_3	x_1	x_2	x_3	x_1
F좌표	y_3	y_1	y_2	y_3	y_1
N좌표		$x_2y_3-x_3y_2$	$x_3y_1-x_1y_3$	$x_1y_2-x_2y_1$	

여 곱한 후, 기울기가 −방향으로 곱해진 값은 +로, 기울기가 +방향으로 곱해진 값은 −로

이 법선벡터 N은 벡터 A와 F에 각각 수직이어야 하므로, 각각의 내적을 구해 보면 모두 0이 됨을 확인할 수 있다.

$$\overrightarrow{ON} \cdot \overrightarrow{OA} = (x_2y_3 - x_3y_2,\ x_3y_1 - x_1y_3,\ x_1y_2 - x_2y_1) \cdot (x_1,\ x_2,\ x_3)$$

$$= x_1x_2y_3 - x_1x_3y_2 + x_2x_3y_1 - x_1x_2y_3 + x_1x_3y_2 - x_2x_3y_1 = 0 \quad -①$$

$$\overrightarrow{ON} \cdot \overrightarrow{OF} = (x_2y_3 - x_3y_2,\ x_3y_1 - x_1y_3,\ x_1y_2 - x_2y_1) \cdot (y_1,\ y_2,\ y_3)$$

$$= (x_2y_1y_3 - x_3y_1y_2 + x_3y_1y_2 - x_1y_2y_3 + x_1y_2y_3 - x_2y_1y_3 = 0 \quad -②$$

또한 이 법선벡터 N의 크기가 $|A||F|\sin\theta$가 됨 역시, 아래의 식을 이용하여 확인할 수 있다.

$$|\overrightarrow{OA} \times \overrightarrow{OF}| = |\overrightarrow{OA}||\overrightarrow{OF}|\sin\theta,\ \sin^2\theta = 1 - \cos^2\theta \quad -③$$

그리고 $\cos^2\theta = \dfrac{|\overrightarrow{OA}|^2 + |\overrightarrow{OF}|^2 - |\overline{AF}|^2}{2|\overrightarrow{OA}||\overrightarrow{OF}|}$

역으로 생각하면, N좌표를 결정하기 위해서는, (a, b, c)로 미지수가 3개 이므로 ①, ②, ③ 세 관계식을 이용하여, 방정식을 풀어도, 외적의 법선벡터 N의 좌표가 $(x_2y_3 - x_3y_2,\ x_3y_1 - x_1y_3,\ x_1y_2 - x_2y_1)$ 임을 알 수 있을 것이다.

4. 공간에서의 직선 방정식의 형상화

이번 주제에서는 일차함수로 표현되는 평면상의 직선을 공간으로 확장하여 보자. 그리고 이 직선을 벡터를 이용하여 하나의 함수(/관계)식으로 표현하는 방법을 찾아 보도록 하자.

우선 평면에서의 직선의 결정요소를 생각하여 보자.

‒ 한 점을 지나는 지나는 직선은 무수히 많다.

‒ 두 점을 지나는 직선은 하나이다.

또는

‒ 특정한 기울기를 가진 직선은 무수히 많다.

‒ 특정한 기울기를 가지고 한 점은 지나는 직선은 유일하다.

사실 위의 두 가지 관점은 같은 같은 이야기 이다.

왜냐하면 평면상의 두 점은 하나의 기울기를 결정하기 때문이다.

이제 평면상의 관점을 공간으로 확대해서 생각해 보자. 즉 공간에서의 직선의 결정요소는 무엇일까?

한 점을 지나는 지나는 직선은 무수히 많다.

두 점을 지나는 직선은 하나이다.

여기는 동일하다. 그런데

‒ 특정한 기울기를 가진 직선은 무수히 많다.

‒ 특정한 기울기를 가지고 한 점은 지나는 직선은 유일하다.

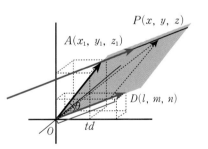

위의 관점은 조금 수정되어야 한다.

공간에서는 평면에서와 달리 기울기를 계산하기 위한 기준축 역할을 하는 x축 벡터의 방향이 계속 달라질 수 있기 때문이다. 그렇지만 기울기란 말을 공간에서의 방향으로 바

꾼다면

두 번째 관점도 공간상의 결정요소로 동일하게 적용할 수 있다.

즉,

- 특정한 방향를 가진 (공간상의) 직선은 무수히 많다.
- 특정한 방향를 가지고 한 점은 지나는 (공간상의) 직선은 유일하다.

$y=ax+b$로 표현되는 임의의 일차함수에 대한, 평면 좌표를 이용한 표현방법은 $(x, y)=(x, ax+b)$이다. 즉 주어진 관계식을 만족하는 평면상의 점들에 대한 좌표값을 나타낸 것이다.

같은 접근방법을 공간으로 확대하여 보자.

지금부터 이러한 직선의 결정요소를 기반으로, 공간에서의 직선의 방정식을 구해보도록 하자. 위의 그림처럼, 공간상의 점 A를 지나면서 D방향을 가진 파란색 직선의 방정식은 무엇일까?

이것을 위해서 우리는 그러한 위치에 있는 임의의 점을 P라고 설정하고, 그때의 OP 벡터의 좌표값을 알아내면 될 것이다. 주어진 관계들을 형상화해 놓은 앞의 그림을 기반으로 살펴보면, OP 벡터의 위치는 벡터의 합연산에 따라 됨을 어렵지 않게 알 수 있을 것이다. 즉 OP 벡터의 좌표값은

- $\overrightarrow{OP}=(x, y, z)=(x_1+tl, y_1+tm, z_1+tn)$

이 되는 것이다. 그리고 t 의 값을 조절함에 따라 P는 파란색 직선상의 임의의 점을 나타낼 수 있는 것이다.

바로 이 관계식을 성분별로 비교하여 t에 관해 정리한 후, 하나의 식으로 나타내면, 우리가 공간에서의 직선의 방정식으로 알고 있는 대표적인 관계식이 나온다.

$$\frac{x-x_1}{l}=\frac{y-y_1}{m}=\frac{z-z_1}{n}=t \quad (l, m, n)=\vec{d}$$

형상화수학
고등수학 1등급 비결

– 내적과 직선방정식의 관계

이번에는 내적의 개념을 이용하여, 다른 방향에서 직선의 방정식을 해석해 보자. 이렇게 다양한 시각에서의 이해 시도는 연관된 이론들을 서로 연결시킴으로써 보다 정확한 이론의 개념 정립을 돕게 될 것이다.

보다 쉬운 접근을 위하여 먼저 평면상에서의 이해를 구한 후, 그것을 기반으로 공간상으로 확장해 보자.

평면상의 임의의 두 점 A, B 를 지나는 직선의 방정식은 내적을 이용하여도 어렵지 않게 도출할 수 있다.

아래 그림처럼, 두 점 A, B 를 지나는 직선상의 임의의 점 P를 가정하면, AP벡터는, 이 직선에 수직이고 원점을 지나는 ON벡터와 수직을 이루게 된다.

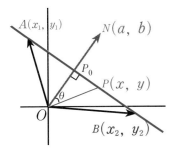

따라서 두 벡터의 내적은 0이 된다. 이 사실을 식으로 표현하면, 직선상의 임의의 점 $P(x, y)$에 대한 관계식, 즉 직선의 방정식을 얻게 되는 것이다. 이를 수식으로 정리하면,

$$\overrightarrow{AP} \perp \overrightarrow{ON} \rightarrow \frac{y_2-y_1}{x_2-x_1} \times \frac{b}{a} = -1 \rightarrow b = -a \times \frac{x_2-x_1}{y_2-y_1}$$

$$\therefore N의 \ 좌표 = (a, \ b) \rightarrow \left(a, \ -a \times \frac{x_2-x_1}{y_2-y_1}\right) \rightarrow (y_2-y_1, \ x_1-x_2)$$

$$\overrightarrow{AP} \cdot \overrightarrow{ON} = |\overrightarrow{AP}| \, |\overrightarrow{ON}| \cos\frac{\pi}{2} = 0$$

$$\rightarrow (x-x_1, \ y-y_1) \cdot (a, \ b) = a(x-x_1) + b(y-y_1) = 0$$

$$\rightarrow ax+by = ax_1+by_1 \Rightarrow (y_2-y_1)x - (x_2-x_1)y = x_1y_2 - y_1x_2 \rightarrow ① \ 이 \ 얻어 \ 진다.$$

그런데 이러한 관점에서 바라보면, $|선분 OP_0|$ 는 바로 원점에서 정의된 직선까지의 거리가 된다.

$$\overrightarrow{ON} \cdot \overrightarrow{OA} = |\overrightarrow{ON}| \, |\overrightarrow{OA}| \cos\theta_1 = |\overrightarrow{ON}| \, |\overrightarrow{OP_0}|$$

$$\rightarrow \therefore \ |\overrightarrow{OP_0}| = \frac{|\overrightarrow{ON} \cdot \overrightarrow{OA}|}{|\overrightarrow{ON}|} = \frac{|ax_1+by_1|}{\sqrt{a^2+b^2}} \rightarrow \frac{|(y_2-y_1)x_1 - (x_2-x_1)y_1|}{\sqrt{a^2+b^2}} = \frac{|x_1y_2-y_1x_2|}{\sqrt{a^2+b^2}}$$

이 관계식은 바로, ① 번식을 이용하여, 우리가 알고 있는 점과 직선 사이의 거리공식을 적용한 것과 같은 결과임을 알 수 있다.

또 다른 접근방법으로는 이 직선의 법선벡터인 ON의 크기를 $\triangle ABO$의 높이가 되도록 조절하여, 원점에서 직선까지의 거리를 구해 보면,

$$S(\triangle ABO)=\frac{1}{2}\times|\overrightarrow{AB}|\times d,\ S(\triangle ABO)=\frac{|x_1y_1-y_1x_2|}{2}\left(\text{신발끈 정리 : 삼각형의 면적}=\frac{\text{평행사변형의 면적}}{2}\right)$$

$$\rightarrow d=\frac{2S(\triangle ABO)}{|\overrightarrow{AB}|}=\frac{|x_1y_1-y_1x_2|}{\sqrt{(x_2-x_1)^2+(y_2-y_1)^2}}$$

이 역시도 당연히 같은 결과가 나오게 된다.

이것을 위해서 우리는 그러한 위치에 있는 임의의 점을 P라고 설정하고, 그때의 OP 벡터의 좌표값을 알아내면 될 것이다. 주어진 관계들을 형상화해 놓은 앞의 그림을 기반으로 살펴보면, OP 벡터의 위치는

벡터의 합연산에 따라 $\overrightarrow{OP}=\overrightarrow{OA}+t\overrightarrow{OD}$ 됨을 어렵지 않게 알 수 있을 것이다. 즉 OP 벡터의 좌표값은

$$-\ \overrightarrow{OP}=(x,\ y,\ z)=(x_1+tl,\ y_1+tm,\ z_1+tn)$$

이 되는 것이다. 그리고 t의 값을 조절함에 따라 P는 파란색 직선상의 임의의 점을 나타낼 수 있는 것이다.

바로 이 관계식을 성분별로 비교하여 t에 관해 정리한 후, 하나의 식으로 나타내면, 우리가 공간에서의 직선의 방정식으로 알고 있는 대표적인 관계식이 나온다.

$$\frac{x-x_1}{l}=\frac{y-y_1}{m}=\frac{z-z_1}{n}=t\ (l,\ m,\ n)=\vec{d}$$

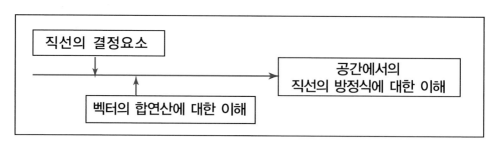

형상화수학
고등수학 1등급 비결

5. 공간에서의 평면 방정식의 형상화

이번 주제에서는 공간상에서 정의된 하나의 평면을 어떻게 함수(/관계)식으로 표현할지 그 접근 방법을 찾아 보도록 하자.

우선 공간상에서 평면의 결정요소를 생각해 보도록 하자.

    – 하나의 직선을 포함하는 평면은 무수히 많다.

    – 꼬여 있지 않은 두 개의 서로 다른 직선, 평행한 두 직선 또는 만나는 두 직선, 을 포함하는 평면은 오직 하나이다.

그리고 공간상에서 평면의 방향을 결정할 수 있다면,

    – 특정한 방향를 가진 (공간상의) 평면은 무수히 많다.

    – 특정한 방향를 가지고 한 점은 지나는 (공간상의) 평면은 유일하다고 말할 수도 있을 것이다.

그런데 하나의 평면은 분명은 방향성을 가지고 있는데, 과연 어떻게 평면의 방향을 결정할 수 있을까? 하나의 벡터는 형상화하면 하나의 직선에 해당되는데, 두 개의 직선으로 결정되는 평면을, 과연 하나의 벡터로 그 방향을 설정할 수 있을까? 분명히 있는 데, 결정할 수 있는 방법을 찾기가 그리 쉽진 않다…

그럼 원방향에서 방향을 결정하기 어렵다면, 역방향에서 뒤집어서 한번 생각해 보자. 그리고 당장 답을 구하기 어려우니, 귀납적인 방법으로 하나의 케이스를 생각해 보고 그것을 연역적인 방법으로 일반화하는 접근방법을 써보자. 하나의 케이스로 3차원 공간좌표축을 생각해 보면, 한 평면에 수직인 방향을 오직 하나임을 알 수 있다. 말하자면 xy 평면에 수직인 방향은 z축, yz 평면에 수직인 방향은 x축, zx 평면에 수직인 방향은 y축 방향인

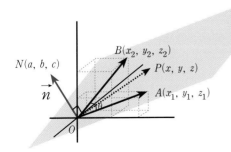

것이다. 그리고 이 방법은 범용적으로 확장할 수 있는 방법임을 여러분도 알아차릴 수 있을 것이다. 즉 평면의 방향을 결정하는 하나의 방법이 바로 이러한 법선벡터를 이용하는 것이다.

지금부터 이러한 평면의 결정요소를 기반으로, 공간에서의 평면의 방정식을 구해보도록 하자.

앞의 그림처럼, 공간상의 점 A와 B를 지나는 청색 평면의 방정식은 무엇일까?

평면도 결국 점들의 집합으로 볼 수 있다. 따라서 평면의 방정식을 찾는 유력한 접근방법 중 하나는, 평면을 구성하는 임의의 점을 설정하고, 주어진 조건으로부터 그에 연관된 관계식을 찾는 것이라 할 수 있다.

만약 법선벡터 ON (a, b, c)를 알 수 있다면, 우리는 그러한 평면의 방정식을, "평면상의 임의의 점을 나타내는 OP 벡터는 법선벡터 ON에 수직이다" 라는 관계를 통해 쉽게 얻을 수 있다.

$$\text{즉 } \overrightarrow{OP}\cdot\overrightarrow{ON}=|\overrightarrow{OP}|\,|\overrightarrow{ON}|\cos\frac{\pi}{2}=0 \ \rightarrow \ (x, y, z)\cdot(a, b, c)=ax+by+cz=0$$

따라서 이제 필요한 것은 법선벡터 ON의 좌표를 결정하는 것이다.

그리고 이러한 법선벡터는 방향을 결정하는 것이므로, 크기가 0이 아닌 이상, 크기와 상관이 없다. 즉 앞서 소개한 외적을 이용해 법선벡터를 구해도 되지만, 보다 일반적인 방법을 알아보도록 하자.

법선벡터 ON (a, b, c) 는 최소한 벡터 $OA(x_1, y_1, z_1)$와 벡터 $OB(x_2, y_2, z_2)$에 수직이어야 한다. 이 두 조건을 이용하면,

－ $(a, b, c)\cdot(x_1, y_1, z_1)=ax_1+by_1+cz_1=0$
－ $(a, b, c)\cdot(x_2, y_2, z_2)=ax_2+by_2+cz_2=0$

이 두 식을 연립하여, a, b, c를 구해 보면, 하나의 미지수로 다음과 같이 정리가 된다.

$$a=a, \ b=\frac{z_1x_2-x_1z_2}{y_1z_2-z_1y_2}a, \ c=\frac{x_1y_2-y_1x_2}{y_1z_2-z_1y_2}a \ \rightarrow \ \overrightarrow{ON}=\left(a, \ \frac{z_1x_2-x_1z_2}{y_1z_2-z_1y_2}\,a, \ \frac{x_1y_2-y_1x_2}{y_1z_2-z_1y_2}\,a\right)$$

그런데 법선벡터는 크기가 0이 아니면서, 수직 방향이 같으면, 크기는 달라도 되므로,

a의 값은 0이 아닌 실수면 된다. 따라서 이 벡터를 k배 하여 간단히 정리해 보자.

즉 각 성분에 $\dfrac{(y_1z_2-y_2z_1)}{a}$ 를 똑 같이 곱하여 정리하면, 다음과 같이 된다.

$(y_1z_2-z_1y_2,\ z_1x_2-x_1z_2,\ x_1y_2-y_1x_2)$

이는 외적의 법선벡터를 구할 때, 신발끈정리를 통해 계산한 것과 같은 결과임을 확인할 수 있다.

이제 법선벡터 $N(a,\ b,\ c)$를 구했으니, 앞에서 구한 평면의 방정식 $ax+by+cz=0$에 넣어 정리하기만 하면 된다.

즉 $(y_1z_2-z_1y_2)x+(z_1x_2-x_1z_2)y+(x_1y_2-y_1x_2)z=0$

그런데 이 평면의 방정식은 두 위치벡터 OA $(x_1,\ y_1,\ z_1)$와 OB $(x_2,\ y_2,\ z_2)$ 를 포함하는 평면방정식이므로 항상 원점을 포함하게 되어 있다. 그럼 원점과 상관없이,

공간상의 세 점 $A(x_1,\ y_1,\ z_1)$, $B(x_2,\ y_2,\ z_2)$, $C(x_3,\ y_3,\ z_3)$를 지나는 평면의 방정식을 어떻게 될까?

위의 접근방법을 이용하여 평면방정식을 결정하려면, 원점을 통과하는 두 개의 직선에 해당하는 위치벡터 두 개를 만들면 된다. 즉 위치벡터 AB, 위치벡터 BC, 위치벡터 CA 중 두 개를 선택하여, 위치벡터의 좌표를 구한 후,

$$\overrightarrow{AB}=\overrightarrow{OB}-\overrightarrow{OA},\ \overrightarrow{BC}=\overrightarrow{OC}-\overrightarrow{OB},\ \overrightarrow{CA}=\overrightarrow{OA}-\overrightarrow{OC}$$

먼저 법선벡터를 구 한다. 그리고 평면상의 임의의 직선과 법선벡터와의 내적이 0이라는 성질을 이용하여, 관련식을 구하면 된다.

$\overrightarrow{AP}\cdot\overrightarrow{n}=0 \Leftrightarrow (x-x_1,\ y-y_1,\ z-z_1)\cdot(a,\ b,\ c)=0 \rightarrow ax+by+cz=ax_1+by_1+cz_1$

$\overrightarrow{BP}\cdot\overrightarrow{n}=0 \Leftrightarrow (x-x_2,\ y-y_2,\ z-z_2)\cdot(a,\ b,\ c)=0 \rightarrow ax+by+cz=ax_2+by_2+cz_2$

$\overrightarrow{CP}\cdot\overrightarrow{n}=0 \Leftrightarrow (x-x_3,\ y-y_3,\ z-z_3)\cdot(a,\ b,\ c)=0 \rightarrow ax+by+cz=ax_3+by_3+cz_3$

- 내적과 평면방정식의 관계

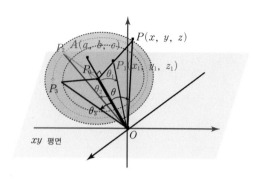

이전 주제에서 우리는 이차원 벡터의 내적 연산이 법선벡터에 수직인 직선을 의미한다는 것을 알았다. 그럼 이번에는 3차원 벡터의 내적 연산이 기하학적으로 어떻게 형상화되는지 살펴보도록 하자.

벡터 $\overrightarrow{OA}$와 공간상의 임의의 점 $P_1(x_1, y_1, z_1)$에 대한 내적은 다음과 같다.

$$\overrightarrow{OA} \cdot \overrightarrow{OP_1} = |\overrightarrow{OA}| \, |\overrightarrow{OP_1}|\cos\theta_1 = |\overrightarrow{OA}| \, |\overrightarrow{OP_0}|$$

이제 같은 내적의 크기, $|$벡터$OA| \, |$선분 $OP_0|$를 유지할 수 있도록, 즉 선분 OP_0를 밑변으로 하는 임의의 직각삼각형을 생각해보자. 이를 형상화하면, 다음 그림처럼 공간상에서 P_1을 확장한 임의의 점 $P_2, P_3, P_4 \rightarrow P(x, y, z)$에 대하여 직각삼각형 OP_0P를 생각할 수 있다.

이러한 점 P가 나타내는 도형은, 벡터 $\overrightarrow{OA}$를 법선벡터로 가지고, 점 P_1을 지나는 평면이 된다. 따라서 내적을 가지고 임의의 점 P에 대한 관계식을 세워보면 다음과 같다.

$$\overrightarrow{OA} \cdot \overrightarrow{OP} = |\overrightarrow{OA}| \, |\overrightarrow{OP}|\cos\theta = |\overrightarrow{OA}| \, |\overrightarrow{OP_0}|, \quad |\overrightarrow{OA}| \, |\overrightarrow{OP_0}| = |\overrightarrow{OA}| \, |\overrightarrow{OP_1}|\cos\theta_1 = \overrightarrow{OA} \cdot \overrightarrow{OP_1}$$

$$\rightarrow (a, b, c) \cdot (x, y, z) = ax + by + cz = |\overrightarrow{OA}| \cdot |\overrightarrow{OP_0}| = \overrightarrow{OA} \cdot \overrightarrow{OP_1}$$

$$\rightarrow \therefore \ ax + by + cz = ax_1 + by_1 + cz_1$$

정리하면,

관계식 "$a(x-x_1) + b(y-y_1) + c(z-z_1) = 0$" 을 얻을 수 있는데,

이는 바로 벡터 $OA(a, b, c)$를 법선섹터로 하며, 점 $P_1(x_1, y_1, z_1)$을 지나는 평면의 방정식인 것이다.

그런데 이러한 관점에서 바라보면, $|$선분$OP_0|$는 바로 원점에서 정의된 평면까지의 거리가 된다.

$$\overrightarrow{OA} \cdot \overrightarrow{OP_1} = |\overrightarrow{OA}| \, |\overrightarrow{OP_1}|\cos\theta_1 = |\overrightarrow{OA}| \, |\overrightarrow{OP_0}|$$

$$\rightarrow \therefore \ |\overrightarrow{OP_0}| = \frac{|\overrightarrow{OA} \cdot \overrightarrow{OP_1}|}{|\overrightarrow{OA}|} = \frac{|ax_1 + by_1 + cz_1|}{\sqrt{a^2 + b^2 + c^2}}$$

이 관계식은 바로 우리가 알고 있는 원점과 평면 사이의 거리공식과 같은 결과임을 알 수 있다.

Part3
대수학(代數學)

01

수에 대한 이해

1. 수의 의미 및 분류체계에 대한 이해

〈자연수〉

우리는 1, 2, 3, 4, …로 구성된 수들의 집합을 자연수라 배웠다. 그렇지만 왜 그들을 자연수가 불렀는지 그리고 처음에 같이 배우는 숫자인 0은 왜 자연수에 포함되지 않는지 잘 알지 못한다. 그래서 내용을 그냥 외우긴 하지만, 주위 상황과 연계된 자연수의 이미지를 잘 형상화하지는 못한다.

그럼 자연스럽게 떠오르는 질문과 그에 대한 대답을 하는 과정을 통해 자연수와 연계된 주변상황을 알아보고 그 이미지를 형상화 해보자.

일단 자연수란 용어의 의미를 생각해 보자. 자연수는 자연스런 수 또는 자연에서 나온 수 등으로 생각해 볼 수 있을 것이다. 그럼 숫자가 만들어지기 이전, 원시 세상에서는 과연 어떤 목적의 수가 가장 필요했을까? 아마도 종족의 수나 사냥감의 수를 세고, 그 기록을 남겨둘 필요가 가장 크지 않았을까 싶다. 즉 자연수는 무언가를 세고, 그것을 표현하기 위해 자연스럽게 만들어 진 수라고 생각할 수 있다.

그러면 두 번째 질문은 자연스럽게 풀리게 된다. 학생들에게 0이 무엇을 뜻하냐고 물어보면, 대부분의 학생들은 없는 것을 의미한다고 이야기 한다. 그렇지만 나는 자연수를 가르칠 때는 틀렸다고 이야기한다. 왜냐하면 없는 것은 셀 필요가 없으므로 굳이 대응하는 숫자를 필요로 하지 않기 때문이다.

정리하면, 자연수는 세기 위해서 만들어진 수이고, 그래서 1, 2, 3, 4, …로 구성된 수들의 집합을 뜻한다.

〈정수〉

없는 것이 0이 아니라면, 0은 과연 무엇을 의미할까?

아이들에게 일정시간 고민하게 해 본 후, 이것을 설명할 때면, 나는 학교 운동장에서 조회를 설 때 선생님이 줄을 맞추기 위해서 아이들에게 지시하는 과정을 예를 들곤 한다. 말하자면, 선생님이 한 명의 아이를 가르키며, 기준하고 외치면서 손을 들게 하면, 나머지 아이들은 좌우로 나란히 손을 펴면서 줄과 간격을 맞춘다. 그리고 아직 줄이 잘 안 맞았으면, 선생님을 다른 아이를 가르키며, 기준을 바꿔 같은 행동을 하게 한다. 이 비유에서 기준이 되는 학생의 위치가 기준점인 0이 되는 것이고, 그 학생을 기준으로 오른쪽에 있는 학생들의 위치는 $+1$, $+2$, $+3$, … 그리고 왼쪽에 있는 학생들의 위치는 -1, -2, -3, … 으로 지정한다고 말한다. 즉 $+/-$는 방향을 뜻하는 첨자라고 설명한다. 그리고 상황에 따라 기준은 바뀔 수 있으며, 그에 따라 특정 학생의 위치 또한 같이 변한다는 사실을 인지시킨다. 정수(整數)의 한자의 의미 또한 가지런히 정돈된 수를 의미하므로 일맥상통한다 하겠다.

그런 후에 "2-3" 이 무엇을 의미하는 지 상상해 보게 한다. 자연수 개념에서 2에서 3을 빼는 것은 상상할 수 없었다. 그래서 큰 수에서 작은 수를 빼고 큰 수의 부호를 붙이는 방법적인 면만을 배웠지만, 이제는 기준점에서 출발하여 오른쪽으로 두 칸을 간 후 왼쪽으로 세 칸을 간 셈이므로, 최종적으로 기준점에서 왼쪽으로 한 칸을 간 위치에 있다는 것을 상상할 수 있고, 그 위치의 표현이 -1인 것을 알게 된다. 이 과정 을 현실 상황에서의 계산과 연결시켜보면, 현재 내가 가지고 있는 돈을 기준점인 0으로 삼을 때, 이만원이 들어 왔다가 삼만원이 다시 나갔으므로, 결국 기준에서 만원이 까진 것을 의미하는 것이다.

즉 정수의 계산은 절대적인 값의 계산이 아니라, 기준점으로부터의 상대적인 위치의 계산으로 이해할 수 있어야 한다.

정리하면, 정수는 기준점으로부터의 상대적인 위치를 나타내기 위해서 만들어진 수이다. 여기서 +/−는 단지 방향을 나타낸다. 그리고 정수의 계산은 절대적인 값의 계산이 아니라, 기준점으로부터의 상대적인 위치의 계산으로 이해할 수 있어야 한다.

〈유리수〉

정수는 기준점으로부터의 상태적인 위치를 나타내는데, 단지 한 칸, 두 칸, …의 단위로만 표현할 수 있다. 그러면 자연스럽게 "한 칸과 두 칸 사이에 위치한 지점을 어떻게 표현할 수 있을 것인가?"에 대한 의문을 품게 될 것이다. 이제 이에 대한 대답을 하는 과정을 통해 유리수의 성질에 대해 이해해 보자.

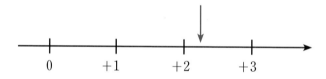

그림과 같이 +2와 +3 사이에 화살표가 가리키는 위치를 어떻게 표현할 수 있겠는지 생각해 보자.

쉽게 생각하면, 기준점으로부터의 이 화살표의 위치는 +2에서 얼마큼 더 갔는지를 계산하여 그 값을 더하면 될 것이다. 그러면 필요한 과제는 화살표의 위치가 +2와 +3 사이에서 전체(단위길이)의 몇 %에 해당되는 지를 어떻게 구할 것인가이다. 이를 위해 생각해 낸 방법이 단위길이를 n개로 쪼갰을 때, 화살표가 가리키는 위치가 m번째에 해당하도록 그러한 n과 m을 찾는 것이다. 만약 n을 크게하여 잘게 쪼갠다면, 웬만하면 화살표의 위치에 해당되는 m을 찾는 것은 가능할 것으로 보인다. 그렇게 되면, 기준점으로부터의 화살표의 위치는 $+2+\dfrac{m}{n}$ 이 될것이다.

예를 들어, 다음과 같이 4개로 쪼갰을 때, 화살표의 위치가 첫 번째가 된다면, $+2+\dfrac{1}{4}=+\dfrac{9}{4}$ 가 되는 것이다.

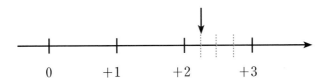

즉 분수를 이용하여 정수 사이의 점들에 대한 위치를 나타낼 수 있는데, 이렇게 정수에서 확장된 수가 유리수이다. 그래서 유리수는 다른 말로 분수로 표시할 수 있는 수라고 하는 것이다.

유리수(有理數)의 한자 의미인 이치가 있는 수와도 연결된다 하겠다. 여기서 이치란 몇 개로 쪼갰을 때 몇 번째에 해당되는 지, 추측이 아닌 정확한 비율로 알아낼 수 있다는 것을 뜻한다.

〈무리수〉

그러면, 자연스럽게 다음의 질문이 이어질 것이다.

"아무리 잘게 쪼개도 $\frac{m}{n}$, 분수형태로 나타낼 수 없는 점은 존재하는가?" 이다. 대답은 "존재한다" 이다. 그리고 그러한 점들에 해당하는 수가 바로 무리수(無理數) 이다.

잘 알려진 대표적인 무리수로는 원주율을 나타내는 $\pi(= 3.141592\cdots)$를 들 수 있다. 그 외에 수렴현상에 관련된 자연상수 e $(=2.71828182\cdots)$와 루트($\sqrt{}$)로 표현되는 수많은 수들을 들 수 있다.

〈실수〉

지금까지 소개한 모든 수들을 합쳐서 우리는 실수(實數)라 부른다.

이들의 포함관계를 표현하면 다음과 같다.

– 양의 정수는 형태적으로 자연수와 같다.

다음 장에서 설명되는 내용으로,

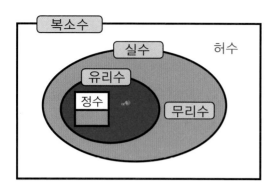

– 실수와 허수는 서로 다른 차원에 존재하는 각기 다른 1차원 수들이고, 복소수는 두 가지를 합해서 표현한 2차원 수이다.

–소수(小數)는 위의 숫자들에 대한 소수점을 이용한 다른 표현방법이다.

〈소수〉

수에 대한 일관된 표기방법을 위해, 즉 분수를 정수와 유사한 형태로 표현할 수 있도록 고안된 수의 표시방법이 소수이다. 소수(小數)란 용어의 의미는 0과 1사이의 작은 수를 뜻한다. 그에 대한 방법으로서 십진법의 표시형태를 1보다 작은 숫자로 확장한 것이라 할 수 있다. 즉 분모가 10의 거듭제곱의 형태를 가진 수 또는 수들의 합으로 표시하는 것이다.

예를 들어, 분모가 10의 거듭제곱 형태를 가지는 수는 $\frac{3}{10}=0.3$, $\frac{3}{100}=0.03$, $\frac{3}{1000}=0.003$ 처럼 단일 숫자로 표시하고, 분모가 10의 거듭제곱 형태를 가지지 못하는 수에 대해서는 $\frac{1}{3}=\frac{3}{10}+\frac{3}{100}+\frac{3}{1000}+\cdots=0.3+0.03+0.003+\cdots=0.333\cdots$ 처럼 무한등비수열의 합의 이론을 이용하여 여러 소수들의 합으로 표시하는 것이다.

이렇게 분모를 10의 거듭제곱의 형태를 가져야 함에 따라, 소수의 표현은 다음과 같이 구분되어 진다.

기약분수에 대해 분모가 2 또는 5만을 인수로 가지는 경우, ($10=2\times5$로 소인수 분해 되기 때문에) 같은 수를 분자/분모에 곱하여 분모를 10으로 만들 수 있으므로, 위의 예시처럼 단일숫자로 표기할 수 있는데 이를 유한소수라 한다.

기약분수에 대해 분모가 2 또는 5 이외의 인수를 가지는 경우, 분모를 10으로 만들 수 없으므로 자연히 무한소수의 형태를 가지게 된다. 그런데 무한소수 중 순환소수의 경우, 상응하는 무한등비급수의 형태를 만들 수 있음으로 분수(/유리수)의 형태로 전환할 수 있음을 알 수 있다. 그리고 그 역도 성립한다. 따라서 분모가 2

형상화수학
고능수학 1등급 비결

또는 5 이외의 인수로 가지는 기약분수는 순환소수로 전환할 수 있다.

반면에, 분수로 나타낼 수 없는 무리수는 순환하지 않는 무한소수로 표현할 수 있다.

→ 순환하지 않는 무한소수는 실제 수를 표현할 방법이 없으므로 루트($\sqrt{}$) 나 π 등 기호를 이용한다.

소수(小數)는 의미적으로 구분된 수의 분류체계가 아니라, 용이성을 위한 수의 다른 표현 방법일 뿐이다.

〈개념의 확장1: 절대값의 의미는 무엇일까?〉

학생들에게 물어보면, 많은 아이들이 마이너스를 플러스로 바꾸는 것이라고 방법적인 이야기를 한다.

그들은 처음 배울 때 그 의미에 대해 진중하게 생각해 보지 않았다. 그래서 개념의 확장 및 타 이론과 연동을 할 수가 없는 것이다.

절대값은 크기를 나타내는 함수(/기능)로서 , (한 점에 대해서는) 기준점으로부터의 거리를 뜻한다.   예를 들어, $|z|=3$ 은 상황에 따라 아래와 같이 다양하게 해석되어진다. z가 일차원 직선 상의 점이라면, 기준점 0으로부터 거리가 3인 위치에 있는 두 점, +3, −3 을 뜻하고, z가 이차원 평면 상의 점이라면, 기준점 (0, 0) 으로부터 거리가 3인 위치에 있는 점들인 원을 뜻하고,

z가 삼차원 공간 상의 점이라면, 기준점 (0, 0, 0) 으로부터 거리가 3인 위치에 있는 점들인 구을 뜻한다. (참고로, 두 점 이상에 대한 절대값은 determinant 라고 부르는데, 고등학교 과정에서는 그 개념의 소개 없이 역행렬의 산출공식에 간략히 이용되는 정도이다.)

그런데 방법적인 면만을 외운 사람은 이러한 확장을 이해할 수 업으므로, 변형되는 모든 경우를 따로따로 외워야 할 것이다.

〈개념의 확장2: 복소수 그리고 허수의 이해〉

실수는 수직선상의 한 점에 대해 기준점으로부터의 상대적인 위치를 나타내는 수라고 할 수 있다.

예를 들면,

−줄을 세울 때, 기준이 되는 사람을 중심으로 오른쪽/위쪽은 +, 왼쪽/아래쪽은 −로 표현

−통장잔고 0을 기준으로 저축한 돈은 +, 대출받은 돈은 −로 표현

−…

그렇다면 만약 그럴 필요가 있다면, 정보에 대한 차원을 하나 더 높여, 한 체계에 속하지만, 서로 독립적인 두 정보를 어떻게 같이 표현할 수 있을까?

예를 들어

−현재 지갑에 있는 돈 과 은행에 저축해 둔 돈

−현재 가용한 전류와 충전기에 충전된 전류

−언제든 바로(/집중하여) 쓸 수 있는 근육상의 가용에너지와 시간을 갖고 태워야 쓸 수 있는 지방에 있는 축적에너지

−…

이렇듯 한 체계에 속하지만, 차원이 다른 두 가지 정보를 하나의 수로서 표현하고자 만들어진 방법이 복소수이다. 말하자면 이차원 수라 할 수 있다.

차원이 다르므로, 하나의 관점에서만 볼 때는, 다른 수는 보이지 않는다.

복소수에 대한 일반적인 표현법은 $a+bi$ 이다. a는 현재 가용차원인 실수부의 숫자이고 b는 잠재차원인 허수부의 숫자이다. 따라서 허수는 가짜 수로 이해하기 보다는 현재는 차원이 달라, 보이지 않는 잠재된 수라고 이해하여야 한다. 물론 잠재차원의 수는 특별한 전환 기능을 통해 현실차원의 수로 바뀔 수 있을 것이다. 마치 어댑터를 통해 충전기의 전류를 쓸 수 있듯이 …

2. 비례식의 성질 : 가비의 리의 이해

$$\frac{b}{a} = \frac{d}{c} = \frac{f}{e} \rightarrow \frac{b}{a} = \frac{b+d+f}{a+c+e} = \frac{pb+qd+rf}{pa+qe+re}$$

위의 관계가 성립하는 정리를 "가비의 리"라고 부른다. 여기서 가비는 한자 加比로 '비를 더한다'는 뜻으로 "가비의 리"란 비를 더하는 이치인 것이다.

많은 학생들이 위의 내용을 알고, 누군가 요구하면 증명도 할 수 있지만, 정작 필요시 금방 생각을 떠올리지 못해, 적절한 이용을 하지 못한다. 그것은 위의 정리에 대한 이해가 대수적인 관계 수준에 머물고 있을뿐, 관계의 형상화를 통한 직관적인 개념적 이해가 뒷받침되지 못하지 때문이다.

가정에 대한 내용을 형상화해 보자.

분수로 표현되는 비가 서로 같은 것은 무엇을 뜻할까? 그것은 분자/분모를 똑같이 k배 한 것을 의미한다. 또는 하나의 삼각형을 k배 확대하여, 서로 대응하는 길이의 비를 구한 것과 같다고 생각할 수도 있을 것이다.

즉 $\dfrac{b}{a} = \dfrac{d}{c} = \dfrac{f}{e}$ 가 성립한다면,

우리는 c와 e는 a를 각각 k_1, k_2배 한 것으로 생각할 수 있다. 물론 이때 d와 f는 b를 각각 k_1, k_2배 한 것이 되어야 할 것이다.

이와 같이 생각한다면, $a+c$는 a를 $(1+k_1)$ 배 한 것이고, $a+c+e$는 a를 $(1+k_1+k_2)$배 한 것으로 생각할 수 있어야 한다. 마찬가지로 이럴 경우 $b+d$는 b를 $(1+k_1)$ 배 한 것이 될 것이고, $a+c+e$는 b를 $(1+k_1+k_2)$배 한 것이 된다.

$$\frac{b}{a} = \frac{d}{c} = \frac{f}{e} \rightarrow k_1배: \frac{d}{c} = \frac{k_1 b}{k_1 a} \;, \; k_2배: \frac{f}{e} = \frac{k_2 b}{k_2 a}$$

이렇게 내용을 형상화하여 생각한다면, 가비의 리는 자연스러운 결과가 될 것이며, 추가적인 확장도 용이할 것이다.

$$\frac{b}{a}=\frac{d}{c}=\frac{f}{e} \rightarrow \frac{b+d+f}{a+c+e}=\frac{b+k_1 b+k_2 b}{a+k_1 a+k_2 a}=\frac{(1+k_1+k_2)b}{(1+k_1+k_2)a}=\frac{b}{a}$$

$$\rightarrow \frac{pb+qd+rf}{pa+qc+re}=\frac{b+pk_1 b+rk_2 b}{a+pk_1 a+rk_2 a}=\frac{(1+pk_1+rk_2)b}{(1+pk_1+rk_2)a}=\frac{b}{a}$$

| 형상화수학
고등수학 1등급 비결

02

대수의 이해: 함수와의 연결

1. 이차방정식 근의 공식과 인수분해

제곱식을 이용하여, 이차방정식의 해를 구하는 과정을 잠깐 살펴보자.

$f(x)=ax^2+bx+x=0$

$$\rightarrow a\left(x+\frac{b}{2a}\right)^2-\frac{b^2-4ac}{4a}=0$$

$$\rightarrow a\left(x+\frac{b}{2a}\right)^2=\frac{b^2-4ac}{4a}$$

$$\rightarrow x=\frac{-b\pm\sqrt{b^2-4ac}}{2a}$$

그런데 이 해는 루트($\sqrt{}$)를 포함하고 있으므로, 해가 속하는 수의 범위를 복소수 평면으로 확장해야 이 근을 제대로 해석할 수 있게 된다.

 - 일차식의 해는 수직선 상의 일차원 수로 표현
 - 이차식의 해는 복소평면상의 이차원 수로 표현

그런데 우리가 주로 다루는 수는 일차원 수이므로, 수직선상에 표현이 가능한, 눈에 보이는 수라고 하여 실수라 하고, 수직선으로는 표현이 불가능한, 눈에 보이지 않는 상상속의 이차원 수를 허수라 하는 것이다. 허수는 많은 학생들이 생각하고 있는 가짜수가 아닌 것이다.

그리고 이차방정식의 해가 실수인 경우 그러한 해를 실근이라 하고, 반대로 허수인 경우 그러한 해를 허근이라 부른다. 그리고 실근과 허근의 판단 기준이 되는 루트 안의 값, $b^2-4ac=D$를 근의 판별식이라 부른다.

일반적으로 방정식의 실근은 $y=f(x)$ 와 $y=0(x$축$)$ 와의 교점으로 형상화되는 반면, 허근은 교점이 없는 것으로 나타난다. 그런데 허근도 하나의 해인데, 왜 좌표평면상에 나타나지 않을까? 그것은 평면좌표에서 표현할 수 있는 x의 값은 수직선인 x축에 나타낼 수 있는 일차원 수로 제한되기 때문일 것이다.

그런데 루트 안의 값, b^2-4ac의 값이 0보다 작은 허근인 경우에 대한 형상화는 어떻게 할 수 있을까?

아마도 x의 값을 일차원인 실수축에서 이차원인 복소수평면으로 확장하면 되지 않을까?

다음은 우리의 상상의 범위를 구체적으로 확장할 수 있도록 그러한 내용을 담아, 허근의 예를 형상화해 본 것이다.

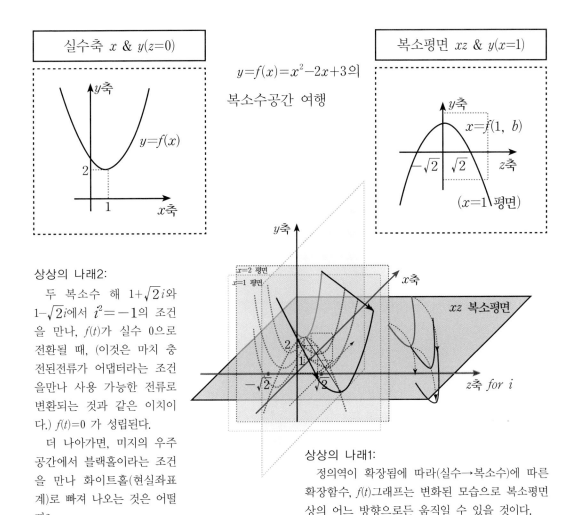

실수축 x & $y(z=0)$

y축

$y=f(x)$

2

1

x축

$y=f(x)=x^2-2x+3$의
복소수공간 여행

복소평면 xz & $y(x=1)$

y축

$x=f(1,\ b)$

$-\sqrt{2}$ $\sqrt{2}$

z축

$(x=1$ 평면$)$

상상의 나래2:

두 복소수 해 $1+\sqrt{2}\,i$와 $1-\sqrt{2}\,i$에서 $i^2=-1$의 조건을 만나, $f(t)$가 실수 0으로 전환될 때, (이것은 마치 충전된전류가 어댑터라는 조건을만나 사용 가능한 전류로 변환되는 것과 같은 이치이다.) $f(t)=0$ 가 성립된다.

더 나아가면, 미지의 우주공간에서 블랙홀이라는 조건을 만나 화이트홀(현실좌표계)로 빠져 나오는 것은 어떨까?

y축

$x=2$ 평면
$x=1$ 평면

x축

xz 복소평면

2

1

$-\sqrt{2}$ $\sqrt{2}$

z축 for i

상상의 나래1:

정의역이 확장됨에 따라(실수→복소수)에 따른 확장함수, $f(t)$그래프는 변화된 모습으로 복소평면 상의 어느 방향으로든 움직일 수 있을 것이다.

이제 허수에 대해 어느 정도 형상화의 실마리를 갖게 되었다면, 주어진 이차함수 $y=f(x)=x^2-2x+3$의 정의역을 실수에서 복소수로 확장하여, 대수적으로 풀어가 보자.

복소수 변수 $t=a+bi(a,\ b$실수$)$라 놓고 주어진 함수식을 정리하면, $f(t)\to f(a,\ b)=(a^2-2a+3-b^2)+2b(a-1)i$가 된다. 그리고 이 결과값으로 표현된 관계식을 통해 즉 $f(a,\ b)=0$를 만족하는 해를 찾는다면, $(1,\ \sqrt{2})$, $(1,-\sqrt{2})$가 나오는 것을 알 수 있다.

함수 $y=f(t)=f(a, b)$ $(t=a+bi$ $(a, b$ 실수$))$의 내용을 정리해 보면, 확장함수 $f(a, b)$는 $b=0$ 또는 $a=1$인 경우에만, 함수값이 실수가 됨을 알 수 있다. 왜냐하면 의 i 계수가 0이 되어야 하기 때문이다.

1) $b=0$인 경우는 실변수 함수인 $f(a)$ 가 되는데, 좌측 상단의 그림이 이 함수의 그래프를 묘사하고 있다.

2) $f(1, b)$는 실수함수이다. 말하자면, $t=1+bi$ 인 경우, 함수값 $f(t)$는 2이하의 실수가 되는 것이다. 우측 상단의 그림이 이 함수의 그래프를 묘사하고 있다.

3) 나머지 영역인, $a \neq 1$ & $b \neq 0$ 이 아닌 모든 경우를 포함하면, 정의역 변수 및 함수값이 모두 2차원 수인 복소수가 되므로, 전체가 4차원이 된다. 따라서 3차원 그래프로는 형상화할 방법이 없다.

임의의 다항함수는 1차식과 2차식의 곱으로 인수분해할 수 있으므로, 이러한 접근 방식은 모든 다항함수에 적용할 수 있다 하겠다.

생각의 방향을 조금 바꾸어 보자.

"다음의 이차식 ax^2+bx+c를 인수분해 하시오"

라고 문제가 나간다면, 과연 얼마나 많은 학생들이 인수분해를 할 수 있을까?

아마도 상당수의 학생들이 의아해 할 것이다. 공통인수가 하나도 없는데 어떡해 인수분해를 하라는 거지? 그렇지만 하나의 이론을 여러 방향에서의 시각에서 보고, 밝혀진 내용을 종합하여, 그 이론의 개념을 정립하려는 학생들은 쉽게 접근하게 될 것이다.

인수분해란 주어진 수 또는 대수식을 인수 또는 인자의 곱으로 표현하는 것을 뜻한다. 그런데 앞에서 다른 이차방정식의 해 α, β를 안다는 것은 무엇을 의미할까?

그것은 $ax^2+bx+c=0$ → $a(x-\alpha)(x-\beta)=0$로 표현된다는 뜻이다.

즉 $ax^2+bx+c=a(x-\alpha)(x-\beta)$, $\alpha=\dfrac{-b+\sqrt{b^2-4ac}}{2a}$, $\beta=\dfrac{-b-\sqrt{b^2-4ac}}{2a}$로 인수분

해 된다는 것을 의미한다.

이것의 또 다른 일반적인 표현이 나머지 정리에도 나온다.

$$f(a)=0 \rightarrow f(x)=(x-a)q(x)$$

즉 하나의 해를 알면, 하나의 인자를 정의할 수 있다.

이러한 내용을 통해 알 수 있는 것은, 인수분해의 실마리를 찾는 좋은 접근방법중의 하나가 바로 방정식의 해를 찾는 것이라는 것이다. 그리고 그것이 바로 그러한 해를 찾는 조립제법의 목적인 것이다.

참고로 조립제법의 대상이 되는 수는 상수항 또는 $\dfrac{상수항}{최고차항}$의 약수이어야 한다.

그것은 3차식을 가정할 경우, $f(x)=a(x-\alpha)(x-\beta)(x-\gamma)$가 되는데, 상수항이 $-a \cdot \alpha\beta\gamma$가 되기 때문이다.

2. 방정식 풀이와 함수그래프와의 관계

1) 방정식에 대한 근의 형상화

일원 방정식을 함수식으로 표현하면, $h(x)=0$가 된다.

이 내용을 그래프로 형상화하면, $y=h(x)$ 그래프와 $y=0(x$축$)$ 그래프의 교점이 되고, 해는 바로 교점의 x 좌표가 되는 것이다.

그런데 $h(x)=f(x)-g(x)$로 표현될 수 있으므로,

$$h(x)=0 \Leftrightarrow f(x)-g(x)=0 \Leftrightarrow f(x)=g(x)$$

가 된다. 즉 $h(x)$의 구성함수 $f(x)$, $h(x)$ 에 대하여, $y=f(x)$ 와 $y=g(x)$의 교점으로 형상화해도, 해는 같은 x 좌표가 되는 것이다.

이를 하나의 예를 통해 구체화해 보도록 하겠다.

이차방정식 $x^2-2x-3=0$의 해는 좌변을 인수분해 하면, $(x-3)(x+1)=0$가 되므로, $x=3$ 또는 $x=-1$ 이다.

이 내용을 형상화하면, 우측의 그림처럼

① 군청색 그래프 $y=x^2-2x-3$과 $y=0$의

　교점의 x좌표가 된다.

② 푸른색 그래프 $y=x^2-2x$과 $y=3$의 교점

　의 x좌표가 된다.

③ 검은색 그래프 $y=x^2$과 $y=2x+3$의 교점

　의 x좌표가 된다.

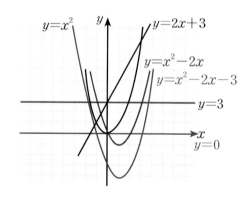

이 세 경우의 교점의 x좌표는, 바로 방정식의 해인 $x=3$ 또는 $x=-1$ 인 것이다.

이러한 접근방법을 응용하면, 미지수가 포함되어 있는 방정식이, 그 미지수의 변화에 따라, 해가 어떻게 달라지는 지 판정할 수 있게 된다.

Case 1. 방정식 $x^2-2x-k=0$를 밝혀진 부분과 밝혀지지 않는 부분을 구별하여,

$y=x^2-2x$과 $y=k$로 나누어 형상화 한다.

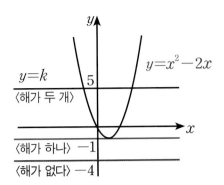

Case 2. 방정식 $x^2-kx+3=0$를 밝혀진 부분과 밝혀지지 않는 부분을 구별하여,

$y=x^2+3$ 과 $y=kx$ 로 나누어 형상화 한다.

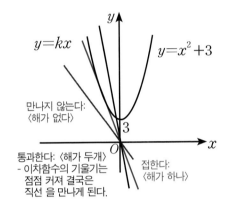

2) 방정식 풀이와 함수그래프와의 관계
→ 근이 (0, 1) 구간에 존재할 경우에 대한 형상화

이차함수 $f(x) = ax^2 + bx + c$에 대하여, $f(x) = 0$의 해가 (0, 1) 구간에 존재할 때, 이 이차함수가 가져야 할 조건들은 무엇일까?

주어진 내용으로는 이차함수의 일반 함수식과 구간정보 0, 1 뿐이므로, 이를 이용하여 목표를 기술할 수 있어야 한다.

이 해결 과정을 통해 목표 상황이 주어졌을 때, 필요한 조건을 밝히기 위해 어떻게 접근해야 할지 알아보도록 하자. 그리고 최종적으로는 이 이차함수를 결정하기 위한 조건을, 세 개의 미지수 a, b, c의 관계식으로 표현해 보자.

그럼 잠시 배경이론이 되는 이차함수의 특징을 살펴보자.
－ 이차함수는 미지수가 세 개 이므로 서로 다른 세 점 또는 세 개의 정보에 의해 결정된다.
－ 이차함수의 그래프적 특징은
　(1) 대칭축을 가지며, 아래로 볼록 또는 위로 볼록인 토기 형태를 띤다.
　(2) 기울기에 변화에 따라 그래프의 폭이 좁아지거나 넓어 진다.
　(3) 좌표상의 위치는 기본함수 $y = ax^2$을 x축, y축 평행이동을 함에 따라 결정된다: $y = a(x-p)^2 + q$

우선, $f(x) = ax^2 + bx + c = 0$의 해가 (0, 1) 구간에 존재할 경우에 대해, 케이스를 나누어 구체적으로 형상화 해 보자. 여기서는 편의상 $a > 0$ 인 경우에 대해서만 다루도록 하겠다.

케이스 분리는, 요건을 만족하는 이차함수 그래프의 형태를 목표로 하여, 이차함수의 주요 특징인 대칭축을 일차 기준 그리고 기울기를 이차 기준으로 하여 나누도록 할 것이다.

Case A: 대칭축 $x=-\dfrac{b}{2a}$, $-\dfrac{b}{2a}<0$ ─ ①

구간 $(0, 1)$ 에서 해를 가지려면, 좌측의 그래프 형태를 취해야 한다. 주어진 구간 숫자 0, 1을 이용하여 이를 묘사하려면,

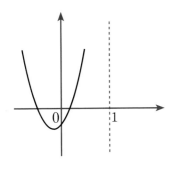

— $f(0)=c<0$ ─ ②

— $f(1)=a+b+c>0$ ─ ③

이 세 조건 ①, ②, ③ 이면, 좌측의 그래프 형태를 벗어날 수 없게 된다.

$A=$ ① $\cap$ ② $\cap$ ③

Case B: 대칭축 $x=-\dfrac{b}{2a}$, $0\leq-\dfrac{b}{2a}\leq1$ ─ ①

구간 $(0, 1)$에서 해를 가지는 경우를 생각하면, 아래의 세가지 그래프 형태 중 하나를 취해야 한다. 각 형태에 대해, 주어진 구간 숫자 0, 1을 이용하여 이를 묘사하려면,

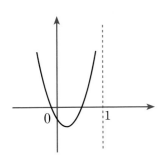

— $f(0)=c\leq0$ ─②

— $f(1)=a+b+c\geq0$ ─③

$B_1=$① $\cap$ ② $\cap$ ③

— $f(0)=c\geq0$ ─ ④

— $f(1)=a+b+c\geq0$ ─ ⑤

— $D=b^2-4ac\geq0$ ─ ⑥

(작은 상자 안의 경우 제외)

$B_2=$① $\cap$ ④ $\cap$ ⑤ $\cap$ ⑥

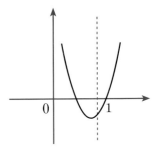

— $f(0)=c\geq0$ ─ ⑦

— $f(1)=a+b+c\leq0$ ─ ⑧

$B_3=$ ① $\cap$ ⑦ $\cap$ ⑧

위의 세가지 형태 중 하나면, 목표를 만족하므로, $B=B_1 \cup B_2 \cup B_3$

사실 여기서 해가 0 또는 1, 중근을 갖는 경우는 제외 되어야 하는데, 그 이유는 해의 열린 구간 경계점 0, 1 을 기준으로 조금만 더 생각한다면, 어렵지 않게 그 내용을 알 수 있을 것이다.

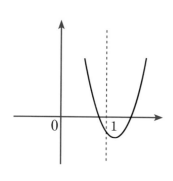

Case C: 대칭축 $x=-\dfrac{b}{2a}$, $-\dfrac{b}{2a}>1$ — ①

구간 $(0, 1)$ 에서 해를 가지는 경우를 생각하면, 아래의 그래프 형태를 취해야 한다. 주어진 구간 숫자 0, 1 을 이용하여 이를 묘사하려면,

   — $f(0)=c>0$ — ②

   — $f(1)=a+b+c<0$ — ③

이 세 조건 ①, ②, ③ 이면, 좌측의 그래프 형태를 벗어날 수 없게 된다.

$C=$ ① $\cap$ ② $\cap$ ③

따라서 위에서 나열한 모든 경우를 종합하면, 이차방정식 $f(x)=0$의 해가 $(0, 1)$ 구간에 존재하도록, 이 이차함수가 가져야 할 조건은

   — $X=A \cup B \cup C$ 가 된다.

3. 부등식 풀이와 함수그래프와의 관계

부등식 $f(x) \geq 0$와 $f(x) \leq 0$는

경계선 $f(x) = 0$를 기준으로 양쪽으로 나뉘게 된다.

따라서 주어진 관계식을 만족하는 부등식 영역에 대한

형상화는 우측의 그림처럼

$y = f(x)$와 $y = 0$를 형상화한 후, 그 것을 경계선으로 삼

아 영역을 나누면 되는 것이다.

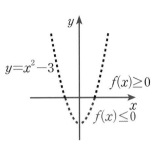

그리고 두 함수 이상의 곱셈이나 나눗셈으로 대상함

수가 주어진 경우, 각각의 함수를 하나의 대수로 생각하

여 부등식을 풀고 나서, 각각의 해를 따로 따로 형상화한

후, 그 대상영역을 가지고 요구에 따라 교집합 또는 합집

합을 수행하면 될 것이다.

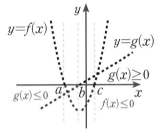

$f(x)g(x) \geq 0 \rightarrow \{x|f(x) \geq 0 \ \& \ g(x) \geq 0\} \cup \{x|f(x) \leq 0 \ \& \ g(x) \leq 0\}$

예) $(x^2+2x-3)(\frac{1}{2}x+1) \geq 0 \rightarrow a \leq x \leq b$ 또는 $x \geq c$ $(a=-3, \ b=-2, \ c=1)$

$\dfrac{f(x)}{g(x)} \geq 0 \rightarrow \{x|g(x) \neq 0\} \cap [\{x|f(x) \geq 0 \ \& \ g(x) \geq 0\} \cup \{x|f(x) \leq 0 \ \& \ g(x) \leq 0\}]$

예) $\dfrac{x^2+2x-3}{\frac{1}{2}x+1} \geq 0 \rightarrow a \leq x < b$ 또는 $x \geq c$

위의 내용을 평면으로 확장하면,

$f(x, y)g(x, y) \geq 0 \rightarrow \{(x, y)|f(x, y) \geq 0 \ \& \ g(x, y) \geq 0\} \cup \{(x, y)|f(x, y) \leq 0 \ \& \ g(x, y) \leq 0\}$

예) $(y-x^2+3)(y-(\frac{1}{2})x-1) \geq 0 \rightarrow$ 좌측 아래 검은색으로 표시된 $+/+$ 또는

$-/-$ 영역에 속하는 점들(경계선 포함)

$$\frac{f(x,\ y)}{g(x,\ y)} < 0 \rightarrow \{(x,\ y) \mid f(x,\ y) > 0\ \&\ g(x,\ y) < 0\} \cup \{(x,\ y) \mid f(x,\ y) < 0\ \&\ g(x,\ y) > 0\}$$

예) $\dfrac{y-x^2+3}{y-\dfrac{1}{2}x-1} < 0 \rightarrow$ 좌측 아래 푸른색으로 표시된 $+/-$ 또는 $-/+$영역에 속하

는 점들

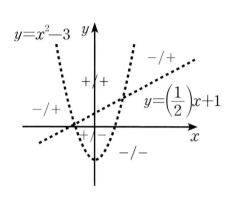

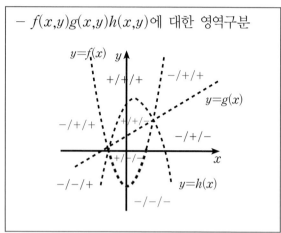

형상화수학
고등수학 1등급 비결

4. 부정방정식 풀이를 위한 접근방법

부정방정식의 뜻이 무엇일까?

여기에 쓰인 부정이란 아니다(否定)나 '올바르지 않다(不正)'의 의미가 아니라 '정할 수 없다 (不定)'란 뜻이다. 그런데 왜 정할 수 없을까? 그것은 해가 무수히 많기 때문이다.

정리하면, 부정방정식은, 일반적인 경우 해가 무수히 많아 특정 해를 정할 수 없는 방정식을 뜻한다.

그러면 어떤 경우가 해가 무수히 많게 되는 지 생각해보자.

$x+y=1$, $x-y=1$을 만족시키는 해, 순서쌍 (x, y)는 몇 개나 될까?

$x+y=1$을 만족시키는 해인 순서쌍 (x, y)는 몇 개나 될까?

이제 여러분은 눈치 챘을 것이다.

일반적으로 연립방정식을 풀 경우,

미지수의 개수와 주어진 관계식의 개수가 일치하면, 해는 하나 존재한다. 그러나

미지수의 개수보다 주어진 관계식의 개수가 적으면, 해는 무수히 많이 존재하게 된다.

즉 부정방정식의 풀이란, 미지수의 개수보다 주어진 관계식의 개수가 적은 연립방정식을 푸는 것을 의미한다.

그러면 부정방정식은 의미 자체가 해가 무수히 많아 정할 수 없는 것인데, 그러한 방정식을 푼다는 것은 무엇을 하라는 것일까? 아마도 여러분은 직접적으로 표현되지 않았지만, 실행을 하려면 어쩔 수 없이 있어야 하는 것이 무엇일까 생각한다면, 그 의미를 알아 차릴 수 있을 것이다. 말하자면 해의 개수를 제한 할 수 있는 조건이 추가적으로 주어질 것이라는 것을 생각해 낼 수 있을 것이다. 실제로 부정방정식 형태의 풀이문제에는 항상 그러한 추가 조건들이 따라 붙는다.

즉 부정방정식 풀이를 위한 접근방향은, 추가된 조건을 어떻게 이용하여 해들을 제한시킬 것인지 그 방법을 찾아내는 것이라 할 수 있다.

그럼 지금부터 해들을 제한시키는 대표적인 방법 몇 가지를 알아보도록 하자.

내용형상화를 해 본 결과, 미지수에 비해 주어진 관계식의 개수가 적다면, 우선 우리는 이 문제가 부정방정식의 형태일 수 있음을 알아차릴 수 있어야 한다.

1. 변수가 자연수/정수 등으로 범위가 제한 된 경우
 - 접근방법: 덧셈(/뺄셈)의 형태로 주어지는 방정식 $A+B=143$ 을 만족시키는 정수해는 무수히 많지만, 곱셈(/나눗셈)의 형태로로 주어지는 방정식 $A \times B = 143 = 11 \times 13$ 을 만족시키는 정수해는 몇 가지 되지 않는다. 왜냐하면 A, B는 143의 약수이어야 하기 때문이다. 이러한 성질을 이용하여 주어진 식을 인수분해하여 변형한 후 해석한다.

예제1: 정수 x, y에 대하여 $xy - x - 2y - 141 = 0$을 만족하는 x, y를 구하여라
 - 접근방법: 덧셈형태의 식을 가지고는 위의 식을 만족하는 x, y가 너무 많으므로, 인수분해를 이용하여 한쪽 변은 문자식에 의한 곱셈형태로 만들고 다른 쪽 변에는 숫자만 오도록 한다.
 → x를 포함한 두 항을 묶으면 $x(y-1)$이 되는데, 남아 있는 문자 $-2y$를 앞에서 정리한 식과 인수분해를 하여 처리하려면 $(y-1)$인자가 필요하게 된다. 따라서 $-2y$를 이용하여 $-2(y-1)$를 만들고 정리하여, 남은 숫자를 우변으로 옮긴다. 그러면 목표식은 $(x-2)(y-1)=143$ 형태로 바뀌게 된다.

예제2: 자연수 x, y에 대하여 $x + 13y - 143 = 0$을 만족하는 x, y를 구하여라
 - 접근방법: 주어진 식은 x, y가 따로 따로 더해진 간단한 식이므로 더 이상 인수분해를 이용해 곱셈형식으로 바꿀 수 없다. 이 상태로 숫자를 대입해 해당되는 자연수 x, y를 찾을 수도 있지만, 시간이 조금 은 걸릴 것이다. 그런데 x, y가 자연수이고, y의 계수 13으로 비

교적 큰 소수라는데 착안하여, 좀더 효과적인 접근방법을 생각해 낸다면, 많은 시간을 절약할 수 있을 것이다.

→ 주어진 식을 y에 대해 정리해 보면, $y=11-\dfrac{x}{13}$이 된다. 그러면 다음과 같은 사실을 쉽게 알 수 있다. y가 자연수이므로 x는 13의 배수이다. x, y가 자연수이므로 y는 11보다 작은 수가 된다. 따라서 y가 11보다 커질 때까지 x에 13의 배수를 넣으면, 쉽게 해를 찾을 수 있을 것이다.

→ 주어진 식이 이차식일 경우,

실수 해가 존재한다는 근거로 근의 판별식 $D=b^2-4ac\geq0$ 이라는 조건을 이용할 수 있다.

2. 변수의 범위가 실수지만, 목표식이 특수한 형태로 주어진 경우 : (예:) $A^2+B^2+C^2=0$

– 접근방법: 주어진 조건과 더불어 목표식 형태가 가지는 특수성을 이용한다.

예제: 실수 x, y, z에 대하여 $(x-1)^2+(y-2)^2+(z-3)^2=0$을 만족하는 x, y, z을 구하여라

– 접근방법: 실수공간에서 제곱식은 항상 0 이상이므로, 위의 목표식이 성립하려면 A, B, C에 해당하는 각 부분이 0 이 되어야 한다.

→ 만약 목표식이 위처럼 정리되지 않고, 전개되어 풀어서 주어졌다면 이 문제는 상당히 어렵게 보일 것이다. 그렇지만 이 문제가 부정방정식임을 인식하고, 각 변수가 실수 이므로 인수분해 형태로 바꾸어도 해의 개수를 제한할 수 없다는 것을 생각해 낸다면, 어쩔 수없이 위와 같은 특수한 형태를 만들어 보려 시도하게 될 것이다. 그러면 어렵지 않게 문제를 풀게 될 것이다.

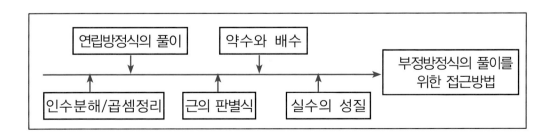

03

대수의 이해: 기하와의 연결

1. 산술/기하/조화평균에 대한 기하학적 이해

$$\frac{a+b}{2} \geq \sqrt{ab} \geq \frac{2ab}{a+b}, \quad \frac{a+b}{2} : \text{산술평균}, \quad \sqrt{ab} : \text{기하평균}, \quad \frac{2ab}{a+b} : \text{조화평균}$$

이 세 평균의 크기 비교를 위해서 다음과 같이 형상화해 보자.

우측의 그림과 같이 임의의 길이 a, b에 대하여 |선분OA|$=a$, |선분OB|$=b$가 되도록 수직선상에 O, A, B를 위치시킨다.

그리고 점 A와 점 B를 지름의 양끝으로 하는 원을 그리고 그 중심을 C라고 한다.

또한 이 원에 점 O에서 시작하는 접선을 긋고, 그 접점을 T라고 한다.

마지막으로 접점 T에서 수직선상에 수선을 내리고, 그 교점을 H로 한다.

그러면

1) 점 O에서 원의 중심 C까지의 거리, |선분OC|$=\dfrac{a+b}{2}$가 됨을 알 수 있고, 이는

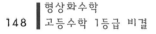

산술평균에 해당

2) 원의 접선과 할선 정리를 이용하면,

$|선분OT|^2 = |선분OA| \times |선분OB| = ab \rightarrow |선분OT| = \sqrt{(ab)}$가 되며, 이는 기하평
균에 해당

3) 직각삼각형 OTC 에서 $|선분OT|^2 = |선분OH| \times |선분OC|$가 되므로,

$|선분OH| = \dfrac{|선분OT|^2}{|선분OC|} = \dfrac{ab}{\dfrac{a+b}{2}} = \dfrac{2ab}{a+b}$가 되며, 이는 조화평균에 해당

그런데,

선분OC는 직각삼각형 OTC의 빗변이므로, $|선분OC| \geq |선분OT| \implies$ 산술평균$\geq$기하
평균 이 되고,

선분OT는 직각삼각형 OHT의 빗변이므로, $|선분OT| \geq |선분OH| \implies$ 기하평균$\geq$조화
평균 이 된다.

$\therefore$ 산술평균, $\dfrac{a+b}{2} \geq$기하평균, $\sqrt{ab} \geq$조화평균, $\dfrac{2ab}{a+b}$

이로써 세가지 평균값들이 크기가 왜 그러한 관계를 가지게 되는 지 알게 되었
는데.

이 세 가지 평균은 각기 다른 수열의 중앙값에 해당하기도 한다.

산술평균은 a, m, b가 등차수열을 이룰 때, 등차중앙 m에 해당, $2m = a + b$

기하평균은 a, m, b가 등비수열을 이룰 때, 등비중앙 m에 해당, $m^2 = ab$

조화평균은 a, m, b가 조화수열을 이룰 때, 조화중앙 m에 해당,

$2 \times \left(\dfrac{1}{m} \right) = \dfrac{1}{a} + \dfrac{1}{b}$ (역수의 평균)

✔ 최대/최소값과 산술/기하/조화평균의 관계에 대한 이해

앞에서 세가지 평균값들의 부등호관계를 알아 보았는데, 우리는 종종 상황이 맞지
않는 곳에서 이 관계식을 이용하여 최대값과 최소값을 구하려 하다가 난관에 빠지게

되는데, 지금부터 왜 그러한 일이
발생하는지 알아보도록 하자.

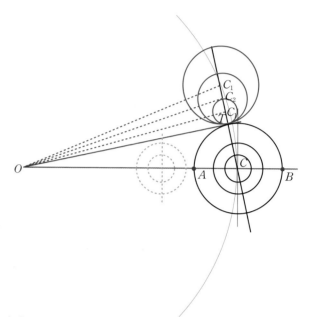

  – 기하평균이 일정할 경우,

    $ab=k$ $(a,\ b>0)$

  문제) $x+\dfrac{1}{x}$의 최대값, 최소값 판정

  산술/기하평균의 대소관계로 부
터 $x+\dfrac{1}{x}\geq 2\ \sqrt{\left(x\times\dfrac{1}{x}\right)}=2$가 됨을
알 수 있다. 기하평균=1 로 일정.

그런데 우측 상단 그림을 살펴보
면, 기하평균에 해당하는 길이가 정해진 선분 OT에 접하는 파란색 원들 중에서, 점
O에서 각 원의 중심까지의거리가 산술평균 $\dfrac{a+b}{2}$ 를 뜻하는 것임을 알 수 있다. 이러
한 경우, 접하는 원은 무한히 크게 그릴 수 있으므로 산술평균의 최대값은 존재하지
않는다. 다만 선분 OT에 접하는 원이 작아져 $a=b$가 될 때, 원의 중심까지의 거리가
최소가 됨을 알 수 있다.

  즉 $x=\dfrac{1}{x}$로부터, $x=1$ 일 때 $x+\dfrac{1}{x}$는 최소값 2를 갖게 된다.

  – 산술평균이 일정할 경우, $a+b=k$ $(a,\ b>0)$

  문제) $x^2+y^2=4$ 일 때, xy의 최대값, 최소값 판정

  산술/기하평균의 대소관계로 부터 우선 $4=x^2+y^2\geq 2\ \sqrt{x^2y^2}=2xy$가 됨을 알 수 있
다. 우측 하단 그림을 살펴보면, 산출평균이 일정하다는 것은 $a,\ b$ 크기를 가지는 점
$A,\ B$ 가 점 C를 중심으로 하는 검정색 동심원의 지름 양 끝에 존재한다는 것을 알
수 있다. 그리고 기하평균은 해당 동심원의 접하는 선분 OT의 길이를 의미하므로 동
심원이 커질수록 OT의 길이는 계속 작아짐을 알 수 있다. 따라서 이러한 경우 기하
평균의 최소값은 존재하지 않는다. 다만 동심원이 작아져 $a=b$가 될때, 선분OT의 길

이는 최대가 될 것이다.

즉 $x^2=y^2 \rightarrow 2x^2=4 \rightarrow x=y=\sqrt{2}$ 일때, xy는 최대값 2를 가지게 되는 것이다.

위의 과정을 통해 느끼셨겠지만, 산술/기하/조화평균의 대소관계는 세 평균간의 관계일 뿐이지 그 자체가 최대값/최소값을 의미하는 것이 아니다. 각 평균값은 직각삼각형의 빗변과 밑변을 뜻하므로, 한쪽이 변한다면, 연결된 다른 쪽도 같이 변하게 되는 것이다. 따라서 어느 한쪽이 일정한 값을 가지지 않는다면, 이 관계식 자체 만으로는 다른 쪽의 최대값/최소값을 구할 수 없다는 것을 뜻한다.

참고로 위의 경우는 접근방법으로 각각 함수의 그래프를 그려서 형상화하면 어렵지 않게 풀어낼 수 있을 것이다.

04

행렬: 다차원으로의 확장

1. 행렬에 대한 이해

- 도입배경

행렬은 왜 배우는 것일까? 그 이유를 알아보기 위해, 어떻게 해서 행렬이 도입되었는지 그 배경을 간략히 살펴보도록 하자. 최초에 행렬은 다차원 연립방정식을 일관된 방법으로 쉽게 풀어가는 해법으로서 고안되어 졌다. 지금부터 그 내용을 알아보도록 하자.

다음은 이원일차 연립방정식을 가감법에 의해 풀어가는 일반적인 과정을 보여주고 있다.

그리고 각 단계에 상응하는 행렬의 관계식을 보여주고 있다.

$$\begin{array}{ccccc} x-2y=1 & x-2y=1 & & x-2y=1 & x-2y=1 & x=\dfrac{3}{5} \\ 3x-y=2 \;\to\; & (-3x+6y=-3) \;\to\; & y=-\dfrac{1}{5} \;\to\; & (0x+2y=-\dfrac{2}{5}) \;\to\; & y=-\dfrac{1}{5} \\ & 3x-y=2 & & y=-\dfrac{1}{5} \end{array}$$

$$\begin{bmatrix} 1 & -2 \\ 3 & -1 \end{bmatrix}\begin{bmatrix} x \\ y \end{bmatrix}=\begin{bmatrix} x \\ y \end{bmatrix} \quad \overset{f_1}{\Leftrightarrow} \quad \begin{bmatrix} 1 & -2 \\ 0 & 1 \end{bmatrix}\begin{bmatrix} x \\ y \end{bmatrix}=\begin{bmatrix} -\dfrac{1}{5} \end{bmatrix} \quad \overset{f_2}{\Leftrightarrow} \quad \begin{bmatrix} 1 & 0 \\ 0 & 1 \end{bmatrix}\begin{bmatrix} x \\ y \end{bmatrix}=\begin{bmatrix} \dfrac{3}{5} \\ -\dfrac{1}{5} \end{bmatrix}$$

이렇게 변해가는 전체 과정은 아래와 같이 해석할 수 있는데,

$$AX=P, \ A=\begin{bmatrix}1 & -2 \\ 3 & -1\end{bmatrix}, \ X=\begin{bmatrix}x \\ y\end{bmatrix}, \ P=\begin{bmatrix}1 \\ 2\end{bmatrix} \Rightarrow F_2F_1AX=F_2F_1EP$$

$$\cdots \to EX(=A^{-1}AX)=A^{-1}EP \Rightarrow X=(A^{-1}E)P=A^{-1}P$$

이 관계식으로부터 알 수 있는 것은 최초 등식의 양변에 일련의 같은 작업, $F_nF_{n-1}\cdots F_2F_1$를 수행하여, 좌변의 함수식 $F_nF_{n-1}\cdots F_2F_1A$가 E가 된다면, 그때의 우변함수식 $F_nF_{n-1}\cdots F_2F_1E$가 바로 A^{-1}이 될 것이라는 것이다. 그리고 각 단계의 가감법에 의해 연립방정식을 풀어가는 각 과정은 다음과 같이 행렬에서 행간 연산을 수행하는 과정으로 해석할 수 있다.

$$
\begin{array}{ccccc}
x-2y=1 & x-2y=1 & x-2y=1 & x-2y=1 & x=\dfrac{3}{5} \\[4pt]
3x-y=2 \quad\to\quad (-3x+6y=-3) \quad\to\quad y=-\dfrac{1}{5} \quad\to\quad \left(0x+2y=-\dfrac{2}{5}\right)\to\quad y=-\dfrac{1}{5} \\[4pt]
& 3x-y=2 & & y=-\dfrac{1}{5} &
\end{array}
$$

‒ 좌변의 A를 E로 만들기 위해 필요한 작업을 등식을 유지할 수 있도록, 좌/우변에 동일하게 적용 : F_2F_1A / F_2F_1E

F_1:(1행×(−3) 하여 2행에 더함)/5 F_2:2행×2 하여 1행에 더함

$$\begin{bmatrix}1 & -2 \\ 3 & -1\end{bmatrix} : \begin{bmatrix}1 & 0 \\ 0 & 1\end{bmatrix} \quad\Leftrightarrow\quad \begin{bmatrix}1 & -2 \\ 0 & 1\end{bmatrix} : \begin{bmatrix}1 & 0 \\ -\dfrac{3}{5} & -\dfrac{1}{5}\end{bmatrix} \quad\Leftrightarrow\quad \begin{bmatrix}1 & 0 \\ 0 & 1\end{bmatrix} : \begin{bmatrix}-\dfrac{1}{5} & \dfrac{2}{5} \\ -\dfrac{3}{5} & \dfrac{1}{5}\end{bmatrix}$$

이렇게 해서 좌변: F_2F_1A가 E가 될때, 얻어진 최종 우측의 행렬: F_2F_1E가 바로 A의 역행렬인 것이다.

$$A^{-1}=\begin{bmatrix}-\dfrac{1}{5} & \dfrac{2}{5} \\ -\dfrac{3}{5} & \dfrac{1}{5}\end{bmatrix}=\dfrac{1}{5}\begin{bmatrix}-1 & 2 \\ -3 & 1\end{bmatrix} \leftarrow A^{-1}=\dfrac{1}{ad-bc}\begin{bmatrix}d & -b \\ -c & a\end{bmatrix}$$

따라서 역행렬을 구할 수 있다면, $X=A^{-1}P$를 통해, 우리는 손쉽게 연립방정식을 풀 수 있게 되는 것이다.

이렇게 행렬은 처음에는 다차원 연립방정식을 쉽게 구하는 해법으로서 시작되어졌다.

미지수가 3개인 $ax+by+cz=p$의 형태의 방정식에 대한 유일 해 (x, y, z)를 구하려면, 3개의 관계식이 필요하다. 그리고 이를 일반화 하면 미지수가 n개인 방정식에 대한 유일 해를 구하려면, n개의 관계식이 필요하게 되는 것이다. 그리고 이러한 연립방정식 풀이 과정을 행렬식으로 표현하면,

$$A^{-1}=P \rightarrow \begin{bmatrix} a_1 & a_2 & a_3 \\ b_1 & b_2 & b_3 \\ c_1 & c_2 & c_3 \end{bmatrix} \begin{bmatrix} x \\ y \\ z \end{bmatrix} = \begin{bmatrix} p \\ q \\ r \end{bmatrix} \Rightarrow X=A^{-1}P \rightarrow \begin{bmatrix} x \\ y \\ z \end{bmatrix} = \begin{bmatrix} a_1 & a_2 & a_3 \\ b_1 & b_2 & b_3 \\ c_1 & c_2 & c_3 \end{bmatrix}^{-1} \begin{bmatrix} p \\ q \\ r \end{bmatrix}$$

이되고, 이때 A는 n개의 미지수와 n개의 방정식을 포함해야 하므로, $n×n$ 정방행렬이어야 한다. 말하자면 A가 정방행렬이 아니라면, 주어진 관계식에 비해 주어진 관계식의 수가 적다는 것을 뜻하므로, 해가 무수히 많을 수 밖에 없고 따라서 유일 해를 구할 수 없는 것이다. 그리고 그것은 유일 해 계산을 위한 A의 역행렬이 존재하지 않는다는 것을 아울러 의미한다 하겠다.

이렇게 도입된 행렬은 좌표를 이용한 벡터의 대수적 표현 방법으로서 그 영역을 확장하게 된다.

일차원 벡터 z는 수직선 상의 좌표인 부호를 가진 단일 수, 1×1행렬 (a_1)으로,
　　　이 경우, 방향: +/− 숫자의 부호, 크기: 절대값 $|z|=|a_1|$
이차원 벡터 z는 평면상의 좌표, 1×2 행렬 (a_1, a_2)으로,
　　　이 경우, 방향: 원점기준 좌표 점의 방향, 크기: 절대값 $|z|=\sqrt{(a_1^2+a_2^2)}$
삼차원 벡터 z는 공간상의 좌표, 1×3 행렬 (a_1, a_2, a_3) 으로,
　　　이 경우, 방향: 원점기준 좌표 점의 방향, 크기: 절대값
　　$|z|=\sqrt{(a_1^2+a_2^2+a_3^2)}$

...

여기서 n차원 벡터를 나타내는 $1{\times}n$ 행렬 $(a_1,\ a_2,\ \cdots,\ a_n)$ 은 $n{\times}1$ 행렬 $\begin{bmatrix} a_1 \\ a_2 \\ . \\ . \\ a_n \end{bmatrix}$ 로 바꾸어 표현할 수 있다.

이 경우, $1{\times}n$ 행렬은 행벡터, $n{\times}1$ 행렬은 열벡터라 칭한다. 참고로 위의 행렬식 예시 $AX{=}B$는, 행렬의 계산규칙에 따라 A는 행벡터로, X와 P는 열벡터로 표현되어져 있다.

이제 이원일차연립방정식의 풀이와 이에 관련된 행렬식 $AX{=}B$에 포함된 관계식에 대하여, 벡터의 개념을 도입하여 그 이해를 확장해 보도록 하자.

행렬연산의 첫 번째 관계식인 $a_1x{+}a_2y{=}p$는, $\vec{a}{=}(a_1,\ a_2)$, $\vec{b}{=}(b_1,\ b_2)$, $\vec{x}{=}(x,\ y)$, $\vec{p}{=}(p,\ q)$라 할 때, 연관된 두 벡터 $\vec{a},\ \vec{x}$의 내적연산에 해당함을 알 수 있다.

즉 $\vec{a}\cdot\vec{x}{=}p \Leftrightarrow (a_1,\ a_2)\cdot(x,\ y){=}p \Leftrightarrow a_1x{+}a_2y{=}p$

– 행렬과 벡터의 관계

보다 정확한 이해를 위해 이 내용을 두 가지 방향에서 형상화하여 비교해보자.

첫 번째 방향은 $a_1x{+}a_2y{=}p$를 일차함수로 해석하여 직선으로 형상화한 것이다.

이 일차함수는 x절편으로 $\dfrac{p}{a_1}$ 그리고 y절편으로 $\dfrac{p}{a_2}$로 갖는 직선으로, 좌측 아래에 묘사되어 있다.

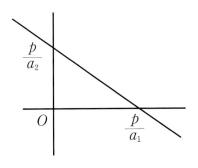

두 번째 방향은 벡터 내적의 정의,

$\vec{a}\cdot\vec{x}{=}|\vec{a}||\vec{x}|\cos\theta$

를 이용하여 형상화 한 것으로 우측에 묘사되어 있다. 즉 $\vec{a}\cdot\vec{x}{=}|\overrightarrow{OA}||\overrightarrow{OP}|\cos\theta{=}|\overrightarrow{OA}||\overrightarrow{OP_0}|{=}p$ 따라서 위 식을 만족하는 $P(x,\ y)$는 P_0를 지나는 직선으로, θ가 변함에 따라 만들어지는 PP_0가 선분OA에 수직

이 되는 점들의 집합이다. 즉 다른 말로 하면, 주어진 평면상의 한점 P_0를 지나고 OA를 법선벡터로 가지는 직선을 뜻한다. 이는 직선의 또 다른 정의 방법이다.

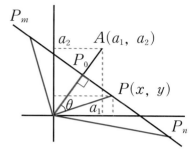

그리고 형상화된 이 두 가지 직선은 동일한 것임을 알 수 있을 것이다.

따라서 주어진 행렬연산은 두 개의 독립적인 벡터 내적연산을 모아놓은 것이라 할 수 있다.

$$AX=P \rightarrow \begin{bmatrix} a_1 & a_2 \\ b_1 & b_2 \end{bmatrix}\begin{bmatrix} x \\ y \end{bmatrix}=\begin{bmatrix} p \\ q \end{bmatrix} \Rightarrow \begin{array}{l} \vec{a}\cdot\vec{x}=p \rightarrow (a_1,\ a_2)\cdot(x,\ y)=p \rightarrow a_1x+a_2y=p \\ \vec{b}\cdot\vec{x}=q \rightarrow (b_1,\ b_2)\cdot(x,\ y)=q \rightarrow b_1x+b_2y=q \end{array}$$

결국, 어느 방향으로 접근해도, 이 행렬연산의 결과인 $(p,\ q)$는 이 두 직선의 교점에 해당한다 하겠다.

마지막으로 이차원 벡터 내적연산에서 한 스텝 더 나아가, 3차원 벡터의 내적연산은 무엇으로 형상화 될 것인지 알아보도록 하자.

$$\vec{a}\cdot\vec{x}=p \Leftrightarrow (a_1,\ a_2,\ a_3)\cdot(x,\ y,\ z)=p \Leftrightarrow a_1x+a_2y+a_3z=p$$

위 식을 만족시키는 3차원 점 $(x,\ y,\ z)$은 내적의 정의에 따라

$$\vec{a}\cdot\vec{x}=|\overrightarrow{OA}|\,|\overrightarrow{OP}|\cos\theta=|\overrightarrow{OA}|\,|\overrightarrow{OP_0}|=p$$

을 만족시켜야 하므로, θ가 0일 경우 직선 OA 위에 위치하고, 위의 크기 관계식을 만족시키는 점 P_0를 지나야 한다.

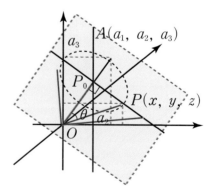

그리고 각 θ값에 따라 $P(x,\ y,\ z)$는 공간상에서 중심축 OA에 수직인 평면상에서 중심이 P_0인 원을 구성하는 점들이어야 한다. 그런데 θ가 변하는 값이므로, P_0를 지나는 중심축 OA에 수직인 평면상의 점들이 된다. 즉 정리하면, 주

어진 공간상의 한 점 P_0를 지나고 OA를 법선벡터로 가지는 평면을 뜻한다. 이는 평면의 일반적인 정의와 일치한다. 이러한 개념적 접근방법을 확장해 나간다면, 여러분은 3차원 공간의 식도 쉽게 예상할 수 있을 것이다.

2. 역행렬의 형상화

- 역수 그리고 도형의 크기와의 관계

앞서 행렬의 도입배경을 살펴보면서, 우리는 왜 역행렬이 $n \times n$정방행렬에서만 존재하는지 살펴 보았다.

그런데 $AA^{-1} = A^{-1}A = E$가 되는 역행렬은 자체적으로 어떤 의미를 가지는 것일까? 그리고 우리는 그것의 개념을 어떻게 상상할 수 있을까?

이것을 위해, 우리가 알 수 있는 구체적인 사례를 가지고 그 의미를 파악한 후, 그 개념을 확장해 나가 보도록 해 보자.

그 구체적인 사례로서 1×1 행렬을 생각해 보자.

1×1 행렬은 하나의 1차원 벡터를 의미하는 데, 이것은 우리가 평상시에 주로 사용하는 하나의 숫자, 실수와 같다. 왜냐하면 실수는 크기와 방향을 가졌으므로, 1차원 벡터와 같기 때문이다. 그런데 실수의 연산에는 이와 유사한 형태가 존재한다.

$$-AA^{-1} = A^{-1}A = E \rightarrow a \times \frac{1}{a} = \frac{1}{a} \times a = 1 \ (단, \ a \neq 0)$$

여기에는 어떤 수 a와 그에 대한 역수 $\frac{1}{a}$ 그리고 곱셈에 대한 항등원 1이 등장한다.

그리고 a의 역수, $\frac{1}{a}$은 곱해서 1이 나올 수 있도록, 1을 a의 크기로 나눈 것이라 할 수 있는데, 0은 크기가 존재하지 않으므로 0의 역수는 존재하지 않는 것이다.

이 내용을 좀더 일반화해서 포괄적으로 생각해 보자.

하나의 벡터는 위치벡터로 표시하면, 좌표상에서 한 점을 나타낸다. 그래서 하나의 벡터는 기하학적으로 방향성을 가진 하나의 선분으로 형상화될 수 있다. 이때 그 벡터의 크기란 기준점에서부터의 거리를 뜻한다. 따라서 0은 원점이자 기준점 자체를 의미하므로 그 거리가 0 인 것이다.

양쪽의 개념을 매칭하면, 1×1 행렬 A에 대하여

- 역행렬 A^{-1} ⇔ 역수 $\dfrac{1}{a} = a^{-1}$ (지수방법으로 표현시, 같은 형태를 가진다.)

- 역행렬의 크기: $\dfrac{1}{|A|}$ ⇔ $\dfrac{1}{|a|}$ (절대값 $|a|$: 기준점으로부터의 거리)

- 역행렬의 방향: $AA^{-1}=E$가 되도록, 하나의 성분인 실수에서는 원수와 역수의 방향이 서로 같으면 된다.

그럼 이 개념을 2×2 행렬로 확장하면 어떻게 될까?

2×2 행렬은 2개의 벡터를 가졌으므로, 1개의 벡터를 가진 1×n 또는 n×1 행렬에서처럼 크기에 단순히 "기준점으로부터의 거리" 정의를 적용할 수는 없다. 즉 늘어난 벡터의 개수에 따라이 크기에 대한 정의를 확장하는 것이 필요해 보인다.

이 2×2 행렬을 위치벡터로 표시하면, 평면좌표상의 두 점으로 나타낼 수 있다. 그리고 두 개의 벡터는 기하학적으로 방향성을 가진 두 개의 선분으로 형상화될 수 있다. 그럼 이 두 개의 선분으로 나타낼 수 있는 유일한 크기란 무엇일까?

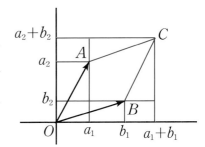

개념의 확장을 위한 주된 근간은 "점들이 쌓여서 하나의 선분을 이루고, 그러한 선분들이 쌓여서 하나의 면적을 이루며, 그러한 면적이 쌓여서 하나의 입체를 만든다"는 것이다. 그리고 우리는 위 사실에 근간하여 크기의 개념 또한 확장할 수 있을 것이다. 이렇게 확장된 크기 개념을, 서로 다른 두 개의 벡터에 적용할 경우, 우측의 그림처럼 두 벡터(선분)를 변으로 하는 평행사변형의 면적이 될 것이다.

마찬가지 방법으로 서로 다른 세 개의 벡터에 적용할 경우, 두 벡터(선분)를 변으로 하는 입방체의 부피가 될 것이라는 것을 어렵지 않게 예측할 수 있을 것이다. 이러한 n×n 행렬 A의 크기를 Determinant라고 부르며, 간략하게 det(A)라고 표시한다. 그리고 이것이 바로 2×2 역행렬 판별식의 일반형인 것이다.

이러한 맥락에서 2×2 행렬 A의 크기, $|A|$는 두 위치벡터로 만들어지는 평행사변형의 면적을 의미한다.

이에 따라 A의 역행렬 A^{-1}의 크기는, 곱하면 크기가 1인 E돼야 하므로, $\dfrac{1}{|A|}$가 돼야 할 것이다. 또한 이때 A^{-1}을 구성하는 이차원 벡터의 방향은 $AA^{-1}=E$이 되도록, 행렬의 연산규칙에 따라 각각의 성분을 결정하면 될 것이다.

우측의 그림에서, 두 위치벡터 OA와 OB로 만들어지는 평행사변형의 면적을 구하려면, 큰 직사각형에서 모서리의 작은 직사각형 2개와 외곽에 있는 직각삼각형 4개의 면적을 빼면 될 것이다. 이 계산을 해 보면, $|A|$: 평행사변형의 면적=$|ad-bc|$가 된다는 것을 알 수 있다.

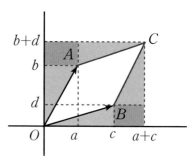

(추가적으로 우리는, 위 사실로부터 자연스럽게, 원점 $(0, 0)$과 두 개의 좌표점 $A(a, b)$, $B(c, d)$를 가진 삼각형 OAB의 면적은 $\dfrac{|ad-bc|}{2}$임을 알 수 있게 된다.)

우리가 배웠던 역행렬의 공식은 이러한 의미를 내포하고 있다.

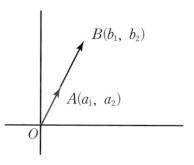

$$A=\begin{bmatrix} a & b \\ c & d \end{bmatrix} \rightarrow A^{-1}=\frac{1}{ad-bc}\begin{bmatrix} d & -b \\ -c & a \end{bmatrix}, \; |A|=|ad-bc|$$

그리고 역행렬이 존재하지 않는 경우는 바로 우측 위의 그림처럼, 두 벡터 OA, OB가 겹쳐져 두 개의 벡터로 평행사변형 면적을 구성할 수 없을 때이다.

이 내용을 행렬식으로 표현하면, 역행렬이 존재하지 않는 2×2 행렬 P는 다음의 경우가 된다.

형상화수학
고등수학 1등급 비결

$$\overrightarrow{OA}=k\overrightarrow{OA} \Leftrightarrow P=\begin{bmatrix} a_1 & a_2 \\ b_1 & b_2 \end{bmatrix} \rightarrow P=\begin{bmatrix} a_1 & a_2 \\ ka_1 & ka_2 \end{bmatrix} \ or \ P=\begin{bmatrix} a_1 & b_1 \\ a_2 & b_2 \end{bmatrix} \rightarrow P=\begin{bmatrix} a_1 & ka_1 \\ a_2 & ka_2 \end{bmatrix}$$

같은 접근방식이 $n \times n$ 행렬에도 마찬가지로 적용될 수 있다.

지금까지의 내용을 정리하면, 2×2 행렬 A 에 대하여

– 역행렬 A^{-1} : A^{-1} 로 표시하며, $|A|$ 크기를 정할 수 있을 때 존재한다.

– 역행렬 A^{-1}의 크기: $|A^{-1}| = \dfrac{1}{|A|}$, $|A|$: 두 벡터의 선분길이로 만들어지는 평행사변형의 넓이

– 역행렬 A^{-1}의 방향: $AA^{-1}=E$가 되도록 이차원 벡터의 각 성분을 결정

이렇게 행렬은 여러 개의 벡터를 집산하여 대수적으로 표현하는 방법을 제공한다. 즉 기하학적 측면에서 해석하면, 행렬은, 여러 개의 벡터로 표현할 수 있는, 각기 다른 도형을 대수적으로 표현하는 또 다른 방법을 제공한다 하겠다.

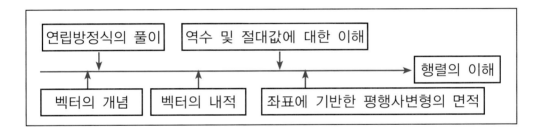

3. 행렬의 곱셈연산에 대한 이해

행렬은 여러 개의 벡터를 모아 놓은 것이다. 그리고 기본적의 행렬의 곱셈 연산은 집합을 구성하는 성분벡터 각각에 대한 내적 연산에 해당한다 하겠다.

$A_1=(a,\ b),\ A_2=(c,\ d),\ X_1=(x,\ y) \rightarrow A_1\cdot X_1=ax+by,\ A_2\cdot X_1=cx+dy$

$A_1,\ A_2$를 집산하여 행렬 A로 표현하면, (행방향으로 확장)

$A=\begin{bmatrix} A_1 \\ A_2 \end{bmatrix}=\begin{bmatrix} a & b \\ c & d \end{bmatrix},\ X_1=\begin{bmatrix} x \\ y \end{bmatrix}\ \rightarrow AX_1=\begin{bmatrix} A_1\cdot X_1 \\ A_2\cdot X_1 \end{bmatrix}=\begin{bmatrix} ax+by \\ cx+dy \end{bmatrix}$, 마찬가지로

$X_2=\begin{bmatrix} z \\ w \end{bmatrix} \rightarrow AX_2=\begin{bmatrix} az+bw \\ cz+dw \end{bmatrix}$

같은 방법으로 다시 벡터 X_1, X_2를 집산하여 행렬 X로 표현하면, (종방향으로 확장)

$X_1=(x,\ y),\ X_2=(z,\ w)$

$A=\begin{bmatrix} a & b \\ c & d \end{bmatrix},\ X=\begin{bmatrix} x & z \\ y & w \end{bmatrix} \rightarrow AX=\begin{bmatrix} A_1 \\ A_2 \end{bmatrix}(X_1\ X_2)=\begin{bmatrix} A_1\cdot X_1 & A_1\cdot X_2 \\ A_2\cdot X_1 & A_2\cdot X_2 \end{bmatrix}$

$=\begin{bmatrix} ax+by & az+bw \\ cx+dy & cz+dw \end{bmatrix}$

따라서 행렬의 곱셈연산에 있어 기본 규칙은 곱해지는 좌측 행렬 A의 열 수와 곱하는 우측행렬 X의 행 수가 같아야 한다는 것이다. 이것은 두 벡터의 내적이 성립되기 위해서는 두 벡터의 차원이 서로 같아야 하는데, 좌측행렬의 열 수와 우측행렬의 행 수가 각 벡터의 차원을 의미하기 때문이다.

◆ 정방행렬 A, X, P에 대하여, $AX=P$ 행렬연산에 대한 이해

$A=\begin{bmatrix} a & b \\ c & d \end{bmatrix},\ X=\begin{bmatrix} x & z \\ y & w \end{bmatrix} \rightarrow AX=\begin{bmatrix} A_1 \\ A_2 \end{bmatrix}(X_1\ X_2)=\begin{bmatrix} A_1\cdot X_1 & A_1\cdot X_2 \\ A_2\cdot X_1 & A_2\cdot X_2 \end{bmatrix}$

$=\begin{bmatrix} ax+by & az+bw \\ cx+dy & cz+dw \end{bmatrix} : P=\begin{bmatrix} p & r \\ q & s \end{bmatrix}$

1) 두 행렬의 곱 AX의 결과값, P의 역행렬이 존재한다는 것은?

– 크기 측면에서 직관적으로 이해를 해 보면, 결과 AX의 크기가 0이 아니므로, 각 인자 A, X의 크기는 0이 될 수 없다. 즉 각 인자행렬 A, X는 역행렬이 존재한다.

– 대수적 연산측면으로도 같은 내용을 알 수 있다. 결과행렬 AX의 역행렬 판별식, $\det()$를 계산해 보면, $(ax+by)(cz+dw)-(az+bw)(cx+dy)=(ad-bc)(xw-yz)$이 되는데, 이 값이 0이 아니기 위해서는 각 인자 $(ad-bc)$와 $(xw-yz)$가 0이 될 수 없다. 이 말은 각 인자행렬 A, X의 역행렬이 존재한다는 것을 의미한다.

즉 어떤 행렬 A의 역행렬이 존재하는지 판별하기 위해서는, 각 성분을 찾아내어 $\det(A)$를 직접 구해봐도 되지만, 각 성분벡터를 형상화해서 그 것들이 면적(/크기)를 이루는지 보거나, 다른 행렬과의 연산식으로부터 그 결과행렬이 역행렬을 갖는지를 보고 간접적으로 알아낼 수도 있다.

2) 두 행렬의 곱 AX의 결과값, P의 역행렬이 존재하지 않는다는 것은? $AX=P$ (단 $P \neq O$)

– 크기 측면에서 직관적으로 이해를 해 보면, 결과 AX의 크기가 0 이므로, 각 인자 A, X의 크기중 하나는 0 이어야 한다. 즉 각 인자행렬 A, X중 적어도 하나는 역행렬이 존재하지 않는다.

– 대수적 연산측면으로도 같은 내용을 알 수 있다. 결과행렬 AX의 역행렬 판별식, $(ad-bc)(xw-yz)=0$ ($--$ $\det(AX)=\det(A)\times\det(X)=0$) 이므로, 각 인자 $(ad-bc)$와 $(xw-yz)$중 하나는 0 이 될 수 밖에 없다. 이 말은 각 인자행렬 A, X중 하나는 역행렬이 존재하지 않는다는 것을 의미한다.

3) O행렬이 아닌 A, X에 대하여, $AX=O$ 로부터 알 수 있는 것은?

– A, X 모두 역행렬이 존재하지 않음을 알 수 있다. 왜냐하면 A의 역행렬이 존재한다면, A^{-1}을 양변에 곱할 경우, $X=O$가 되어 가정에 모순된다. X의 경우도

마찬가지 이므로, $AX=O$가 될때, 각 인자 A, X의 역행렬은 존재하지 않는다. 즉 어떤 행렬 A의 역행렬이 존재하지 않는지를 판별하기 위해서는, 각 성분을 찾아내어 $\det(A)$ 를 직접 구해봐도 되지만, 각 성분벡터를 형상화해서 그 것들이 면적(/크기)를 이루는지 보거나,다른 행렬과의 연산식으로부터 그 결과행렬이 O행렬이 되는지를 보고 간접적으로 알아낼 수도 있다.

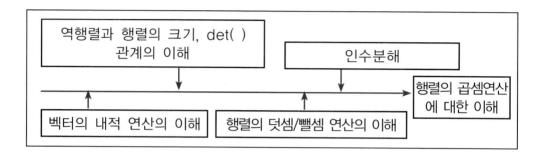

4. 행렬의 개념에 대한 역방향에서의 이해

〈교환법칙 AB = BA가 성립한다는 것을 어떻게 보일 수 있을까?〉

1) E의 성질을 이용하여, 주어진 식 양변에 좌측으로 한번 우측으로 한번 똑같이 A를 곱한다.예) 주어진 식 $A^2+B=E$에 대하여

$\rightarrow A(A^2+B)=AE \Leftrightarrow EA=(A^2+B)A \rightarrow AB=BA$

2) 같은 행렬의 제곱성질을 이용하여, 주어진 식 양변에 좌측으로 한번 우측으로 한번 똑같이 A를 곱한다.예) 주어진 식 $A^2+B=A$에 대하여

$\rightarrow A(A^2+B)=AA=A^2 \Leftrightarrow A^2=AA=(A^2+B)A \rightarrow AB=BA$

〈역행렬 A^{-1}이 존재한다는 것을 어떻게 보일 수 있을까?〉

1) 행렬의 구성하는 각 성분을 알 수 있다면, 역행렬 판별식 계산을 해본다.

$\rightarrow \det(A)=ad-bc\neq 0$

2) 행렬의 구성하는 각 성분을 알 수 없다면, "행렬의 곱이 역행렬이 존재하면, 각각의 행렬은 역행렬이 존재할 수 밖에 없다"는 성질을 이용한다.

예) A의 역행렬이 존재한다는 것을 보이기 위해서는, 이미 알려진 E나 주어진 조건에서 역행렬이 존재하는 것으로 알려진 행렬 C를 이용하여 $AP=E$ 또는 $AP=C$가 성립하는 P가 존재하면 된다. 즉 그러한 형태의 식을 만들어 본다.

〈 역행렬 A^{-1}이 존재하지 않는다는 것을 어떻게 보일 수 있을까?〉

1) 행렬의 구성하는 각 성분을 알 수 있다면, 판별식 계산을 해본다.

$\rightarrow \det(A)=ad-bc=0$

$\rightarrow$ 행렬을 구성하는 두 행벡터 또는 열벡터를 살펴보고, 하나의 다른 하나의 배수관계인지 점검한다.

$\begin{bmatrix} a & ka \\ c & kc \end{bmatrix} \ or \ \begin{bmatrix} a & b \\ ka & kb \end{bmatrix} \rightarrow \det(A)=0$ ($\because$ 한 직선상의 두 벡터는 크기(/면적)를 만

들지 못한다)

2) 행렬의 구성하는 각 성분을 알 수 없다면,

"행렬의 곱이 영행렬이면, 각각의 행렬은 역행렬이 존재할 수 없다"는 성질을 이용한다.

예) A의 역행렬이 존재하지 않는다는 것을 보이기 위해서는, $AP=O$ 가 성립하는 P가 존재하면 된다. 즉 그러한 형태의 식을 만들어 본다.

〈$A^n=O$의 해석〉

$A^n=A\cdot(AA\cdots A) \rightarrow AP=O$ 의 형태이므로 A는 역행렬이 존재하지 않는다.

$A^n=(a+d)^{n-1}\cdot A$ from 케일리-해밀턴 정리 $\rightarrow A^2=O \Leftrightarrow A^3=O$

※ 케일리-해밀턴 정리

이차 정사각형 행렬 $A=\begin{bmatrix} a & b \\ c & d \end{bmatrix}$에 대하여 $A^2=(a+d)A-(ad-bc)E$의 관계가 성립한다. 이는 A^n 의 차수를 하나씩 줄여 나갈 수 있음을 의미하는데, 이에 대한 증명은 A의 성분을 가지고 실제 연산을 해보면 쉽게 알 수 있다.

5. 행렬을 이용한 함수의 일차변환에 대한 표현

일차변환은 영어로는 Linear Transformation이라 하는데, 그 용어 자체의 의미는 선형변환을 뜻한다.

간략하게는 선형, 말 그대로 직선의 형태를 직선의 형태로 옮기는 변환을 의미한다 하겠다. 즉 점대점 변환의 측면에서 보면, 직선상의 점은 반드시 직선상의 점으로 옮긴다는 뜻이다. 여기서 변환은 함수를 뜻하며, 일차함수는 직선을 나타내므로, 일차변환이라는 말도 일맥상통한다 하겠다.

구체적인 개념의 인지를 위하여, 일차변환에 대한 케이스로 하나의 삼각형을 일차변환하는 경우를 상상해 보자. 삼각형을 이루는 각각의 선분을 일차변환 할 경우, 위치와 길이는 달라질 수 있지만, 기본적인 직선의 형태는 유지된다는 의미이다. 즉 원래의 삼각형은 일차변환된 세 개의 선분으로 이루어진 또 다른 삼각형으로 바뀌게 된다는 것이다. 다만 특수한 조건의 경우, 길이가 0인 선분, 즉 하나의 점으로 변환될 수도 있다.

이차원 평면에서의 일차변환에 대한 일반적인 함수적 정의는

$f: (x, y) \rightarrow (x', y')$ 그리고 $x'=ax+by$, $y'=cx+dy$ (a, b, c, d는 상수)이다.

그리고 이것을 2×2 행렬로 표현하면,

$\begin{bmatrix} a & b \\ c & d \end{bmatrix} \begin{bmatrix} x \\ y \end{bmatrix} = \begin{bmatrix} x' \\ y' \end{bmatrix}$, 여기서 $\begin{bmatrix} a & b \\ c & d \end{bmatrix}$는 일차변환함수 f를 나타내는 변환행렬이다.

그리고 임의의 2×1 열벡터 X_1, X_2에 대하여,

- $f(X_1+X_2)=f(X_1)+f(X_2)$
- $f(kX_1)=k \times f(X_2)$
- $f(pX_1+q_2)=p \times f(X_1)+q \times f(X_2)$

가 성립한다. 물론 이러한 내용은 무리없이 n차원으로 확장될 수 있다.

이것은 선형성을 유지하기 위한 일차변환의 기본 요건들이며, 행렬의 기본 성질을 이용하여 쉽게 증명될 수 있다.

그럼 지금부터 임의의 선분이, 과연 일차변환을 통해 어떻게 또 다른 선분으로 바뀌는지 알아보도록 하자. 손쉬운 이해를 위해 두 점 $P(1, 2)$, $Q(2, 3)$를 가지고 설명을 할 것이지만, $P(x_1, y_1)$, $Q(x_2, y_2)$로 일반화하여도, 과정은 똑같다. 마찬가지 이유로 변환행렬 A를 $\begin{bmatrix} 1 & 2 \\ 3 & -1 \end{bmatrix}$로 가정하자.

$$\begin{bmatrix} 1 & 2 \\ 3 & -1 \end{bmatrix}\begin{bmatrix} 1 \\ 2 \end{bmatrix} = \begin{bmatrix} 5 \\ 1 \end{bmatrix} \to P', \quad \begin{bmatrix} 1 & 2 \\ 3 & -1 \end{bmatrix}\begin{bmatrix} 2 \\ 3 \end{bmatrix} = \begin{bmatrix} 8 \\ 2 \end{bmatrix} \to Q'$$

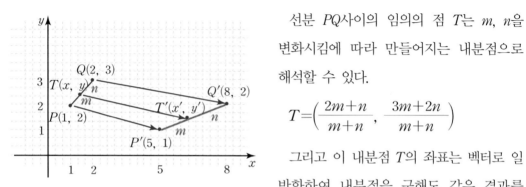

선분 PQ사이의 임의의 점 T는 m, n을 변화시킴에 따라 만들어지는 내분점으로 해석할 수 있다.

$$T = \left(\frac{2m+n}{m+n}, \ \frac{3m+2n}{m+n} \right)$$

그리고 이 내분점 T의 좌표는 벡터로 일반화하여 내분점을 구해도 같은 결과를 낳게 되는데,

즉, $\overrightarrow{OT} = \dfrac{m\overrightarrow{OQ}+n\overrightarrow{OP}}{m+n} = \dfrac{1}{m+n}\left[m\begin{bmatrix} 2 \\ 3 \end{bmatrix} + n\begin{bmatrix} 1 \\ 2 \end{bmatrix} \right] = \dfrac{1}{m+n}\begin{bmatrix} 2m+n \\ 3m+2n \end{bmatrix}$

$= \begin{bmatrix} \dfrac{2+n}{m+n} \\ \dfrac{3m+2n}{m+n} \end{bmatrix}$ 이 된다.

이것을 상응하는 열벡터 행렬로 표현하면,

$$T = \left(\frac{2m+n}{m+n}, \ \frac{3m+2n}{m+n} \right) \to T = \begin{bmatrix} \dfrac{2+n}{m+n} \\ \dfrac{3m+2n}{m+n} \end{bmatrix} = \frac{mQ+nP}{m+n}, \ P = \begin{bmatrix} 1 \\ 2 \end{bmatrix}, \ Q = \begin{bmatrix} 2 \\ 3 \end{bmatrix}$$

이 된다. 이제 이것을 가지고, 선형변환의 성질을 이용하여 일차변환되는 T'의 좌표를 구해 보면,

형상화수학
고등수학 1등급 비결

$$T' \rightarrow f(T) = f\left(\frac{mQ+nP}{m+n}\right) = \frac{mf(Q)+nf(P)}{m+n} \rightarrow \frac{m}{m+n}\begin{bmatrix} 8 \\ 2 \end{bmatrix} + \frac{n}{m+n}\begin{bmatrix} 5 \\ 1 \end{bmatrix}$$

$$= \begin{bmatrix} \dfrac{8m+5n}{m+n} \\ \dfrac{2m+n}{m+n} \end{bmatrix} \rightarrow \left(\frac{8m+5n}{m+n}, \ \frac{2m+n}{m+n}\right)$$와 같이, 변환된 두 점 P', Q'를 양 끝점으로

하는 선분을 $m : n$ 으로 내분하는 점이 되는 것이다. 이로써 일차변환은 선분을 선분으로 바뀐다는 것을 알 수 있게 되었다.

이 내분점 매칭 변환을 통해 알 수 있는 한 가지 재미있는 사실은 일차변환으로 대응되는 두 선분이 주어졌을 경우, 두 선분의 양끝을 이루는 P, Q와 P', Q'가 서로 어떻게 매칭되는 지는 알 수 없지만, 한 선분의 중앙은 반드시 대응되는 선분의 중앙으로 이동하게 된다. 그 것은 1:1 내분점인 중앙은 방향에 관계가 없이 동일하기 때문이다.

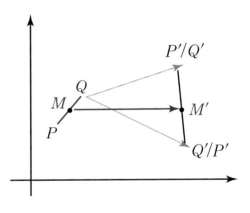

일차변환의 내용을 좀더 구체적으로 상상하기 위해서, 선형성을 유지할 수 있는 일차변환의 예들을 생각해보면, 대칭이동, 회전이동, 축소/확대 그리고 이들의 조합 등을 들 수 있을 것이다. 그리고 임의의 $n \times n$ 행렬은 일차변환 함수를 나타내기 위하여 사용되어 질 수 있음을 상기하자.

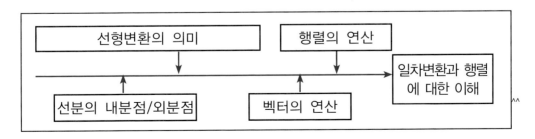

Part4
해석학(解析學)

01

함수: 함수의 이해

1. 함수의 개념에 대한 이해

– 올바른 관계 그리고 관점

많은 아이들이 함수를 무척 어려워 한다. 특히 여학생들은 더 심한 편이다. 왜 그럴까?

함수의 정의를 살펴보면,

"정의된 모든 원소, 각각에 대하여 대응하는 함수값이 하나씩 존재할 때, 그것을 함수라 한다." 라고 되어 있다. 그런데 대부분의 아이들은 누군가 이끌어 주지 않는다면, 함수를 왜 이렇게 정의해 놓았을까? 무엇을 표현하려고 하는 것일까? 하는 의문을 갖고, 그 이유를 생각해 보려 하지 않는다. 다만 제시된 내용을 어떻게든 쉽게 그리고 빨리 받아들이려고 한다. 그래서 저 내용이 의미하는 다음과 같은 형태 몇 가지를 외우는 것으로 자신의 이해를 마무리하곤 한다.

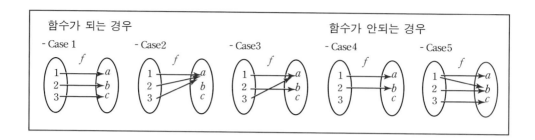

정리하면, 정확히 뜻을 이해하지 못한 체 내용을 받아들이려고 하니, 새롭게 나타나는 형태를 외울 수 밖에 없는 것이다. 더욱이 제시되는 형태가 다양한 함수란 놈은 외워야 될 내용도 많고 복잡한 이론으로 생각할 수 밖에 없는 것이다. 그렇기 때문에 형태 암기식 접근방법을 가진 아이들은 함수이론이 어렵게만 느껴지는 것이다.

이 문제를 해결하기 위해 다음과 같이 접근해 보자.

우선 함수란 용어가 가지는 의미를 파악하고, 그것을 기준으로 함수의 개념을 자연스럽게 이끌어 내보자. 함수는 영어로 Function이라 하며, 기능/관계란 뜻을 갖고 있다. 즉 함수가 된다는 것은 무언가가 그 기능을 제대로 잘 한다는 것을 의미하는 것이다. 그 무언가는 종류에 따라 계산기, 자판기, 뻥튀기 등이 될 수 있을 것이다. 그럼 자판기의 경우를 가지고 어떤 경우가 그 기능을 제대로 수행하는 것인지 알아보자.

이 자판기는 세 개의 선택 버튼이 있고, 각각에 대응하는 콜라, 사이다, 환타가 나오게 되어 있다.

다음의 경우를 상상해 보자.

- 만약 두 개의 버튼은 동작을 잘 하는데, 나머지 한 개가 무응답이면 제대로 기능을 하는 것일까? (Case4)
- 만약 콜라 버튼을 눌렀는데, 콜라와 사이다가 모두 나온다면 제대로 기능을 하는 것일까? (Case5)

그렇다. 위의 경우들은 자판기가 제대로 동작하지 않은 것이다.

다음의 상황을 어떨까 생각해 보자.

- 환타/사이다가 거의 팔리지 않아, 안내를 붙이고 3가지 버튼 선택에 모두 콜라가 나오게 하였다면, 이것은 기능을 제대로 하는 것일까? (Case2) 또는

  - 지금 시즌에 환타가 잘 팔리지 않아, 2가지 버튼은 콜라가 1가지 버튼은 사이다가 나오게 돌려 놓았지만, 환타는 나중 시즌을 위해 그냥 자판기 안에 남겨 놓았다면, 이것은 기능을 제대로 하는 것일까? (Case3)

그렇다. 비록 시황에 따라 조정은 하였지만 자판기는 제대로 동작한 것임을 여러분은 아실 것이다.

각 시나리오에 대응하는 함수의 경우를 대비시켜 놓은 것처럼, 학생들이 외우고 있었던 대표적인 함수의 경우들은, 함수란 용어가 담고 있는 기능의 의미로부터 자연스럽게 나오는 것들이다. 즉 의미를 제대로 이해하고 있다면, 몇 가지 형태들을 선정하여 생각을 제한하면서까지, 굳이 외울 필요가 없는 것이다.

그럼 이제는 함수의 수학적 함수의 정의도 왜 그렇게 기술되었는지 자연히 이해가 될 것이다.

- "정의된 모든 원소, 각각에 대하여 대응하는 함수값이 하나씩 존재할 때, 그것을 함수라 한다." 그래야만 함수란 용어가 가지는 뜻인, 기능을 제대로 수행하는 것이라 할 수 있기 때문이다.

이러한 함수의 기능을 수식으로 나타낸 것이 함수의 관계식이며, $y=f(x)$로 표현한다. 이 식을 해석하면, 정의된 원소 x가 들어오면, 주어진 기능 f를 수행하여, 그 변환된 결과값 $f(x)$를 대응하는 출력 원소 y에 대응시키는 것이다. 구체적인 상상을 위해서, 변환되는 기능에 대한 간단한 예를 들어 보자.

- $f(x)=2x$: 무언가 x가 들어오면, 그것을 2배를 한다

– $f(x)=3x+1$: 무언가 x가 들어오면, 그것을 3배 한 후 1을 더한다

– $f(x)=x^2-x+2$: 무언가 x가 들어오면, 그것을 제곱한 후 원래 값을 빼고, 그리고 난 후 2을 더한다는 것을 뜻한다.

$y=f(x)$로 주어지는 X에서 Y로의 함수, $f{:}X \rightarrow Y$는 다음과 같이 정리될 수 있다.

– 정의역: 함수의 입력으로 정의된 원소 x가 속하는 집합

– 공역: 함수의 출력으로 정의된 원소 y가 속하는 집합

– 치역: 각 입력 원소에 대한 주어진 함수의 변환값 $f(x)$에 대응되는 출력 원소들 로만 이루어진 집합

함수 $f : X \rightarrow Y$, $y=f(x)$

　　　(단, $x{\in}X$, $y{\in}Y$)

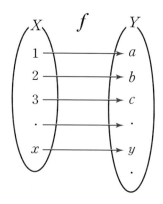

– 생각의 과정을 통한 개념의 정리 :

　　N : 자연수, Z : 정수, Q : 유리수, R : 실수 일 때,

　　① $f : N \rightarrow N$, $f(x) = 2^x$ 란 함수는 존재하는가?　　(존재한다)

　　② $f : Z \rightarrow Q$, $f(x) = 2^x$ 란 함수는 존재하는가?　　(존재한다)

　　③ $f : Q \rightarrow Q$, $f(x) = 2^x$ 란 함수는 존재하는가?　　(존재하지 않는다)

　　④ $f : Q \rightarrow R$, $f(x) = 2^x$ 란 함수는 존재하는가?　　(존재한다)

　　⑤ $f : R \rightarrow R$, $f(x) = 2^x$ 란 함수는 존재하는가?　　(존재한다)

2. 합성함수와 매개변수 치환의 이해

앞서 살펴본 바와 같이, 함수가 동작한다는 것은 그대로 하나의 원소가 들어오면, 함수로 정의된 기능을 수행하여, 즉 그 원소에 어떤 변환을 수행한 후 그 결과값을 내 놓는 것이라 할 수 있다.

그럼 하나의 변환이 아닌, 여러 개의 변환을 연이어서 순차적으로 수행하는 경우는 어떻게 표현할 것인가? 이에 관한 내용이 바로 합성함수이다.

그럼 예제를 가지고 이에 대한 내용을 구체적으로 이해해보자.

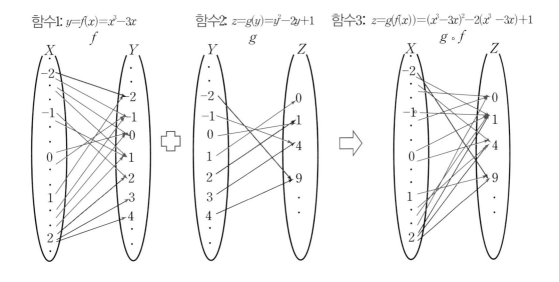

첫 번째 변환함수 f는 어떤 원소 하나가 들어오면, 이를 3차식에 해당하는 변환을 거쳐 그 값을 리턴하는 삼차함수이다. 그리고 두 번째 변환함수 g는 어떤 원소 하나가 들어오면, 이를 2차식에 해당하는 변환을 거쳐 그 값을 리턴하는 이차함수이다.

마지막으로 이를 한꺼번에 묘사한 세 번째 함수 $g \circ f$ 는 어떤 원소 하나가 들어오면, 이를 3×2=6 차식에 해당하는 변환을 거쳐 그 값을 리턴하는 육차함수이다.

이렇게 합성함수를 이용해, 우리는 여러 개의 변환을 한꺼번에 표현할 수 있는 것이다.

이제 이 내용을 역방향으로 생각해 보자.

위의 예시는 하나의 고차함수는 두 개의 구성함수로 연결하여 해석할 수도 있다는 것을 보여준다. 제시된 육차함수는 6:1 함수이므로, 하나의 결과값에 여섯개까지 정의역 원소가 할당될 수 있어 그 관계 해석이 다소 복잡해 보인다. 그런데 요구하는 것이 주어진 변역구간에서 최대값/최소값을 묻는 경우라면, 상대적으로 복잡한 육차함수 $g \circ f(x) = (x^3 - 3x)^2 - 2(x^3 - 3x) + 1$ 대신 보다 간단한 구성함수인 이차함수 $g(y) = y^2 - 2y + 1$ 로 문제를 해석해도 같은 결과를 갖게 됨을, 위 그림을 통해 자연스럽게 알 수 있다.

이것이 바로 매개변수 치환의 원리인 것이다. 즉 주어진 구간에서 $y = (x^3 - 3x)^2 - 2(x^3 - 3x) + 1$ 라는 함수의 최대값/최소값을 묻는 문제를 풀 경우, 주어진 함수인 육차함수 그대로를 가지고 해석하기 보다는 $x^3 - 3x$를 t로 치환한 후, $y = t^2 - 2t + 1$ 이차함수로 해석하는 것이 보다 편리한 것이다. 그리고 이러한 문제풀이에 적용된 이론이 바로 합성함수인 것이다.

3. 역함수의 형상화

함수 $f: X \to Y$의 역함수는 말그대로 상호 관계를 유지하면서, 정의역과 공역을 바꾸어 놓은 함수 $f^{-1}: Y \to X$를 뜻한다. 즉 x가 들어와서 $y(=f(x))$로 바뀌는 것 대신에, 같은 조합 x, y 에 대해, 함수 y가 들어 오면 x $(=f^{-1}(y))$로 바뀐다는 것이다. 역함수의 기능이란 결과값을 제자리로 돌리는 기능을 뜻한다.

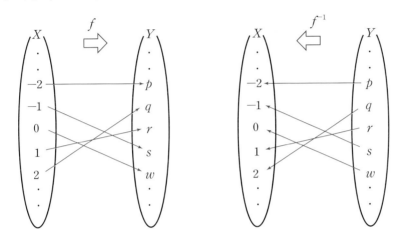

그리고 이 말은 역함수가 존재하려면, 역으로 관계가 설정되어도 함수의 의미를 갖게 된다는 뜻을 내포하고 있다. 즉 원함수 f가 일대응 대응함수 이어야만 그 역함수 f^{-1}이 함수로서의 의미를 갖게 되는 것이다.

이 내용을 좌표로 해석하면, 원함수에서의 임의의 좌표점 (a, b) 는 역함수에서는 (b, a) 가 상응하는 좌표점이 된다. 따라서 이를 그래프로 나타내면, 다음과 같다.

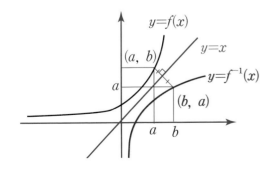

원함수의 임의의 좌표점 (a, b)에 대응하는 역함수의 좌표점은 (b, a)이다. 이 두 점이 만드는 직선은 기울기가 -1 이므로, $y=x$에 수직이 된다. 그리고 이 두 점의 중

점은 x, y 좌표 모두 $\dfrac{(a+b)}{2}$ 이므로, 이 두 점은 $y=x$가 이루는 직선으로부터 같은 거리에 위치하게 된다. 이러한 사실을 통해, 원함수와 역함수의 그래프는 $y=x$에 대하여 서로 대칭형태를 이룬다는 것을 알 수 있다.

〈역함수에 대한 기울기의 형상화〉

이제 역함수의 그래프를 형상화하는 방법을 알았으니, 조금 더 확장하여 원함수에 대응하는 점에 대한 역함수의 기울기의 변화를 살펴보도록 하자.

$b=f(a)$ 이고, $f'(a)=\dfrac{b}{a}$ 일 때, $f^{-1\prime}(b)$의 값은 어떻게 될까?

어떤 지점의 미분계수는 그 지점에서의 접선의 기울기를 의미한다.

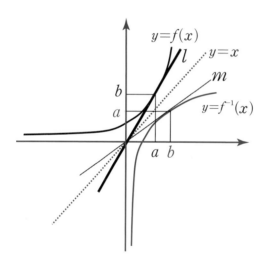

좌측 그림에서와 같이,

원함수 $y=f(x)$에 대한 $(a,\ b)$에서의 접선을 l이라 하고,

역함수 $y=f^{-1}(x)$의 대응점 $(b,\ a)$에서의 접선을 m 이라 하자.

그러면 $y=f(x)$에 대한 점 (a, b)에서의 접선 l은 기울기, 즉 $x=a$에서의 미분계수 $f'(a)$가 $\dfrac{b}{a}$인 직선이 된다.

그리고 이 직선 l은 $y=x$ 대칭변환에 의해 역함수 $y=f^{-1}(x)$의 대응점 (b, a)에서의 접선 m 으로 바뀌게 된다.

따라서 직선 m 의 기울기, $f^{-1\prime}(b)$는 $\dfrac{a}{b}$가 되는 것이다

위 사실을 기반으로 일반화하면, $b=f(a)$ 이고, $f'(a)=k$ 일때, $f^{-1\prime}(b)$의 값은 $\dfrac{1}{k}$, 즉 $\dfrac{1}{f'(a)}$ 이 된다.

정리하면, $f^{-1\prime}(b)=\dfrac{1}{f'(a)}$, $b=f(a)$이 된다.

즉 두 대응점에서의 기울기의 곱은 1 이 된다.

그럼 $y=f(x)$에서 $b=f(a)$ 이고,

$f'(a)=\dfrac{b}{a}$ 일 때,

$y=f(2x)=g(x)$ 가 되는 $g^{-1}(b)$의, 값은
어떻게 될까?

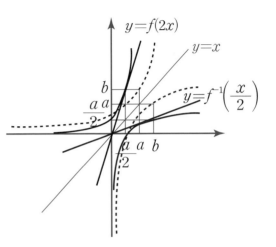

우선 역함수의 기울기를 알기 위해서는
$\dfrac{1}{k}$가 되는 원함수의 대응하는 점에서의 기
울기 k값을 구해야 한다.

$b=g(x)$인 x를 찾아야 하는데,
$g(x)=f(2x)$ 이므로 $b=f(2x)$ & $b=f(a)$
로부터 $2x=a \rightarrow x=\dfrac{a}{2}$

$\therefore\ b=g\left(\dfrac{a}{2}\right)$

그리고 $g(x)$ $(=f(2x))$의 그래프는 $y=f(x)$의 그래프를 $x \rightarrow 2x$로 하여 주기를 반

으로 줄인 것이므로, 이 경우, $k=g'\left(\dfrac{a}{2}\right)=\dfrac{b}{\dfrac{a}{2}}=\dfrac{2b}{a}$가 된다.

따라서 $g^{-1\prime}(b)=\dfrac{1}{k}=\dfrac{a}{2b}=\dfrac{\left(\dfrac{a}{2}\right)}{b}$가 된다.

02

||||||||||||||||||||||||||||||||||||||||||||||||||||||||||||||||||||||||||||||||||||

함수: 함수와 그래프

1. 좌표와 그래프의 이해

(그래프에 대한 이해-관계를 그림으로 형상화하라)

그래프란 무엇일까?

우선 아이들은 그래프의 형태적인 모습을 떠올리게 될 것이다. 그렇지만 그래프가 만들어 지는 원리와 형태적인 모습을 연결시켜서 제대로 이해하고 있는 아이들은 그리 많지 않다. 그래서 이미 배운 함수의 그래프는 거기에 맞게 그리는 방법을 익혔기 때문에 잘 그릴 수 있지만, 아직 배우지 않았거나 그리는 방법을 까먹은 사람은 해당 그래프를 아예 시도조차 하지 못한다.

그런데 처음부터 그래프를 다음과 같이 정의 내리고, 아이들을 훈련시키면 어떨까?

– 그래프의 정의 : 주어진 관계식을 만족하는 모든 점들을 좌표상에 나타낸 것

$y=f(x)$ 관계식(예: $y=x^5-x^4-x+2$)이 몇 차로 주어지든 간에 아이들은 x값에 숫자를 바꿔가며 지정하면서 대응하는 y값을 쉽게 계산해 낼 수 있을 것이다. 즉 좌표상에 표시할 점에 해당하는 순서쌍 (x, y) 를 쉽게 찾아낼 수 있다는 것이다. 그럼 그래프를 그리기 위해 이제 남

은 것은 그러한 점들을 좌표상에 표시하는 것 뿐이다.

다만, 그래프의 특성을 알고 있다면, 아이들은 필요한 최소한의 점들만을 찾으면 될 것이고, 모른다면 보다 많은 점들을 찾아서 표시해야만, 정확한 그래프를 그려낼 수 있게 될 것이다.

비록 모를 경우라도, 다음과 같은 방법으로 추적해 나간다면, 보다 효과적으로 전체 그래프의 모습을 유추해 낼 수 있을 것이다.

1) 정의역 구간으로부터 각 경계치 함수값에 대한 방향을 결정해 놓는다.

2) 관계식의 형태로부터 알아낼 수 있는 경계값(최대값 또는 최소값 등) 및 흐름을 찾아낸다.

→ 고2 이후 미분을 배운다면, 이 내용을 체계적으로 알아낼 수 있는 방법을 얻게 될 것이다.

3) 발견된 사항들을 기반으로, 전체 그래프를 결정하기 위해서 추가적으로 필요한 점들을 결정하고, 그러한 점들에 대한 좌표값을 결정한다.

4) 찾아낸 사항들을 종합하여, 전체 그래프의 흐름을 유추한다.

그리고 함수를 방정식의 관점에서 해석한다면, 주어진 관계식을 만족하는 점에 해당하는 순서쌍 (x, y)는 방정식의 해에 해당하므로, 그래프는 관계식의 모든 해들을 좌표상에 표시한 것으로도 생각할 수 있어야 한다.

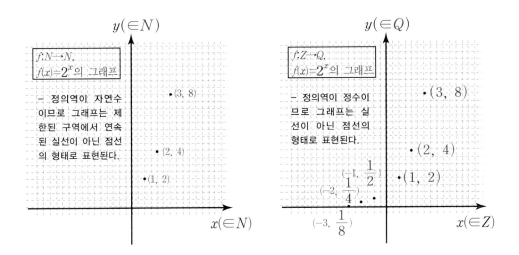

아이들은 이제 모든 그래프를 그릴 수 있게 되었다.

중요한 것은 이 사실이 아이들에게 새로운 함수를 접하는 것에 대한 많은 두려움을 없애 준다는 것이다.

물론 임의의 함수에 대해 일련의 점들을 찍고, 전체 그래프를 유추하는 연습을 통해, 실제 감각을 키우는 것이 필요하다.
 − N : 자연수, Z : 정수, Q : 유리수, R : 실수

참고로,함수의 특성, 표준형을 알면 최소한의 점들을 가지고도, 전체 그래프를 쉽게 유추할 수 있게 된다.

 − 일차함수: 직선 → 2개
 − 이차함수: 포물선 → 3개
 − 삼차함수 → 4개
 − …

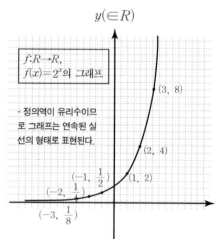

지금까지 그래프가 무엇인지를 정의해 보고, 그 의미를 따라 그래프를 그리는 기본적인 방법을 알아보았다. 표준 그래프로부터의 확장/변형 등에 관한 기본적인 원리를 이 책의 부록에 담아 두었으니, 꼭 그 익혀서 적극 활용하시기 바랍니다. 참고로 각 함수의 특성을 담고 있는 표준형 관계식 및 그 속성을 이용하여 그래프를 쉽게 그리는 방법은, 이 책의 남은 과정에서도 소개되겠지만, 학교에서는 아래와 같이 매 학년별로 한 두 개씩 다루게 될 것이다.

‒ 일차함수 : 중2 (도형: 직선/삼각형/사각형)

‒ 이차함수 : 중3 (도형: 포물선)

‒ 원의 방정식/지수함수/로그함수 : 고1 (도형: 원/곡선)

‒ 타원/쌍곡선 : 고2 (도형: 타원/쌍곡선)

그런데 위의 연결관계에서 보다시피 각각의 함수의 그래프는 특정 도형과 연관된다는 것을 알 수 있다.

즉 이것은 좌표를 이용하면, 도형의 변화를 함수의 그래프로 표현할 수 있다는 것을 의미한다. 말하자면

관련 도형에 관한 기하학 문제를 함수를 이용하여 해석학적으로 풀이하는 것을 가능하게 하였다는 것이다. 이렇듯 유명한 철학자이기도 한 데카르트가 도입한 좌표는 기하학과 해석학을 접목시키는 가교 역할을 했다는 것에 역사적인 큰 의미가 있다 하겠다.

‒ 문제해결과정에 있어서의 형상화 도구 : 함수 그래프 그리기

어떤 문제를 접하든지, 상관없이 반드시 해야 하는 가장 중요한 선결과정이 목표와 주어진 조건을 분명히 하는 것이다. 즉 표준문제해결과정 중 내용/목표 형상화 과정에서, 주어진 조건들을 하나씩 수식으로 옮기고 나면, 결국 남는 것은 몇 개의 방정식과 부등식이 될 것이다. 그리고 이것들을 종합하여 형상화하는 방법이 밝혀진 조건에 해당하는 관계식들을 하나의 좌표평면상에 그래프로 통합하여 나타내는 것이다. 즉 주어진 관계식에 대한 그래프를 자유자재로 그릴 수 있다는 뜻은 형상화를 통해 그 문제의 내용을 쉽게 이해하고 풀이해 나갈 수 있다는 것을 의미하므로, 임의의 함수에 대한 그래프를 그리는 방법은 문제해결을 위한 가장 중요한 도구라 할 것이다.

2. 그래프의 변환에 대한 해석

– 함수의 평행이동/대칭이동의 이해 : 관점의 차이에 대한 이해

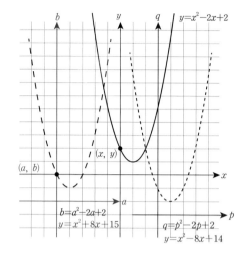

$y=x^2-2x+2$ ⋯⋯⋯⋯⋯⋯⋯ ①

$b=a^2-2a+2$ ⋯⋯⋯⋯⋯⋯⋯ ②

$q=p^2-2p+2$ ⋯⋯⋯⋯⋯⋯⋯ ③

이 세 식은 같은 식일까? 다른 식일까?

여러분의 생각은 어떻습니까?

⋯⋯ (생각중)

어떤 사람은 변수만 바꾼 같은 식이라 할 것이고, 어떤 사람은 변수가 다르니, 서로 다른 식이다 할 것입니다. 과연 누가 맞을까요?

대답을 하면, 둘 다 맞은 것도 아니지만, 둘 다 틀리지도 않습니다.

정리를 하면, 다음과 같습니다.

변수가 다르다는 것은 각자가 사용하는 기준이 다르다는 것을 말합니다. 즉 그래프에서 기준이 되는 좌표축, 보다 정확히는 평면상의 기준점인 원점의 상대적인 위치가서로 다르다는 것을 의미합니다. 위의 그래프에서는 검은색, 푸른색, 군청색 좌표축이 그 내용을 표현하고 있습니다.

그렇지만, 각각의 기준에서 보면, 그래프의 궤적은 동일합니다. 즉 모두 같은 식인 것이지요.

만약 각자의 좌표계가 아닌, 하나의 기준좌표에서 다른 것들을 본다면 어떻게 될까요?

아마도 다른 좌표계의 그래프는 기준점들의 상대적인 위치만큼 떨어져 있는 모습으로 보일 것입니다.

즉 원 함수의 그래프를, 기준점(/좌표축)의 이동만큼, 각각 $(-5,\ -2)$, $(3,\ -3)$ 씩 평행 이동한 것이지요.

위의 그림에서 이것을 표현한 것이, 푸른색/군청색 함수식 아래에 있는 검은색 함수식입니다.

①번과 ②번 좌표계의 동일한 함수식을 가지고 이 과정을 식으로 표현해 보자.

②번 좌표계 함수 $b=a^2-2a+2$를 ①번 좌표계를 기준으로 본다면,

②번 좌표계 함수의 임의의 점 $(a,\ b)$는 상응하는 ①번 좌표계 함수의 $(x,\ y)$를 $(-5,\ -2)$ 만큼 이동 시킨점 $(x',\ y')$로 볼수 있어 다음의 관계가 성립한다.

$(a,\ b) \rightarrow (x',\ y')=(x-5,\ y-2) \rightarrow x'=x-5,\ y'=y-2$

$\rightarrow x=x'+5,\ y=y'+2$

이것을 주어진 ①번 함수식 $y=x^2-2x+2$에 대입하면,

$y'+2=(x'+5)^2-2(x'+5)+2 \rightarrow y'=(x'+5)^2-2(x'+5)+2-2 \rightarrow y'=x'^2+8x'+15$

그리고 $(x',\ y')$ 또한 ①번 좌표계의 점이므로, 이렇게 $(-5, -2)$만큼 평행이동한 함수식은 $y=x^2+8x+15$로 표현할 수 있다.

이 내용을 일반화하면, $y=f(x)$를 동일한 좌표계에서 (a, b)만큼, 즉 x축 방향으로 a만큼, y축 방향으로 b 만큼 이동시킨 함수식은 $y=f(x)$에 $x \rightarrow x-a$, $y \rightarrow y-b$를 대입하여 만들어진, $y-b=f(x-a) \Rightarrow y=f(x-a)+b$가 된다.

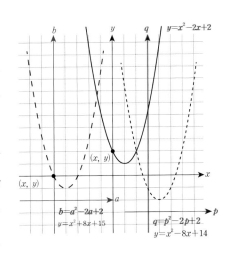

비유하면, 이것은 마치 우리 사람들의 사는 모습과 같다.

우리들 각자의 인생에는 정의역은 노력이고 치역은 도파민이 나오는 동일한 행복함수 h(Happiness)가 있다. 그런데 어느 한 사람의 시각에서 바라보면, 우리 각자의 상대적인 시작위치는 모두 다르다. 그렇지만 각자의 좌표계 $(x,\ y)/(a,\ b)/(p,\ q)$에서의 행복에 대한 함수식은 동일하다.

모두는 각자가 처한 좌표계에서 나름의 삶을 살면서, 그 안에서 희로애락을 느낀다. 열심히 사는 사람도 있고, 그렇지 못한 사람도 있다. 같이 사는 세상이므로, 우리는 자신의 좌표계에서 어쩔 수 없이 다른 사람의 삶을 바라보게 된다. 그리고 그들의 속은 모르지만, 겉으로 나타나는 상대적인 위치를 비교하고, 스스로 기쁨과 좌절을 맛보기도 한다.

그렇지만 각자 다른 상대적인 위치는 서로 다른 경험을 하게 하는 것일 뿐이다라고 생각할 수 있다면, 현재의 위치에 대한 높고 낮음의 단순 비교를 가지고 기쁨과 좌절을 느낄 사안이 아닐 것이다. 그리고 만약 자신이 그러한 상대적인 위치 비교를 통해 기쁨과 좌절을 느끼고 있다면, 그것은 처음 시작위치의 다름에서 나온 박탈감이 아니라 그 이면에 있는 자신의 노력부재에 따른 자괴감을 달리 표현하고 있는것이 아닐까? 진지하게 생각해보자.

자신을 진정 행복하게 느끼도록 만드는 것, 자신을 뿌듯하게 만드는 것은, 속에서부터 나온다. 즉 상대적인 단순 위치 비교가 아닌, 자신의 좌표계에서 노력했을 때 비로서 그만큼 얻어지는 것이다. 그것은 행복에 대한 인생의 함수가 동일하기 때문이다.

하나의 좌표계에서 남과 다른 시작위치를 가진 것에 대한 단순 비교로부터 오는 상대적인 박탈감에서 자유로울 수 있다면, 서로 다른 시작 위치, 다른 환경은 새로운 것을 맛보고 느낄 수 있는 기회를 주는 것으로 받아 들일 수 있을 것이다. 이것은 또 다른 발전을 위해 새로운 노하우를얻을 기회를 가지는 것이다. 즉 편안함보다는 노력을 통해 행복을 느낄 수 있는 새로운 기회를 가지게 되는 것이다.

- 자신의 좌표계에서 행복에 대한 함수식 : $y=h(x)/b=h(a)/q=h(p)$
- 하나의 기준 좌표계에서 바라볼 때, 각자의 행복헤 대한 함수식 : $y=h(x)/y=h(x+5)-2=h(x-3)-3$

03

함수: 함수의 종류

1. 다항함수/유리함수/무리함수의 이해

〈수의 체계와 식의 체계〉

용어를 통한 정확한 의미 전달을 위해서,

함수식을 분류하기 위해서 사용되는 용어의 체계와 수를 분류하기 위해서 사용되는 용어의 체계를 간략히 비교해 보자. 특히 많은 학생들이 다항식의 의미를 잘못 인식하고 있는데, 그것은 일상적인 용어의 의미와 수학에서 사용하는 실제 내용의 의미가 조금 다르기 때문이다.

(함수)식의 체계	의 미	비교: 수의 체계
다항식(/함수)	$a_n x^n + a_{n-1}x^{n-1} + a_{n-2}x^{n-2} \cdots + a_2 x^2 + a_1 x + a_0$ 형태만을 다항식이라고 한다. 반면 "$x + \frac{1}{x}$"는 다항식이라고 부르지 않는다. 왜냐하면 $\frac{1}{x}$라는 분수형태의 식이 포함되어 있기 때문이다. 즉 다항식은 단순히 항이 여러 개의 있다는 의미가 아니다.	x진법 정수에 해당 → 예: 5진법 수, $4321_{(5)}$ $= 4 \times 5^3 + 3 \times 5^2 + 2 \times 5 + 1$
유리식(/함수)	$\frac{1}{x}$와 같이 변수가 분모에 포함된 식을 의미한다.	분수꼴 유리수
무리식(/함수)	$\sqrt{x}$와 같이 변수가 루트 안에 포함된 식을 의미한다.	무리수

〈다항함수에 대한 그래프의 이해〉

그래프란 주어진 관계식을 만족하는 모든 점들을 좌표상에 표시한 것이므로,

임의의 함수에 대한 그래프를 그리려면 우선 정의역을 살펴보고,

① 정의역을 구성하는 구간의 경계값들 각각에 대해 지향점 (x, y)를 찾아, 좌표상에 표시한다.

② 함수식으로부터 가능한 쉽게 구할 수 있는 몇 개의 주요 점들을 찾는다.

    – 표준형을 알고 있다면, 표준형을 구성하는 대표점들을 찾아 본다

    – 미분을 알고 있다면, 극값 또는 변곡점들을 찾아 본다.

③ 위의 정보를 만족시키는 그래프의 개형을 찾는다.

– 짝수차 다항함수, $y=x^{2m}$의 그래프

① 정의역 구간 = $(-\infty, +\infty)$ → 경계값 지향점: 좌$(-\infty, +\infty)$, 우$(+\infty, +\infty)$

② 주요 점들: $(0, 0)$

③ 좌측 좌표에 표시된 요건을 만족시키는 그래프는 우측 형태일 수 밖에 없다.

    참고로 $2m$ 차수의 다항방정식은 최대 $2m$개의 근을 가지므로, 근의 개수만큼 x축

    과 만나게 된다.

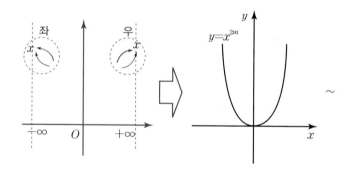
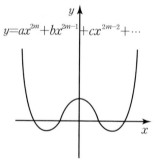

✔ 우측 그래프는 비교를 위해 $y=x^2$, $y=x^4$, $y=x^6$의 실제
그래프를 한 좌표에 통합하여 표시한 것이다.

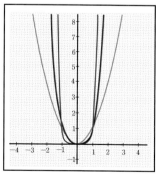

참고로 $y=ax^{2m}+bx^{2m-1}+cx^{2m-2}+\cdots$ 일반식의 경우, 최
고차항의 계수 a가 전체함수의 기울기를 주도하게 된다. 왜
냐하면 x가 커질수록 최고차항의 값을 제외한 나머지 값은
무시할 수 있을 정도의 작은 값이 되기 때문이다.

– 홀수차 다항함수, $y=x^{2m-1}$의 그래프

① 정의역 구간$=(-\infty,\ +\infty) \rightarrow$ 경계값 지향점: 좌 $(-\infty,\ -\infty)$, 우 $(+\infty,\ +\infty)$

② 주요 점들: $(0,\ 0)$

③ 좌측 좌표에 표시된 요건을 만족시키는 그래프는 우측 형태일 수 밖에 없다.
참고로 $2m-1$ 차수의 다항방정식은 최대 $2m-1$개의 근을 가지므로, 근의 개수 만큼 x축과 만나게 된다.

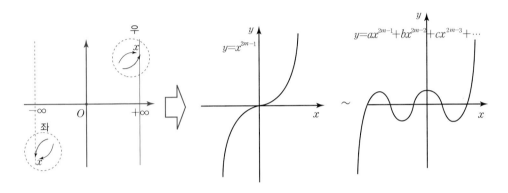

✔ 우측 아래 그래프는 비교를 위해 $y=x^{3}$, $y=x^{5}$, $y=x^{7}$의 실제 그래프를 한 좌표에 통합하여 표시한 것이다.

참고로 $y=ax^{2m-1}+bx^{2m-2}+cx^{2m-3}+\cdots$ 일반식의 경우, 최고차항의 계수 a가 전체 함수의 기울기를 주도하게 된다. 왜냐하면 x가 커질수록 최고차항의 값을 제외한 나머지 값은 무시할 수 있을 정도의 작은 값이 되기 때문이다.

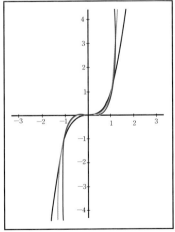

〈분수함수에 대한 그래프의 이해〉

그래프란 주어진 관계식을 만족하는 모든 점들을 좌표상에 표시한 것이므로, 임의의 함수에 대한 그래프를 그리려면, 우선 정의역을 살펴보고,

① 정의역을 구성하는 구간의 경계값들 각각에 대해 지향점 $(x,\ y)$를 찾아, 좌표상에 표시한다.

② 함수식으로부터 가능한 쉽게 구할 수 있는 몇 개의 주요 점들을 찾는다.

    – 표준형을 알고 있다면, 표준형을 구성하는 대표점들을 찾아 본다

    – 미분을 알고 있다면, 극값 또는 변곡점들을 찾아 본다.

③ 위의 정보를 만족시키는 그래프의 개형을 찾는다.

– 분수함수, $y=\dfrac{1}{x}$의 그래프

    ① 정의역 구간$=(-\infty,\ -0),\ (+0,\ +\infty)\ \rightarrow$ 경계값 지향점: 좌$(-\infty,\ -0),\ (-0,$
        $-\infty)$ 우 $(+0,\ +\infty),\ (+\infty,\ +0)$

    ② 주요 점들: $(1,\ 1),\ (-1,\ -1)$

    ③ 좌측 좌표에 표시된 요건을 만족시키는 그래프는 우측 형태일 수 밖에 없다.

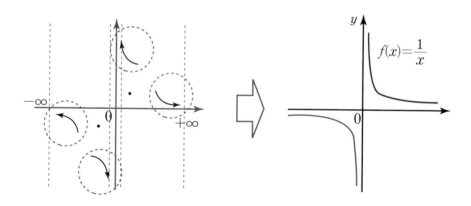

  ✔ 우측 그래프는 비교를 위해 $y=\dfrac{1}{x},\ y=\dfrac{2}{x}$의 실제 그래프를 한 좌표에 통합하여 표시한 것이다.

참고로 $y=\dfrac{k}{x}$ 일반식의 경우, $y=\dfrac{1}{x}$과 기울기의 변화율은 같으며,

k값이 작을수록 점점 원점에 가까워 지고, k값이 클 수록 원점에서 점점 멀어지는 형태를 가진다.

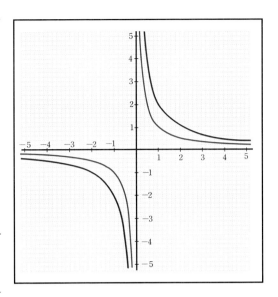

$y=\dfrac{k}{x^{n}}$ $(n>1)$ 일반식의 경우,

모양은 같지만 $y=\dfrac{1}{x}$보다 기울기의 변화는 심해진다.

그리고 n이 짝수일 경우에는, 그래프는 1, 2사분면에 위치하게 된다.

〈무리함수에 대한 그래프의 이해〉

그래프란 주어진 관계식을 만족하는 모든 점들을 좌표상에 표시한 것이므로, 임의의 함수에 대한 그래프를 그리려면,

우선 정의역을 살펴보고,

① 정의역을 구성하는 구간의 경계값들 각각에 대해 지향점 (x, y) 를 찾아, 좌표상에 표시한다.

② 함수식으로부터 가능한 쉽게 구할 수 있는 몇 개의 주요 점들을 찾는다.

　　― 표준형을 알고 있다면, 표준형을 구성하는 대표점들을 찾아 본다

　　― 미분을 알고 있다면, 극값 또는 변곡점들을 찾아 본다.

③ 위의 정보를 만족시키는 그래프의 개형을 찾는다.

― **무리함수, $y=\sqrt{x}$ 의 그래프**

① 루트 안의 값은 0 이상이므로, 정의역 구간 $= [0, +\infty)$ → 경계값 지향점: $(0, 0)$, $(+\infty, +\infty)$

② 주요 점들: $(0, 0)$, $(1, 1)$

③ 좌측 좌표에 표시된 요건을 만족시키는 그래프는 우측 형태일 수 밖에 없다.

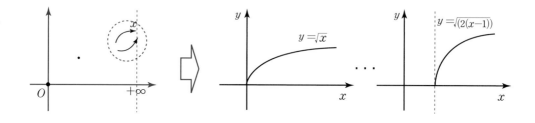

✔ 다음 그래프는 비교를 위해 $y=\sqrt{2x}$, $y=\sqrt{x}$, $y=\sqrt{\dfrac{1}{2}x}$의 실제 그래프를 한 좌표에 통합하여 표시한 것이다.

참고로 $y =\sqrt{x}$ 는, $x \geq 0$, $y \geq 0$ 범위를 가지고 양변을 제곱하면, $x=y^2$ 이 나

온다.

이것은 함수 $y=x^2$ 에서 x, y 를 바꾼 꼴이다. 바뀐 함수는 $X \rightarrow Y$ 로의 함수가 아닌, $Y \rightarrow X$ 로의 함수로 바꾸어서 생각할 수 있다.

그러면 $x \geq 0$, $y \geq 0$ 범위에서 y축을 정의역으로 가지는 이차함수가 될 것이다.

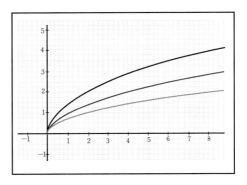

2. 지수함수/로그함수

1) 자연상수의 이해
– 지수함수의 밑으로서 기준이 되는 수 (미적분을 해도 변동이 없게 하는, 기울기 1)

이번 주제에서는 어떻게 자연상수 e 라는 무리수(/초월수)를 발견하게 되었는지 알아보고, 그 과정을 통해 그것이 의미하는 바를 살펴보도록 하자

미분 가능한 모든 함수는 그것이 아무리 복잡한 함수라도 임의의 지점에서 접선을 그을 수 있다. 이 말이 의미하고 있는 것은, 만약 우리가 접선의 방정식을 구할 수 있다면, 그 지점에 매우 가까운 점들의 함수값을 위해서는 복잡한 원 함수식 대신 직선이 나타내는 간단한 일차함수식을 통해 원 함수값과 거의 같은 근사값을 구할 수 있게 된다는 것을 의미한다. 이것이 접선의 방정식이 갖는 해석적 측면에서의 중요한 의미라 할 것이다.

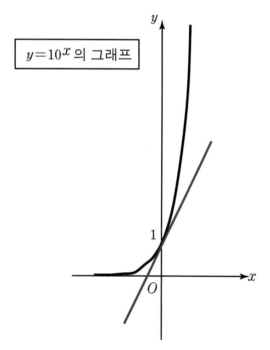

$y=10^x$ 의 그래프

그러면 어떻게 접선의 방정식을 구할 수 있을까? 접선은 직선이므로, 한 점의 좌표값 과 기울기만 알면 방정식을 세울 수 있다.

형상화를 위해, 좌측 그래프에 예시된 함수의 경우에 대해
파란색으로 표현된 $x=0$ 에서의 접선에 대한 방정식을 구해 보자.
- 한 점의 좌표값은 $x=0$ 에서의 함수값이 $(0,\ 10^\circ) \rightarrow (0,\ 1)$ 이므로 쉽게 구할 수 있다.

— 그럼 $x=0$ 에서의 접선의 기울기는 어떻게 구할까? 물론 미분을 안다면, 도함수로부터 쉽게 접선의 기울기를 구할 수 있을 것이다. 그러나 미분이 탄생하기 이전에는 어떠하였을까?

지금부터 17세기 후반, 미분이 탄생하기 약 70년 이전에 활동했던 핸리 브리그스란 영국의 한 수학자가 $y=10^x$ 함수에 대한 $x=0$ 에서의 접선의 기울기를 구하기 위해 시도한, 극히 단순하지만, 매우 효과적인 방법을 소개해 보도록 하겠다.

기울기는 $\frac{\Delta y}{\Delta x}$, x 값의 변화에 대한 y 값의 변화 크기를 의미한다.

$$10^{1/2} = 3.162277660168379331$$
$$10^{1/4} = 1.778279410038922801$$
$$10^{1/8} = 1.333521432163324025$$
$$10^{1/16} = 1.154781984689458179$$
$$10^{1/32} = 1.074607828321317497$$
$$10^{1/64} = 1.036632928437697997$$
$$10^{1/128} = 1.018151721718181841$$
$$10^{1/256} = 1.009035044841447437$$
$$10^{1/512} = 1.004507364254462515$$
$$10^{1/1024} = 1.002251148292912915$$
$$10^{1/2048} = 1.001124941399879875$$
$$10^{1/4096} = 1.000562312602208636$$
$$10^{1/8192} = 1.000281116787780132$$
$$10^{1/16384} = 1.000140548516947258$$
$$10^{1/32768} = 1.000070271789411435$$
$$10^{1/65536} = 1.000035135277461856$$

그럼 $y=10^x$ 를 가지고 $x=0$ 근처에서 이에 대한 값을 구하는 시도를 해 보자.

기울기를 찾아내기 위해, 브리그스는 좌측의 예시처럼 지수를 $\frac{1}{2}$ 부터 시작하여, 그 값을 반으로 줄어가면서 y 값의 변화를 추적해 보았다. 이때, 접선인 직선의 기울기를 뜻하는 변화율은 일정한 값을 가지게 될 것이므로, 이 작업을 통해 그 일정한 값을 찾아내면 되는 것이다.

이제 독자 여러분이 좌측에 나타나는 숫자를 유심히 들여다보면서 한 번 그 패턴을 찾아보길 바란다. 흔히 수학은 깔끔하고 엄밀한 논리의 대명사인 것처럼 보이지만, 사실 알고 보면 이런 단순무식에 가까운 계산을 통해 패턴을 발견하는 학문이기도 하다. 그런데 제대로 본다면, 이는 귀납적인 방법으로 가설을 설정하고, 연역적 방법으로 증명을 하면서 발전해 나가는 전형적인 학문의 길이기도 하다. 참고로 브리그스는 정확한 추세를 보기 위해서, 계산기도 없이 이 작업을 54줄이나 계속 했다고 한다.

패턴을 찾았는가? 지수가 0에 가까워 질수록, 왼쪽 변의 지수를 반으로 나누는 것에 대해, 오른쪽 변 소수점 이하의 숫자 또한 거의 절반으로 줄어드는 것을 눈치챘기를 바란다. 즉, 지수와 소수점 이하의 숫자가 갈수록 비례한다는 얘긴데, 그럼 비례 상수는 얼마일까?

이 내용을 정리하면,
(지수)=(비례상수)×(소수점이하의 숫자)

$$\rightarrow \left(\frac{1}{\text{지수}}\right)\times(\text{소숫점이하의 숫자}), \left(\frac{1}{\text{비례상수}}\right)=k$$

$$2048 \times 0.00112\ 49413\ 99879\ 875\cdots = 2.30387\ 99869\ 539\cdots$$
$$4096 \times 0.00056\ 23126\ 02208\ 636\cdots = 2.30323\ 24186\ 465\cdots$$
$$8192 \times 0.00028\ 11167\ 87780\ 132\cdots = 2.30290\ 87254\ 948\cdots$$
$$16384 \times 0.00014\ 05485\ 16947\ 258\cdots = 2.30274\ 69016\ 638\cdots$$
$$32768 \times 0.00007\ 02717\ 89411\ 435\cdots = 2.30266\ 59954\ 339\cdots$$
$$65536 \times 0.00003\ 51352\ 77461\ 856\cdots = 2.30262\ 55437\ 402\cdots$$

이 되므로, 새로운 비례상수 k 는 2.302⋯ 쯤의 어떤 값일 것 같다. 지금까지의 결과는 다음과 같이 하나의 식으로 표현할 수 있다.

$$10^{t}=1+2.302\cdots\times t$$

즉 이것은, $x=0$ 에서의 접선의 방정식이 $y=(2.302\cdots)t+1$ 라는 것을 의미한다. 그리고 $x=0$ 에서의 접선의 기울기가 이 비례상수 k, 그리고 다소 난해한 수인 2.302⋯ 에 해당한다는 뜻이다. (미분을 공부했다면, 실질적인 이 값이 $ln\ 10$ 에 해당하는 값임을 알 것이다.)

그럼 반대로 $x=0$ 에서의 접선의 기울기가 이러한 난해한 수 대신, 단순하게 1

이 되는 지수함수는 무엇일지 궁금할 것이다. 이것은 위 식의 매개변수 t 를 조절함으로써 간단히 얻어질 수 있는데, t 대신 $\dfrac{t}{2.302\cdots}$ 를 대입하여 주어진 식을 바꾸어 보도록 하자.

$$10^{\frac{t}{2.302\cdots}}=1+t$$

그런 다음 $e=10^{\frac{t}{2.302\cdots}}$ 이라 두어 바꾸면, 다음과 같다.

$$e^t=1+t$$

즉, 이 e 는 $y=a^x$ 지수함수 형태에서, $x=0$ 에서의 접선의 기울기가 1 이 되도록 하는 상수 a를 말하는데, 이 수가 바로 자연상수 e 인 것이다. 그리고 그 값은 $e=10^{\frac{t}{2.302\cdots}}=2.71828182846\cdots$

인, π(/원주율) 이외에 현재까지 발견된 유일한 초월수(/특정 방정식의 해가 되지 않는 무리수)인 것이다.

그리고 위의 식은, 양변에 $\dfrac{1}{t}$ 제곱을 하여 다음의 식을 얻을 수 있는데,

$$e\approx(1+t)^{\frac{1}{t}} \Leftrightarrow e=\lim_{t\to 0}(1+t)^{\frac{1}{t}}$$

이 식은 자연상수 e 의 정의로 알려진 전형적인 식인 것이다.

따라서 이 자연상수 e를 밑으로 하는 지수함수 $y=e^x$ 의 $x=0$ 에서의 접선의 기울기는 1 인 것이다. 더 나아가 위 자연상수의 정의를 이용하여 $y=e^x$ 의 도함수를 구해보면, $y'=e^x$ 로 신기하게도 원함수와 같은 함수가 나오게 된다.

$y=f(x)=e^x$에 대하여,

$$f'(a)=\lim_{x\to a}\frac{f(x)-f(a)}{x-a}=\lim_{x\to a}\frac{e^x-e^a}{x-a}\ ,\ e^x-e^a=t \to e^x=e^a+t \to x=\ln(e^a+t)$$

$$\to =\lim_{t\to 0}\frac{t}{\ln(e^a+t)-a}=\lim_{t\to 0}\frac{t}{\ln\left(1+\dfrac{t}{e^a}\right)}=\lim_{t\to 0}\frac{1}{\dfrac{\ln\left(1+\dfrac{t}{e^a}\right)}{t}}=\lim_{t\to 0}\frac{1}{\ln\left(1+\dfrac{t}{e^a}\right)^{\frac{1}{t}}}$$

$$\to =\lim_{t\to 0}\frac{1}{\ln\left(1+\dfrac{t}{e^a}\right)^{\frac{e^a}{t}\cdot\frac{1}{e^a}}}=\lim_{t\to 0}\frac{1}{\dfrac{1}{e^a}\ln\left(1+\dfrac{t}{e^a}\right)^{\frac{e^a}{t}}}=e^a \quad \left(\because \lim_{t\to 0}\left(1+\dfrac{t}{e^a}\right)^{\frac{e^a}{t}}=e\right)$$

같은 방법으로

$y=a^x$의 도함수를 구해보면, $y'=(ln\ a)\times a^x$ 로서, 원함수 a^x를 $(ln\ a)$ 배 한 형태가 나오게 된다.

참고로, 초월수 π가 원주율로서, 원의 둘레에 관한 비율에 관여하고 있다면, 또 다른 초월수 e는 자연상수로서, 이 세상의 수렴하는 모든 현상에 관여하고 있다고 알려져 있다.

2) 지수함수/로그함수: 그래프의 이해

그래프란 주어진 관계식을 만족하는 모든 점들을 좌표상에 표시한 것이므임의의 함수에 대한 그래프를 그리려면,

우선 정의역을 살펴보고,

① 정의역을 구성하는 구간의 경계값들 각각에 대해 지향점 (x, y)를 찾아, 좌표상에 표시한다.

② 함수식으로부터 가능한 쉽게 구할 수 있는 몇 개의 주요 점들을 찾는다.

　　　－ 표준형을 알고 있다면, 표준형을 구성하는 대표점들을 찾아 본다.

　　　－ 미분을 알고 있다면, 극값 또는 변곡점들을 찾아 본다.

③ 위의 정보를 만족시키는 그래프의 개형을 찾는다.

－ 지수함수, $y=2^x$의 그래프

① 정의역 구간$=(-\infty, +\infty)$ → 경계값 지향점: 좌 $(-\infty, +0)$ 우 $(+\infty, +\infty)$

② 주요 점들: $(0, 1)$, $(1, 2)$

③ 좌측 좌표에 표시된 요건을 만족시키는 그래프는 우측 형태일 수 밖에 없다.

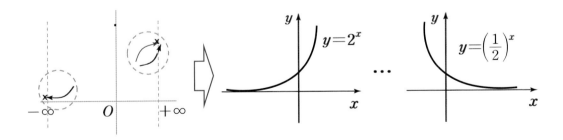

기울기의 변화에 대한 아래 그림을 살펴보자.

지수함수는 $x \rightarrow \infty$ 갈 때, 어떤 다항함수보다 기울기(/변화율)이 크게 된다.

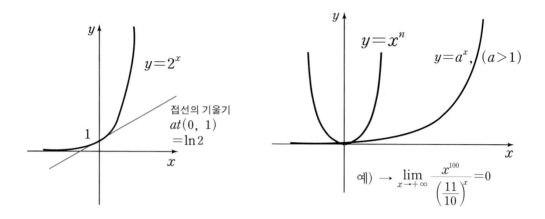

참고로 지수함수 $y=a^x$ 에서 y의 주기를 변화시켜 $\left(y \to \dfrac{y}{k}\right)$ 만들어진, $y = ka^x$ $(a>0, \ k>0)$ 그래프는 지수함수 $y=a^x$ 를 x축 방향으로 $-p$ 만큼 평행이동시킨 $y=a^{x+p}$ 형태로 바꾸어서 해석할 수 있다.

이 말은 $a^{x+p}=a^x \times a^p \to ka^x$로 부터, $k=a^p \to p=\log_a k$ 가 되는 p 를 찾는 다면,

$y=a^x$를 k 배 한 $y=ka^x$ 함수는 $y=a^x$ 를 x축 방향으로 $-\log_a k$ 만큼 평행이동한 함수가 되기 때문이다.

이 내용을 전체적으로 형상화해 본다면, 지수함수 그래프의 기울기 변화에 대한 특징을 한 단계 더 이해할 수 있게 될 것이다.

– 로그함수, $y=\log_2 x$의 그래프

① 정의역 구간$=(0,\ +\infty) \rightarrow$ 경계값 지향점: 좌 $(+0,\ -\infty)$ 우 $(+\infty,\ +\infty)$

② 주요 점들: $(1,\ 0),\ (2,\ 1)$

③ 좌측 좌표에 표시된 요건을 만족시키는 그래프는 우측 형태일 수 밖에 없다.

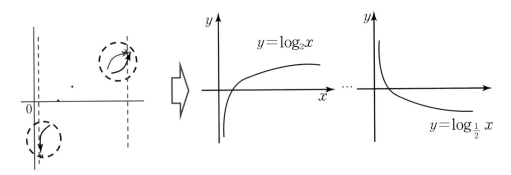

로그함수는 지수함수와 역함수 관계이다. 즉 이 둘의 그래프는 $y=x$ 에 대하여 서로 대칭관계에 있다.

점 $(0,\ 1)$ 에서의

$y=e^x$의 $x=0$ 에서의 기울기는 1 이다.

$y=a^x$의 $x=0$ 에서의 기울기는 $ln\ a$ 이다

그리고 대응하는 점 $(1,\ 0)$ 에서의

$y=\ln x$ 의 $x=1$ 에서의 기울기는 1 이다.

$y=\log_a x$ 의 $x=1$ 에서의 기울기는 $\dfrac{1}{lna}$ 이다

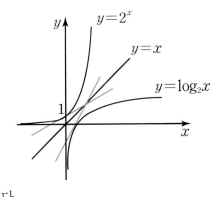

3) 로그함수: 지표와 가수의 이해

$\log x = n + a$ $(0 \le a < 1)$로 표현될 때, 정수 n 을 지표라하고, a를 가수라 한다. 그런데 이 지표 n과 가수 a가 의미하는 것이 무엇일까?

그런데 왜 그러한 의미를 알려고 하는 것일까?

그것은 로그값을 통해서 진수 x의 값을 개략적으로나마 추측해 보기 위해서이다.

로그함수는 16세기말 영국의 수학자 존 네이피어에 의해, 별간의 거리 측정 등 주로 아주 큰 수를 다루는 천문학자들에 있어 계산의 간편화를 목적으로 고안되어졌다. 예를 들면, 난해한 큰 수들의 연산은 덧셈/뺄셈도 복잡한데, 더욱이 곱셈/나눗셈의 연산은 계산을 위해 너무 많은 시간을 소요하고 있었다. 그런데 로그함수의 도입으로 큰 수들의 곱셈/나눗셈 연산을 상응하는 로그값들의 덧셈/뺄셈 연산으로 바꿀 수 있게 되었다.

－ 로그변환 : $x \rightarrow \log x$, $y \rightarrow \log y$

－ 덧셈연산 : $\log xy = \log x + \log y = k$

－ 결과의변환 : $k \rightarrow xy$

이로 인한 계산상의 편리성과 시간의 단축은 그 뒤 천문학 발전의 속도에 크나 큰 기여를 하게 된 것이다. 주로 로그 주기율표를 가지고 상응하는 수들의 실질적인 변환작업을 수행하게 되지만, 로그값을 통해서 원수에 대한 개략적인 값의 범위를 직관적으로 알 수 있다면, 작업의 실행을 위한 사전 유효성 검사에 많은 도움이 될 수 있을 것이다.

그럼 로그값을 가지고 개략적인 원수를 추측해 보기 위한 목적으로, 지표와 가수의 의미를 파악해 보도록 하자.

이것은 숫자를 표현하는 방법, 즉 x 진법에 의한 유효숫자 표기법과 관계가

있는데, 여기서는 편의상 주로 사용하는 10진법 과 상용로그를 가지고 설명을
할 것이다.

x를 10진법 유효숫자 표기법에 의해 표시하면,
$x = a.bcdef \cdots \times 10^n$ 이 된다.

이 수를 상용로그를 취해 변환하면
$\log x = \log(a.bcdef \cdots \times 10^n) = (\log 10^n) + (\log a.bcdef \cdots) = n + \alpha (0 \leq \alpha < 1)$
예) $\log 2,301,463,115 = \log(2.301463115 \times 10^9) = 9 + \log 2.301463115$

$\qquad \fallingdotseq 9 + 0.362004018$

즉 n은 양수인 경우 원수의 자리수 -1 이 되고, n이 음수인 경우 소수점아
래 첫 번째 숫자의 자리수가 된다. 그리고 α 는 유효숫자를 표기한 $a.bcdef \cdots$
에 대한 로그값이 되므로, 실제 원수의 숫자 구성에 대한 추측을 가능하게
한다.

위 예의 경우 α가 0.362004018 이므로, $log2$ 와 $log3$ 사이의 값이다.
($\log 2 = 0.3010 \cdots$, $\log 3 = 0.4771 \cdots$, $\log 5 = 0.6989 \cdots$, $\log 7 = 0.8450 \cdots$)
즉 원수는 최소 2로 시작되는 10자리 숫자임을 알 수 있는 것이다.
$\rightarrow x = "2\square\square\square\square\square\square\square\square\square"$

3. 삼각함수의 이해

1) 라디안의 이해 → 기울기를 표현하는 방법의 차이

라디안(radian)이 무엇일까? 우리가 일반적으로 알고 있는 도(°)(degree)와는 또 다른 각도 (angle)의 단위 같은데, 그리고 용어의 정의를 보면 '단위 원에서의 호의 길이' 라고 하는데 잘 상상이 안 간다. 이런 상태에서 관련된 이론을 공부하면, 이론의 개념과 원리를 이해하기 보다는 그저 내용을 외우는 수준에서 벗어나지 못하기 십상이다. 그럼 지금부터 왜, 어떤 필요에 의해 라디안이라는 것이 만들어졌는지 그 배경을 알아봄으로써, 라디안의 의미를 정확히 이해해 보도록 하자.

왜 각도란 것이 만들어 졌을까?

각도를 생각할 때, 우리는 보통 두 선분 사이의 각도를 떠올린다. 두 선분 사이의 각도란, 다르게 표현하면 하나의 선분을 기준(바닥선)으로 할 때 다른 선분이 얼마나 기울어져 있는 지를 측정하는 것이라 볼 수 있다. 즉 각도는 기울기와 관련이 있음을 알 수 있다.

그럼 각도가 만들어지기 전에는 이러한 기울기를 어떻게 측정하기 시작했을까?

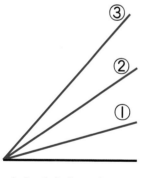

좌측 그림을 보자. 최초에 사람들은

세 직선 ①, ②, ③의 기울어진 정도를 이야기할 때,

단순히 조금(완만하다)/많이(급하다) 가 아닌, 구체적으로 수치를 가지고 소통하기 위해서

어떤 측정방법을 사용했을까?

잠시 생각해 보자.

．．．．．．．．．．．

이제 우측 그림을 보자.

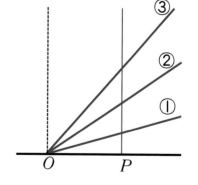

유용한 방법 중 하나는 기준이 되는

바닥선 위에 임의의 점 P를 잡고, 위로 수직선을 그었을 때, 올라간 높이를 가지고 기울기를 표현하는 것이다.

이 방법이 우리가 알고 있는 직선의 기울기를 구하는 식인 것이다.

$$\text{직선의 기울기} = \frac{y\text{의 변화량}}{x\text{의 변화량}} = \frac{\Delta y}{\Delta x} = \frac{y\text{직선의 높이}}{1(at\ \text{기준길이},\ \Delta x = 1)}$$

훌륭한 표현방법이다. 그런데 이 방법만을 고수하기에는 다음과 같은 사용상의 불편한 점이 있었다.

— 수직선에 가깝게 다가갈 수록, 기울기 값이 너무 커져 사용하기 불편할 뿐만 아니라, 똑바로 서 있는 수직선의 기울기는 수로 표현할 방법이 없었다.

— 기준 수직선을 넘어 기울어진 방향이 바뀔 경우, 즉 왼쪽방향으로 기울어진 직선의 경우 부호를 양수에서 음수로 바꾸어서 표현해야 한다.

그래서 고안된 방법이 우리가 일반적으로 통용되고 있는 각도를 이용한 방법이다. 즉 한 바퀴를 360°로 하는 각도기를 이용하여 대상 직선의 기울어진 정도를 측정하는 방법이다. 그리고 이 각도기의 측정단위는 도(°)(degree)이다.

이 방법은 위에서 언급된 확장성 측면에서 사용상의 불편한 점을 해소시켜 주었다. 그런데 이렇게 *Degree* 각도를 이용한 방법은, 해석학적 측면에서 각도가 사용되는 대표적인 함수인, 삼각함수의 성질을 분석하는 데 있어 좌표상에 표현의 어려움이나 계산상의 번거로운 점을 발생시키게 되었는데, 그것은 함수의 정의역에 해당되는 각도의 변화범위(0°~90°)가 대응되는 함수값(0~1)의 변화범위에 비해 너무 크기 때문에 발생되는 것이었다. 즉 기울기가 $\frac{1}{90}$ 이면, 함수의 그래프를 그려도, 거의 바닥에 누워 있는 것으로 표현되기 때문에, 다른 함수, 예를 들어 $y = x$ 와의 상호 비교가 어려운 것이다.

더욱이 미분을 하면, 우측 내용처럼

특정상수 $\dfrac{\pi}{180°}$가 항상 따라다니는 번거로운 점도 생긴다.

그래서 변화구간이 적절하도록, 정의역 변수를 대치할 필요가 생기게 되었는데, 이러한 요구에서 생겨난 것이 라디안(radian) 각도인 것이다.

여기서 잠깐 $\dfrac{\pi}{180°}$이란 상수가 어떻게 나왔는지 살펴보자.

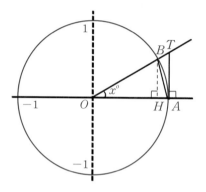

좌측그림에서 관련 도형의 넓이를 비교해 보면, $\triangle OAB <$ 부채꼴 $OAB < \triangle OAT$ 임을 알 수 있다.

그리고, $S(\triangle OAB) = \dfrac{1}{2}\sin x°$, $S(\triangle OAT) = \dfrac{1}{2}\tan x°$, $S(\text{부채꼴 } OAB) = \dfrac{x°}{360°} \times \pi$가 된다.

이 것을 위의 부등식에 넣어 정리하면,

$$\frac{\sin x°}{2} < \frac{x°}{360°}\cdot\pi < \frac{\tan x°}{2} \Rightarrow \frac{\pi}{180°}\cdot\cos x° < \frac{\sin x°}{x°} < \frac{\pi}{180°}$$

$$\therefore \lim_{x \to 0} \frac{\sin x°}{x°} = \frac{\pi}{180°}$$

이 식을 해석하면, 이 상수는 정의역 변수에 해당하는 각도의 변화(0°~90°)에 따라 대응되는 함수값(0~1)의 변화비율 중, 0°에서의 순간변화율(기울기)에 해당하는 값이다.

따라서 정의역 변수의 단위구간에 해당되는 크기를 늘려 (1 radian $\fallingdotseq$ 57.3° $\leftarrow$ 1°), $\dfrac{\pi}{180°}\left(=\dfrac{2\pi(\text{단위 원의 원둘레})}{360°}\right)$ 상수가 1로 바뀌도록 새로운 각도 변수 θ(radian) 를 정의한다면, 사인함수의 미분식은 $(\sin \theta)' = \cos \theta$ 로 간략해진다.

이것은 삼각함수 성질 연구에 있어 계산의 효율성 및 여타 함수와의 그래프 비교 등에 있어 많은 이점을 가져오게 되는 것이다.

이제 새로운 변수 θ는 단위 원에서의 호의 길이를 뜻하고, 단위는 라디안이며, 1 radian은 약 57.3°에 해당함을 인지했을 것이다. 그럼 구체적인 사례를 가지고 이 내용을 좀더 형상화 해 보자.

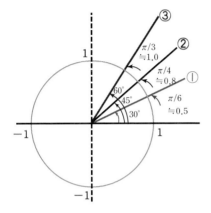

여러분은 좌측의 그림을 통해서, 각각의 임의의 각도에 일대일 대응하는 단위 원에서의 호의 길이를 구할 수 있음을 알 수 있다. 그리고 역으로 호의 길이를 안다면, 당연히 해당 각도도 구할 수 있는 것이다.

→ 단위 원의 원둘레의 길이는 2π 이므로,

비례식을 통해, 주어진 각에 해당하는 호의길이를 구하면,

$30° \rightarrow \dfrac{\pi}{6} \cong 0.52 \qquad 90° \rightarrow \dfrac{\pi}{2} \cong 1.57$

$45° \rightarrow \dfrac{\pi}{4} \cong 0.79 \qquad 180° \rightarrow \pi \cong 3.14$

$60° \rightarrow \dfrac{\pi}{3} \cong 1.05 \qquad 360° \rightarrow 2\pi \cong 6.28$ 이 된다.

2) $l=r\theta, \ S=\dfrac{1}{2}r^2\theta$

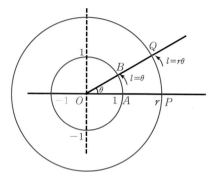

이제 단위 원의 호의 길이를 가지고 각도를 대신할 수 있음을 알게 되었다.

이 라디안을 이용하면, 임의의 원에서의 호의 길이 및 부채꼴의 넓이를 구하는 것이 훨씬 간편해지는데, 지금부터 왜

— 호의 길이 $l=r\theta$

— 부채꼴의 넓이 $s=\dfrac{1}{2}rl=\dfrac{1}{2}r^2\theta$ 가 되는지, 그 공식을 유도해 보자.

— 반지름 r인 부채꼴에 대한 호의 길이 구하기 :

   위 그림을 보면, 부채꼴 OPQ 는 부채꼴 OAB 와 닮음이고,

   닮은비(확대비율)가 r 인 도형으로 볼 수 있다.

   그런데 닮은 도형은 길이의 비가 일정하므로,

   호 PQ 길이$=r\times$(호 AB의 길이)$=r\theta$ 가 된다.

   즉 반지름에 라디안으로 표현된 각도를 곱하면, 해당 부채꼴에서의 호의 길이가 나오는 것이다.

— 반지름 r인 부채꼴의 면적 구하기:

$$s=\pi r^2\times\left(\frac{l}{2\pi r}\right)\left(\because \frac{\text{각도}(deg)}{360}=\frac{\text{호의 길이}(rad)}{2\pi}\right)=\frac{1}{2}rl=\frac{1}{2}r^2\theta$$

3) 삼각비는 무엇을 뜻하는 가?

이제 라디안이 넓게는 기울기, 좁게는 각도를 표현하는 또 다른 방법으로서 단위원에서의 호의 길이를 뜻한다는 것을 알았다. 그럼 삼각함수는 무엇 때문에 배우는 것일까? 라는 의문이 생길 것이다. 결론부터 말하자면 삼각함수는 임의의 도형을 함수로 해석할 수 있게 하는 유용한 방법을 제공하기 때문이다.

중학교에서 도형을 배울 때, 우리가 삼각형의 성질을 주로 다루는 이유는 모든 도형은 삼각형으로 잘게 쪼갤 수 있고, 각 부분이 되는 삼각형의 성질을 이해한다면, 결국 전체 도형의 성질을 파악할 수 있기 때문이다.

두 개의 직각삼각형으로 나눌 수 있다. 따라서 임의의 도형을 파악하기 위한 기본 요소로서, 삼각형에서 한 단계 더 내려가, 직각삼각형을 삼을 수 있는 것이다.

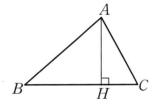

이제 여러분은 감을 잡을 수 있을 것이다.
즉 삼각함수는 이러한 직각삼각형을 함수적으로 표현하는 방법인 것이다.
삼각함수는 삼각비를 확장하여 함수로 표현한 것이므로, 삼각비를 가지고 좀더 설명해 보자.

우측의 그림에서, 직선 l 상에 만들어지는 세 개의 직각삼각형은 서로 닮음이다.
$\rightarrow \triangle OA_1H_1 \varpropto \triangle OA_2H_2 \varpropto \triangle OA_3H_3$ (AA 닮음)
닮은 도형이란 하나의 도형을 일정한 비율로 축소 또는 확대한 모양이 같은 도형을 뜻하므로, 닮음의 성질

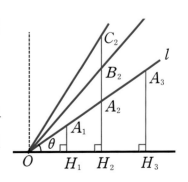

에 따라 대응하는 선분의 길이의 비가 모두 같게 된다.

따라서 세 개의 모양이 같은 직각삼각형 $\triangle OA_1H_1$, $\triangle OA_2H_2$, $\triangle OA_3H_3$에 대해,
  － 사인을 뜻하는 높이/빗변 : $\sin\theta$ 값은 모두 같다
  － 코사인을 뜻하는 밑변/빗변 : $\cos\theta$ 값은 모두 같다
  － 탄젠트를 뜻하는 높이/밑변 : $\tan\theta$ 값은 모두 같다

  그러나 모양이 다른 $\triangle OB_2H_2$와 $\triangle OC_2H_2$의 삼각비는 서로 다른 값을 갖게 된다.
그리고 직각삼각형에서 하나의 삼각비를 알면, 나머지 삼각비는 자동으로 결정되어 진다.

위의 내용을 정리하면,
어떤 값이 주어지든, 하나의 삼각비를 알면 직각삼각형의 모양을 결정할 수 있음을 알 수 있다.

즉 삼각함수는 직각삼각형의 모양을 결정하는 함수적 표현방법인 것이다. 이러한 삼각함수의 도입은 임의의 도형에 대한 함수적 해석을 가능하게 했다는 데에 그 일차적인 의미가 있다 하겠다. 그리고 이차적으로 원과 연동하여 주기적인 파동의 연구 등 수 많은 응용 분야로 그 적용 범위를 넓혀 간다.

4) 사인정리의 기하학적 이해

◆ 사인정리: $\dfrac{a}{\sin A}=\dfrac{b}{\sin B}=\dfrac{c}{\sin C}=2R$

위의 정리는 대표적인 사인법칙 중 하나이다.

그런데 많은 학생들이 마지막 $2R$ 부분은 빼먹은 체, 앞의 부분만 공식처럼 외우고 있는 상황이다. 그래서 각이나 변의 길이를 구하는 데에는 익숙하지만, 외접원의 반지름을 구하라고 하면 당황하는 경우가 많다. 지금부터 위의 사인정리가 어떻게 나왔는지 알아보면서, 관련된 이론들의 연관관계를 살펴보자.

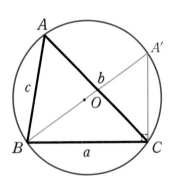

임의의 삼각형 $\triangle ABC$가 주어지면, 우측의 그림처럼 외접원을 그릴 수 있다.

그리고 점B 에서 외접원의 중심을 지나는 직선을 긋고, 원과의 교점을 A' 라고 하자. 그러면

– $\angle A=\angle A'$ ($\because$ 공통현 BC에 대한 원주각)

– $\angle A'CB=90°$ ($\because$ 지름현 $A'B$에 대한 원주각)이 된다.

이제 직각삼각형 $\triangle A'CB$ 에서

$\sin A':\dfrac{\overline{BC}}{\overline{A'B}}=\dfrac{a}{2R}=\sin A \rightarrow \dfrac{a}{\sin A}=2R$ 이 됨을 알 수 있다.

그리고 b, c를 대변으로 하는 $\angle B$, $\angle C$를 원주각으로 하여, 같은 방법을 적용하면, 임의의 삼각형에서 사인정리: $\dfrac{a}{\sin A}=\dfrac{b}{\sin B}=\dfrac{c}{\sin C}=2R$ 가 성립함을 알 수 있다.

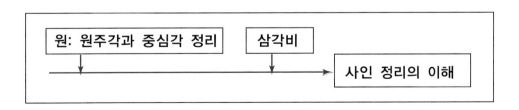

5) 코사인 제 2법칙의 이해 → 피타고라스 정리의 일반화

◈ 코사인 제 2법칙: $\overline{BC}^2 = \overline{AB}^2 + \overline{AC}^2 - 2\overline{AB}\ \overline{AC}\ \cos A$

위의 정리는 삼각형의 결정요소 중 SAS 에 해당하는 정리이다.

즉 두 변과 그 사잇각이 주어지면, 하나의 삼각형이 결정되어 지는 것이다.

그 말은 두 변과 그 사잇각으로 이미 결정된 삼각형의 나머지 한 변을 계산해 낼 수 있어야 함을 의미한다.

그것을 위한 대표적인 방법이 이 코사인 제 2법칙이다.

그리고 이렇게 각 a 값을 알아내면, 앞에서 공부한 사인정리를 연결하여 나머지 각들도 쉽게 알아낼 수 있게 된다.

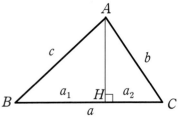

다른 측면에서 바라보면, 세 변의 길이를 알아도 하나의 삼각형이 결정되어 진다.

이 말은 세변의 길이를 이용해서 삼각형의 각의 크기를 알 수 있는 것이다.

이것은 위의 코사인 제2법칙을 뒤집어서 생각해 보면 쉽게 알 수 있다.

$$\cos A = \frac{b^2 + c^2 - a^2}{2bc}$$

이제, 위의 정리 증명을 위한 접근방법을 생각해 보자.

〈접근방법1〉

주로 많이 이용되는 대수적인 접근방법으로,

삼각비가 이용되었음을 실마리로 하여, 각 변을 다름과 같이 표현한다.

$a = c \times \cos B + b \times \cos C$

$b = a \times \cos C + c \times \cos A$

$c=b\times cosA+a\times cosB$

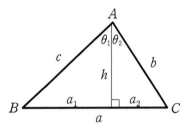

목표식에 맞추어 각 식의 양변에 a. b, c를 각각 곱

하여 a^2, b^2, c^2 을 만들고

목표식에 따라 정리하면,

$a^2=b^2+c^2-2bc\ cos\ A$ 가 나오게 된다.

참고로 이 결과식을 조금 확장하면 다음 주제에서 다룰 코사인 각의 합의 법칙도

유도해 낼 수 있다.

$a=a_1+a_2$, $b^2=a_2^2+h^2$, $c^2=a_1^2+h^2$

이 것을 결과식에 대입하여 정리하면, $bc\times cosA=h^2-a_1a_2$ 가 된다.

그런데 $h=b\times \sin\theta_2=c\times \sin\theta_1$ 이고, $a_1=c\times \sin\theta_1$, $a_2=b\times \sin\theta_2$ 이므로, 이것을 위

식에 대입하여 정리하면

- $cosA=cos(\theta_1+\theta_2)=cos\theta_1cos\theta_2-\sin\theta_1\sin\theta_2$가 나오게 된다.

〈접근방법2〉

벡터를 배운 학생이라면, 이 정리가 벡터의 내적의

곱과 연결됨을 알게 되면 무척 흥미로울 것이다.

$\overrightarrow{BC}=\overrightarrow{AC}-\overrightarrow{AB} \rightarrow \vec{a}=\vec{b}-\vec{c}$

$|\overrightarrow{BC}|^2=\overrightarrow{BC}\cdot\overrightarrow{BC}=(\overrightarrow{AC}-\overrightarrow{AB})\cdot(\overrightarrow{AC}-\overrightarrow{AB})=\overrightarrow{AB}^2+\overrightarrow{AC}^2-2\overrightarrow{AB}\cdot\overrightarrow{AC}$

$\rightarrow a^2=b^2+c^2-2bc\ cos\ A$

위와 같이 코사인 제 2법칙은 내적의 곱을 통해서 쉽게 도출될 수 있다.

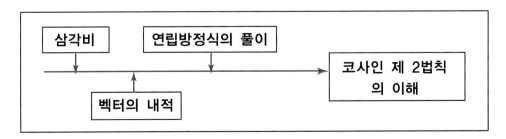

6) 삼각함수 그래프의 이해

― 사인함수: $y = \sin\theta$의 그래프

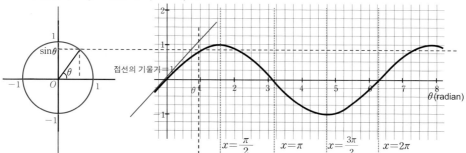

― 코사인함수: $y = \cos\theta$의 그래프

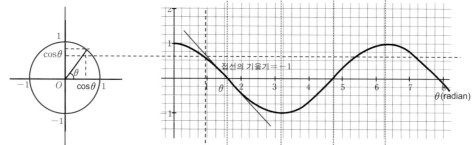

― 탄젠트함수: $y = \tan\theta$의 그래프

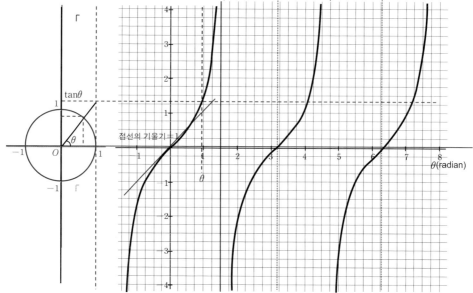

7) 각의 합의 법칙에 대한 증명과정의 이해

이제 삼각함수의 기본 정리의 증명과정을 가지고, 주어진 실마리를 통해 목표를 찾아가는 다양한 방법에 대해 다루어 보도록 하겠다.

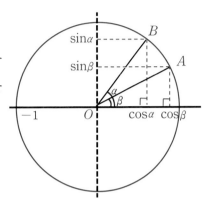

◈ $\cos(\alpha-\beta)=\cos\alpha\cos\beta+\sin\alpha\sin\beta$

어떤 방법으로 증명을 할 지를 결정하기 위해서우선 주어진 내용을 형상화 해 보자. 그리고 목표를 구하기 위해 필요한 것이 무엇인지 생각해 보자.

〈접근방법1〉

주어진 조건들을 구체화하여 식으로 표현해 보면,

A의 좌표는$(\cos\beta,\ \sin\beta)$, B의 좌표는 $(\cos\alpha,\ \sin\alpha)$가 된다.

그리고 증명의 대상을 살펴보니,

$(\alpha-\beta)$ 각을 포함하는 관계식이 필요함을 알 수 있다.

차분히 생각한다면, 그러한 관계식은 $\triangle OAB$ 에서 코사인 제 2법칙을 적용한다면 얻을 수 있다는 것을 어렵지 않게 찾을 수 있을 것이다.

— 코사인 제 2법칙 : $\overline{AB}^2=\overline{OA}^2+\overline{OB}^2-2\cdot\overline{OA}\cdot\overline{OB}\cdot\cos(\alpha-\beta)$

그리고 $\overline{OA}=\sqrt{\cos^2\beta+\sin^2\beta}$, $\overline{OB}=\sqrt{\cos^2\alpha+\sin^2\alpha}$,

$\overline{AB}=\sqrt{(\cos\beta-\cos\alpha)^2+(\sin\alpha-\sin\beta)^2}$ 를 대입하여 정리하면, 우리의 목표식을 얻을 수 있다.

〈접근방법2〉

접근방법1이 좌표를 이용한 해석학적 접근방법이었다면, 이번에는 직각삼각형의 삼각비를 이용하여 기하학적으로 접근해 보자.

우측의 그림처럼, 목표식의 좌변을 직접적으로 형상화해 보면, 검정색 선분OP가 된다.

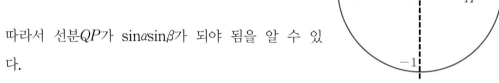

그리고 목표식 우변의 첫번째 항을 형상화해 보면, 파란색 선분OQ가 된다.

따라서 선분QP가 $\sin\alpha\sin\beta$가 되야 됨을 알 수 있다.

그런데 선분BH가 $\sin\alpha$ 이므로,

증명을 위해 남아 있는 것은 선분BH를 빗변으로 하고 각 β를 가지는 직각삼각형을 찾아내는 것이다.

어렵기 않게 선분BH를 빗변으로 하는 직각삼각형 BRH를 찾을 수 있을 것이다.

그리고 이 삼각형의 각 $\angle BHR$ 이 각 β 와 같음을 알 수 있다.

따라서 $\overline{BR}(=\overline{QP})=\overline{BH}\ \sin\beta=\sin\alpha\ \sin\beta$ 가 되어 우리의 목표식이 성립함을 알 수 있다.

〈접근방법3〉

여러분이 일차변환을 공부했다면, 위 내용은 다음과 같이 회전변환으로 해석할 수 있을 것이다.

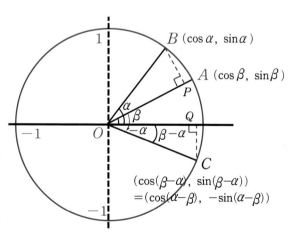

즉 각 $(\alpha-\beta)$ 를 가지는 직각삼각형 BPO 의 삼각비와 선분OA를 시계방향으로 α 만큼 회전시켜서 만들어지는 직각삼각형 CQO는 방향만 다를뿐 모

양이 같으므로

부호가 차이가 있을 뿐 크기는 같은 삼각비를 가지게 된다.

점A에서 $-\alpha$ 만큼 회전변환한 점 C의 좌표를 회전변환 행렬식을 이용하여 구하면, 다음과 같다.

$$\begin{bmatrix} \cos(\beta-\alpha) \\ \sin(\beta-\alpha) \end{bmatrix} = \begin{bmatrix} \cos-\alpha & -\sin-\alpha \\ \sin-\alpha & \cos-\alpha \end{bmatrix} \begin{bmatrix} \cos\beta \\ \sin\beta \end{bmatrix} = \begin{bmatrix} \cos\alpha & \sin\alpha \\ -\sin\alpha & \cos\alpha \end{bmatrix} \begin{bmatrix} \cos\beta \\ \sin\beta \end{bmatrix}$$

$$= \begin{bmatrix} \cos\alpha\cos\beta + \sin\alpha\sin\beta \\ -\sin\alpha\cos\beta + \cos\alpha\sin\beta \end{bmatrix} = \begin{bmatrix} \cos(\alpha-\beta) \\ -\sin(\alpha-\beta) \end{bmatrix}$$

따라서 목표식 $\cos(\alpha-\beta) = \cos\alpha\cos\beta + \sin\alpha\sin\beta$ 과 더불어 사인함수에 대한 덧셈/뺄셈 정리 $\sin(\alpha-\beta) = \sin\alpha\cos\beta - \cos\alpha\sin\beta$ 또한 추가적으로 얻게 됨을 알 수 있다.

앞선 주제에서 설명한 것처럼, 삼각함수의 특성상 하나의 삼각비를 알면, 나머지 연관 식들은 θ 대신 $-\theta$ 또는 $\frac{\pi}{2} - \theta$ 등으로 치환함에 따라 자연스럽게 얻어질 수 있을 것이다.

아래 그림은 이 정리에 대한 이론 지도를 나타내고 있다.

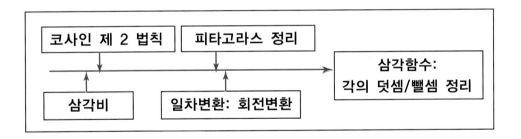

이상에서 보았듯이, 증명과정을 통해 목표를 찾아 가는 접근방법(/루트)이 늘어 날 수록, 개별적으로 존재했던 각각의 이론들은 상호 연결고리를 통해 자연스럽게 이어질 것이며, 이러한 노력을 통해 여러분들의 이론지도는 자연스럽게 확장되어 나갈 것이다.

8) 삼각함수: 합성정리의 이해

◈ $a\cos\theta + b\sin\theta = \sqrt{a^2+b^2}\,\cos(\theta-\beta) = \sqrt{a^2+b^2}\sin(\theta+\alpha)\quad\left(\alpha=\dfrac{\pi}{2}-\beta\right)$

$\left(\cos\beta=\dfrac{a}{\sqrt{a^2+b^2}},\ \sin\beta=\dfrac{b}{\sqrt{a^2+b^2}}/\cos\alpha=\dfrac{b}{\sqrt{a^2+b^2}},\ \sin\alpha=\dfrac{a}{\sqrt{a^2+b^2}}\right)$

위의 내용을 어떤 방법으로 증명을 할 지를 결정하기 위해서우선 주어진 내용을 살펴보자. 그리고 목표식의 형태 자체도 실마리가 될 수 있음을 상기하자.

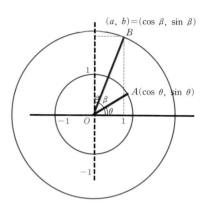

〈접근방법1〉

이전 주제에서 공부한 우측의 형태와 관련된 삼각함수 각의 덧셈/뺄셈 이론을 적용하여 풀어 보면, 좌측의 형태가 나온다는 것을 알 수 있을 것이다.

즉, $\cos(\theta-\beta)=\cos\beta\cos\theta+\sin\beta\sin\theta$ 이므로

$\sqrt{a^2+b^2}\,\cos(\theta-\beta)=\sqrt{a^2+b^2}\,\cos\beta\cos\theta+\sqrt{a^2+b^2}\,\sin\beta\sin\theta$가 된다.

이제 목표식과 비교하면, $a=\sqrt{a^2+b^2}\,\cos\beta$, $b=\sqrt{a^2+b^2}\,\sin\beta$가 되면 된다.

이것은 $(a,\,b)$를 좌표로 가지는 선분OB의 각도가 β 임을 뜻하는 것이다.

$a\cos\theta + b\sin\theta = \sqrt{a^2+b^2}\left(\dfrac{a}{\sqrt{a^2+b^2}}\cos\theta + \dfrac{b}{\sqrt{a^2+b^2}}\sin\theta\right)=\sqrt{a^2+b^2}$

$(\cos\beta\cos\theta+\sin\beta\sin\theta)$

$=\sqrt{a^2+b^2}\,\cos(\theta-\beta)\left(\cos\beta=\dfrac{a}{\sqrt{a^2+b^2}},\ \sin\beta=\dfrac{b}{\sqrt{a^2+b^2}}\right)$

또한 $\alpha=\dfrac{\pi}{2}-\beta$를 적용할 경우, (이것은 점 B의 좌표를 $(a,\,b)$ 가 아닌, $\sin\theta$ 의 계수를 중심으로 해서 $(b,\,a)$ 로 잡을 경우에 해당한다.)

$a\cos\theta + b\sin\theta = \sqrt{a^2+b^2}\left(\dfrac{a}{\sqrt{a^2+b^2}}\cos\theta + \dfrac{b}{\sqrt{a^2+b^2}}\sin\theta\right)$

$=\sqrt{a^2+b^2}\,(\sin\alpha\cos\theta+\cos\alpha\sin\theta)$

$$=\sqrt{a^2+b^2}\,\cos(\theta+\alpha)\ \left(\sin\ \alpha=\frac{a}{\sqrt{a^2+b^2}},\ \cos\ \alpha=\frac{b}{\sqrt{a^2+b^2}}\right)$$ 를 얻을 수 있다.

〈접근방법2〉

여러분이 벡터의 내적을 공부했다면,

목표식의 형태가 두 점의 내적의 곱의 형태임을 알 수 있을 것이다.

— 내적의 곱: $\vec{a}=(a_1,\ a_2)$, $\vec{b}=(b_1,\ b_2)$ → $\vec{a}\cdot\vec{b}=a_1a_2+b_1b_2=|\vec{a}|\,|\vec{b}|\cos\ \theta$

즉 점A $(cos\ \theta,\ sin\ \theta)$ 와 점B $(a,\ b)=\sqrt{a^2+b^2}\cos\ \beta,\ \sqrt{a^2+b^2}\sin\ \beta)$ 를 가지는 두 위치벡터 OA 와 OB 의 내적인 것이다.

따라서,

$$\overrightarrow{OA}\cdot\overrightarrow{OB}=(a,\ b)\cdot(\cos\ \theta,\ \sin\ \theta)=a\cos\ \theta+b\sin\ \theta=|\overrightarrow{OA}|\,|\overrightarrow{OB}|\cos(\beta-\theta)$$

$$=\sqrt{a^2+b^2}\,\cos(\theta-\beta)\ (\because|\overrightarrow{OA}|=1,\ |\overrightarrow{OB}|=\sqrt{a^2+b^2})\ \left(단,\ \cos\ \beta=\frac{a}{\sqrt{a^2+b^2}}\right)$$

또는 $\alpha=\frac{\pi}{2}-\beta$ 를 이용한 경우,

$$=\sqrt{a^2+b^2}\,\sin(\theta+\alpha)(\because\ |\overrightarrow{OA}|=1,\ |\overrightarrow{OB}|=\sqrt{a^2+b^2})\left(단,\ \cos\ \alpha=\frac{b}{\sqrt{a^2+b^2}}\right)$$

가 된다.

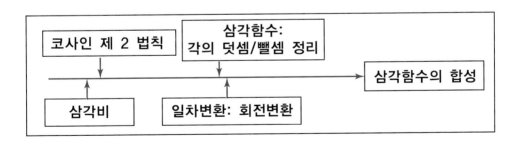

04

함수: 함수와 수열

1. 수열의 함수적 해석

수열은 수의 흐름을 보고, 그 흐름의 패턴을 찾아내는 것이다. 그리고 이것을 대수적으로 표현하면,

수열 a_1, a_2, a_3, a_4, a_5, $\cdots$ a_n, $\cdots$ 에서 n 번째 수인 a_n 을 찾는 것이라 할 수 있다.

이 것을 함수의 입장에서 보면, x 가 1, 2, 3, $\cdots$ 으로 변할 때,

수열 $f(1)$, $f(2)$, $f(3)$, $f(4)$, $f(5)$, $\cdots$ 에서 x 번째 수인 $f(x)$를 찾는 것이라 할 수 있다.

즉 정의역이 자연수일 때, 함수의 관계식 $y = f(x)$ 를 찾는 것과 같다.

이 말은 수열에 관한 해석을 함수적으로 풀어도 무방하다는 것을 뜻한다 하겠다.

〈등차수열〉

현상적으로 일정한 수, d가 계속 더해지는 등차수열의 경우에 대해, a_n 을 살펴보자.

$-$ a_1, a_1+d, a_1+2d, a_1+3d, a_1+4d, $\cdots$, a_n, $\cdots$

$-$ $a_n=a_1+(n-1)d$

이 등차수열을 함수적으로 해석하면, n 이 자연수 x 에 해당하므로,

$a_n=dn+(a_1-d)$ $\rightarrow$ $f(x)=dx+(a_1-d)$에 해당하므로, 이 함수는 기울기가 d 이고 y 절편이 (a_1-d) 인 일차함수, 직선식에 해당한다.

$-$ 등차수열에 대한 여러 시각의 해석

1) 연이어 나열된 세 수 a, b, c 를 떼어내어 보았을 때,

a, b, c $\rightarrow$ a, $a+d$, $a+2d$ $\rightarrow$ 등차중앙 $b=\dfrac{a+c}{2}$

이 등차중앙 b는 두 수 a, c의 산술평균 값에 해당한다 하겠다.

2) 수열에서 n 개의 일정 부분을 떼어내어 보았을 때,

a_{m+1}, a_{m+2}, a_{m+3}, $\cdots$ a_{m+n-2}, a_{m+n-1}, a_{m+n}

$\rightarrow$ a_{m+1}, $a_{m+1}+d$, $a_{m+1}+2d$, $\cdots$ $a_{m+n}-2d$, $a_{m+n}-d$, a_{m+n}

등차수열의 특징으로 인해, 떼어낸 수열의

첫 항과 마지막 항을 더한 값,

처음 두 번째 항과 마지막 두 번째 항을 더한 값,

처음 세 번째 항과 마지막 세 번째 항을 더한 값,

$\cdots$

모두 같게 된다. 그리고 이 값을 둘로 나누면, 그 값은 모든 수들이 가질 수 있는 산술평균값이라 하겠다. 참고로 산술평균은 덧셈연산의 평균이다. 이 현상은 $n=3$ 으로 했을 경우, 1)번 케이스로 귀결된다.

3) 이 성질을 이용하면, 초항에서 n 항까지의 등차수열의 합을 쉽게 구할 수 있는데, 표현의 편의성을 위해서 초항 a_1을 a, 마지막 항 a_n을 l 이라 하자.

$a_1,\ a_2,\ a_3,\ a_4,\ a_5,\ \cdots\ a_n \to a,\ a+d,\ a+2d,\ \cdots\ l-2d,\ l-d,\ l$이 된다.

그리고 이때 모든 항은 평균적으로 $\dfrac{a+l}{2}$값을 가지게 된다. 따라서 등차수열의

합은 $S_n = \displaystyle\sum_{k=1}^{n} a_k = \dfrac{a+l}{2}\times n \to = \dfrac{n(2a+(n-1)d)}{2}$

참고로, 등차수열의 합 S_n 함수는 이차함수의 형태를 띠고 있음을 알아차리자. 이는 이후 적분을 배우면 일차함수에 대한 적분함수은 이차함수가 되는 것과 같은 이치라는 것을 알게 될 것이다.

$S_n = \displaystyle\sum_{k=1}^{n} a_k = \sum_{k=1}^{n} (a_k \times \Delta n) \leftarrow \Delta n = 1$

〈등비수열〉

현상적으로 일정한 수, r 이 계속 곱해지는 등비수열의 경우에 대해, a_n 을 살펴보자.

— $a_1,\ a_1 r,\ a_1 r^2,\ a_1 r^3,\ a_1 r^4,\ \cdots,\ a_n,\ \cdots$

— $a_n = a_1 r^{n-1}$

이 등비수열을 함수적으로 해석하면, n 이 자연수 x 에 해당하므로,

$a_n = a_1 r^{n-1} \to f(x) = a_1 r^{x-1} \to f(x) = \left(\dfrac{a_1}{r}\right)\times r^x$ 에 해당하므로,

이 함수는 밑이 r 인 지수함수에 해당한다.

— 등비수열에 대한 여러 시각의 해석

1) 연이어 나열된 세 수 $a,\ b,\ c$ 를 떼어내어 보았을 때,

$a,\ b,\ c \to a,\ ar,\ ar^2 \to b^2 = ac \to$ 등비중앙 $b = \sqrt{ac}$

이 등비중앙 b 는 두 수 $a,\ c$ 로 이루어지는 기하평균 값에 해당한다 하겠다. 참고로 기하평균은 곱셈연산의 평균이다.

$\to a\times b\times c = a\times ar\times ar^2 = a^3 r^3 \Leftrightarrow \sqrt{ac}\times\sqrt{ac}\times\sqrt{ac} = (ac)^{\frac{3}{2}} = (a^2 r^2)^{\frac{3}{2}} = a^3 r^3$

2) 수열에서 n 개의 일정 부분을 떼어내어 보았을 때,

$a_{m+1},\ a_{m+2},\ a_{m+3},\ \cdots\ a_{m+n-2},\ a_{m+n-1},\ a_{m+n} \to a_{m+1},\ a_{m+1}\times r,\ a_{m+1}\times r^2,\ \cdots\ \dfrac{a_{m+n}}{r^2},\ \dfrac{a_{m+n}}{r},\ a_{m+n}$

등비수열의 특징으로 인해, 떼어낸 수열의

첫 항과 마지막 항을 곱한 값,

처음 두 번째 항과 마지막 두 번째 항을 곱한 값,

처음 세 번째 항과 마지막 세 번째 항을 곱한 값,

· · ·

모두 같게 된다. 그리고 이 값에 루트를 씌우면, 그 값은 모든 수들이 가질 수 있는 기하평균값이라 하겠다. 이 현상은 $n=3$ 으로 했을 경우, 1)번 케이스로 귀결된다.

— 초항부터 n 항까지의 등비수열의 합의 계산

$$S_n = a_1 + a_1 r + a_1 r^2 + \cdots + a_1 r^{n-2} + a_1 r^{n-1} \qquad - \ ①$$

$$r S_n = a_1 r + a_1 r^2 + \cdots + a_1 r^{n-2} + a_1 r^{n-1} + a_1 r^n \qquad - \ ②$$

① $-$ ②

$$(1-r) \times S_n = a_1 - a_1 r^n \ \rightarrow \ S_n = \frac{a_1(1-r^n)}{1-r}, \ \ S = \sum_{k=1}^{n} a_k$$

참고로, 등비수열의 합 S_n 함수는 역시 지수함수의 형태를 띠고 있음을 알아차리자. 이는 지수함수의 적분함수 또한 지수함수가 되는 것과 같은 이치이다.

〈계차수열〉

이번에 알아볼 수열은, 현상적인 수의 흐름에서 일정한 패턴이 잘 보이지 않은 경우에 점검해 볼 수 있는 좋은 방법이다. 그것은 수열을 이루는 수들 간의 차이, 즉 계차의 흐름 패턴을 찾아 보는 것이다.

일종의 문맥상에 숨어 있는 사실을 찾아내는 것이라 할 수 있다.

— $a_1, \quad a_2, \quad a_3, \quad a_4, \quad a_5, \ \cdots \ a_{n-2}, \ a_{n-1}, \ a_n, \ \cdots$

$\quad b_1, \quad b_2, \quad b_3, \quad b_4, \ \cdots \qquad b_{n-2}, \ b_{n-1}, \ \cdots$

이 b_n은 등차수열일 수도, 등비수열일 수도, 아니면 알려지지 않은 또 다른 수열일 수도 있다.

그러나 변하지 않는 사실은 원수열 a_n $(n \geq 2)$ 은 계차수열 b_n을 이용하여 표현될 수 있다는 것이다.

- a_1, $a_2(=a_1+b_1)$, $a_3(=a_1+b_1+b_2)$, $a_4(=a_1+b_1+b_2+b_3)$, $\cdots$,

 $a_{n-1}(=a_1+b_1+b_2+b_3+ \cdots +b_{n-2})$,

 $a_n(=a_1+b_1+b_2+b_3+ \cdots +b_{n-2}+b_{n-1})$, $\cdots$

즉, $a_n = a_1 + \sum_{k=1}^{n-1} b_k$ $(n \geq 2)$이 된다.

이제 b_n이 등차수열이면, 등차수열의 합을 이용하여 a_n은 구할 수 있고,

b_n이 등비수열이면, 등비수열의 합을 이용하여 a_n은 구할 수 있는 것이다.

이러한 계차수열 접근방법은 다시 b_n의 계차간의 흐름을 읽어, C_n을 구하는 방식으로 레벨다운 할 수도 있을 것이다.

$$a_n = a_1 + \sum_{k=a}^{n-1} b_k (n \geq 2) \leftarrow b_k = b_1 + \sum_{r=1}^{k-1} c_r$$

계차수열에 대한 여러 시각의 해석

- 계차가 등차수열을 이루면, 원 수열의 함수의 형태는 n의 차수가 하나씩 늘어난다.
  - → 계차의 합은 밑변의 크기가 1인 면적 계산으로 해석할 수 있고, 즉 다항식을 적분하면 차수가 하나씩 늘어나기 때문이다.
- 계차가 등비수열을 이루면, 원 수열의 함수의 형태는 지수함수가 된다.
  - → 앞선 설명과 같은 연유로, 지수함수는 적분해도 지수함수 형태가 되기 때문이다.

앞에서 몇 가지 대표적인 수열의 형태는 살펴보았지만, 수열은 함수로 비유될 수

있는 것처럼, 수열의 종류는 함수의 종류만큼이나 많을 수 있다. 따라서 수의 흐름을 읽어서 일일이 일반항을 찾아내는 방법은 한계를 가질 수 밖에 없다.

이에 다른 유용한 방법이 고안되었는데, 그것이 바로 수학적 귀납법을 이용한 접근방법으로서

소위 점화식이라 부르는 것이다. 이는 다음 주제에서 자세히 살펴보도록 하겠다.
그렇지만 수열의 종류와 상관없이, a_n을 알아내는 일반적인 유용한 방법이 있는데, 그것은 n 항까지의 수열의 합 S_n을 미리 알고 있는 경우이다.

$$S_n - S_{n-1} = \sum_{k=1}^{n} a_k - \sum_{k=1}^{n-1} a_k = a_n \rightarrow \therefore a_n = S_n - S_{n-1}$$

2. 수학적 귀납법 과 점화식

이번에는 제 2장 고등수학이론 첫 번째 주제에서 소개한
수학적 귀납법을 이용하여 수열의 일반항을 찾아내는 방법을 알아보자.

- 수학적 귀납법 : 자연수 n, a에 대하여, $P(n)$
    이 참일 때 $P(n+1)$이 참이
    고 $P(a)$가 참이면, 모든 $n \geq a$
    에 대하여 명제 $P(n)$은 참이
    다.

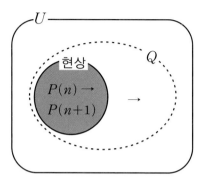

수학적 귀납법의 접근방법은 발견된 유용한 현상에서 출발하여, 연역적 사고를 더
함으로써, 목표범위까지 점차 참이 되는 영역을 넓혀 가는 방식이라 하였다.

수열에서 이러한 수학적 귀납법을 이용한 대표적인 예가, 바로 점화식(항간의 관
계/현상을 수식으로 표현한 것)을 이용하여 수열의 일반항을 구하는 방법이다.

Case 1. $a_{n+1}=pa_n+q$ (p, q는 상수)

이 관계식이 말하고자 하는 현상은 과연 무엇일까? 목표에 접근하기 위해 우리는
어떻게 이용할 수 있을까?
- 문제를 풀기 위한 논리적 사고의 흐름:
(1) 우선 내용을 살펴보면, 이 관계식에는 a_{n+1}과 a_n 만이 사용되어져 있다.
    연이은 두 수에 관한 내용이므로, 일차적으로 우리가 이미 알고 있는 대표적
    인 연이은 두 수간의 현상인, 등차수열 $a_{n+1}=a_n+d$ 와 등비수열 $a_{n+1}=ra_n$
    의 것을 어떻게 이용할 수 있을지 고민해 보자.

(2) 그런데 확장/변형은 주어진 조건을 이용하는 방향으로 하는 것이 보다 효과적일 것이다. 관계식을 살펴보면, a_n에 계수 r이 곱해져 있으므로, 주어진 식을 조금 변형하여 알고 있는 등비수열의 패턴을 만들어 보자.

(3) $(a_{n+1}-\alpha)=p(a_n-\alpha)$ 형태를 만족시키는 α를 찾아보면, $\alpha=\dfrac{q}{1-p}$가 됨을 알 수 있다. $p=1$ 인 경우는 등차수열이 된다. 따라서 $p\neq 1$ 인 경우에 대해 풀어 가면, 수열 $\{a_n-\alpha\}$는 공비가 p 인 등비수열을 이루므로, $a_n-\alpha=(a_1-\alpha)p^{n-1}$ 이 된다.

$$\rightarrow\ \therefore\ a_n=\alpha+(a_1-\alpha)p^{n-1}\ \left(\alpha=\frac{q}{1-p}\right)$$

이 현상에 대한 함수적 표현의 예는 $f(x+1)=2f(x)-1$ 이 될 것이다. 그럼 같은 접근방법을 이용하여, 이러한 관계식을 만족하는 함수 $f(x)$ 에 대한 형상화의 실마리를 찾아갈 수 있을 것이다.

Case 2. $a_{n+1}=a_n+f(n)$

이 관계식이 말하고자 하는 현상은 과연 무엇일까? 목표에 접근하기 위해 우리는 어떻게 이용할 수 있을까?

 - 문제를 풀기 위한 논리적 사고의 흐름:

(1) 우선 내용을 살펴보자. 시각을 달리하여 주어진 관계식을 바라보면, 이 관계식은 $a_{n+1}-a_n=f(n)$의 형태로 바꾸어 볼 수 있다.

(2) 이것은 계차 간의 관계를 정의한, 계차수열 $b_n=a_{n+1}-a_n$을 정의한 것으로 해석된다. 즉 $b_n=f(n)$

$$\rightarrow a_n=a_1+\sum_{k=1}^{n-1}b_k\ (n\geq 2)\rightarrow a_n=a_1+\sum_{k=1}^{n-1}f(k)(n\geq 2)$$

Case 3. $pa_{n+2}+qa_{n+1}+ra_n=0$ $(p+q+r=0)$

이 관계식이 말하고자 하는 현상은 과연 무엇일까? 목표에 접근하기 위해 우리는 어떻게 이용할 수 있을까?

— 문제를 풀기 위한 논리적 사고의 흐름:

(1) 우선 내용을 살펴보면, 이 관계식에는 a_{n+2}, a_{n+1}과 a_n 세 개가 사용되어져 있다. 그런데 연이은 세 개의 수를 가지고 정의할 수 있는 것이 무엇이 있을까? 쉽게 떠올릴 수 있는 것 중 대표적인 것은 아마 계차 간의 관계일 것이다. 따라서 계차수열을 정의하는 방향에서 주어진 관계식을 확장하는 것으로, 방향을 잡자.

(2) 계차를 정의할 때, 한번씩만 사용되는 a_{n+2}와 a_n 의 계수를 기준으로, 관계식을 변형하면, $p(a_{n+2}-a_{n+1})=r(a_{n+1}-a_n)$의 형태가 되어야 한다. 그리고 주어진 관계식이 이러한 형태를 만족시키려면 $-pa_{n+1}-ra_{n+1}=qa_{n+1}$이 되어야 하는 것이다. 그런데 $p+q+r=0$ 이므로 이 조건은 충족되어 진다.

(3) $p(a_{n+2}-a_{n+1})=r(a_{n+1}-a_n)$ 형태로부터, 계차수열 $b_n=a_{n+1}-a_n$을 정의하자.

$$p(a_{n+2}-a_{n+1})= r(a_{n+1}-a_n) \rightarrow b_{n+1}=\left(\frac{r}{p}\right)\times b_n \ (p\neq 0)$$

$p=0$ 이면, a_n은 등비수열을 이루게 된다. 따라서 $p\neq 0$ 인 경우에 대해 풀어 가면, 계차수열 b_n은 공비가 $\frac{r}{p}$ 인 등비수열을 이룬다.

$$b_n=b_1\left(\frac{r}{p}\right)^{n-1}=(a_2-a_1)\left(\frac{r}{p}\right)^{n-1}$$

$$\rightarrow a_n=a_1+\sum_{k=1}^{n-1}b_k \ (n\geq 2) \rightarrow a_n=a_1+\sum_{k=1}^{n-1}b_k, \ b_k=(a_2-a_1)\left(\frac{r}{p}\right)^{k-1}$$

Case 4. $a_{n+1}=pa_n/(qa_n+r)(p\neq 0)$

이 관계식이 말하고자 하는 현상은 과연 무엇일까? 목표에 접근하기 위해 우리는 어떻게 이용할 수 있을까?

— 문제를 풀기 위한 논리적 사고의 흐름:

(1) 우선 내용을 살펴보면, 이 관계식에는 a_{n+1}과 a_n 만이 사용되어져 있다. 연이은 두 수에 관한 내용이므로, 일차적으로 우리가 이미 알고 있는 대표적인 연이은 두 수간의 현상인, 등차수열 $a_{n+1}=a_n+d$와 등비수열 $a_{n+1}=ra_n$의 것을 어떻게 이용할 수 있을지 고민해야 할 것이다.

(2) 그런데 그냥 풀어 가서는 분수꼴로 주어진 관계를 해결가기가 좀체 쉽지 않다. 여기에 발상의 전환이 필요한데, 우변 분수꼴 식에서 분자가 단일 항으로 되어 있으므로, 역수를 취한다면 풀어 가기가 조금 더 용이해 보인다. 따라서 일단 양변을 역수를 취해 정리해 본 후, 다시 상황판단을 해 보기로 한다.

$$a_{n+1}=\frac{pa_n}{qa_n+r} \rightarrow \frac{1}{a_{n+1}}=\frac{qa_n+r}{pa_n} \rightarrow \frac{1}{a_{n+1}}=\frac{q}{p}+\frac{r}{p}\cdot\frac{1}{a_n}$$

정리된 식을 살펴보니, $\frac{1}{a_n}=c_n$로 놓으면, Case 1의 형태가 됨을 알 수 있다.

(3) $c_{n+1}=\left(\frac{r}{p}\right)c_n+\left(\frac{q}{p}\right)$로 놓고, Case 1의 접근방법을 적용하여 c_n을 구한다. 그리고 나서 다시 역수를 취하면, a_n을 구할 수 있을 것이다.

앞서 알아본 케이스들은, 주어진 실마리를 통해 우선은 어떤 형태가 예상되는 경우이다. 그러나 그 외 형태가 예상되지 않는 점화식(/수열의 귀납적 현상)들은 어떻게 접근해야 할까? 일단은 애매한 관계식을 목적에 맞게 명확하게 하는 내용형상화 작업이 되어야 한다. 이를 위해서는 일단 알 수 있는 초항부터 하나 하나씩 그 관계 또는 결과를 나열하여, 그 현상의 구체적인 내용이 드러나도록 하는 것이 필요하다. 참고로 앞의 케이스들도 실제 값이 주어진다면 이러한 원론적인 접근방법으로 풀어 갈 수도 있다.

Case 5. $a_{n+1}=f(n)\ a_n$

이 관계식이 말하고자 하는 현상은 과연 무엇일까? 목표에 접근하기 위해 우리는 어떻게 이용할 수 있을까?

− 문제를 풀기 위한 논리적 사고의 흐름:

(1) 우선 내용을 살펴보면, 이 관계식은 a_{n+1} 과 a_n 사용되어진 등비수열의 형태를 띠고 있지만, 공비가 계속 변하는 형태이다.

(2) 특별히 해결방법이 떠오르지 않으니, 일단 현상의 내용을 나열해 보자.

$$a_2 = f(1)\,a_1$$
$$a_3 = f(2)\,a_2$$
$$a_4 = f(3)\,a_3$$
$$\cdots$$
$$a_{n-1} = f(n-2)\,a_{n-2}$$
$$a_n = f(n-1)\,a_{n-1}$$

좌측에 나열된 내용을 살펴보면, 일정한 배열로 인해, 양변을 모두 곱하면,

우측처럼, 많은 부분들이 서로 약분되어 소거될 것이라는 것을 알 수 있게 된다.

$$\cancel{a_2} = f(1)\,a_1$$
$$\cancel{a_3} = f(2)\,\cancel{a_2}$$
$$\cancel{a_4} = f(3)\,\cancel{a_3}$$
$$\cdots$$
$$\cancel{a_{n-1}} = f(n-2)\,\cancel{a_{n-2}}$$
$$a_n = f(n-1)\,\cancel{a_{n-1}}$$

(3) 결과를 정리하면, 자연스럽게

$a_n = f(1)f(2)f(3)\cdots f(n-2)f(n-1)a_1$ 이 도출되어 진다.

물론 모든 경우에 a_n이 자연스럽게 도출되어지는 것은 아니지만, 이것이 문제를 풀어갈 때, 일차적으로 접근을 생각해 보아야 하는 방법인 것이다. (케이스로 구체화한 후 일반화를 끌어냄)

05

미분과 적분 : 극한

1. 수열의 극한 그리고 급수

1) 수열의 극한에 대한 함수적 이해

수열 a_1, a_2, a_3, a_4, a_5, $\cdots$ a_n, $\cdots$ 은 간단히 $\{a_n\}$로 표시한다.

이러한 수열 $\{a_n\}$은 $x \to \infty$ 갈 때, 정의역이 자연수인 함수 $f(x)$에 대한 함수값의 나열 $f(1)$, $f(2)$, $f(3)$, $f(4)$, $f(5)$, $\cdots$, $f(n)$, $\cdots$ 로 볼 수 있다.

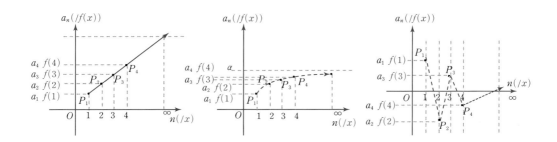

좀더 일반적인 시각으로 형상화하면, 수열 $\{a_n\}$ 이란 조건을 만족하는 일련의 점 $(n,\ a_n)$ 들의 집합으로 해석할 수 있다. 이에 대해 함수적 표현방법을 쓰면, $(x,\ f(x))$ 로 이루어진 집합이 된다.

$\{(x,\ y)|y=f(x),\ x$는 자연수$\}$

그리고 이 집합을 좌표상에 형상화하면 바로 함수의 그래프가 되는 것이다.

따라서 수열의 극한을 묻는 문제는 함수의 극한을 묻는 것과 같다 할 것이다. 이러한 관점에서 수열의 극한값이 수렴하는지 발산하는지에 대한 판정은 다음과 같이 할 수 있다.

위 그림의 첫 번째 경우는 $x \rightarrow \infty$ 갈 때, 그래프의 추세을 볼 때 무한히 커지므로, 그 끝의 값에 대한 지향점을 정할 수 없다. 그래서 발산한다고 하는 것이다. 반대로 두 번째 와 세 번째 경우는 $x \rightarrow \infty$ 갈 때, 그래프의 추세을 볼 때 그 끝이 각각 어떤 값, 여기서는 α 와 0, 을 지향하고 있으므로, 수렴한다고 하는 것이다. 간단히 생각하면, 수열의 극한값은 점들의 지향점이라 볼 수 있다.

극한값을 구할 때, 보통 우리는 위의 예시와 같이, 대부분 $n(/x) \rightarrow \infty$ 로 가는 접근을 떠올린다, 그리고 그러한 접근에 익숙하다. 그래서 $x \rightarrow 0$ 로 갈 때나 $x \rightarrow a$ 로 갈 때는 낯설고, 뭔가 다른 이해가 필요한 것으로 종종 생각한다. 그렇지만 이는 보이는 모습만 다를 뿐, 접근방식은 모두 같은 것이다.

왜냐하면 다음 그림처럼, 하나의 수열은 일정한 규칙을 따라 정의역을 변경시켜, 즉 일련의 점 $(x,\ k)$ 들을 대응하는 점 $(t,\ k)$ 들로 이동시켜, 그 그래프의 모양을 바꿀 수 있다. 이때 주의할 점은 수열의 기준이 되는 함수값은 바뀌지 않고, 대신 정의역만 바뀐다는 것이다. 여기서 일정한 규칙이란 정의역 변수 치환으로 표현된다.

$- (x,\ f(x)){:}\lim_{x\to\infty} f(x) \leftrightarrow t=\dfrac{1}{x},\ (t,\ f(t)){:}\lim_{t\to 0} f(t) \leftrightarrow s=t+a,\ (s,\ t(s)){:}\lim_{s\to a} t(s)$

아래 그림의 좌측 그래프 상들의 점들 $(x,\ f(x))$ 는 $t=\left(\dfrac{1}{2}\right)^{x}=\dfrac{1}{2^{x}}$ 치환에 의해서 우측 그래프 상의 점들 $(t,\ f(t))$ 로 옮겨 진다. 그렇지만 각각의 대응하는 점들의 함수값 및 그 함수값들이 지향하는 극한값에는 변함이 없다.

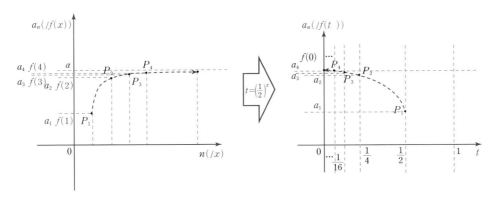

이렇게 변수치환을 통한 점들의 변환 측면에서 본다면, 수열에 대한 집합 표현은 다음과 같이 확장되어야 할 것이다.

$$-\ \{(x,\ y)\ |\ y = f(x),\ x\ \text{는 자연수}\} \rightarrow \{(x,\ y)\ |\ y = f(x),\ x\ \text{는 실수}\}$$

이러한 배경을 가지고 수열의 극한을 바라본다면, 수열의 극한에 대한 여러 이론들의 개념은 함수의 극한과 그 내용이 같다 할 수 있다. 추가적인 이론의 내용은 뒤에서 설명된 함수의 극한편을 참조하기 바랍니다.

〈개념의 이해 확인을 위한 몇몇 수열의 극한값 판정하기〉

$$-\ \lim_{n \to \infty} \frac{n}{\sqrt{n^2 + 10} - \sqrt{2n}} = \ ?$$

물론 이것을 풀기 위해 접근하는 방법은 많다. 가장 일반적인 방법은 분모, 분자를 각각 n 으로 나눈 후, n에 ∞를 대입하여 극한값을 구하는 것이다. 그러나 여기서는 개념적인 접근을 해보자.

① $n^2 + 10$ 값에서 n이 무한대로 커지면 상수 10 은 무시할 수 있는 조족지혈에 불과하다.

② 마찬가지로 n이 무한대로 커지면 $2n$ 값은 n^2에 비교하면 무시할 수 있는 조족

지혈에 불과하다. 따라서 n 이 무한대로 커지면 분모는 $\sqrt{n^2}=n$ 과 거의 같다고 할 수 있다.

③ 이제 주어진 식은, $\lim\limits_{n\to\infty}\dfrac{n}{\sqrt{n^2+10}-\sqrt{2n}}\cong\dfrac{n}{n}=1$이 된다.

— $r\neq-1$, $\lim\limits_{n\to\infty}\dfrac{2r^n}{1+r^n}=?$

극한값을 구하기 위해 일차적으로 n에 ∞를 대입하여 보지만, 문제는 r의 값이 정해지지 않아 r^n값을 결정할 수 없다는 것이다. 즉 우리는 우선 이 문제를 해결해야 극한값을 구할 수 있다.

① r^n 값을 정하기 위해서 필요한 것이 무엇일까? 그것은 r의 범위를, $|r|>1$, $|r|=1$, $|r|<1$로 나누는 것이다. 즉 위와 같이 세 가지 케이스로 구분하여 접근한다면, 우리는 r^n 값을 결정할 수 있고, 그 다음 진행을 할 수 있는 것이다.

② Case 1. $|r|>1$ 일 때, n이 무한대로 커지면 $1+r^n$은 r^n 값과 거의 같다고 할 있다. 그러면 주어진 식은 $\lim\limits_{n\to\infty}\dfrac{2r^n}{1+r^n}\cong\dfrac{2r^n}{r^n}=2$가 된다.

Case 2. $r=1$ 일 때,

　r^n 값이 1이 되므로, 극한값은 1이 된다.

Case 3. $|r|<1$ 일 때,

　n이 무한대로 커지면 r^n은 점점 0이 되므로, 극한값은 0이 된다.

이 문제와 같이 미지수를 동반한 경우, 당황하지 말고 목표구체화를 통해 필요한 값을 결정할 수 있도록 케이스를 나누어서 단계적으로 접근하면 되는 것이다. 그리고 굳이 답이 하나로 안 나와도 괜찮은 것이다

2) 급수의 수렴에 대한 함수적 이해

급수의 극한에 대해 알아보자. $\sum\limits_{k=1}^{\infty} a_k$

그리고 급수의 극한은 또 다른 수열 $\{S_n\}$의 극한이므로, S_n을 구한다면 접근방법은 동일할 것이다.

$$S_n = \sum_{k=1}^{n} a_k \rightarrow \sum_{k=1}^{\infty} a_k = \lim_{n \to \infty} S_n$$

(예) 등차수열: $S_n = \dfrac{dn^2 + (2a_1 - d)n}{2}$, 등비수열: $S_n = \dfrac{a_1(1 - r^n)}{1 - r}$

또 다른 시각으로 급수를 형상화해 보자.

$$\sum_{k=1}^{\infty} a_k = \sum_{k=1}^{\infty} a_k \times 1 = \sum_{k=1}^{\infty} a_k \times \Delta x (\Delta x = 1) \rightarrow \lim_{n \to \infty} S_n = \lim_{n \to \infty} \sum_{k=1}^{\infty} a_k \times \Delta x (=1) \ \ vs \int_{1}^{\infty} f(x)dx$$

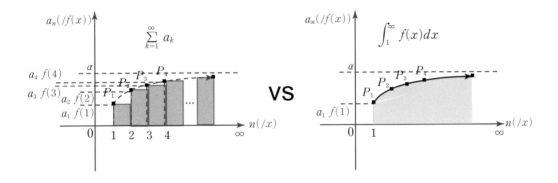

이번에는 급수의 수렴 판정에 있어, 몇 가지 알 수 있는 사실(/현상)들을 알아보고, 그들을 기반으로판정의 기준 역할을 하는 함수에 대해 알아보자.

급수가 수렴하기 위해서는 수열의 극한값의 크기가 0 이 되어야 한다.

왜냐하면, 수열의 극한값이 0 이 아닌 다른 값 α에 수렴할 경우, 그 값을 무한히 계속 더하면, 결국 급수는 무한대로 발산하게 되기 때문이다.

즉 급수가 수렴하기 위해서는 수열의 함수 그래프는 아래의 형태가 되어야 하는 것이다.

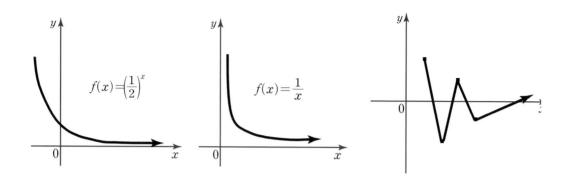

그럼 수열의 크기가 점점 작아져 극한값이 0 이면, 그 수열에 대한 급수는 모두 수렴할까?

그렇지 않다.

첫 번째 경우로는, 등비수열의 무한급수를 생각해 보자.

앞 주제에서 살펴보았듯이, 등비수열은 지수함수의 형태를 띤다. 그리고 공비 r 이 1 보다 작을 경우, 수열의 극한값은 0 이 된다.

그럼 이 수열의 급수는 어떨까? 등비수열의 합은 $S_n = \dfrac{a_1(1-r^n)}{1-r}$ 이 되므로,

$n \to \infty$ 가면, r^n이 0 이 되므로, S_n은 $\dfrac{a_1}{1-r}$로 수렴하게 된다. $\displaystyle\lim_{n\to\infty} S_n = \dfrac{a_1}{1-r}$

이 등비수열 함수형태인 지수함수는 급수가 수렴하는 대표적인 경우라 하겠다.

두 번째 경우로는, $f(x) = \dfrac{1}{x}$ 인 경우에 대해 생각해 보자.

아직 적분을 다루지 않았으므로, 편의상 정의역을 자연수로 한정한 $f(n) = \dfrac{1}{n}$ 을 대상으로 하여,

급수의 수렴여부를 판정해 보자.

$$\sum_{k=1}^{\infty} \frac{1}{n} = \frac{1}{1} + \frac{1}{2} + \frac{1}{3} + \frac{1}{4} + \frac{1}{5} + \frac{1}{6} + \frac{1}{7} + \frac{1}{8} + \frac{1}{9} + \frac{1}{10} + \cdots$$

$$> 1 + \frac{1}{2} + \left(\frac{1}{4} + \frac{1}{4}\right) + \left(\frac{1}{8} + \frac{1}{8} + \frac{1}{8} + \frac{1}{8}\right) + \left(\frac{1}{16} + \frac{1}{16} + \cdots\right.$$

$$= 1 + \frac{1}{2} + \left(\frac{1}{2}\right) + \left(\frac{1}{2}\right) + \cdots \to \infty$$

따라서 이 수열함수의 급수는 발산하게 된다.

사실 이 함수 $f(x)=\dfrac{1}{x}$ 함수가 수렴/발산 판단의 기준 역할을 하는데, 이 함수보다 더 급하게 0 으로 향하는 수열(/함수)의 급수는 수렴하게 되고,

분수함수 $\dfrac{1}{x}$ 를 지수함수로 표현하면, x^{-1} 이 되므로, $x^{-1.5}$, x^{-2} 등은 모두 급수가 수렴하게 된다.

이와 반대로 이 함수보다 완만하게(/천천히) 0 으로 향하는 수열(/함수)의 급수는 발산하게 된다.

위의 경우처럼 대상 함수들을 지수함수로 표현하면, $x^{-0.9}$, $x^{-0.5}$ 등은 모두 급수가 발산하게 된다.

참고로 급수는 적분에 해당된다고 하였는데, 분수함수 $\dfrac{1}{x}$ 의 적분은 $ln\ x$ 가 된다.
즉 $\displaystyle\int \dfrac{1}{x}dx = ln\ x$

그런데 이 자연로그 함수는 증가함수이므로,

이 수열(/함수)의 급수가 발산한다는 것을 보여주는 또 다른 사실이라 하겠다.

2. 함수의 극한 그리고 연속

1) 좌극한값/우극한값/극한값의 형상화

우선 극한값이 무엇을 의미하는지 형상화해 보자.

극한값이란 주어진 방향에서 계속 접근했을 때, 예상되는 최종 도착지와 같다.

우측 그림에서,

검정색, 파란색의 두 함수, $y=g(x)$ 와 $y=h(x)$ 의 그래프를 살펴보자.

이해를 돕기 위하여 먼저 그래프의 정의가 무엇인지 다시 한번 상기해 보도록 하자.

그래프의 정의는 주어진 관계식을 만족하는 모든 (순서쌍) 점들을 좌

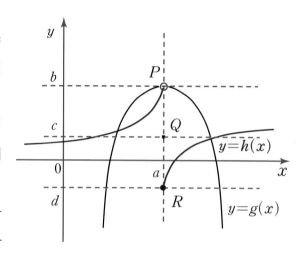

표상에 표시한 것이다. 즉 함수를 만족시키는 모든 점들의 집합을 좌표상에 형상화해 놓은 것이라 할 수 있다.

$G=\{(x, y)|y=g(x),\ x는\ 실수\}$, $H=\{(x, y)|y=h(x),\ x는\ 실수\}$

$y=h(x)$ 파란색 함수의 그래프는

$x=a$ 좌측에서 접근할 때는 최종 목적지가 점 P로 예상되지만, 막상 $x=a$ 에서의 좌표점은 R 이다. 그러나 극한값은 접근방향에서의 예상되는 도착지점을 의미한다. 따라서 $x=a$ 에서의 좌극한값은 점 P의 y 좌표인 b가 된다. 이 내용을 수식으로 표현하면, $\lim\limits_{x \to a} h(x)=b$ 그런데

$x=a$ 우측에서 접근할 때는 최종 목적지가 다른 점 R로 예상된다. 따라서 $x=a$ 에서의 우극한값은 점 R의 y 좌표인 d가 된다.

이 내용을 수식으로 표현하면, $\lim_{x \to a^+} = h(x) = d$

마찬가지로,

$y = g(x)$ 검정색 함수의 그래프는

$x = a$ 좌측에서 접근할 때는 최종 목적지가 점 P로 예상되지만, 실제 $x = a$에서의 좌표점은 Q이다. 그러나 극한값은 접근방향에서의 예상되는 도착지점을 의미한다. 따라서 $x = a$에서의 좌극한값은 점 P의 y좌표인 b가 된다. 그리고 $x = a$ 우측에서 접근할 때도 최종 목적지가 같은 점 P로 예상된다. 따라서 $x = a$에서의 우극한값 역시 점 P의 y좌표인 b가 된다. 이 내용을 수식으로 표현하면,

$\lim_{x \to a^-} g(x) = \lim_{x \to a^+} g(x) = b$

어떤 지점 $x = a$를 기준으로,

$y = g(x)$ 처럼 좌극한과 우극한이 서로 같은 점을 향하고 있을 때는, 좌/우 꼬리표를 떼고, 그냥 극한값이 존재한다고 하며,

$y = h(x)$ 처럼 좌극한과 우극한이 서로 다른 점을 향하고 있을 때는, 극한값이 존재하지 않는다고 한다.

즉 중요한 것은 어떤 지점에서의 극한값의 개념은 실제 함수값이 아니라 접근방향에서 예상되는 값이라는 것이다.

좌표 (a, b)에 해당하는 점을 P라고 하자.

어떤 점 $x = a$에서 함수의 극한값이 존재하는 상황을 형상화해 보자. 주어진 함수식의 그래프를 그렸을 때,

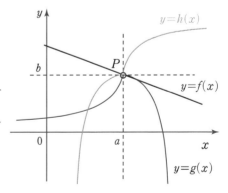

$x = a$에서 극한값이 존재한다는 것은 함수의 종류에 관계없이 좌측에서 접근할 때도, 우측에서 접근을 할 때도 모두 같은 점 P를 향해서 간다는 것을 의미한다.

점 P에 실질적인 함수값이 할당 되었는지, 아닌지는 관계가 없다.

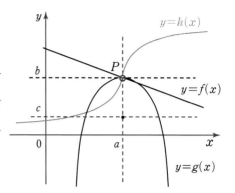

설사 $x=a$ 에서의 실질적인 함수값이 b가 아닌 다른 값 c가 할당되어도 양쪽 방향에서 같은 점을 향해서 간다면, $x=a$ 에서 함수의 극한값이 존재하는 것에는 변함이 없다.

이 내용을 수학적으로 표현하는 말이 바로 $x=a$ 에서 함수의 좌극한값과 우극한값이 같을 경우, 극한값이 존재한다고 하는 것이다.

그리고 어떤 점 $x=a$ 에서 함수 $f(x)$의 극한값이 존재한다는 것을 수식으로 표현하면, $\lim\limits_{x \to a^-} f(x) = \lim\limits_{x \to a^+} f(x)$

반대로 극한값이 존재하지 않는다는 것은 좌측에서 접근할 때와 우측에서 접근할 때, 서로 다른 점을 향해서 간다는 것을 의미한다.

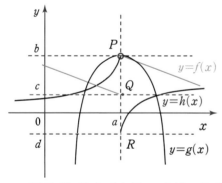

좌측 그림에서 $x=a$ 에서 각 함수의 극한값을 판단해 보자.

— 파란색 함수 $f(x)$ 는 좌/우 측에서 서로 다른 점 P, Q를 향 하므로 극한값이 존재하지 않는다.

— 푸른색 함수 $h(x)$는 좌/우 측에서 서로 다른 점 P, R를 향하므로 극한값이 존재하지 않는다.

그러나

— 검정색 함수 $g(x)$ 는 좌/우 측에서 같은 점 P를 향하므로 극한값이 존재한다. 그리고 그 값은 b 이다.

그리고 어떤 점 $x=a$ 에서 함수 $f(x)$의 극한값이 존재하지 않는다는 것을 수식으로 표현하면, $\lim\limits_{x \to a^-} f(x) \neq \lim\limits_{x \to a^+} f(x)$

2) 연속의 정의에 대한 이해

좌표 (a, b) 에 해당하는 점을 P 라고 하자.

어떤 함수가 $x=a$ 에서 연속이 되는 상황을
형상화해 보자.
주어진 함수식의 그래프를 그렸을 때,

연속이라는 말 자체가 서로 이어져 있다는
것을 의미하므로,

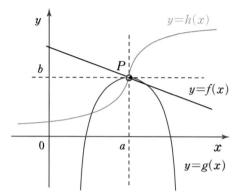

우선, 좌측에서 접근할 때도,우측에서 접근을 할 때도 모두 같은 점 P를 향해
서 가야
할 뿐만 아니라, $x=a$ 에서의 함수의 좌표점이 점 P 이어야 한다는 것이다.
즉 비어 있는 점 P가 채워져야 하는 것이다.

정리하면,
첫째, $x=a$ 에서 함수의 극한값이 존재하여야 한다.
　→ $x=a$ 에서의 좌극한값 ＝ 우극한값
둘째, $x=a$ 에서 함수의 극한값과 함수값이 일치하여야 한다.
　→ $x=a$ 에서의 극한값 ＝ 함수값

따라서 어떤 점 $x = a$ 에서 함수 $f(x)$가 연속이라는 것을 수식으로 표현하면,
$$\lim_{x \to a^-} f(x) = \lim_{x \to a^+} f(x) = f(a)$$

여기에 조심해야 할 것이 있다. 바로 함수의 정의역 구간이다.
과연 우측그림의 함수 $h(x)$는 전체구간에서 연속일까? 불연속일까?

사실 이 함수 $h(x)$ 가 정의된 함수라면, 우측의 그래프는 $x=a$ 에서 함수값이 없으므로,

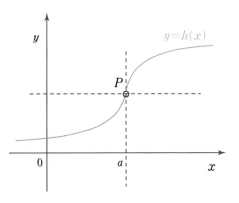

$x=a$ 는 정의역에서 제외되었다고 보는 것이 타당할 것이다.

따라서 이 함수 $h(x)$ 는 모든 정의역 구간에서 연속이다.

그럼 실수 전구간에서는 이 함수는 연속일까? 불연속일까?

이 질문은 사실 말 자체가 성립되지 않는다. 왜냐하면, 이 함수는 $x=a$ 에서 정의되어 있지 않기 때문이다. 그런데 우측처럼 $x=a$ 에서의 함수값이 정의되어

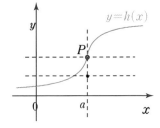

있다면, $x=a$ 또한 정의역에 포함되므로, 실수 전체가 정의역이 된다.

이럴 경우, 주어진 함수는 실수 전체 구간에서 불연속이 될 것이다

3. 극한값의 판정 그리고 그래프 그리기

극한값은 묻는 것은 다음의 3 가지 중 하나이다.

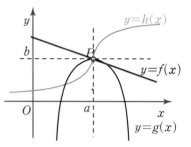

— 좌극한값 : $\lim\limits_{x \to a^-} f(x) = ?$, $\lim\limits_{x \to -\infty} f(x) = ?$

— 우극한값 : $\lim\limits_{x \to a^+} f(x) = ?$, $\lim\limits_{x \to +\infty} f(x) = ?$

— 극한값 : $\lim\limits_{x \to a^-} f(x) = \lim\limits_{x \to a^+} f(x) \to \lim\limits_{x \to a} f(x) = ?$

$x \to a$, $x \to 0$, $x \to \infty$ 등 매개변수 치환을 통해 자신이 보기 편한 형태로 바꾸어 나타낼 수 있다.

즉 매개변수 치환이란 아래의 그림처럼, 같은 결과에 대한 사항을 다른 시각에서 본 것과 같다.

$$\boxed{\lim_{x \to 1} f(x) = 2}$$

$$\boxed{\begin{array}{l} x - 1 = t \ : \ \lim\limits_{x \to 1} f(x) = 2 \\ \to \lim\limits_{t \to 0} f(t+1) = \lim\limits_{x \to 0} f(x+1) = 2 \end{array}}$$

$$\boxed{\begin{array}{l} \dfrac{1}{x} = t \ : \ \lim\limits_{x \to 0} f(x+1) = 2 \\ \to \lim\limits_{t \to +\infty} f\left(\dfrac{1}{t}+1\right) = \lim\limits_{x \to +\infty} f\left(\dfrac{1}{x}+1\right) = 2 \end{array}}$$

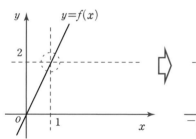
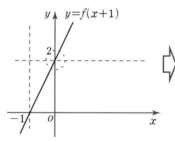
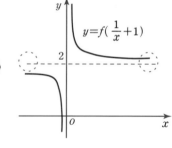

하나의 함수 $f(x)$ 는 아래와 같이 두 함수 $g(x)$, $h(x)$ 의 곱셈이나 나눗셈 형태로 바꿀 수 있다.

$$f(x) \to \frac{g(x)}{h(x)}, \quad f(x) \to g(x)h(x) \to \frac{g(x)}{\dfrac{1}{h}(x)} \to \frac{g(x)}{h_1(x)}$$

이렇게 두 함수의 곱셈이나 나눗셈 형태로 제시된 경우에 대한 극한값 산출은, 기본적으로 각각의 극한값을 찾아 계산하면 된다.

$$\lim_{x \to a} \frac{g(x)}{h(x)} = \frac{g(a)}{h(a)} \rightarrow \frac{g(a)}{h(a)} : \frac{\alpha}{\beta} = \frac{\alpha}{\beta}, \ \frac{\alpha}{\infty} = 0, \ \frac{\alpha}{0} = \infty, \ \frac{\infty}{\beta} = \infty, \ \frac{0}{\beta} = 0$$

그런데 바로 계산이 되지 않는 경우는

$$\lim_{x \to a} \frac{g(x)}{h(x)} = \frac{g(a)}{h(a)} \rightarrow \frac{g(a)}{h(a)} : \frac{\infty}{\infty} = ?, \ \frac{0}{0} = ?$$

와 같은 형태이다. 이 형태의 해결방법을 찾는 것이 바로 극한값 계산문제의 주된 내용이라 하겠다.

첫 번째로 다룰 케이스는 다음과 같이 비율함수 꼴로 주어진 경우이다.

$$\lim_{x \to a} \frac{g(x)}{h(x)} = \frac{g(a)}{h(a)} \rightarrow \frac{g(a)}{h(a)} : \frac{\infty}{\infty} = ?, \ \frac{0}{0} = ?$$

우선 문제해결을 위해 각 구성함수의 변화를 그래프를 통해 형상화해 보자.

첫 번째 두 함수 $g(x)$, $h(x)$ 에 대해, x가 무지 큰 수 a로 갈 때,

극한값 $\lim_{x \to a} \frac{g(x)}{h(x)}$를 구해 보자. 사실 이 말 뜻은 $\lim_{x \to \infty} \frac{g(x)}{h(x)}$를 의미한다.

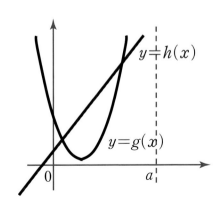

— 각 함수 그래프의 증가추세를 볼 때, a가 커질수록 $g(x)$ 의 값은 $h(x)$ 값에 비해 점점 더 크게 증가할 것이다.

— 이에 따라 $\dfrac{g(x)}{h(x)}$ 비율은 점점 더 커질 것이다. 즉 $\lim\limits_{x \to a} \dfrac{g(x)}{h(x)} = \infty$

같은 관점에서 아래 두 경우에 대한 극한값을 구해 보자.

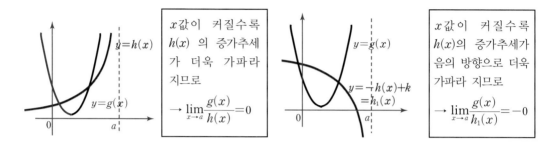

마지막 경우에 대해, 정의역의 경계치에 대한 극한값과 주요 부분에서의 함수값을 조사함으로써, 이 비율함수 $\dfrac{g(x)}{h(x)}$ 의 전체 그래프를 그려 보도록 하자.

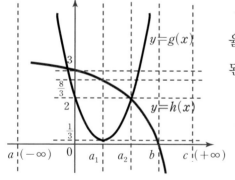

분모인 $h(x)$ 는 0 이 될 수 없으므로, 이 비율함수의 정의역은 $(-\infty,\ b) \cup (b,\ +\infty)$ 가 된다.

이 비율함수의 그래프를 그리는 접근방법은

첫째, 각 경계치 에서의 y값 (극한값 또는 고정값) 을 알아보고, 그것을 통해 그래프의 전반적인 방향을 확인한 뒤,

둘째, 나머지 정의역 주요 부분에서의 y 값을 통해 좀더 상세한 그래프의 변화를 찾아내는 것이다.

우선 각 경계치 에서의 극한값을 구하고, 그것을 통해 그래프의 방향을 결정해 보자.

① $\lim\limits_{x \to -\infty} \dfrac{g(x)}{h(x)} = +\infty \to x \to -\infty$ 갈 때는,

$h(x)$ 비해 $g(x)$ 상승세 가 크므로, 그 비율값은 $+\infty$ 가 될 것이다.

즉 이 것의 좌표점은

$(-\infty, +\infty)$가 된다. 이제 이 점을 좌표상에 표시하자.

우측 그림처럼, 왼쪽 상단에 점 ×를 찍고, 그 점에 도달하기 위한 가능한 진행 방향을 표시한다.

② $\lim\limits_{x \to b^-} \dfrac{g(x)}{h(x)} = +\infty \to x \to b^-$, 즉 x가 좌

측에서 b로 접근해 갈 때는 $h(b) \to +0$ & $g(b) = \beta$ 이므로, 그 비율값은 $+\infty$가 될 것이

다. 즉 이 것의 좌표점은 $(b^-, +\infty)$가 된다.

이제 이 점을 좌표상에 표시하자. 우측 그림처럼, 경계선 $x=b$ 왼쪽 상단에 점 ×를 찍고, 그점에 도달하기 위한 가능한 진행 방향을 표시한다. 여기서는 화살표 방향이 반대일 수는 없다. 왜냐하면 그럴 경우, 경계선 $x=b$를 뚫고 지나가게 되기 때문이다.

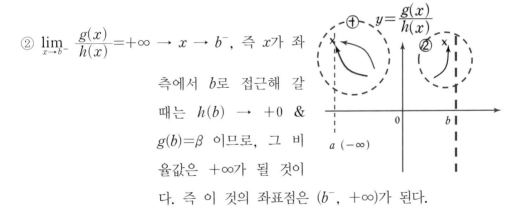

③ $\lim\limits_{x \to b^+} \dfrac{g(x)}{h(x)} = -\infty \to x \to b^+$, 즉 x가

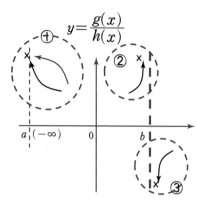

우측에서 b로 접근해 갈 때는 $h(b) \to -0$ & $g(b) = \beta$ 이므로, 그 비율 값은 $-\infty$ 가 될 것이다. 즉 이 것의 좌표점은 $(b^+, -\infty)$ 가 된다. 이제 이 점을 좌표상에 표시하자.

우측 그림처럼, 경계선 $x=b$ 오른쪽 하단에 점 ×를 찍고, 그 점에 도달하기 위한 가능한 진행 방향을 표시한다.

④ $\lim\limits_{x \to +\infty} \dfrac{g(x)}{h(x)} = -0$ $x \to +\infty$ 갈 때는, $g(x)$ 비해 $h(x)$의 음의 방향 상승세가

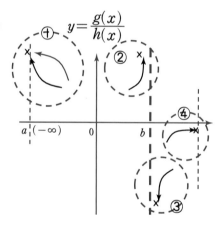

크므로, 그 비율값은 -0 가 될 것이다. 즉 이 것의 좌표점은 $(+\infty, -0)$ 가 된다. 이제 이 점을 좌표상에 표시하자.

우측 그림처럼, 경계선 $x=b$ 오른쪽 하단에 점 ×를 찍고, 그 점에 도달 하기 위한 가능한 진행 방향을 표시한다.

각 경계치 에서의 극한값을 구하고, 그 점에 도달하는 가능한 방향을 좌표상에 표시하였으니, 이제 정의역 주요 부분에서의 좌표점을 찾아내어, 좀더 상세한 그래 프의 변화를 결정해 보자.

$$\lim_{x \to 0} \frac{g(x)}{h(x)} = \frac{2}{3}, \ \lim_{x \to a_1} \frac{g(x)}{h(x)} = \frac{\frac{1}{3}}{\frac{8}{3}} = \frac{1}{8}, \ \lim_{x \to a_2} \frac{g(x)}{h(x)} = 1$$

위의 점들을 좌표상에 표시하고, 전체 그래프를 예측해 보자.

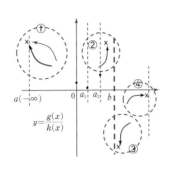  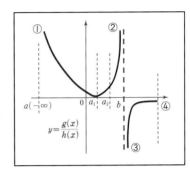

— 종합/예측: 세 점이 조건 ①, ② 사이에 있으므로, 조건 ①, ② 를 만족시키면서 세 점 $\left(0, \ \frac{2}{3}\right)$, $\left(a_1, \ \frac{1}{8}\right)$, $(a_2, \ 1)$ 을 지나는 그래프를 그리자면, 위 우측 그림의 왼쪽 그래프 형태를 취해야 한다. 또한 조건 ③, ④ 를 만족시키는 그래프를 그리면, 위 우측 그림의 오른쪽 그래프의 형태를 취해야만 한다.

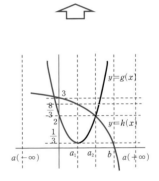

지금까지, 비율함수 $\dfrac{g(x)}{h(x)}$ 의 그래프를 그리기 위해, 정의역 기준 경계치 점들에 대한 좌표상의 위치를, 각 구성함수의 극한값들을 조사함으로써 알아내고, 여기에 주요 점들에 대한 좌표값을 추가하여, 전체 그래프의 추세를 완성하게 되었다.

두 번째로 다룰 케이스는 전체 함수 $f(x)$ 가 두 구성함수의 곱하기 형태로 주어졌을 경우이다.

$$\lim_{x \to a} f(x) = \lim_{x \to a} g(x)h(x) = g(a)h(a) \ \to \ g(a)h(a) : 0 \times \infty = ?$$

마찬가지로 극한값을 이용해, 이 형태의 해결책을 알아보도록 하자.

다음의 예제를 가지고 이 문제를 접근해 보자.

$-\ f(x)=x\ln x\ \to\ g(x)=x,\ h(x)=\ln\ x$

$\lim\limits_{x\to 0^+} f(x)=\lim\limits_{x\to 0^+} x\ln x=?$

같은 접근방법으로, 문제해결을 위해 각 구성함수의 변화를 그래프를 통해 형상화해 보자

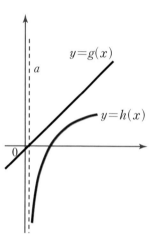

$x \to 0^+$ 갈 때,

$g(x)$는 0 으로 가고, $h(x)$는 $-\infty$ 로 가는데, 두 가지는 서로 기준이 달라, 어느 함수가 더 빨리 가는지 판정하기가 어렵다.

얼핏 보아서는 $h(x)$ 가 무한대로 가는 속도가 더 빨라 보인다.

기준을 맞추기 위해서, 주어진 함수식을 약간 바꾸어 보자.

$$\lim_{x\to 0^+} x\ \ln\ x = \lim_{x\to 0^+} \frac{\ln x}{\dfrac{1}{x}}\ \to\ \lim_{x\to 0^+} \frac{-\ln x}{\dfrac{1}{x}}$$

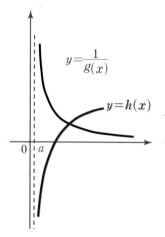

그런데

좌측에 묘사된 두 번째 식도 기준은 두 구성함수 모두 무한대로가는 것으로 맞추어 졌지만, 서로 방향이 틀려, 어느 게 더 빨리 무한대로 가는지 판단하기 어렵다.

그래서 생각해낸 방법이,

변화율의 속도를 비교하는 것이 목적이므로, $h(x)$ 의 방향을 바꾸어서 비교가 쉽도록 하는 것이다.

형상화수학
고등수학 1등급 비결

그것이 우측 그림이다.

우측 그림의 비교를 통해 $\dfrac{1}{x}$ 의 변화율의 속도가 $h(x)$ 보다 크다는 것을 알 수 있으므로,

$$\lim_{x \to 0^+} x \ln x = \lim_{x \to 0^+} \dfrac{\ln x}{\dfrac{1}{x}} = -0 \text{ 라는 것을 알게 되었다.}$$

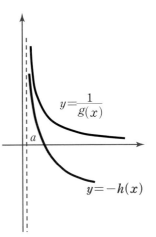

이제 이를 이용하여, 곱해진 전체 함수의 그래프를 그려보도록 하자.

우선 각 경계치 에서의 극한값을 구하고, 그것을 통해 그래프의 방향을 결정해 보자.

$g(x)=x$ 의 정의역은 $(-\infty,\ +\infty)$ 이지만, $h(x)=\ln x$의 정의역이 $(0,\ +\infty)$ 이므로 $f(x)=g(x)h(x)$ 의 정의역은 $(0,\ +\infty)$ 가 된다.

① $\lim\limits_{x \to 0^+} g(x)h(x) = -0$

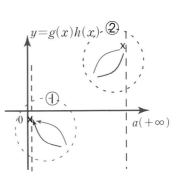

→ $\lim\limits_{x \to 0^+} x \ln x = \lim\limits_{x \to 0^+} \dfrac{\ln x}{\dfrac{1}{x}} = -0 \to (0^+,\ -0)$

우측 그림처럼, 4사분면상의 0 근처에 점 × 를 찍고, 그 점에 도달하기 위한 가능한 진행 방향을 표시한다.

② $\lim\limits_{x \to +\infty} g(x)h(x) = -0 \to$

$x \to +\infty$ 갈 때는, $g(x),\ h(x)$ 모두 무한대로 감으로, 그 곱셈 또한 당연히 $+\infty$가 될 것이다. 즉 이 것의 좌표점은 $(+\infty,\ +\infty)$ 가 된다. 이제 이 점을 좌표상에 표시하자.

우측 그림처럼, 오른쪽 상단에 점 × 를 찍고, 그 점에 도달하기 위한 가능한 진행 방향을 표시한다.

각 경계치 에서의 극한값을 구하고, 그 점에 도달하는 가능한 방향을 좌표상에 표시하였으니, 이제 정의역 주요 부분에서의 좌표점을 찾아내어, 좀더 상세한 그래프의 변화를 결정해 보자.

$$\lim_{x \to 1} g(x)h(x) = 0$$

위의 점들을 좌표상에 표시하고, 전체 그래프를 예측해 보자.

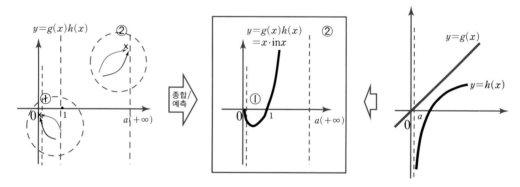

— 종합/예측: ① 번 조건에 의해 그래프는 아래로 향하게 되는데, 또한 (1, 0) 도 지나야 하므로, 그래프는 아래로 향했다가 다시 올라와서 (1, 0) 점을 지나야 한다. 그리고 ② 번 조건에 의해 위로 치솟게 되는 것이다. 그리고 푸른색 방향을 취하는 것은 $g(x)$의 증가 속도가 $h(x)$ 보다 훨씬 크기 때문이다.

지금까지, 곱셈함수 $g(x)h(x)$의 그래프를 그리기 위해, 정의역 기준 경계치 점들에 대한 좌표상의 위치를, 각 구성함수의 극한값들을 조사함으로써 알아내고, 여기에 주요 점들에 대한 좌표값을 추가하여, 전체 그래프의 추세를 완성하게 되었다.

이 과정을 통해 비율함수에 대한 극한값은 각 구성함수의 변화율을 비교함으로써 구해질 수 있음을 알았다. 이것에 대한 정확한 논지는 다음 미분을 공부하면서 살펴보게 될 것이다.

위와 같이 경계치의 극한값을 조사하여 비율함수에 대한 그래프 그리는 방법은, 주어진 문제를 푸는 데 있어 관련된 함수에 대한 형상화 작업으로는, 부록에 수록되어 있는 단독함수에 대한 그래프 그리기 방법과 더불어, 많은 도움을 주게 될 것이다.

4. 합성함수의 극한값

이번에는 합성함수의 극한값을 구할 때의 접근방법에 대해 알아보자.

함수 $f(x)$가 우측 그림과 같이 정의되어 있다. 이때,

합성함수 $f \circ f\,(x)$ 에 대한 $x=b$ 에서의 극한값을 조사해 보자.

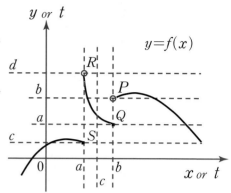

우선 좌극한값 $\lim\limits_{x \to b^-} f(f(x))$를 구해보자.

— 괄호안을 먼저 처리해야 하므로 $\lim\limits_{x \to b^-} f(x)$를 구하면, 좌표점이 Q를 향해서 감으로, 그 값은 a라는 것을 알수 있다.

— 이제 합성함수를 간단히 표시하기 위해서, $f(x)=t$ 라고 변수치환을 해 보자. 그러면 $\lim\limits_{x \to b^-} f(f(x)) \to \lim\limits_{t \to a^+} f(t)$로 바뀌게 된다. 합성함수 이론에서 알아본 바와 같이, 합성함수에 대한 매개변수 치환을 해도 최종 결과값은 바뀌지 않는다. 다만 치환에 따른 정의역 값만 달라질 뿐이다. 다만 이 치환과정에서 주의할 점은 $x \to b^-$, 즉 x의 좌측 접근에서 $t \to a^+$, t의 우측 접근으로 바뀌었는데, 이는 바로 $f(x)$가 감소과정에 있으므로, 위(/큰값)에서 아래(/작은값)로 흐르기 때문이다. 이 흐름이 t에 반영되어, 우측(/큰값)에서 좌측(/작은값)으로, 즉 우측접근으로 바뀌게 된 것이다.

— 이제 $t=a$ 에서의 우극한값 $f(t)$ 를 구하면, 좌표점이 R을 향해서 감으로, 그 값은 d 라는 것을 알 수 있다.

$$\therefore \lim\limits_{x \to b^-} f(f(x)) = \lim\limits_{t \to a^+} f(t) = d$$

형상화수학
고등수학 1등급 비결

이제 우극한값 $\lim\limits_{x \to b^+} f(f(x))$를 구해보자. 마찬가지 방법으로

— 먼저 괄호안을 처리해 하므로, $\lim\limits_{x \to b^+} f(x)$를 구하면, 좌표점이 P를 향해서 감으로, 그 값은 b 라는 것을 알수 있다.

— 이제 합성함수를 간단히 표시하기 위해서, $f(x)=t$라고 변수치환을 해 보자. 그러면 $\lim\limits_{x \to b^+} f(f(x)) \to \lim\limits_{t \to b^+} f(t)$로 바뀌게 된다. 좌극한값을 구할 때와는 달리, 이번에는 $x \to b^+$, 즉 x의 우측 접근에서 $t \to b^+$, t의 우측 접근으로 똑같이 바뀌었는데, 이는 바로 $f(x)$가 증가과정에 있어, x의 변화흐름과 t의 변화흐름이 같기 때문이다.

— 이제 $t=a$ 에서의 우극한값 $f(t)$를 구하면, 좌표점이 P을 향해서 감으로, 그 값은 b 라는 것을 알 수 있다.

$$\therefore \lim\limits_{x \to b^+} f(f(x)) = \lim\limits_{t \to b^+} f(t) = b$$

즉 좌극한값과 우극한값 값이 서로 다르므로, 이 합성함수 $f \circ f(x)$에 대한 $x=b$에서의 극한값은 존재하지 않는다.

06

미분과 적분 : 미분

1. 미분의 이해

1) 미분의 정의에 대한 형상화

과학의 발전사에서 미분의 발견이 무척 중요한 의미를 가졌다고 이야기하는데, 과연 미분은 무엇이고 우리는 왜 미분을 배우는 것일까?

미분의 기본적인 개념은 변화율에서 출발한다.

그럼 변화율은 무엇인가?

우리는 일반적으로 변화율을 $\dfrac{\Delta y}{\Delta x}$ "x의 변화량 분의 y의 변화량" 으로 정의한다. 그럼 정의된 수식에 대한 단순한 이해를 넘어서, 어떻게 의미를 부여하여 그 내용을 확장적으로 상상할 수 있을까?

내용형상화를 위해서 지금까지 해온 것처럼, 구체적인 케이스 몇 가지를 가지고 그 내용이 뜻하는 바를 형상화한 후 그것을 일반화하여 전체의 이해에 도달해 보도록 하자.

"x의 변화량 분의 y의 변화량: $\dfrac{\varDelta y}{\varDelta x}$"

- Case 1: 6시간 동안 움직인 거리, 3시간 동안 움직인 거리 → 한 시간 동안 움직인 거리

- Case 2: 8시간 동안 수행한 일의 양, 4시간 동안 수행한 일의 양 → 한 시간 동안 수행한 일의 양

- Case 3: 100문제를 풀었을 때 정답의 수, 50문제를 풀었을 때 정답의 수 → 한 문제에 대한 해결능력

이렇게 변화율은 적용 경우에 따라 Case1 처럼 속력을 나타낼 수도 있고, Case2 처럼 일 수행능력을 나타낼 수도 있으며, Case3 처럼 문제해결능력을 나타낼 수도 있는 매우 유용한 지표가 된다. 왜냐하면 이렇게 측정/분석된 현재의 데이터를 통해 미래의 행동을 예측 및 그에 따른 준비를 할 수 있기 때문이다.

반면에, 위의 예시들은 최종적으로 단위 구간 동안의 변화율을 보여주고 있는데, 이것은 정해진 구간내에서의 평균변화율을 의미하는 것이다. 그런데 만약 순간순간 변하는 자동차 또는 로켓의 현재 속력을 측정하고, 그에 따라 필요한 제어하고 싶은 경우에는 어떻게 해야 할까? 이러한 필요를 위해 고안된 것이 미분이며, 17세기 라이프니치/뉴턴에 의해 정착되었다. 가장 쉽게 표현하면, 미분은 구간변화율에서 발전한 순간변화율인 것이다. 간단히 기호로 표현하면, $\lim\limits_{\varDelta x \to 0} \dfrac{\varDelta y}{\varDelta x} = \dfrac{dy}{dx}$

이러한 미분의 발견은 실시간의 변화를 함수식으로 표현할 수 있게 함으로써, 과학의 발전에 있어, 급격한 전기를 마련해 주었다.

이것을 좀더 구체적으로 알아보기 위해서, 지금까지 배운 함수의 내용을 적용해 보자.

일반적인 함수 $f : X \to Y$ 대신에, 정의역이 시간이고 공역이 거리인 함수 $f : T \to Y$ 를 상정해 보자.

우측은 어떤 자동차가 시간 별로 움직인 거리를 나타내는 $y=f(t)$ 함수의 그래프를 보여주고 있다.

이 자동차가 1시부터 3시까지 움직인 거리는 $170-50=120\ (km)$ 이므로 이 시간 동안 자동차의 평균속력은 $\frac{120}{2}=60\ (km)$ 임을 알 수 있다. 또한 이 구간 속력은 구간 시작과 끝점인 A와 B를 지나는 직선의 기울기 $\frac{120}{2}$에 해당됨을 알 수 있다.

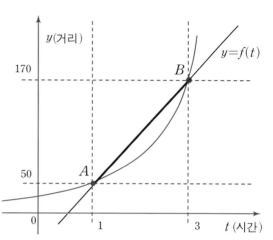

그럼 A지점에서의 순간기울기는 어떻게 구할 수 있을 것인지, 잠시 생각해보자…

한 점 A $(t=1)$ 에서의 순간기울기는 미분을 의미하는 순간변화율을 뜻하므로,

$$\lim_{\Delta x \to o} \frac{\Delta y}{\Delta x} = \frac{dy}{dx}$$ 가 된다.

정의된 내용처럼, A로부터 시작되는 구간 Δx의 크기를 점점 줄어나가면서 두 점을 연결하는 직선을 그려나가면, 최종적으로 우리는 점 A에 접하는 접선을 얻게 될 것이다. 그리고 이 접선의 기울기가 점 A $(t=1)$에서의 미분값인 순간기울기가 되는 것이다.

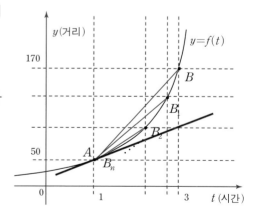

구간 Δx의 크기를 줄여 나가는 일관적인 과정을 묘사한 다음페이지 우측 그림으로부터,

$$\frac{\Delta y_1}{\Delta x_1} \to \frac{\Delta y_2}{\Delta x_2} \to \cdots \to \frac{\Delta y_n}{\Delta x_n} \to \frac{dy}{dx}$$

여기서 $\Delta x_n = \frac{b-a}{n}$,

형상화수학
고등수학 1등급 비결

$$dx = \lim_{n \to \infty} \Delta x_n \to \lim_{\Delta x \to 0} \Delta x$$

그리고 $\Delta y_n = f(a + \Delta x_n) - f(a)$,

$$dy = \lim_{n \to \infty} \Delta y_n 가 된다.$$

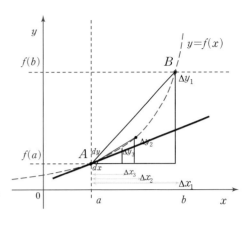

정리하면, 점 a에서의 미분값인 순간기울기는 순간적인 x 변화에 대한 대응하는 y값의 변화의 크기를 말한다. 보통 $f'(a)$로 표시한다.

여기서 유념해야 할 것은 구간을 무한히 잘게 쪼개감에 따라 dx는 일정한 비율로 점점 0으로 가까워 지지만, dy는 함수에 따라 서로 다른 비율을 가지고 점점 0으로 가까워 진다는 것이다.

$$\frac{dy}{dx}_{(x=a)} f'(a) = \lim_{\Delta x \to 0} \frac{\Delta y}{\Delta x} = \lim_{\Delta x \to 0} \frac{f(a + \Delta x) - f(a)}{\Delta x}$$

미분에 대한 일차적 이해를 넘어, 개념의 확장을 위해서 비유적으로 생각해 보자, 어떤 사람이 임의의 시간 t에 정해진 일, $f(t)$ 를 수행한다고 할 때, $t = a$ 에서의 미분값(순간기울기/접선의 기울기) $f'(a)$는 현상적으로 보면 주어진 순간 a시점의 $f(t)$ 값의 순간변화율이라 하겠지만, 수행 주체의 입장에서는 주어진 순간 a 시점에 그러한 변화(/일)를 수행할 수 있는 능력을 의미한다 하겠다.

또한 양방향 이해를 위해 역으로 생각해 보면, 순간변화율(/능력) $f'(a)$에 순간시간의 변화 dt를 곱하면, 속력에 시간을 곱하면 이동거리가 나오듯이, 순간 수행되는 변화(/일)의 양 dy가 나오게 되는 것이다.

$$\frac{dy}{dx}_{(x=a)} = f'(a) \to dy = f'(a) \cdot dt$$

이제 미분값이 무엇을 뜻하는 지 상상할 수 있고, 그것이 왜 필요한 지 나름 설명할 수 있을 것이다.

그럼 미분을 할 수 있다는 것이 무엇을 의미하는 지 살펴보면서, 미분의 개념적 이해를 정리하도록 하자.

2) 미분가능한 함수에 대한 형상화

지금까지 알아본 바와 같이 한 점에서의 미분값 $f'(a)$는 다음과 같이 정의되어 진다.

$$f'(a)=\lim_{\Delta x \to o} \frac{f(a+\Delta x)-f(a)}{\Delta x}=\lim_{x \to a} \frac{f(x)-f(a)}{x-a}(x=a+\Delta x)$$

주어진 식으로부터 알 수 있는 사실은,

① 결과값 $f'(a)$가 존재하기 위해서는, 최소한 분자에 있는 항 $f(a)$ 값이 존재하여야 한다.

② 결과값 $f'(a)$가 존재하기 위해서는 $x \to a$ 에서의 극한값이 존재하여야 한다.

②번 사항에서 알 수 있는 것은 극한값 $f(a)$가 존재하려면, x가 왼쪽에서 a로 접근할 때의 좌극한값인 좌미분계수와 x가 오른쪽에서 a로 접근할 때의 우극한값인 우 미분계수가 서로 같아야 한다는 것을 뜻한다.

일차적으로 극한값인 좌미분계수, 우미분계수가 존재하려면 분모가 0이므로 분자 또한 0이 되어야 한다. 따라서 $\lim_{x \to a^-}f(x)=\lim_{x \to a^+}f(x)=f(a)$가 되어야 한다. 이는 ①번 사항과 더불어 $f(x)$가 $x=a$에서 연속이라는 것을 뜻한다.

그러면 좌미분계수와 우미분계수가 서로 같다는 것은 무엇을 의미할까?

생각이 잘 떠오르지 않는다면, 역방향으로 생각하여 좌/우 미분계수가 서로 다른 사례를 생각해 보자.

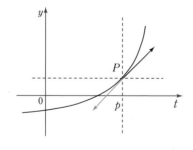

좌/우 미분계수(기울기)가 같은 왼쪽의 그래프와는 달리, 좌/우 미분계수가 다른 오른쪽의 그래프는 그 점에서 꺾인 모양을 보이고 있다.

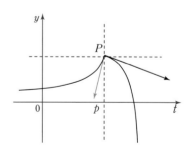

이러한 경우를 확장하여 일반화해서 생각해 보면,

어떤 점에서 좌/우 미분계수가 같다는 것은 그래프가 그 점에서의 좌/우 기울기가 같도록 부드럽게 변화한다는 것을 의미하며, 반대로 어떤 점에서 좌/우 미분계수가 다르다는 것은 그래프가 갑작스럽게 변화하여, 꺾이는 모습을 보일 수 밖에 없다는 것을 알 수 있다.

따라서 어떤 함수가 정의역의 모든 값에서 미분가능하다, 즉 미분값이 존재한다는 것은 함수의 그래프가 전체구간에서 연속이며, 꺾인 점 없이 부드럽게 변화한다는 것을 의미한다 하겠다.

(현재의 내용 또는 원 방향에서의 접근방법이 잘 안 보일 때는
 - 우선 케이스를 가지고 구체화 한 후 일반화 한다.
 - 그래도 해결이 잘 되지 않을 경우, 대우방향으로 뒤집어서 생각해 본다.)

3) 기울기/접선의 방정식이 갖는 의미

우측의 그림을 살펴보면,

함수의 그래프는 시간축으로 $A \rightarrow A''$ 또는 위치축으로 $A \rightarrow A'$ 평행 이동해도 기울기(/미분값)는 변하지 않는다.

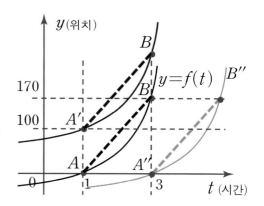

그런데 앞에서 설명하였듯이, 기울기는 수행주체의 입장에서 보면, 그 일을 수행하는 능력이라고 생각할 수 있다.

그리고 현실에서 그러한 능력(/노하우)은 자신이 처한 위치에서 연속적인(/꾸준한) 노력에 의해서 형성되어짐을 상기해 보자.

이러한 관점을 접목시켜 해석하면, 위의 내용은 한 사람이 자신이 현재 처한 위치에서 쌓은 진정한 능력은 시간적으로 또는 위치적으로 바뀌어도 그 능력은 똑같이 발현될 수 있음을 의미한다 하겠다.

◆ 접선의 방정식이 갖는 의미

미분 가능한 모든 함수는 임의의 점에서 접선의 방정식을 구할 수 있다. 이러한 접선의 방정식이 의미하는 것이 과연 무엇일까? 이것은 우리가 미분을 이해하는 또 다른 시각이기도 하다. 접선의 방정식이 존재한다는 것은 아무리 복잡한 함수라도 극소 범위에서는 직선으로 해석할 수 있다는 것을 의미한다.

다음의 예를 들어 보자.

문제) $f(x) = e^{x-6} + 5$ 일 때, $f(7.994)$와 $f(8.006)$의 근사값을 소수 둘째짜리까지 정확히 구하시오.

그냥 무턱대로, 주어진 원함수에 x값, 7.994 와 8.008 의 값을 대입해, 구해보려 한다면, 무척 고생하 게 될 것이다. 그러나 아래와 같이 접선식을 이용한다면, 그

값을 쉽게 구해낼 수 있다. 즉 원함수 대신 접선식 $y=x-1$에 7.994 와 8.008 의 값을 대입하면, 쉽게 $b-0.006$ 과 $b+0.008$ 값을 얻을 수 있다.

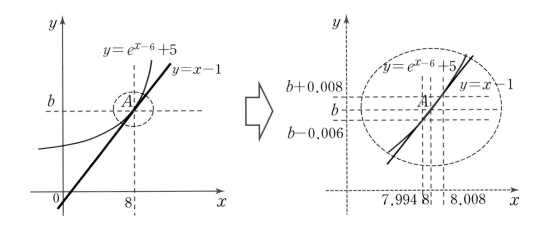

이러한 접근방식이 갖는 의미를 직선에서 평면으로 확장해서 생각하면,

이것은 마치 지구라는 둥근 구 위에서 움직이는 (실제적으로는 곡면기하학이 적용돼야 하는 비유클리드 공간상에서 움직이고 있는) 사물의 위치를 분석할 때, 국지적으로는 그 지점에서의 접평면상에서 움직이는 (극소적인 범위에서는 평면기하학이 적용될 수 있는, 즉 유클리드 공간상에서 움직이는) 것으로 해석해도 무리가 없다는 것을 의미한다. 즉 이러한 측면은 우리가 전체적인 우주의 시각에서 크게 보면 지구라는 둥근 구에서 살고 있지만, 자신이 위치하고 있는 국지적인 시각에서는 평면으로 볼 수 밖에 없는 우리들의 일반적인 정서를 잘 설명해 주고 있다.

2. 로피탈 정리의 해석 : 극한값과 변화율

이번에는 대표적으로 많이 이용되는 극한값 정리중 하나인 로피탈 정리의 해석에 대해 알아보도록 하자.

$\dfrac{0}{0}$형태: $\displaystyle\lim_{x \to 0} \dfrac{f(x)}{g(x)} = \lim_{x \to 0} \dfrac{f'(x)}{g'(x)}$, $\dfrac{\infty}{\infty}$형태: $\displaystyle\lim_{x \to \infty} \dfrac{f(x)}{g(x)} = \lim_{x \to \infty} \dfrac{f'(x)}{g'(x)}$

앞 주제에서 나온 것처럼, 극한값을 구하기 위해, 주어진 값을 넣었을 때, 결과값을 얻기 위해서 문제가 되는 형태는 딱 두 가지 무한소/무한소 와 무한대/무한대이다. 이 것을 제외한 나머지 형태는 모두 쉽게 결과를 판단할 수 있다. 그런데 이두 가지 형태는 주어진 조건에 따라 수렴과 발산 모두 가능하게

된다. 그리고 로피탈 정리는 이것의 판별을 위해 미분을 이용한 유용한 방법을 제공하는 데 그 의미가 있다 하겠다.

첫 번째 무한소/무한소 형태는 비교적 쉽게 그 내용을 이해할 수 있다.

우측의 그림은 임의의 $f(x)$, $g(x)$에 대해 이 내용을 형상화 한 것이다.

여기서 $x=0$ 에서의 각 함수의 접선의 방정식은,

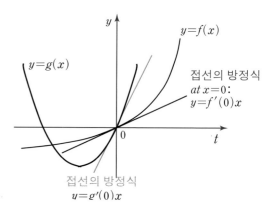

 — 직선의 기울기가 각각 $f'(0)$, $g'(0)$ 이 고

 — 직선의 y절편이 $f(0)=g(0)=0$ 이므로

 각각 $y=f'(0)x$ 와 $y=g'(0)x$가 된다.

즉 $f(x)$, $g(x)$ 는 $x=0$ 근처에서는 각각 직선 $y=f'(0)x$와 $y=g'(0)x$ 처럼 행동한다고 볼 수 있다.

따라서, $\dfrac{0}{0}$형태: $\displaystyle\lim_{x \to 0} \dfrac{f(x)}{g(x)} = \lim_{x \to 0} \dfrac{f'(0)x}{g'(0)x} = \dfrac{f'(0)}{g'(0)} \to \lim_{x \to 0} \dfrac{f'(x)}{g'(x)}$가 성립하는 것이다.

아래의 대수적인 증명과정 또한 같은 내용을 담고 있다.

$$\lim_{x\to 0}\frac{f(x)}{g(x)}=\lim_{x\to 0}\frac{f(x)-f(0)}{g(x)-g(0)}=\lim_{x\to 0}\frac{\dfrac{f(x)-f(0)}{x-0}}{\dfrac{g(x)-g(0)}{x-0}}=\lim_{x\to 0}\frac{f'(x)}{g'(x)}$$

같은 접근방식으로 두 번째 무한대/무한대 형태를 정리해 보자.

우측의 그림은 임의의 $f(x)$, $g(x)$에 대해 이 내용을 형상화 한 것이다.

여기서 $p \to \infty$ 갈 때,

$x=p$ 에서의 각 함수의 접선의 방정식은,

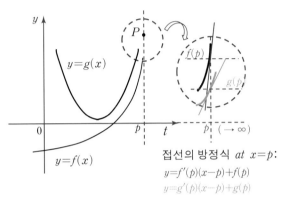

접선의 방정식 at $x=p$:
$y=f'(p)(x-p)+f(p)$
$y=g'(p)(x-p)+g(p)$

— 직선의 기울기가 각각 $f'(p)$, $g'(p)$ 이고

— 각각 한 점 $(p,\ f(p))$와 $(p,\ g(p))$를 지나므로,

각각 $y=f'(p)(x-p)+f(p)$와 $y=g'(p)(x-p)+g(p)$가 된다.

즉 $f(x)$, $g(x)$는 $x=p$ 근처에서는 각각 직선 $y=f'(p)(x-p)+f(p)$ 와 $y=g'(p)(x-p)+g(p)$ 처럼 행동한다고 볼 수 있다.

따라서,

$\dfrac{\infty}{\infty}$형태: $\lim_{x\to\infty}\dfrac{f(x)}{g(x)}=\lim_{x\to p}\dfrac{f'(p)x+f(p)-pf'(p)}{g'(p)x+g(p)-pg'(p)}\approx\lim_{x\to p}\dfrac{f'(p)x}{g'(p)x}=\lim_{p\to\infty}\dfrac{f'(p)}{g'(p)}$

$\to \lim_{x\to\infty}\dfrac{f'(x)}{g'(x)}$ 가 성립하는 것이다.

물론 로피탈 정리를 몰라도 무한소/무한소 형태는 분모를 0으로 만드는 인자를 찾아, 그 것이 약분이 되도록 분자에 해당하는 식을 인수분해하는 방법을 취하거나, 무한대/무한대 형태는 구간을 나누어 적절한 다항식으로 변형하는 과정을 거쳐, 분수형태의 극한값을 구하는 방법을 취할 수도 있다. 그렇지만 로피탈 정리를 적절히 활용하면 같은 내용을 훨씬 빠르게 접근할 수 있게 될 것이다.

3. 역함수 미분의 형상화

이번에는 원함수와 역함수의 상호 대응점에 대한 미분계수, 접선의 기울기의 관계를 알아보자.

다음은 원함수 $y = f(x)$ 에 대한 $x = a$ 에서의 미분계수를 구하는 방법이다.

$$f'(a) = \lim_{\Delta x \to 0} \frac{\Delta y}{\Delta x} = \lim_{x \to a} \frac{f(a + \Delta x) - f(a)}{\Delta x}$$

이 미분계수는 바로
극소구간 $(a,\ a + \Delta x)$ 에 대한
$f(x)$ 의 변화율에 해당한다.
그리고 이 순간변화율 계산에는
두 점 $(a,\ f(a))$, $(a + \Delta x,\ f(a + \Delta x))$ 가 관계되어 있다.

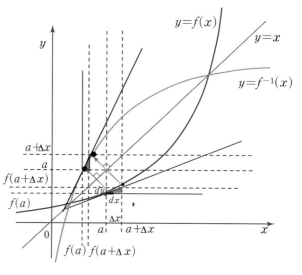

그런데 역함수 $y = f^{-1}(x)$ 의 점들은
$y = f(x)$의 점들과 $y = x$ 직선에 대칭관계를 이루므로, 위의 두 점은 우측 그림처럼 $(f(a),\ a)$와 $(f(a + \Delta x),\ a + \Delta x)$ 로 각각 옮겨지게 된다.

그리고 이렇게 옮겨진 두 점 또한 극소구간을 이루므로,
원함수의 점 $(a,\ f(a))$ 에 대응하는 역함수의 점 $(f(a),\ a)$ 에서의 미분계수, 접선의 기울기를 구해보면,

$$f^{-1'}(f(a)) = \lim_{x \to f(a)} \frac{(a + \Delta x) - a}{f(a + \Delta x) - f(a)} = \lim_{x \to f(a)} \frac{1}{\dfrac{f(a + \Delta x) - f(a)}{\Delta x}}$$

$$= \frac{1}{f'(a)} \Leftrightarrow f'(a) = \frac{1}{f^{-1'}(f(a))}$$

와 같이 된다.

따라서 원함수와 역함수의 관계에서 상호 대응되는 점에서의 접선의 기울기의 곱은 1 이 됨을 알 수 있다.

4. 합성함수 미분의 형상화

합성함수 미분을 어려워 하는 학생들이 많다. 그것은 그냥 미분공식을 외우거나, 이해의 수준도 대수적인 증명과정에 머물고 있어, 변화된 상황에서 합성함수 미분의 원리를 쉽게 떠올리지 못하기 때문이다.

지금부터 합성함수 미분의 내용를 형상화하여, 그 원리를 보다 쉽게 파악해 보도록 하자.

일반적으로 미분은 다음과 같이 표현한다.

$$f'(a) = \lim_{\Delta x \to o}\frac{\Delta y}{\Delta x} = \lim_{x \to a}\frac{f(a+\Delta x)-f(a)}{\Delta x} \;\rightarrow\; \frac{dy}{dx}_{(x=a)}$$

기본적으로 미분은 나눗셈 연산이라는 것을 상기하자.

다만 아주 작은 값들을 가지고 하는 나눗셈으로 어떤 지점에서의 순간 변화율을 구하는 것이다. 이를 형상화하면 바로 우측 그림에서, 극소범위에 있는 두 점간의 관계를 나타내는 점선 원 안에 있는, 작

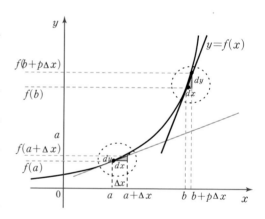

은 푸른색 직각삼각형의 기울기$\left(=\text{높이/밑변} \leftarrow \dfrac{dy}{dx}\right)$를 측정하는 것과 같다.

그런데 dy의 크기는 그대로 두고, dx의 크기를 p배로 변화시키면, 기울기 값은 어떻게 변할까?

$$f'(a) = \lim_{\Delta x \to o}\frac{\Delta y}{\Delta x} = \lim_{x \to a}\frac{f(a+\Delta x)-f(a)}{\Delta x}$$

$$\rightarrow \frac{dy}{dx} = \lim_{x \to a}\frac{f(a+\Delta x)-f(a)}{p\Delta x} = \frac{1}{p}\lim_{x \to a}\frac{f(a+\Delta x)-f(a)}{\Delta x} = \frac{1}{p}f'(a)$$

위의 대수식의 전개 변화를 통해 결과를 구할 수도 있지만, 직각삼각형의 높이의 크기는 그대로 두고, 밑변을 p배 하면, 당연히 기울기는 $\dfrac{1}{p}$ 배가 되는 것이다.

반대로 dx의 크기는 그대로 두고, dy의 크기를 q배로 변화시키면, 기울기 값은 어떻게 변할까?

$$f'(a)=\lim_{\Delta x \to o}\frac{\Delta y}{\Delta x}=\lim_{x \to a}\frac{f(a+\Delta x)-f(a)}{\Delta x}$$

$$\to \frac{dy}{dx}=\lim_{x \to a}\frac{q(f(a+\Delta x)-f(a))}{\Delta x}=q\lim_{x \to a}\frac{f(a+\Delta x)-f(a)}{\Delta x}=qf'(a)$$

위의 대수식처럼 결과를 구할 수도 있지만, 직각삼각형의 밑변의 크기는 그대로 두고, 높이를 q배 하면, 당연히 기울기는 q 배가 되는 것이다.

그럼 이번에는 dx 와 dy 의 크기를 각각 p배, q배로 같이 변화시켜 보자.

$$f'(a)=\lim_{\Delta x \to o}\frac{\Delta y}{\Delta x} \to \frac{dy}{dx}=\lim_{\Delta x \to o}\frac{q\Delta y}{p\Delta x}=\lim_{x \to a}\frac{q(f(a+\Delta x)-f(a))}{p\Delta x}$$

$$=\frac{q}{p}\lim_{x \to a}\frac{f(a+\Delta x)-f(a)}{\Delta x}=\frac{q}{p}f'(a)$$

이 결과는 마찬가지로,

$f'(a)$ 구할 때 사용된, 극소 직각삼각형의 크기를 밑변은 p배로, 높이는 q배로 변화시킨 것으로, 새로운 극소 직각삼각형에서의 기울기는 $\dfrac{q}{p}$ 배가 되는 것이다.

지금까지의 감각을 바탕으로 본론으로 들어가 보자.

합성함수 $(g \circ f(x))'$을 구하기 위해서, 우선 미분값을 구하기 위한 합성함수 $g \circ f$의 관계를 형상화해 보자.

여기에 관련된 각 구성함수와 그 미분과정을 살펴보자.

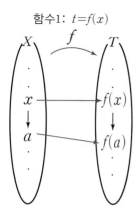

함수1: $t=f(x)$

좌측 그림은

— 첫 번째 함수 $f: X \rightarrow T$ 를 묘사하고 있다.

$$t'=f'(a) \rightarrow \frac{dt}{dx}=\lim_{\Delta x \to o}\frac{\Delta t}{\Delta x}=\lim_{x \to a}\frac{f(x)-f(a)}{x-a}$$

우측 아래그림은

— 두 번째 함수 $g: T \rightarrow Y$ 를 묘사하고 있다.

$$y'=g'(b) \rightarrow \frac{dy}{dt}=\lim_{\Delta t \to o}\frac{\Delta y}{\Delta t}=\lim_{t \to o}\frac{g(t)-g(b)}{t-a}$$

이 두 개의 구성함수를 합쳐서, 하나의 합성함수 $g \circ f : X \rightarrow Y$를 만들어 보자.

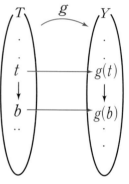

함수2: $y=g(t)$

앞에서 합성함수의 대수의 연산측면에서 미분과정을 살펴 보았지만, 변화에 대한 좀더 자유로운 적용을 위해, 쉽게 떠 올릴 수 있는 이 과정에 대한 개념적인 의미를 생각해 보자.

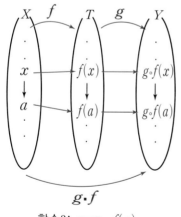

함수1: $t=f(x)$ 함수2: $y=g(t)$

$g \cdot f$

함수3: $y=g \circ f(x)$

이 합성함수는 정의역이 X 이고 공역이 Y 이므로, 그 미분과정은

$$y'=(g \circ f)'(a) \rightarrow$$

$$\frac{dy}{dx}=\lim_{\Delta x \to o}\frac{\Delta y}{\Delta x}=\lim_{x \to a}\frac{(g \circ f)(x)-(g \circ f)(a)}{x-a}$$

이 된다.

그럼 이 값은 어떻게 구할지 생각해 보자. 우선 산술적인 접근방법으로는,

$$(g \circ f)'(a)=\lim_{\Delta x \to o}\frac{\Delta y}{\Delta x}=\lim_{x \to a}\frac{(g \circ f)(x)-(g \circ f)(a)}{x-a} \times \frac{f(x)-f(a)}{f(x)-f(a)}$$

$$= \lim_{f(x) \to f(a)} \frac{g(f(x)) - g(f(a))}{f(x) - f(a)} \times \lim_{x \to a} \frac{f(x) - f(a)}{x - a}$$

$$= g'(f(a)) \cdot f'(a)$$

앞에서 합성함수의 대수의 연산측면에서 미분과정을 살펴보았지만, 변화에 대한 좀더 자유로운 적용을 위해, 쉽게 떠올릴 수 있는 이 과정에 대한 개념적인 의미를 생각해 보자.

─ 접근방법1: 함수 f 를 기준으로 치역구간의 변화비율을 조정한다.

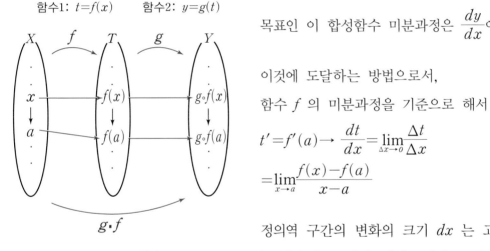

함수1: $t = f(x)$ 함수2: $y = g(t)$

$g \cdot f$

함수3: $y = g \circ f(x)$

목표인 이 합성함수 미분과정은 $\dfrac{dy}{dx}$ 이다.

이것에 도달하는 방법으로서,
함수 f 의 미분과정을 기준으로 해서

$$t' = f'(a) \to \frac{dt}{dx} = \lim_{\Delta x \to 0} \frac{\Delta t}{\Delta x}$$

$$= \lim_{x \to a} \frac{f(x) - f(a)}{x - a}$$

정의역 구간의 변화의 크기 dx 는 고정한 체, 상응하는 치역 변화구간의 크기를 dt 에서 dy 로 변경시킨 것으로 보는 것이다.

즉, $\displaystyle \lim_{x \to a} \frac{f(x) - f(a)}{x - a} \to \lim_{x \to a} \frac{(g \circ f)(x) - (g \circ f)(a)}{x - a}$

그러면 그 변화비율에 비례하여, 목표인 합성함수의 기울기는 커지거나 작아지게 되는 것이다. 그리고 그 변화비율이 바로 $g'(f(a))$ 인 것이다.

$$(g \circ f)'(a) = f'(a) \cdot g'(f(a)) \to g'(f(a)) = \lim_{f(x) \to f(a)} \frac{(g \circ f)(x) - (g \circ f)(a)}{f(x) - f(a)}$$

— 접근방법2: 함수 g 를 기준으로 정의역 구간의 변화비율을 조정한다.

목표인 이 합성함수 미분과정은 $\dfrac{dy}{dx}$ 이다.

이것에 도달하는 방법으로서, 함수 g 의 미분과정을 기준으로 해서

$$y'=g'(b)$$

$$\rightarrow \frac{dy}{dt}=\lim_{\Delta t \to o}\frac{\Delta y}{\Delta t}=\lim_{t \to b}\frac{g(t)-g(b)}{t-b}$$

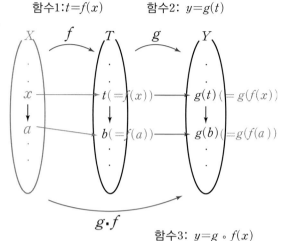

함수1:$t=f(x)$ 함수2: $y=g(t)$

함수3: $y=g \circ f(x)$

치역 변화구간의 크기 dy는 고정한 체, 상응하는 정의역 변화구간의 크기를 dt 에서 dx로 변경시킨 것으로 보는 것이다. 즉,

$$\lim_{t \to b}\frac{g(t)-g(b)}{t-b} \rightarrow \lim_{x \to a}\frac{(g \circ f)(x)-(g \circ f)(a)}{x-a}$$

그러면 그 변화비율에 반비례하여, 목표인 합성함수의 키울기는 작아지거나 커지게 되는 것이다.

그리고 그 변화비율이 바로 $f'(a)$ 인 것이다.

$$(g \circ f)'(a)=\frac{g'(f(a))}{\dfrac{1}{f'(a)}}=g'(f(a)) \cdot f'(a) \leftarrow \frac{1}{f'(x)}=\frac{dx}{dt} \Leftrightarrow f'(x)=\frac{dt}{dx}$$

– 매개변수 미분의 형상화: 미분의 확장에 대한 산술적 이해

이러한 접근방식은 결국 합성함수 미분을 위한 산술적인 연산 과정에 대한 해석이라 할 수 있다.

$$(g \circ f)'(x) = \lim_{\Delta x \to o} \frac{\Delta y}{\Delta x} = \lim_{x \to a} \frac{(g \circ f)(x) - (g \circ f)(a)}{x - a} \times \frac{f(x) - f(a)}{f(x) - f(a)}$$

$$= \lim_{x \to a} \frac{(g \circ f)(x) - (g \circ f)(a)}{f(x) - f(a)} \times \lim_{x \to a} \frac{f(x) - f(a)}{x - a}$$

$$= g'(t) \cdot f'(x) = g'(f(x)) \cdot f'(x)$$

그리고 이 과정을 극소구간에 대한 연산으로 해석하면,

$$(g \circ f)'(x) = g'(f(x)) \cdot f'(x) \to \frac{dy}{dx} = \frac{dy}{dt} \cdot \frac{dt}{dx}$$

→(접근방법1) $(g \circ f)'(x) = f'(x) \cdot g'(t)$

이 되어, 바로 매개변수 미분의 과정이 되는 것이다.

또 다른 형태의 매개변수 미분, $\dfrac{dy}{dx} = \dfrac{\frac{dy}{dt}}{\frac{dx}{dt}}$에 대해 살펴보면, 이것은 산술적으

로는 $\dfrac{dy}{dx} = \dfrac{dy}{dt} \cdot \dfrac{dt}{dx} = \dfrac{\frac{dy}{dt}}{\frac{dx}{dt}}$이 되므로, 합성함수 미분에 대한 하나의 확장 형태로

보는 시각에서 간접적인 이해를 해도 될 것이다.

그러나 보다 직접적인 이해를 위해, 다음과 같이 형상화를 해보자.

원 함수 $y = h(x)$ 에서 $x = f(t)$, $y = g(t)$ 로 치환했다고 하면, 그 관계를 다음의 그림처럼 형상화할 수 있다.

그런데 $f: T \to X$ 를 가지고, 역함수 관계를 취하면

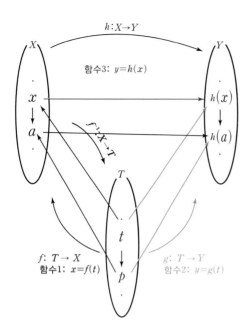

$f^{-1}:\ X\ \rightarrow\ T$ 이 되어,

함수 $h(x)=g\circ f^{-1}(x)$로 볼 수 있게 된다.

그러면 위의 합성함수의 미분관계로부터 다음과 같이 우리가 원하는 결과를 얻게 된다.

$$\Rightarrow \frac{dy}{dx}=\frac{1}{\dfrac{dx}{dt}}\cdot\frac{dy}{dt}=\frac{\dfrac{dy}{dt}}{\dfrac{dx}{dt}}$$

$$\rightarrow\ h'(x)=f^{-1\prime}(x)\,g'(t)$$

이러한 매개변수 미분은

다른 방식으로도 응용할 수 있는데,

$$\frac{dy}{dx}=\frac{\dfrac{dy}{dt}}{\dfrac{dx}{dt}}\ \rightarrow\ \frac{g'(t)}{f'(t)}\ \rightarrow\ \lim_{x\to a}\frac{g(x)}{f(x)}\overset{(\because g(a)=0)}{=}\frac{g(x)-g(a)}{f(x)-f(a)}\underset{(\because f(a)=0)}{=}\frac{g'(a)}{f'(a)}$$

위와 같이, 그 과정의 내용은 $\dfrac{o}{o}$, $\dfrac{\infty}{\infty}$꼴의 극한값을 구하기 위해 접선의 기울기, 변화율을 이용하는 로피탈정리와 연결이 된다.

즉 미분은 기본적으로 나눗셈연산에 해당이므로, 앞서 합성함수미분의 원리를 설명한 것처럼, 상호 대응관계를 맞추어 준다면, 매개변수간 다양한 연산이 가능하다. 이러한 매개변수 연산의 원리는 (곱셈+덧셈) 연산에 해당하는 적분에도 마찬가지로 적용된다.

07

미분과 적분 : 적분

1. 적분의 이해

- 적분의 정의에 대한 형상화

'적분은 미분의 반대이다' 라고 배운다. 그리고 대부분의 학생들은 미분의 공식을 역으로 적용하여, 유형별로 적분문제를 푸는 방법을 익힌다. 그래서 알고 있는 형태 이외의 것을 묻는 문제가 나오면 어찌할 바를 모르는 경우가 많다. 지금부터 적분이 어떻게 미분의 반대인지를 살펴봄으로써 적분의 개념을 형상화해 보도록 할 것이다.

한 점 $x=a$ 에서의 미분값 $f'(a)$란 그 한 점을 포함하는 극소구간 $(a,\ a+dx)$에서의 기울기를 뜻한다.이 내용을 확대해서 형상화해보면, 우측의 그림과 같다.

임의의 점 $x=a$ 에서의 순간기울기 $f'(a)=\dfrac{dy}{dx}$ $(x=a)$ 를 의미한다.

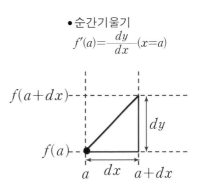

•순간기울기
$$f'(a)=\frac{dy}{dx}(x=a)$$

그리고 이것을 간략하게 표현하여, 우리는 $f'(x)=\dfrac{dy}{dx}$ 라고 쓰는 것이다.

단순히 형태적으로 미분공식을 외울 때와는 달리, 이 과정의 내용적인 이해를 통해 알 수 있는 것은, 한 점의 미분값(/기울기)는 그 점으로부터의 극소변화 dx에 대한 상응하는 dy, 즉 순간 변화량를 의미한다는 것이다. 즉 이것이 $f'(x)=\dfrac{dy}{dx}$이고, 이 식의 양변에 dx를 곱하여 정리하면 $dy=f'(x)dx$ 가 된다는 것이다.

이제 아래의 그림에 나타난 그래프의 형태를 가진, 원점을 지나는 함수 $y=f(x)$의 경우를 살펴보자.

우리가 해결해야 할 문제는 단지 도함수 $f'(x)$가 주어진 상황이라면, 이를 이용하여 어떻게 원 함수식, $f(x)$를 찾아 낼 것인가이다.

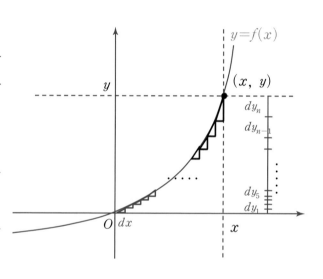

함수식 $y=f(x)$ 를 찾아낸다는 것은 임의의 점 $(x,\ y)$에 대하여 x와 y의 관계식을 찾아내는 것과 같다.

도함수를 알고 있다는 것은 임의의 x값에 대한 순간기울기를 알고 있는 것을 뜻한다.

이를 이용하기 위하여 $(0,\ x)$ 구간을 무한이 큰 n개로 쪼갠다. 그리고 하나의 구간을 dx $(\leftarrow \dfrac{x}{n})$로 놓는다. 그러면 도함수를 이용하여, 각 dx 구간에 대한 상응하는 dy 값들, $dy_1,\ dy_2,\ \cdots,\ dy_n$ 을 알아낼 수 있다.

$$\therefore\ y=\lim_{n\to\infty}\sum_{k=1}^{n}dy_k=\lim_{n\to\infty}\sum_{k=1}^{n}f'\!\left(\frac{kx}{n}\right)dx=\int_0^x f'(x)dx \ \to\ f(x)$$

여기서 적분기호 $\int_0^x$는 $\lim\limits_{n\to\infty}\sum\limits_{k=1}^{n}$를 뜻한다.

이런 연유로, $f(x)=\int_0^x f'(x)dx$가 되어 형태적으로 적분이 미분의 반대가 된 것이다.

이 내용을 원 함수가 원점을 지나지 않는 경우로 일반화하면, 우측의 그림에서 알 수 있듯이, 원 함수가 y축 방향으로 c만큼 평행이동한 꼴이 되어, $f(x)=\int_0^x f'(x)dx+c$가 된다.

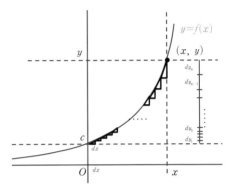

– 적분의 정의에 대한 형상화: 원시함수 $F(x)$와 적분상수 C

적분과 미분의 관계를 알았으니, 이제 피적분함수를 $f'(x)$에서 $f(x)$로 한 차원 높여서, 적분이 갖는 의미를 살펴보자.

$$f(x)=\int_0^x f'(x)dx \ \rightarrow \ F(x)=\int_0^x f(x)dx$$

우측의 그림처럼, 기준점으로서 원점을 지나는 함수 $y=f(x)$의 경우를 살펴보자.

$\int_0^x f(x)dx$는 $\lim\limits_{n\to\infty}\sum\limits_{k=1}^{n} f\left(\dfrac{kx}{n}\right)dx$를 의미한다.

$(0,\ x)$ 구간을 무한이 큰 n개로 쪼개어, 그 하나의 구간을 $dx\left(\leftarrow\dfrac{x}{n}\right)$로 놓았을 때, 각 $f\left(\dfrac{kx}{n}\right)dx$는 우측의 그림에 있는 각각의 막대기의 면적에 해당한다. 즉 $F(x)$는 모든 막대기 면적의 총합이 되고, n이 무한대로 가면, 함수의 아래 부분의 면적이 되는 것이다.

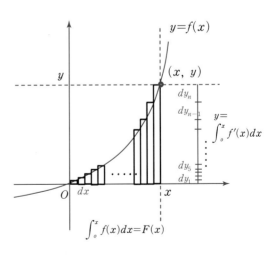

$$\int_o^x f(x)dx = \lim_{n \to \infty} \sum_{k=1}^{n} f\left(\frac{kx}{n}\right)dx \to F(x): \ 원시함수$$

마찬가지로,

이 내용을 원 함수가 원점을 지나지 않는 경우로 일반화하면, 우측의 그림에서 알 수 있듯이, 원 함수가 y축 방향으로 c만큼 평행이동한 꼴이 되어,

$$\int_o^x f(x)dx = \lim_{n \to \infty} \sum_{k=1}^{n} f\left(\frac{kx}{n}\right)dx = F(x)+C$$

가 된다.

즉 함수의 그래프가 y축 방향으로 평행이동하면 면적(/적분값)은 변하게 되는 것이다.

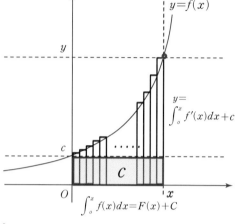

부정적분의 원시함수 $F(x)$는 피적분함수 $f(x)$ 를 원점을 지나도록 평행 이동하여, 0 부터 x 까지의 면적을 구하는 함수로 형상화할 수 있다. 그리고 적분상수 C는 피적분함수의 $x=0$에서의 초기값, y절편 c에 의해서 생성되는 면적 $C(=cx)$에 해당된다. 즉 원시함수는 $y=c$와 $x=x$ 그리고 $y=f(x)$로 둘러싸인 부호를 가진 면적함수에 해당한다 하겠다. 이때 피적분함수가 증가함수인 경우, 원점으로 평행이동 하였을 경우 $f(x)$가 양수가 되므로 원시함수는 양의 부호를 가지며, 감소함수인 경우 그 반대로 $f(x)$가 음수가 되므로 원시함수는 음의 부호를 갖게 된다.

사실 원시함수에 대한 형상화를 이렇게 까지 하지 않아도, 고등수학의 문제를 푸는 데는 크게 지장이 없을 수도 있다. 그러나 기본이 되는 사항에 대한 불확실성을 줄이면, 그 만큼 개념의 확장을 위한 자유로운 상상을 할 수 있게 될 것이다.

다음은 피적분함수 $f(x)$가 감소함소인 경우에 대한 적분 $\int_o^x f(x)dx$ 및 원시함수

$F(x)$ 그리고 적분상수에 대한 형상화이다.

$$\int_o^x f(x)dx = F(x) < o$$

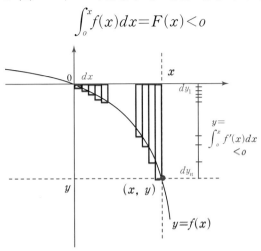

$$\int_o^x f(x)dx = F(x) + C > o$$

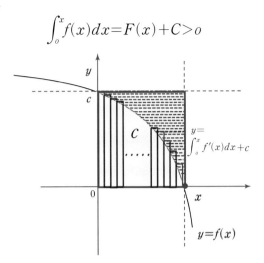

아래는 대표적인 두 가지 응용 케이스에 대한 적분 및 원시함수 그리고 적분상수에 대한 형상화이다.

– 피적분함수 $f(x)$가 증가함수이며, y절편이 음수 경우에 대한 형상화

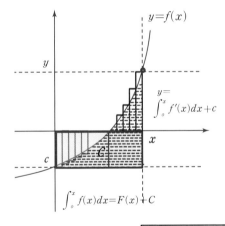

– 피적분함수 $f(x)$가 감소함수이며, y절편이 양수인 경우에 대한 형상화

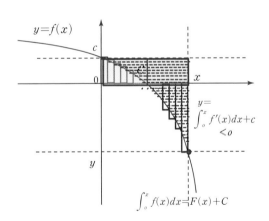

2. 정적분 -구분구적법의 이해

정적분을 간략히 형상화하면, 부호를 가진 구간의 면적을 구하는 것이라 할 수 있다.

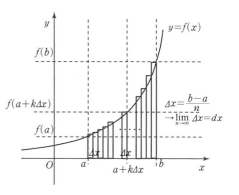

그것은 우측 그림에서 볼 수 있듯이, 함수 $y=f(x)$가 구간 $x=a$, $x=b$ 에서 x 축과 이루는 면적에 해당한다.

이 면적을 구해보면, 구간 (a, b) 를 n 개의 작은 구간으로 잘게 잘라서 Δx를 정의하고, $\Delta x=\dfrac{b-a}{n}$ 그에 따라 생기는 모든 막대기의 면적을 합산하면 될 것이다.

$$\lim_{n\to\infty}\sum_{k=1}^{n} f(a+k\Delta x)\Delta x,\ \left(\Delta x=\frac{b-a}{n}\right)$$

$$\to \int_a^b f(x)dx$$

그리고 이것은 $y=f(x)$ 함수를 x축 방향으로 a 만큼 평행이동시켜서, 우측의 그림처럼 구간 $(0, b-a)$ 에서 면적을 구한 것과 같다.

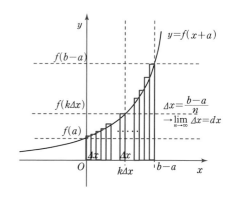

$$\lim_{n\to\infty}\sum_{k=1}^{n} f(a+k\Delta x)\Delta x,\ \left(\Delta x=\frac{b-a}{n}\right)$$

$$\to \int_0^{b-a} f(x+a)dx$$

$$\therefore \int_a^b f(x)dx=\int_0^{b-a} f(x+a)dx$$

이러한 성질을 잘 활용하면, 보다 편리하게 정적분 값을 계산할 수 있는 경우가 많은데, 아래에 그 예를 들어 보았다.

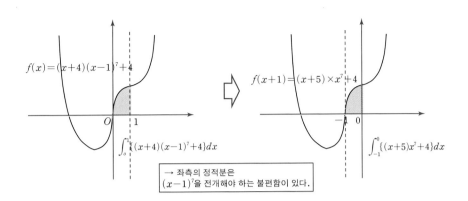

$f(x) = (x+4)(x-1)^7 + 4$

$\displaystyle\int_0^1 \{(x+4)(x-1)^7 + 4\}dx$

$f(x+1) = (x+5) \times x^7 + 4$

$\displaystyle\int_{-1}^0 \{(x+5)x^7 + 4\}dx$

→ 좌측의 정적분은
$(x-1)^7$을 전개해야 하는 불편함이 있다.

3. 부분적분법의 이해

 지금까지 알아본 바와 같이, 적분은 미분의 반대 개념으로서 적분함수는, 기본적으로 피적분함수 $f(x)$에 dx(일차원 길이에 해당)가 곱해진 것이므로, 원함수 $f(x)$보다 한차원씩 커지게 된다는 것을 알 수 있다.
 다항함수의 경우, 일차함수는 이차함수로, 이차함수는 삼차함수로, …

 $f(x)=x^n$ 형태의 다항함수의 적분은 $\int x^n dx = \dfrac{1}{n+1}x^{n+1}+c$ 인데, 이는 어떤 함수를 미분하면 x^n이 될지, 역으로 생각해 보면 그리 어렵지 않게 적분함수를 구할 수 있다.

 그러나 피적분함수에 우리가 미분함수로 예상하기 힘든 $f(x)$가 들어오면, 어떻게 적분을 해야 할까?
 기본적으로 적분의 정의를 이용해, 시도를 해야겠지만, 쉽지 않은 경우가 많이 있다.

$$\int_0^x f(x)dx = \lim_{n \to \infty} \sum_{k=1}^n f\left(\frac{kx}{n}\right)dx$$

 다음에 소개할 부분적분법은 이러한 때에 적용할 수 있는 유용한 적분원리이다.

〈부분적분법의 원리〉

부분적분법은 아래와 같이 곱의 미분원리를 이용한 것이다.

$$\{f(x)g(x)\}' = f'(x)g(x)+f(x)g'(x) \rightarrow f'(x)g(x) = \{f(x)g(x)\}' - f(x)g'(x)$$

이제 등식의 양변을 똑같이 적분하면,

$$\int f'(x)g(x)dx = \int \{f(x)g(x)-f(x)g'(x)\}dx$$

$$\rightarrow \int_a^x f'(x)g(x)dx = f(x)g(x)\big|_a^x - \int_a^x f(x)g'(x)dx$$

이 방법을 이용하면, 보다 많은 함수의 적분을 할 수 있는데

예를 들어, $\displaystyle\int \log\, x \cdot dx \rightarrow \int (x')\log\, x \cdot dx = x\log\, x - \int x(\log\, x)' dx = x\log\, x - x$

이렇듯 부분적분 방법은, 어떤 함수를 미분하면 $ln\ x$가 될지를 찾기 쉽지 않지만, 대신 미분을 할 수 있는 함수에 대해 적분을 수행하는 방법이라 할 수 있다.

4. 미분과 적분의 활용

1) 곡선의 길이 구하기

함수 $y=f(x)$가 만드는 곡선 위의 점 A 부터 B 까지의 거리는 어떻게 구할 수 있을까?

우측 그림에서 볼 수 있듯이, A 부터 B 까지의 곡선의 길이는 구간 $(a,\ b)$ 를 무한히 잘게 쪼개서 만들어지는 푸른색 직각삼각형의 빗변의 길이를 더한 것과 같음을 알 수 있다.

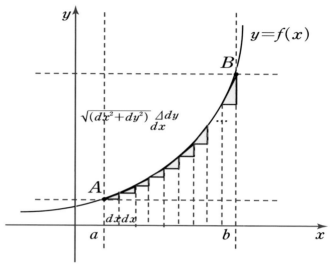

그런데 직각삼각형의 빗변의 길이는 피타고라스 정리에 의해 $\sqrt{(dx)^2+(dy)^2}$과 같으므로, 이를 모두 더하면 될 것이다.

즉,

$$\int_a^b \sqrt{(dx)^2+(dy)^2}=\int_a^b\sqrt{1+\left(\frac{dy}{dx}\right)^2}\cdot dx \ \ or \ \ \int_{t(a)}^{t(b)}\sqrt{\left(\frac{dx}{dt}\right)^2+\left(\frac{dy}{dt}\right)^2}\cdot dt$$

2) 일반함수에 대한 다항함수 표현 – 테일러 급수

함수에는 정말 많은 종류가 있다. 우리는 그 중 기본함수로서 n차의 다항함수들에 대해 배웠다. 그런데 이러한 다항함수를 이용하여, 임의의 특수함수들을 표현할 수 있을까?

왜냐하면 n차의 다항함수들은 각기 다양한 기울기를 가지므로, 그것들을 적절히 조합한다면 임의의 함수에 대한 표현을 할 수 있을 것 같기도 하기 때문이다.

결론적으로 그러한 표현방법은 정말로 있다. 테일러 급수라도 불리우는 것인데, 주된 원리는 부분적분법을 이용하는 것이다. 비록 고등학교 과정에는 나오지 않지만, 미분과 적분이 어떻게 활용될 수 있는지, 그 방향을 느낄 수 있는 무척 흥미로운 주제이므로 그 내용을 간단히 살펴보도록 하겠다.

임의의 미분가능한 함수 $f(x)$ 에 대해, 다음이 성립한다.

$$f(x)-f(a)=\int_a^x f'(x)dt$$

이제 부분적분법을 이용하기 위해서 $f'(t)=1\times f'(t)=(x-t)'\cdot(-f'(t))$로 놓는다. 그러면,

$$f(x)-f(a)=\int_a^x f'(t)dt=\int_a^x (x-t)'(-f'(t))dt=[-(x-t)f'(t)]_a^x+\int_a^x (x-t)(-f''(t))dt$$

이 부분적분 과정을 반복하면,

$$=[-(x-t)f'(t)]_a^x+\left[-\frac{(x-t)^2}{2}f''(t)\right]_a^x+\left[-\frac{(x-t)^3}{3!}f'''(t)\right]_a^x+\cdots+\int_a^x (x-t)\cdot$$

$(-f^{(n)}(t))dt$ 가 된다.

그리고 구간 값 $(x,\ a)$를 대입하여, 위 식을 정리하면 다음과 같다.

$$f(x)=f(a)+(x-a)f'(a)+\frac{(x-a)^2}{2!}f^{(2)}(a)+\frac{(x-a)^3}{3!}f^{(3)}(a)+\frac{(x-a)^4}{4!}f^{(4)}(a)+\cdots$$

- x가 a값에 가까우면, 적은 차수의 다항함수들의 합으로도 표현이 가능하지만,
- x가 a값에서 멀어질수록, 상응하여 높은 차수까지의 다항함수들을 필요로 한다.

이 방법을 적용하여, 몇 가지 특수함수들을 가지고, $a = 0$ 인 경우에 대해 다항함수식을 표현해보자.

- $e^x = 1 + x + \dfrac{x^2}{2!} + \dfrac{x^3}{3!} + \dfrac{x^4}{4!} + \dfrac{x^5}{5!} + \dfrac{x^6}{6!} + \cdots$

- $\sin x = x - \dfrac{x^3}{3!} + \dfrac{x^5}{5!} - \dfrac{x^7}{7!} + \dfrac{x^9}{9!} - \dfrac{x^{11}}{11!} + \cdots$

- $\cos x = 1 - \dfrac{x^2}{2!} + \dfrac{x^4}{4!} - \dfrac{x^6}{6!} + \dfrac{x^8}{8!} - \dfrac{x^{10}}{10!} + \cdots$

즉 이렇듯 미분과 적분을 활용하면, 삼각함수의 특수각이 아닌, 일반각들에 대한 정밀한 근사치 값도 구할 수 있다는 것을 알게 된 것이다.

형상화수학
고등수학 1등급 비결

Part 5
확률(確率)과 통계(統計)

01

확률(確率)

1. 경우의 수를 구하기 위한 일반적인 접근방법

경우의 수/확률 문제를 푸는 것을 특히 어려워하는 아이들이 많이 있다. 왜 그럴까?

그렇게 되는 대표적인 이유 중 하나는 효과적인 문제 해결을 위해서 어떻게 접근해야 할지 기준이 없기 때문이 아닐까 생각한다. 말하자면 그 동안은 나름의 기준을 가지고 문제를 접근했다기 보다는 그저 Case by case로 해당 문제에 맞는 접근 방법을 찾으려고 했다는 것이다.

원론으로 돌아가 경우의 수를 구한다는 것은 무엇일까? 그리고 왜 문제가 복잡해 지는 걸까? 생각해 보자.

만약 문제가 복잡해 지는 과정을 알아낼 수 있다면, 역으로 문제를 푸는 방법도 알아낼 수 있을 테니까 말이다.

일반적으로 경우의 수란 어떤 사건이 일어날 수 있는 경우의 가지 수를 말한다.

그런데 어떤 사건이 하나의 단일 사건인 경우는 경우의 수를 찾는 것이 그리 어려운 일이 아니다. 그런데 어떤 사건이 여러 개의 단일 사건들에 의한 복합적인 결합으로 구성되어 있다면 경우의 수를 찾는 것이 그리 쉬운 일이 아니게 된다.

즉 복합사건의 경우, 전체사건에 대한 구성을 파악해야만 문제를 효과적으로 접근할 수 있다.

이 내용을 길을 찾아가는 과정을 가지고 비유적으로 형상화해 보자.

오른쪽 그림과 같이, 단일 사건은 A지점에서 B지점까지 직접 가는 방법의 수를 의미하며, 복합사건은 A지점에서 B시점까지 가는 데 있어, 주어진 여러 개의 지점들을 거쳐서 가는 방법의 수를 의미한다.

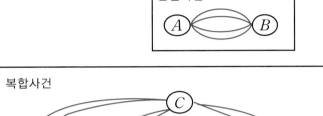

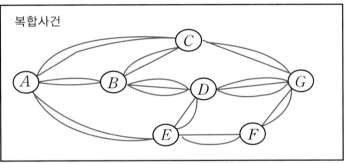

즉 경우의 수를 구하는 문제는 주어진 상황에서 출발점부터 시작하여 목표지점까지 가는 방법의 수가 모두 몇 가지나 되는 지를 묻는 것으로 볼 수 있다.

따라서 경우의 수를 구하는 문제를 효과적으로 풀기 위해서는,

① 우선 주어진 내용을 가지고, 전체 사건의 구도를 파악해 보는 것이 필요하다. 즉 내용형상화 과정이다. 그러면 전체 복잡도가 눈에 보이게 된다. 그리고 구체석인 이동방법의 수를 파악하기 위해서 다음의 순서로 작업을 진행한다.

② 목표지점을 기준으로 상호 이질적인 경로를 결정한다. 이것은 목표구체화 과정에 해당한다.

→ $A-C-G/A-D-G/A-F-G$

③ 각 경로 별로 구체적인 지점을 표시하고, 지점간 이동 방법의 수를 표시한다.

→ 이때가 경우의 수에 관한 구체적인 이론들이 적용되는 시점이다.즉 전체범위에서 막연하게 생각하는 것이 아니라, 각 경로 별로 구체화된 좁은 범위의 목표를 가지고, 이론적용의 실마리를 모색하는 것이다.

④ 각 경로에 대한 전체 방법의 수는 일련의 연결사건은 곱의 법칙으로 구하고, 배반사건은 합의 법칙으로 구한 후, 경로 별로 합산한다.

다음은 그림에 묘사된 내용을 가지고, 실제 적용을 한 모습이다.

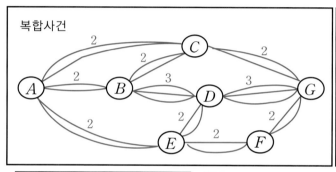

임의로 경로를 추가한 후 위의 과정을 적용을 해 보면, 적용 원리를 좀더 느낄 수 있을 것이다.

※ 전체사건 구성 시 고려사항

1. 적용 케이스가 몇 개 되지 않을 경우, 각 케이스를 배반사건들로 구분하여 합의 법칙을 적용하고, 케이스가 많을 경우, 전체사건을 몇 개의 부분 사건

들에 의한 연결사건으로 구성하여, 곱의 법칙을 적용한다.

2. 적용 케이스는 많은 데 곱의 사건구성이 용이치 않을 경우, 여집합을 구성하는 것을 고려한다.

◈ 연결사건의 구성 예

1) 전체사건 U: $\{a, b, c, d, e, f, g\}$ 에서 3개를 뽑아 나열하는 방법의 수

   − 전체사건에 대한 연결사건 식 해석: 첫 번째 열을 결정하고 난 후, 나머지를 가지고 두 번째 열을 결정하고, 마지막으로 나머지를 가지고 세 번째 열을 결정하면 전체 사건을 끝이 난다. (순열의 기본원리: $_nP_r$)

   → 구성: 전체사건=(사건A: 첫 번째 열 결정)×(사건B: 두 번째 열 결정)×(사건C: 세 번째 열 결정)

   → $U=A\times B\times C$ → $7\times6\times5=210$

   1−1. 전체사건 U: 0, 1, 3, 4, 5, 6 를 가지고 3자리 숫자 만들기

   → 사건A: 첫째 자리 결정하기, 사건B: 둘째 자리 결정하기, 사건C: 셋째 자리 결정하기

   → $U=A\times B\times C$ → $6\times6\times5=180$ (∵ 첫째 자리에는 0이 오지 못함)

2) 전체사건 U: $\{a, b, c, d, e, f, g\}$ 에서 3개를 뽑아 한 조를 만드는 방법의 수

   − 전체사건의 해석: 얼핏 보면 1) 번과 비슷하다. 그러나 차이점은 같은 3개의 원소를 뽑았을 경우, 1)번은 뽑은 순서에 따라 다르지만, 이번 문제는 한 조를 구성하는 것이므로 순서에 상관이 없다는 것이다. 즉 이번 사건은 1)번과 같이 뽑은 다음에 같은 원소들의 그룹핑을 통해 순서를 배제시키면 된다. (조합의 기본원리: $_nC_r=\dfrac{_nP_r}{r!}$)

   → 구성: 전체사건=(사건A: 3개를 뽑아 순서 있게 나열하기)×(사건B: 그룹핑하여 순서 배제시키기)

   → 임의의 3개의 원소 a, b, c에 의한 그룹핑 : (abc, acb, bca, bac, cab, cba) 총 6개$=3!$

$$\rightarrow U = A (= 7 \times 6 \times 5) \times B \left(= \frac{1}{3!} \right) \rightarrow \frac{7 \times 6 \times 5}{3 \times 2 \times 1} = 35$$

경우의 수 문제에 대한 논리적인 접근방법을 연습하라!

〈전체사건에 대한 구성방법의 기본원리 이해〉 +
〈목표 경로의 선택을 위한 전체사건의 구성 및 효과적인 접근방법의 모색〉

연습 절차

① 먼저 해당 경우의 샘플케이스를 만들어 보고, 목표 및 제한사항들을 구체적으로 이해한다.

② 목표에의 접근방법이 눈에 보이면서,

경우(/원소)의 수가 적을 경우, 하나씩 경우를 세거나 그룹별로 케이스를 분리한다. 즉 각각이 시작과 끝을 가진 온 사건으로 이루어진 개별적인 배반사건들로 구성한다.

A
B
C
D
E

경우(/원소)의 수가 많을 경우, 순서를 가진 부분사건들의 연결형태로 온 사건을 만드는 방식으로 연결사건 구성을 시도한다.

A_1	A_2	A_3	A_4	A_5

복합사건인 경우, 이 두 가지 접근방법을 적절히 조합하여, 전체사건을 구성한다.

③ 전체 집합 중 사건 A의 경우(/원소)의 수가 적을 경우 A의 원소의 개수를 직접 세고, A의 경우의 수가 너무 많아, 전체 구성이 어려울 경우 반대로 A^c의 원소의 개수를 세는 것을 고려한다.

→ 원방향에서의의 접근방법이 쉽게 보일 경우, 원방향의 접근방법을 선택하고, 원방향에서의의 접근방법이 잘 안보일 경우, 대우방향의 접근방법을 고려한다.

④ 연결사건으로 생각을 진행하다가, 혼란스런 부분을 만날 경우, 그 이유를 곰곰히 생각해보고, 필요시 케이스를 나눈 후 계속 생각을 진행한다.

문제 예: 4가지 다른 색깔로 이웃하는 영역이 서로 다른 색깔로 구분될 수 있도록, 칠하는 방법의 수

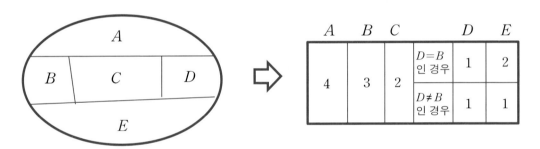

A	B	C		D	E
4	3	2	$D=B$ 인 경우	1	2
			$D \neq B$ 인 경우	1	1

2. 순열과 조합의 이해

◈ $_nC_r$의 변형모습들

n개 중에서 r개를 순서 없이 뽑는 조합에 대한 경우의 수, $_nC_r$의 계산은 n개 중에서 r개를 순서 있게 뽑는 순열에 대한 경우의 수, $_nP_r$ 모두를 대상으로 하여, 같은 원소를 가진 것끼리 그룹핑을 했을 경우 한 그룹당 동일하게 나오는 수, $r!$로 나눔으로써, 순서를 배제시키는 방법을 사용한다. 즉

$$_nC_r = \frac{_nP_r}{r!} = \frac{n!}{(n-r)!r!}$$

그런데 이 조합에 대한 경우의 수, $_nC_r$은 여러가지 다른 모습으로 표현되기도 하는데, 지금부터 대표적인 두 가지 경우와 적용 예를 살펴보도록 할 것이다.

첫 번째는 $_nC_r = {}_{n-1}C_r + {}_{n-1}C_{r-1}$ 로 n의 차수를 줄여 나가는 방법이다.

차수를 줄인다는 것은 그만큼 계산이쉬워진다는 의미를 가진다.

우측에 그 원리를 표로 정리해 놓았는데, 이것은 r개중 특정원소 a를 가진 것과 가지지 않은 두 개의 배반 그룹으로 나누는 방법을 사용한 것이다.

전체 대상 그룹 : $_nC_r$	특정 원소 a가 포함되지 않은 그룹	$_{n-1}C_r$
	특정 원소 a가 포함되어 있는 그룹	$_{n-1}C_{r-1}$

아래는 이 원리를 이용한 적용 예제이니, 어떻게 변형되는지 그 형태를 구체적으로 살펴보기 바란다.

$${}_{10}C_4 = {}_9C_3 + {}_8C_3 + {}_7C_3 + {}_6C_3 + {}_5C_3 + {}_4C_3 + {}_3C_3$$: 왜 이렇게 될까?

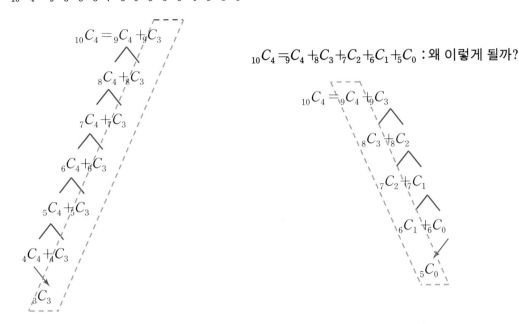

$${}_{10}C_4 = {}_9C_4 + {}_8C_3 + {}_7C_2 + {}_6C_1 + {}_5C_0$$: 왜 이렇게 될까?

위의 변형 모습들은 아래에 기술한 이항정리에서 나오는 형태와 유사하므로, 서로 비교해서 그 차이를 인지할 수 있기를 바란다.

— 이항정리와의 비교:

$$(1+1)^{10} = {}_{10}C_0 + {}_{10}C_1 + {}_{10}C_2 + {}_{10}C_3 + {}_{10}C_4 + {}_{10}C_5 + {}_{10}C_6 + {}_{10}C_7 + {}_{10}C_8 + {}_{10}C_9 + {}_{10}C_{10} = 2^{10}$$

두 번째는 $${}_nC_r = \frac{n}{r} \times {}_{n-1}C_{r-1} = \frac{n(n-1)}{r(r-1)} \times {}_{n-2}C_{r-2} = \frac{n(n-1)(n-2)}{r(r-1)(r-2)} \times {}_{n-3}C_{r-3}$$

로 이것 역시 n의 차수를 줄여 나가는 방법이나, 접근방식이 조금 다르다.

즉 n개중 미리 한 개를 지정할 경우, 나머지 $n-1$개 중에서 $r-1$개만 뽑으면 될 것이라는 시각에서 출발한 것으로, 그렇게 했을 경우 생기는 중복횟수를 제거하는 방법이다.

보다 쉬운 상상을 위해, 아래에 구체적인 예제를 통해 그 원리를 설명하였다. 원리를 이해한다면, 이 귀납적 케이스에 대한일반화는 자연스러운 것이 됨을 알 수 있을 것이다.

(예제) a, b, c, d, e, f, g 7개 중 순서 없이 4개 뽑기 : $_7C_4$

4 개씩($\rightarrow r$ 개씩) 중복

전체 대상 그룹 : $_7C_4$ $=$ $\dfrac{7\times_6C_3}{4}$	원소 a 가 지정된 그룹 : $_6C_3$	a : $\boxed{a\ b\ c\ d}$ $\boxed{a\ b\ c\ e}$ $\boxed{a\ b\ c\ f}$ $\cdots$
	원소 b 가 지정된 그룹 : $_6C_3$	b : $\boxed{b\ a\ c\ d}$ $\boxed{b\ a\ c\ e}$ $\boxed{b\ a\ c\ f}$ $\cdots$
	원소 c 가 지정된 그룹 : $_6C_3$	c : $\boxed{c\ a\ b\ d}$ $\boxed{c\ a\ b\ e}$ $\boxed{c\ a\ b\ f}$ $\cdots$
	원소 d 가 지정된 그룹 : $_6C_3$	d : $\boxed{d\ a\ b\ c}$ $\boxed{d\ a\ b\ e}$ $\boxed{d\ a\ b\ f}$ $\cdots$
	원소 e 가 지정된 그룹 : $_6C_3$	e : $\boxed{e\ a\ b\ c}$ $\boxed{e\ a\ b\ d}$ $\boxed{e\ a\ b\ f}$ $\cdots$
	$\cdots$(7개 $\longrightarrow$ n개)	$\cdots\cdots$ $\boxed{f\ a\ b\ c}$

3. 중복순열에 대한 이해

일반 순열이 n개중 서로 다른 원소 r개를 순서를 가지고 나열하는 방법에 대한 경우의 수라면, 종복순열은 같은 원소를 여러 개 중복해서 r개를 뽑는 것도 허용하는 순열에 대한 경우의 수이다.

이것에 대한 접근 시나리오는 $\boxed{}\boxed{}\cdots\boxed{}$ r개의 칸을 채우는 $_nП_r=n^r$: 것으로 생각할 : 수 있다. 그런데 각 칸의 들어갈 수 있는 경우의 수는 n 가지이므로, $\underbrace{n \cdot n \cdot n \cdots n}_{r개}=n^r$이 되므로, 쉽게 증명이 된다.

실제 적용 예제를 가지고 중복순열의 원리를 어떻게 활용할 수 있는지 알아보도록 하자.

예제) $f:\ X \rightarrow Y,\ X =\{1,\ 2,\ 3,\ 4,\ 5\}$, $Y=\{1,\ 2,\ 3,\ 4,\ 5,\ 6\}$으로 주어졌을 때, 치역의 원소 개수가 2개인 함수의 개수를 구해보자.

치역의 원소에 제한을 두지 않았다면, 각 정의역 원소는 6개의 공역에 있는 원소들이 할당 될 수 있으므로, 가능한 총 함수의 종류는 쉽게 6^5개가 됨을 알 수 있다. 그런데 치역의 개수가 제한되었을 때는 어떨까?

이 문제에서는, 치역의 개수가 2개인 함수를 구성하는 것이 전체사건이 된다. 우측 그림을 참고하여 목표 함수를 구성하기 위한 기본 흐름을 생각해 보면,

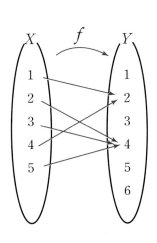

치역을 정한다. $\rightarrow \{a,\ b\}$	a에 정의역 원소를 할당한다.	b에 정의역 원소를 할당한다.

와 같이 3개의 연결사건으로 구성하면, 전체 사건은 해결이 된다.

그러면 위의 접근시나리오를 적용하여 실제 계산을 해 보자.

치역을 정한다 → $(a,\ b)$	a에 정의역 원소를 할당한다	b에 정의역 원소를 할당한다	+순서 반영
총 가지수: $_6C_2$	1개 할당: $_5C_1$	나머지 할당: 정해짐 → 1	1×2
	2개 할당: $_5C_2$	나머지 할당: 정해짐 → 1	
	3개 할당: 2개 할당에 포함	—	
	4개 할당: 1개 할당에 포함	—	

총 경우의 수$=_6C_2\times(_5C_1\times1+_5C_2\times1)\times2=450$ 가지

이 값이 바로, 주어진 조건에서 치역의 원소 개수를 2개로 구성 가능한 함수의 개수이다.

그런데 이것을 역방향으로 생각하여, 아래와 같이 여집합 개념을 이용하면, 중복순열의 원리를 이용하여 $_6C_2\times(_2\Pi_5-2)=15\times(2^5-2)=450$ 으로 좀더 간편하게 같은 결과를 얻을 수 있다.

치역을 정한다 → $(a,\ b)$: $_6C_2$	역방향으로 $\{a,\ b\}$를 치역으로 하는 함수의 개수를 구한다
	$\{a,\ b\}$ 를 공역으로 하는 전체함수의 개수에서 $\{a\}$ 또는 $\{b\}$ 를 치역으로 하는 함수의 수를 제외한다: $_2\Pi_5-2$

정방향에서 구할 때, 대상 개수가 많을 때는, 역방향으로 생각하는 것도 잊지 말고 고려하도록 하자.

4. 중복조합에 대한 이해

일반 조합이 n개중 서로 다른 원소 r개를 순서 없이 뽑은 방법에 대한 경우의 수라면, 종복조합은 같은 원소를 여러 개 중복해서 r개를 뽑는 것도 허용하는 조합에 대한 경우의 수이다.

$$_nH_r =\ _{r+n-1}C_{n-1} =\ _{r+n-1}C_r$$

중복조합의 원리에 대해 상상을 쉽게 하기 위하여,

아래의 예제를 가지고 중복조합의 접근방법에 대해 설명하도록 하겠다.

(예제) a, b, c, d, e 5개 중 3개를 중복을 허용하여, 순서 없이 뽑기 : $_5H_3$

한번 목표상황에 대해 구체적으로 알기 위하여, 임의로 3개씩을 뽑아보자.

aaa, abc, aab, bbb, cde, cdd, $\cdots$

구체화된 대상들을 추출하기 위하여 무엇이 필요한지 생각해 보자.

1) □□□ 세 개의 박스를 채워야 하는데, 어느 것을 채워야 할지 결정해야 한다.

2) a, b, c, d, e 다섯 개의 대상을 구분하려면, 4개의 구분자가 필요하다.

이 둘을 만족시킬 수 있는 방법을 각자 한번 찾아보자.

아래의 시나리오를 도출해 낼 수 있다면, 여러분의 능력은 아주 훌륭한 것입니다^^

→ 접근시나리오: 뽑아야 될 원소가 들어갈 3 개의 박스와 4 개의 구분자를 포

함한, 총 7자리를 대상으로 하여, 그 중 구분자 4 개의 위치
를 결정한다. 그러면 나머지 3자리에 들어가야 할 원소가 결정
된다.

$$\boxed{}\boxed{}\boxed{}\boxed{/}\boxed{/}\boxed{/}\boxed{/} \Rightarrow \boxed{a}\boxed{a}\boxed{a}\boxed{/}\boxed{/}\boxed{/}\boxed{/}$$

$$\boxed{}\boxed{/}\boxed{}\boxed{/}\boxed{/}\boxed{}\boxed{/} \Rightarrow \boxed{a}\boxed{/}\boxed{b}\boxed{/}\boxed{/}\boxed{d}\boxed{/}$$

$$\boxed{/}\boxed{/}\boxed{/}\boxed{/}\boxed{}\boxed{}\boxed{} \Rightarrow \boxed{/}\boxed{/}\boxed{/}\boxed{/}\boxed{e}\boxed{e}\boxed{e}$$

※ 구분자 규칙: n번째 구분자의 비어 있는 앞자리는 모두 n 번째 원소를 채
우고, n번째 구분자의 비어 있는 뒷자리는 모두 $n+1$ 번째 원
소를 채운다. 각 자리가 비어 있지 않으면, 해당 원소는 건너
뛴다.

→ 예: 첫번째 구분자의 앞 자리가 비어 있으면, 첫번째 원소인 a를 채운다.
첫번째 구분자의 앞 자리가 비어 있지 않으면, 첫번째 원소인 a는 건
너 뛴다.
마지막($/n-1$ 번째)구분자의 뒷자리가 비어 있으면, 마지막 원소 e를
채운다.

따라서 이 예제의 a, b, c, d, e 5개 중 3개를 중복을 허용하여, 순서없이 뽑는
경우의 수는,

$$_5H_3 = {}_{3+5-1}C_{5-1} = {}_7C_4 = {}_7C_3 \text{ 가 된다.}$$

이 내용을 일반화하면, 중복조합의 풀이공식인 $_nH_r = {}_{r+n-1}C_{n-1}$ 을 얻게 되는 것
이다.

실제 적용 예제를 가지고 중복조합의 원리를 어떻게 활용할 수 있는지 알아보

도록 하자.

예제) $f: X \rightarrow Y$, $X=\{1,~2,~3,~4,~5\}$, $Y=\{1,~2,~3,~4,~5,~6\}$ 으로 주어졌을 때, 치역의 원소 개수가 2개인 증가함수의 개수를 구해보자.

치역의 개수가 2개인 함수를 구성하는 것이 전체사건이 된다.

우측 그림을 참고하여 목표 함수를 구성하기 위한 기본 흐름을 생각해 보면,

치역을 정한다 → $\{a,~b\}$ 단, $a<b$	원소 a에 정의역 원소를 할당한다 －증가함수가 되려면, 순차적 할당이 되어야 한다.	원소 b에 정의역 원소를 할당한다 －증가함수가 되려면, 순차적 할당이 되어야 한다.

와 같이 3개의 연결사건으로 구성하면, 전체 사건은 해결이 된다.

그러면 위의 접근시나리오를 적용하여 실제 계산을 해 보자.

치역을 정한다 →$\{a,~b\}$,$a<b$	a에 정의역 원소를 할당한다	b에 정의역 원소를 할당한다	＋ 순서 반영
총 가지수: $_6C_2$	1개 할당:$\{1\}$ 한가지	나머지 할당:$\{2,~3,~4,~5\}$	없음: 증가해야 하므로 하나의 순서만 유효
	2개 할당:$\{1,~2\}$ 한가지	나머지 할당: $\{3,~4,~5\}$	
	3개 할당:$\{1,~2,~3\}$ 한가지	나머지 할당: $\{4,~5\}$	
	4개 할당:$\{1,~2,~3,~4\}$ 한가지	나머지 할당: $\{5\}$	

총 경우의 수$=_6C_2\times(1\times1+1\times1+1\times1+1\times1)\times1=60$ 가지

이 값이 바로, 주어진 조건에서 치역의 원소 개수를 2개로 구성 가능한 함수의

개수이다.

그런데 이것을 역방향으로 생각하여, 아래와 같이 여집합 개념을 이용하면, $_6C_2 \times (_2H_5 - 2) = _6C_2 \times (_6C_1 - 2) = 60$으로 좀더 간편하게 같은 결과를 얻을 수 있다.

	역방향으로 $\{a,\ b\}$를 치역으로 하는 함수의 개수를 구한다
치역을 정한다 $\rightarrow (a,\ b) : _6C_2$	$\{a,\ b\}$를 공역으로 하는 전체 증가함수의 개수에서 $\{a\}$ 또는 $\{b\}$를 치역으로 하는 함수의 수를 제외한다: $_2H_5 - 2$

좀더 설명하면, 하나의 조합에 해당하는 같은 원소들로 구성된 대상 집단에, 순서를 부여하면, 나열순서에 따라 여러 개의 순열이 생기게 된다. 그런데 이 순열에 증가 또는 감소 등 유일조건을 부가하면, 오직 하나의 순열만 유효하게 된다. 즉 위의 시나리오에서 증가함수의 개수를 구하는 것과 조합의 개수를 구하는 것은 서로 일치하는 것이다.

5. 순열/조합/중복순열/중복조합의 원리 그리고 함수의 종류와의 상호 관계

이번에는 경우의 수와 관련된 각 순열/조합/중복순열/중복조합 원리들간의 상호 관계를 살펴보면서, 이와 상응하여 정의역 $X=\{1, 2, 3, \cdots, n\}$과 공역 $Y=\{1, 2, 3, \cdots, m\}$ 그리고 치역 $f(X)=\{1, 2, 3, \cdots, r\}$ $(r \leq n \ \& \ r \leq m)$ 로 주어졌을때, 가능한 함수의 종류를 알아보도록 하자. 이 과정을 통해 경우의 수 이론들 간의 상호 연결고리를 찾기를 바랍니다.

순열에 대한 경우의 수가 이미 주어진 경우,
– 조합에 대한 경우의 수를 구하는 방법은 순열에 대한 경우의 수에서 같은 원소를 가진 것들을 가지고 그룹핑을 함으로써 순서를 배제시키는 것이라 할 수 있다. $_nC_r = \dfrac{_nP_r}{r!}$

그리고 연관된 함수의 종류를 살펴보면,
– 조합은 $f: X \rightarrow Y$ 에서 증가 또는 감소하는 일대일 대응함수의 개수를 뽑는 것과 같다. 그것은 치역의 원소가 정해지면, 오직 한가지 대응순서만이 주어진 함수조건을 만족하기 때문이다.

반대로 미리 조합에 대한 경우의 수가 주어진 경우,
– 순열에 대한 경우의 수를 구하는 방법은 조합에 대한 경우의 수에서 각 조합에 대해 원소들간의 나열 순서를 부여하는 것과 같다고 할 수 있다.
$_nP_r = {_nC_r} \times r!$

그리고 연관된 함수의 종류를 살펴보면,
순열은 $f: X \rightarrow Y$ 에서 가능한 모든 일대일 대응함수의 개수를 뽑는 것과 같다. 이때 $n \leq m$. 그것은 치역의 원소가 정해지면, 가능한 모든 대응순서가 서로 다른 함수를 만들어 내기 때문이다.

중복순열에 대한 경우의 수를 이미 알고 있을 경우,

중복조합에 대한 경우의 수를 구하는 방법은 중복순열에 대한 경우의 수에서 같은 원소를 가진 것들을 가지고 그룹핑을 함으로써 순서를 배제시키는 것이라 할 수 있을 것이다.

$_nH_k = {_n\Pi_k}/$(순서 배제 경우의 수). 그런데 이 식은 개념적인 관계일 뿐이다. 왜냐하면 단순조합의 경우와는 달리, 각 경우마다 뽑는 원소의 개수도 다를 수 있고 또한 중복의 대상과 개수도 서로 다를 수 있으므로, 이 순서배제 경우의 수가 모두 에게 똑같이 $r!$ 이 되지 않기 때문이다. 따라서 실제 계산은 케이스별로 나누어 따로 따로 계산하여야 할 것이다.

– 반대로, 중복조합에 대한 경우의 수를 이미 알고 있을 때, 중복순열에 대한 경우의 수 구하는 것도 위와 마찬가지 논리를 따른다.

즉 중복조합/중복순열의 경우는 우선 뽑는 원소의 개수를 분리하여, 케이스별로 접근하여야 한다.

예제를 통해 이에 대한 내용을 좀더 살펴보도록 하자.

예제) $f: X \rightarrow Y$, $X = \{1, 2, 3, 4, 5, 6, 7\}$, $Y = \{1, 2, 3, 4, 5, 6, 7\}$

1. 임의의 x_1, $x_2 \in X$에 대하여, $x_1 < x_2 \rightarrow$ $f(x_1) \leq f(x_2)$가 성립하는 함수의 개수는?우측 그림과 같이, 목표 상황에 부합되는 몇 가지 케이스를 우선 구체화해 보자.

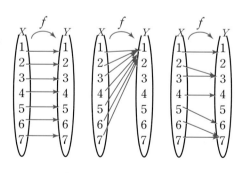

내용을 살펴보니, 정의역 원소 1, 2, 3, 4, 5, 6, 7 에 대응되는 공역의 원소를 나

형상화수학
고등수학 1등급 비결

열할 경우,

　　－ 첫 번째 함수의 케이스는 1, 2, 3, 4, 5, 6, 7

　　－ 두 번째 함수의 케이스는 1, 1, 1, 1, 1, 1, 1

　　－ 세 번째 함수의 케이스는 1, 3, 3, 4, 6, 7, 7

　　···가 된다.

이는 7개의 원소 중에서 7개를 중복해서 뽑는 중복조합에 해당함을 알 수 있다. 그리고 순열이 아닌 조합인 이유는 하나의 세트가 정해지면, 증가함수이므로 오직 하나의 순서만 유효하게 되기 때문이다. 따라서 정의역의 원소가 7개이고 공역의 원소가 7개로 주어진 상황에서, 가능한 증가함수의 개수는 $_7H_7 = {}_{13}C_6$ 이다. 참고로 그냥 총 함수의 개수는 중복순열에 해당하며 $_7\Pi_7 = 7^7$이 된다.

2. $f(1) < f(2) < f(6)$ 이고 $f(3) \geq f(4) \geq f(5)$를 만족시키는 함수의 개수는?

우측 그림과 같이, 목표 상황에 부합되는 몇 가지 케이스를 우선 구체화해 보자.

접근시나리오는 간단하다.

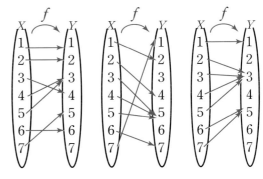

1, 2, 6 을 할당한다	3, 4, 5 를 할당한다	7 을 할당한다

앞 문제의 경험을 바탕으로 정리해보면, 첫 번째 조건은, 일대일 증가함수의 경우로 $_7C_3$이 되고, 두 번째 조건은, 증가함수의 경우로, $_7H_3$이 된다.

그리고 마지막 정의역 원소 7은 아무데로 가도 된다. 따라서 주어진 조건을 만족하는 함수의 개수는 $_7C_3 \times _7H_3 \times 7$이 된다.

3. $f(1) \leq f(2) \leq f(3) < f(4) \leq f(5)$ 를 만족시키는 함수의 개수는?

다음 그림과 같이, 목표 상황에 부합되는 케이스를 구체화해 보자.

그런데 조건을 만족하는 케이스가 너무 다양해 내용 정리가 쉽지 않다. 그래서 정방향의 내용이 많으니, 반대로 역방향을 고려해 보자.

조건의 내용을 잘 살펴보니, 주어진 조건은

$\{f(1) \leq f(2) \leq F(3) \leq f(4) \leq f(5)\} - \{f(1) \leq f(2) \leq f(3) = f(4) \leq f(5)\}$

로 바꿀 수 있다.

그러면 실마리를 풀어갈 수 있을 정도로 조금 간단해 졌다.

왼쪽의 조건은 1, 2, 3, 4, 5 는 증가함수로 할당하고 6, 7은 아무데로…. 따라서 $_7H_5 \times 7 \times 7$이 된다.

오른쪽의 조건은 3, 4 를 한 세트로 묶어 1, 2, (3, 4), 5 는 증가함수로 할당하고 6, 7 은 아무데로…. 따라서 $_7H_4 \times 7 \times 7$가 된다.

그러므로 문제의 조건을 만족시키는 함수의 개수는 $(_7H_5 - {}_7H_4) \times 7 \times 7$이 된다.

6. 독립사건 과 종속사건의 이해

〈조건부확률에 대한 이해〉

기준으로 정의된 전체사건 안에서 발생할 수 있는, 확률이 0 가 아닌 두 사건 A, B 에 대하여

조건부확률 $P(B/A)$ 란 사건 A 가 있어 났다는 가정하에 사건 B 가 일어날 확률을 의미한다.

$$- P(B/A) = \frac{P(B \cap A)}{P(A)}$$

우측에 예시된 그림의 각 경우에 대해 확률을 계산해 보면,

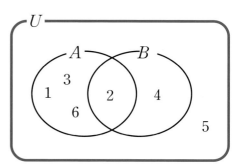

Case 1> 전체사건 U: 주사위를 던졌을 때 나오는 눈의 수

　　　　A : 6의 약수 사건, B: {2, 4} 가 발생할 사건

$$- P(A) = \frac{2}{3}, \ P(A/B) = \frac{1}{2}$$

$$- P(B) = \frac{1}{3}, \ P(B/A) = \frac{1}{4}$$

Case 2> 전체사건 U: 주사위를 던졌을 때 나오는 눈의 수

　　　　$- A$: 짝수사건, B: 3의 배수 사건

$$- P\left(A\right) = \frac{1}{2}, \ P(A/B) = \frac{1}{2}$$

$$- P\left(B\right) = \frac{1}{3}, \ P(B/A) = \frac{1}{3}$$

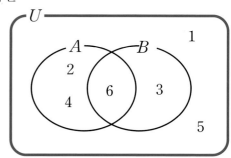

〈독립사건 그리고 종속사건에 대한 이해〉

독립사건이란, 어떤 한 사건이 일어날 가능성이 다른 사건이 발생하던 발생 하지 않던, 그 영향을 받지 않는 사건을 뜻한다.

이 내용을 수식으로 표현하면,

- $P(B/A)=P(B/A^c)=P(B)$ & $P(A/B)=P(A/B^c)=P(A)$ 일 때,

사건 A 와 B 는 서로 독립이라고 한다.

위의 Case 2 가 서로 독립인 두 사건의 예를 표현하고 있다.

- U : 정의된 전체사건 ―주사위를 던졌을 때 나오는 눈의 수

- A : 짝수사건, B: 3의 배수 사건

그와 반대로 사건 B가 일어날 확률(/가능성)이 사건 A 의 영향을 받을 때,

- $P(B/A) \fallingdotseq P(B/A^c)$일 때, 사건 A와 B는 서로 종속이라고 한다.

위에 예시된 케이스들을 살펴보면, 전체사건이 주사위를 한번 던졌을 때 나오는 눈의 수라고 하였을 때, Case 1은 서로 종속인 두 사건의 예를 표현하고 있고, Case 2는 서로 독립인 두 사건의 예를 표현하고 있다.

〈독립사건 여부에 대한 판단〉

하나의 전체사건에 속하는 두 사건 A, B 가 서로 독립이기 위한 필요충분조건:

→ 두 사건이 독립사건이 되기 위한 조건은

- $P(B/A)=P(B/A^c)=P(B)$ & $P(A/B)=P(A/B^c)=P(A)$

→ $P(B/A)=\dfrac{P(B \cap A)}{P(A)}P(B)$, $P(B/A)=\dfrac{P(A \cap B)}{P(B)}P(A)$

위의 두 식을 만족시키는 조건을 찾으면,

$P(A \cap B)=P(A) \cdot P(B)$ (단, $P(A)>0$, $P(B)>0$)

가 된다.

사례> 전체사건 U : 주사위를 던졌을 때 나오는 눈의 수

첫 번째 경우> A : 6의 약수 사건, B: 소수 사건

ㅡ $P(A)=\dfrac{2}{3}$, $P(B)=\dfrac{1}{2}$, $P(A\cap B)=\dfrac{1}{3}$

ㅡ $P(A)\cdot P(B)=\dfrac{2}{3}\times\dfrac{1}{2}=\dfrac{1}{3}=P(A\cap B)$

∴ 두 사건 A, B 는 서로 독립이다.

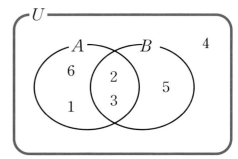

두 번째 경우> A : 짝수 사건, B: 3의 배수 사건

ㅡ $P(A)=\dfrac{1}{2}$, $P(B)=\dfrac{1}{3}$, $P(A\cap B)=\dfrac{1}{6}$

ㅡ $P(A)\cdot P(B)=\dfrac{1}{2}\times\dfrac{1}{3}=\dfrac{1}{6}=P(A\cap B)$

∴ 두 사건 A, B 는 서로 독립이다.

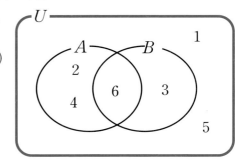

세 번째 경우> A : 짝수 사건, B: 소수 사건

ㅡ $P(A)=\dfrac{1}{2}$, $P(B)=\dfrac{1}{2}$, $P(A\cap B)=\dfrac{1}{6}$

ㅡ $P(A)\cdot P(B)=\dfrac{1}{2}\times\dfrac{1}{2}=\dfrac{1}{4}\neq P(A\cap B)$

∴ 두 사건 A, B는 서로 종속관계에 있다.

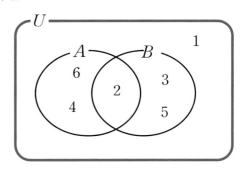

좀더 자세히 살펴보면,

ㅡ $P(A)=\dfrac{1}{2}$, $P(A/B)=\dfrac{1}{3}$, $P(A/B^c)=\dfrac{2}{3}$

ㅡ $P(B)=\dfrac{1}{2}$, $P(B/A)=\dfrac{1}{3}$, $P(B/A^c)=\dfrac{1}{3}$

으로 독립의 조건을 만족시키지 못함을 알 수 있다.

이해를 견고히 하기 위해서, 일반적으로 큰 의미를 갖지는 못하지만 개념의 경계선 상에 위치해 있는 극단적인 상황에 대해 살펴보자.

1) 하나의 전체사건 내에서 교집합이 ϕ 인 배반사건 관계에 있는 두 사건은 과연 독립일까? 종속일까?

배반사건을 이루는 두 사건은 독립사건이 되지 못한다.

이는 우측 그림처럼,

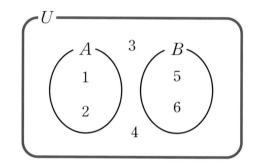

- $B \cap A = \phi \rightarrow P(B/A) = \dfrac{P(B \cap A)}{P(A)} = 0$

가 되며,

- $B \cap A^c = B \rightarrow P(B/A^c) = \dfrac{P(B \cap A^c)}{P(A^c)}$

$= \dfrac{P(B)}{P(A^c)} \neq 0$ 이기 때문이다.

2) 별개의 독립시행에서 나온 두 사건은 서로 독립일까? 종속일까?

별개의 독립시행을 각각 별도의 전체사건을 구성하는 경우, 한쪽이 다른 한쪽에 영향을 주지 못한다. 사실 이럴 경우 독립, 종속의 논의 자체가 성립되지 않는다.

- 독립시행과 독립사건의 관계에 대한 고려

확률계산은 모집단이 되는 전체 사건을 어떤 시각으로 보고, 어떻게 규정하느냐에 따라 달라진다. 많은 경우, 별개의 독립시행은 별개의 사건으로 구성되므로, 확률 또한 별개로 계산된다.

하지만, 여러 개의 개별시행을 하나의 전체사건으로 구성할 수도 있다. 이런 경우, 전체사건을 구성하는 새로운 시각에 따라, 전체 사건에 속하는 원소의 개수는 다르게 산정되어 질 것이다. 그리고 이 경우에는 별개의 독립시행에 속한 사건들은 서로 교집합이 없는 배반사건의 형태가 될 것이므로, 서로 독립 사건이 되지는 않을 것이다.

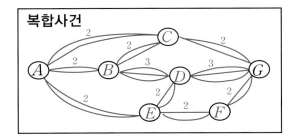

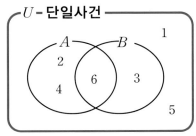

02

통계(統計)

1. 통계의 목적/성격 그리고 기본적인 자료분포 분석방법

왜 학생들은 통계를 어려워 할까?

부분적인 이론의 파편들은 알고 있으나, 아직 서로 연결을 하지 못한 상태여서 통계이론에 대해 전체적으로 형상화된 그림을 갖고 못하고 있기 때문이다.

지금부터 떨어져 있는 이론의 파편들을 모아 스토리를 가지고 서로 엮어보자. 이를 위해 우선
통계의 기본적인 질문 몇 가지를 답변하는 과정을 통해, 통계의 전체적인 윤곽을 그려보도록 하자.

〈통계의 목적 : 이론의 방향에 대한 이해〉
: 표본의/현재의 정보로부터 보다 정확한 모집단에 대한/미래에 대한 예측을 해
　내는 데 있다

- 확률변수: 추정/예측을 하고자 하는 성질/요소
- 모 집 단: 추정/예측의 대상인 성질/요소를 담고 있는 논리적 또는 실질적인 전체 집단
- 표본집단: 모집단의 성질을 추정하기 위한 테스트 베드, 샘플들
- 분석 및 예측: 표본집단의 실행 결과를 가지고 모집단의 성질에 대한 예측

〈왜 보통 평균값을 추정하는가? : 이론의 주된 대상에 대한 구체적 이해〉

: 예측의 대상이 되는 값, 기대값은 구체적인 어떤 값일까? 아니면 대표적인 평균값일까?

- <사례를 통한 의미의 구체화>
  어떤 사람이 몇 번의 시험을 통해 평균 80점을 맞았다고 하자. 이 결과를 통해, 이 사람이 다음 시험에서 기대하는 시험 점수는 대표값으로서의 평균 80점일까? 아니면 정확한 점수인 80점 일까?
  → 예측의 대상 : 기대값 → 그룹의 대표값
- 그룹의 대표값의 종류 : 평균값, 중앙값, 최빈값

〈표본조사를 통한 추정값의 신뢰도는 어떻게 평가하는가? : 이론의 정확도/실효성에 대한 이해〉
- 표본조사의 이유 : 모집단이 너무 크므로, 표본 샘플 조사를 통해 추정대상에 대한 모집단의 성향 예측

- 추정값의 신뢰도 평가
  → 표본조사를 통해 얻어낸 대표값(/표본평균)은 우측의 그림처럼, 측정기를 통해 얻어낸 하나의 측정값에 해당함

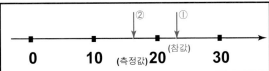

→ 측정체계(/측정기)의 오차의 범위를 알아내어, 그것을 통해 참값의 범위를 산정

  → 통계에서 적용되는 측정체계의 오차의 범위는 일반적으로 표본의 개수에 의해 결정된다.

→ 추정대상인 모집단의 대표값(/모평균, 참값)에 대한 추정값으로서의 표본집단의 대표값(/표본평균, 측정값)에 대한 신뢰구간은, (측정기의 경우로 비유하면)

100% 신뢰기준 : 측정값 −오차의 범위 ≤ 참값 < 측정값 + 오차의 범위

라 볼 수 있다.

이는 모집단이 정규분포를 따를 경우, 표준편차를 이용하여 좀더 세분화하여 산정할 수 있는데,

99% 신뢰기준 : 측정값 −2.58×표준편차 ≤ 참값 < 측정값 +2.58×표준편차

95% 신뢰기준 : 측정값 −1.96×표준편차 ≤ 참값 < 측정값 +1.96×표준편차

68% 신뢰기준 : 측정값 −1.00×표준편차 ≤ 참값 < 측정값 +1.00×표준편차

가 된다. 즉 표준편차는 하나의 측정값이 가지는 오차의 범위를 구간별로 나타내기 위한 기준이 되는 공통 지표라는 것을 예상할 수 있을 것이다.

→ 그럼, 표본조사를 통해 얻은 측정값(/표본평균)은 얼마나 믿을 수 있을 것인가? 이것은 위의 내용을 시각을 바꾸어서 정리해 보면, 쉽게 알 수 있다.

주어진 식 "측정값 −오차의 범위 ≤ 참값 < 측정값 +오차의 범위"

를 측정값 기준으로 다시 정리하면,

참값−오차의 범위 ≤ 측정값 < 참값+오차의 범위"

로 바뀌게 된다. 따라서 이 두 식은 같은 내용을 표현하고 있다는 것을 알 수 있다.

즉 표본조사를 통해 분포의 특성 및 그에 따른 모집단의 오차의 범위(/표준편차)를 알아 낼 수 있다면, 임의의 측정값에 대한 참값의 범위는 위에서 제시된 것처럼, 99%, 95%, 68% 처럼 각각의 신뢰 기준율을 믿을 수 있는 정도로 삼을 수 있는 것이다. **이후에 다룰 내용이지만, 이는 확률분포곡선의 구간의 확률에 해당한다 하겠다.**

다음 주제에서는 표본조사를 통해 나온 방대한 양의 자료에 대한 효율적인 정리 및 기본적인 분석지표들의 산출 방법에 대해 다루어 보도록 할 것이다.

2. 도수분포표의 이해

학생들은 통계단원에 들어와서 도수분포표를 처음 접하면, 꽤 낯설어 한다. 그리고 도수분포표를 이용하여 평균을 계산하는 방법을 배우지만, 그것이 기존에 알고 있던 평균과 어떻게 연계되는 지 정확히 이해하지는 못하는 아이들이 많다. 그런 상태에서 상대도수/분산/표준편차 등 새로운 개념들을 배우게 되는데, 대부분 형식적인 계산방법만을 익히게 된다.

물론 처음 공부를 시작하는 아이가 낯선 개념을 이해하는 것은 어려운 일이니, 일단은 외워서 우선은 사용할 재료들에 익숙해 지기를 기다리는 것은 필요한 일일 것이다. 그러나 어느 정도 익숙해지면, 다시 처음으로 돌아와 주요 개념에 대한 이해를 매듭지어야 한다. 그리고 학생들이 제때에 이것에 대한 기회를 가질 수 있도록, 우리 선생님들이 꼭 신경 써야 하는 일인 것이다. 그런데 어찌된 영문인지, 현재 우리 교육은 이 매듭 단계가 빠진 체 앞으로만 나아가고 있는 것 같다. 즉 많은 아이들이 새로운 개념에 대한 스스로의 이해를 바로잡지 않은 체, 방법적인 면만을 쫓아 익숙해진 방향대로 계속 앞으로만 나아가고 있는 형국이라 하겠다.

통계는 현재의 자료분석을 통해 현상을 파악하고, 그것을 통해 미래를 예측하기 위해서 사용되어 진다.
도수분포표는 표의 형식을 빌어 현재의 많은 자료를 정리하는 매우 편리하고 유용한 방법이다. 세부내용에 들어가기에 앞서 우리 학생들은 우선 그것을 깨닫도록 해야 한다. 그러면 받아들이는 자세가 달라질 것이다.

그럼 간단한 예를 가지고 도수분포표의 평균이 기존에 학생들이 알고 있는 평균과 어떻게 연계되는 지 살펴보자. 그리고 그러한 이해를 통해 도수분포표가 새로 익혀야 할 단순히 낯선 것이 아니라, 자료 정리 및 평균계산 등의 자료분석을 위한 매우 편리하고 유용한 방법임을 알도록 하자.

 표본그룹에 속해 있는 열 명의 학생이 평가시험을 치르고 다음의 점수를 맞았다고 가정해 보자.
 ─ 첫 번째 시행 점수 : 15, 15, 30, 30, 30, 40, 40, 40, 40, 50 (100점 만점기준)

현상의 해석: 평가기준 및 목적에 따라 시행결과는 달리 분석될 수 있는데,
 ─ 만약 평소 잘하는 학생들이 표본그룹으로 선정되었다면, 아마도 이번 시험은 시험문제의 난이도를 책정하기 위한 목적이라 볼 수 있을 것이고, 시행 결과를 보면 난이도가 높은 것으로 분석된다. 그러나
 ─ 시험문제가 이미 알려진 난이도로 구성되었다면, 아마도 이번 시험은 학생들의 수행능력을 평가하기 위한 목적이라 볼 수 있을 것이고, 시행결과를 보면 이 표본그룹의 학생들은 공부를 아직 잘 못하는 학생들일 것이다.

 그럼 다음 두 번째 시행에서 이 표본그룹의 학생에게 기대할 수 있는 점수는 얼마일까?
 이를 위해 우리는 주로 표본그룹의 시행점수 평균을 계산하게 되는데, 이러한 연유로 평균을 통계에서는 기대값으로 부르기도 한다.

 학생들에게 이 시행점수의 평균을 계산하라고 하면, 대부분 다음과 같이 정확히 계산을 해낸다.

$$\text{평균} = \frac{(15+15+30+30+30+40+40+40+40+50)}{10} = 33 \quad \cdots\cdots\cdots\cdots\cdots ①$$

이제 위의 첫 번째 시행 자료를 보기 쉽게 다음과 같이 표로 정리해 보자.

점수	도수	상대도수
15	2	2/10
30	3	3/10
40	4	4/10
50	1	1/10
계	10	1

여기서

도수는 각 점수에 해당하는 학생수를 뜻하며, 상대도수(=도수/전체도수)는 전체 인원중 해당점수대 해당하는 비율을 뜻한다.

그리고 이렇게 정리된 표를 우리는 도수분포표라고 한다.

위와 같이 도수분포표가 정리되어 주어졌을 경우, 평균은 (각 점수×상대도수)의 총합으로 계산되는데, 이것은 특별한 것이 아니라, 아래와 같이 ① 번식에서 도출되어진 자연스러운 결과임을 알 수 있다.

$$평균 = \frac{(15+15+30+30+30+40+40+40+40+50)}{10}$$

$$= \frac{(15\times2+30\times3+40\times4+50\times1)}{10} = 15\times\frac{2}{10}+30\times\frac{3}{10}+40\times\frac{4}{10}+50\times\frac{1}{10} = 33$$

$$= \sum(점수\times상대도수)$$

이렇게 계산된 현재 자료의 평균값을 가지고, 우리는 다음의 시행점수에 대한 기대값을 산출해 낼 수 있는 것이다.

그런데 표본 자료의 양이 많아질 경우, 각 점수별로 정확한 표를 작성하는 것은 무척 번거로운 일이 된다. 그리고 통계의 성격상, 이 기대값은 말 그대로 기대해 볼 수 있는 추측값이므로, 허용오차 내에 들어 온다면, 굳이 정확한 실제값을 가져갈 필요는 없다. 즉 편의성을 위하여 39점이나 41점을 40점으로 취급하여 정리를 하여도 평균을 통해 계산된 기대값에는 크게 영향을 끼치지 않는다는 말이다. 즉 통계의 목적은 현재를 통해 미래의 추세나 경향을 예측하려는 것이지 정확한 값을 산출해내려 하는 것이 아니기 때문이다.

이렇게 작업의 편리성을 도모하기 위해, 일반적으로 사용하는 도수분포표는 실제 점수별로 작성하기 보다는 통계의 목적을 허용되는 범위내에서 구간별로 적절히 계급을 나누고, 각 구간의 대표값을 계급값으로 설정하는 방식으로 다음과 같이 작성되어 진다.

계급	변량구간/점수	계급값(/대표값)	도수	상대도수(/확률)
1	0−9	5	3	3/100
2	10−19	15	8	8/100
3	20−29	25	15	15/100
		.....		
9	80−89	85	4	4/100
10	90−99	95	2	2/100
11	100	100	0	0/100
계			100	1

그럼 각 구간의 대표값인 계급값은 어떻게 정해지는 것일까?

일반적으로 사용하는 대표값으로는 다음의 3가지를 들 수 있다.

− 평균값 : 특이 사항이 없을 경우, 보편적으로 가장 많이 사용하는 대표값이다.

− 중앙값 : 계급구간내에서의 값의 분포가 균등하면 중앙값은 평균값과 같아지고, 구간의 폭이 좁은 경우 값의 변동차가 무시할 정도이므로, 용이성 측면에서 중앙값을 대표값으로 사용한다.

− 최빈값 : 계급구간의 크기가 크고, 값이 한쪽에 몰려 있을 경우, 예측값의 정확성을 위하여 최빈값을 대표값으로 사용한다.

특별한 언급이 없는 한, 도수분포표의 계급값은 대개 중앙값을 사용한다. 왜냐하면 통계자료 정리는 방대한 양의 데이터를 다루어야 하기 때문에, 편의성을 위하여 대개 중앙값을 쓸 수 있도록 계급구간의 크기를 조정하기 때문이다.

이렇게 만들어진 도수분포표를 기반으로 계산된 현재의 시행 자료에 대한 평균값을 가지고 미래의 시행에 대한 기대값을 산출해 내는 것이다.

그런데 이 기대값을 어느 정도나 믿을 수 있을 것인가가 통계/예측에 있어 또 다른 중요한 주제가 된다.

이것은 앞선 측정값 주제에서도 다루었듯이, 측정도구의 정밀도에 따라 오차의 범위가 얼마나 되는 지 알아야 하는 것과 같다 할 것이다. 간단히 이야기 하면, 현재 표본자료의 정밀도 및 분포상황을 가지고 미래 상황에서의 평균값을 중심으로 한 분포도를 추정함으로써, 예측값의 정확도/신뢰도를 평가하려는 것이다.

이를 위해 사용되는 지표가 중심(/평균)에서 떨어진 정도를 측정하는 분산 및 표준편차이다.

 - 분산, $V(X) = E(X-m)^2$ $(m = E(X)$: 자료의 평균)
 - 표준편차, $\sigma(X) = \sqrt{V(X)}$

표준편차는 측정값 주제에서 다룬 오차의 한계에 대응하는 개념으로 이해하면 좋을 것이다.

참고로, 단순히 각 계급값과 평균의 차이에 대한 평균을 표준편차로 사용하지 않고, 차이의 제곱에 대한 평균인 분산을 도입하고, 그 분산값의 제곱근으로써 다소 복잡하게 표준편차를 사용하는 이유는, 차이를 위해 절대값을 도입할 경우 방대한 표본에 대한 계산을 수행하는 데 있어 오히려 번거로운 점이 더 많이 발생하기 때문인 것으로 알려져 있다.

그런데 주의할 점은 모집단의 퍼져 있는 정도를 구하기 위해서 연산에 사용되는 값은 분산값이지 표준편차가 아니라는 것이다. 표준편차는 단지 실제 편차에 가깝도록 단위를 맞추기 위해, 계산된 분산결과값에 대한 루트(/제곱근)로서 산출되어 지는 값이다. 말하자면, 하나의 모집단에서 추출된 두 개의 표본 A와 표본 B가 독립적으로 시행될 때, 표본 $A+B$의 분산값, $V(A+B) = V(A) + V(B)$가 되지만, $\sigma(A+B)=\sigma(A)+\sigma(B)$가 되지 않는다. 예를 들어, 표준편차가 1보다 작을 경우, 그 제곱인 분산값은 더욱 작아질 것이다. 그래서 두 표본의 합에 대한 분산값 $(V(A+B)=V(A)+V(B))$은 기준범위 내에 있지만, 같은 방식으로 계산된 표준편차 값 $(\sigma(A+B)=\sigma(A)+\sigma(B))$은 기준범위를 넘는 경우가 발생하기도 한다.

3. 이항분포(二項分布)의 이해

우선 이항분포는 어떠한 시행을 통해 만들어 지는가? 그리고 왜 이름이 이항분포인가? 생각해 보자.

우리는 이와 유사한 이름을 알고 있다. 이항정리.

$$(p+q)^n = (p+q)(p+q) \cdots (p+q)(p+q)$$
$$= {}_nC_0 p^0 q^n + {}_nC_1 p^1 q^{n-1} + {}_nC_2 p^2 q^{n-2} + \cdots + {}_nC_{n-2} p^{n-2} q^2 + {}_nC_{n-1} p^{n-1} q^1 + {}_nC_n p^n q^0$$

이항정리의 이항은 좌변식에서 n제곱의 밑에 해당하는 기본항 구성이 p, q 두 개로 되어 있다는 의미이다.

마찬가지로 이항분포에서의 이항 또한 비슷한 의미를 담고 있다. 이항분포를 만들어내는 각 독립시행의 결과가 0 과 1 두 개의 값으로 구성된다는 데에서 나온 이름인 것이다.

— 일반적인 이항분포의 정의:

하나의 개별 시행에서 사건 A가 일어나는 확률을 p라 하고, 이 개별 시행을 독립적으로 n회 되풀이하여 시행할 경우, A가 일어나는 횟 수를 확률변수 X라 할 때, (이러한 되풀이 표본시행이 충분히 반복된다면) $X=r$ 이 되는 경우의 확률에 대해 다음 식이 성립한다.

$$P(X=r) = {}_nC_r p^r q^{n-r} \quad (q=1-p)$$

이러한 확률변수 X의 분포를 이항분포라고 하며 $B(n, p)$로 표시한다. 여기서 n은 표본의 개수이다. (참고로, 이렇게 개별 시행의 결과가 성공(True)과 실패(False) 두 가지만을 가지며, 일정한 성공확률을 가지는 독립시행을 베르누이 시행이라고 한다)

모집단에서의 하나의 개별 시행에 대한 기대치를 도수분포표로 정리하면,

측정값(/변량)	0(×)	1(⊙)
확률(A)	$q(=1-p)$	p

— 이러한 이항 독립시행의 예로는

① 주사위를 던져 6개의 숫자 중 1이 나오는 사건 $\left(p:\dfrac{a}{b}\rightarrow\dfrac{1}{6}\right)$

② 동전을 던져 앞/뒷면 중 앞면이 나오는 사건 $\left(p:\dfrac{a}{b}\rightarrow\dfrac{1}{2}\right)$

③ 선거에서 임의의 유권자에게 물었을 때, 특정 후보에 대한 지지율 ($\hat{p}$: 표본조사 $\dfrac{X}{n}\rightarrow 60\%$)

④ 임의의 문제에 대한, 어떤 학생의 문제해결능력 ($\hat{p}$: 표본조사 $\dfrac{X}{n}\rightarrow 80\%$)

등을 들 수 있다.

그런데 현재 ①과 ②는 사건 A가 일어날 확률 p를 주사위/동전의 특성을 감안하여 논리적으로 계산할 수 있으나, ③과 ④는 그렇지 못하다. 따라서 표본조사를 통해 모집단의 확률을 추정해야 하는 것이다.

④번의 경우를 가정하고, 올바른 추정을 위한 표본조사에 대한 분석방법을 알아보자.

개별 단위시행을 독립적으로 n번 되풀이 한 표본시행의 내용을 표로 나타내보면,

표본시행		X_1	X_2	X_3	X_4	X_5	X_6	X_7	X_8	X_9	X_{10}	X_{11}	X_{12}	X_{13}	X_{14}	X_{15}	X_{16}	X_{17}	X_{18}	X_{19}	X_{20}	$\cdots(X_n)$
측정값1	a	1	1	1	1	1	1	1	1	1	1	1	1	0	1	1	1	1	0	1	0	0	$\cdots(1)$

그리고 측정값 0/1을 기준으로, 표본시행의 결과를 종합하여 도수분포표로 정리하면,

측정값(/변량)	0(×)	1(⊙)
도수	$n-a$	a
상대도수/확률	$\dfrac{n-a}{n}$	$\dfrac{a}{n}(=\hat{p})$

베르누이 개별시행을 기준으로 하여, 측정값 0/1확률변수에 의한 T/F도수분포표

여기서 표본의 개수 n이 충분히 크면, $\dfrac{a}{n}(=\hat{p})$ 값은 모집단에서의 사건 A에 대한 확률 p에 가깝게 된다. 즉 $\hat{p}$을 통해 모집단에서 평균적으로 적용될 수 있는

개별 시행확률 p를 추정할 수 있는 것이다. .

표본의 개수를 늘리는 것 대신에, 표본시행의 횟수를 늘리는 것도 결국은 n을 크게 하는 같은 효과를 낸다.

이제 위의 표본시행을 k번 되풀이 한 후, 측정결과를 표로 정리하여 나타내보자.

표본시행		X_1	X_2	X_3	X_4	X_5	X_6	X_7	X_8	X_9	X_{10}	X_{11}	X_{12}	X_{13}	X_{14}	X_{15}	X_{16}	X_{17}	X_{18}	X_{19}	X_{20}	$\cdots(X_n)$
시행1(시험1)	16	⊙	⊙	⊙	⊙	⊙	⊙	⊙	⊙	⊙	⊙	⊙	×	⊙	⊙	⊙	⊙	×	⊙	×	×	·····
시행2(시험2)	18	⊙	×	⊙	⊙	⊙	⊙	⊙	⊙	⊙	⊙	×	⊙	⊙	⊙	⊙	⊙	⊙	⊙	⊙	⊙	·····
시행3(시험3)	17	⊙	⊙	⊙	⊙	⊙	⊙	×	⊙	⊙	⊙	⊙	⊙	×	⊙	⊙	⊙	×	⊙	⊙	⊙	·····
$\cdots(k)\cdots(2^n)\cdots$											·····											

⇩ 정리하면,

표본시험	T_1	T_2	T_3	T_4	T_5	T_6	T_7	T_8	T_9	T_{10}	T_{11}	T_{12}	$\cdots$	T_k
계급값1(측정값)	16	18	17	15	16	15	12	18	19	18	17	19	$\cdots$	a
계급값2(백분위)	80	90	85	75	80	75	60	90	95	80	70	90	$\cdots$	p_a

그리고 전체 시행의 횟수 $k=2^n$ (n번의 베르누이시행에서 나올 수 있는 총 경우의 수) 인 경우, 시행결과를 확률변수 X에 대해 도수분포표로 나타내보면,

― 표본집단시행을 기준으로, 정의된 확률변수에 따른 STD 도수분포표 : 전형적인 이항분포 도수분포표

확률변수 X(계급값1)	0	1	2	3	4	5	6	7	8	9	10	11	12	13	14	15	16	17	18	$\cdots$	n
계급값 2$\left(\dfrac{X}{N}\right)$	$0/n$	$1/n$	$2/n$	$3/n$	$4/n$	$5/n$	$6/n$	$7/n$	$8/n$	$9/n$	$10/n$	$11/n$	$12/n$	$13/n$	$14/n$	$15/n$	$16/n$	$17/n$	$18/n$	$\cdots$	n/n
계급값2(백분위)	0	5	10	15	20	25	30	35	40	45	50	55	60	65	70	75	80	85	90	95	100
도수	k_0	k_1	k_2	k_3	k_4	k_5	k_6	k_7	k_8	k_9	k_{10}	k_{11}	k_{12}	k_{13}	k_{14}	k_{15}	k_{16}	k_{17}	k_{18}	$\cdots$	k_n
상대도수/확률	k_0/k	k_1/k	k_2/k	k_3/k	k_4/k	k_5/k	k_6/k	k_7/k	k_8/k	k_9/k	k_{10}/k	k_{11}/k	k_{12}/k	k_{13}/k	k_{14}/k	k_{15}/k	k_{16}/k	k_{17}/k	k_{18}/k	$\cdots$	$\dfrac{k_n}{k}$

이 단계에서 확률변수 X의 계급값의 분포를 살펴보면, 베르누이 시행에 있어, 표본의 개수 n(표본 문제수)이 늘어남에 따라, 표본에 대한 측정값의 정밀도도 같이 세밀해 짐을 알 수 있다.

도수	각 계급값에 해당하는 이론적인 시행회수 : $k_r = {}_nC_r \times \left(\dfrac{a}{b}\right)^r \left(\dfrac{b-a}{b}\right)^{n-r} \times 2^n \, (0 \le r \le n)$,단 $k=2^n$, $p=\dfrac{a}{b}$기준
상대도수 / 확률	각 계급값에 해당하는 이론적인 상대도수(/ 확률) : $P(r) = {}_nC_r \, p^r q^{n-r} \, (p=\dfrac{a}{b}, \ q=1-\dfrac{a}{b})$
평균($E(X)$)	$m = \sum(계급값) \times (확률) = \sum(r \times {}_nC_r \times p^r q^{n-r}) = \sum(n \times {}_{n-1}C_{r-1} \times p^r q^{n-r}) = np \sum({}_{n-1}C_{r-1} \times p^{r-1} q^{n-r}) = np \, (p=\dfrac{a}{b})$

평균$\left(E\left(\dfrac{X}{N}\right)\right)$	$\sum\left(\dfrac{계급값}{n}\right) \times (확률) = \dfrac{1}{n} \times \sum(계급값) \times (확률) = p \, (\to p$: 전체시행을 통해 나온, 개별시행시 맞출 확률$)$
	$\to \dfrac{X}{N}$ 를 계급값으로 삼으면, 평균값 $E\left(\dfrac{X}{N}\right)$ 이 표본시행을 통해 추정하려는 모집단의 확률 자체가 된다.

이론적으로 모집단의 개체 수에 해당할 만한 충분한 횟수를 가진 베르누이 시행

에 대해, 위와 같이 확률변수(/계급값)를 $\dfrac{X}{N}$으로 정하고, 그것의 평균값 $E\left(\dfrac{X}{N}\right)$을 구함으로써, 모집단에서의 개별시행확률을 구할 수 있다.

또한 같은 상황을 가지고, 앞서 이야기 한 것처럼, 단순히 표본의 개수가 충분히 큰 하나의 표본시행으로 보고 모집단의 개별시행확률을 구할 수도 있다.

→ 위의 전체시행을 베르누이 시행에 대한 표본의 개수를 $n \times 2^n$으로 확장한 방식으로의 해석: 측정값 0/1을 기준으로, 전체시행의 결과를 종합하여 T/F도 수분포표로 정리하면,

측정값(/변량)	0(실패)	1(성공)
도수	$(n-np) \times 2^n$	$np \times 2^n$
상대도수/확률	$\dfrac{(n-np) \times 2^n}{n \times 2^n}$ $(=1-p)$	$\dfrac{np \times 2^n}{n \times 2^n}$ $(=p)$

평균(/계급값1)	$\sum$(계급값)$\times$(확률)$=0 \times (1-p) + 1 \times p = p$ ($\rightarrow$ 모집단의 개별시행시 성공확률)

〈표본의 개수 n인 이항분포 $B(n, p)$에 대해 평균 및 분산/표준편차 구하기〉

— 표본 : $X_1,\ X_2,\ \cdots,\ X_n$ ($-n$개의 표본시험문항들)

— 확률변수 X (n번의 시행 중 사건 A가 일어나는 횟수$-n$개에 문제에 대한 맞출 확률)에 대한 표준(Standard: STD) 도수분포표

확률변수 X(계급값1)	0	1	2	3	4	5	6	7	8	9	10	11	12	13	14	15	16	17	18	$\cdots$	$\frac{n}{N}$
계급값 $2\left(\frac{X}{N}\right)$	0/n	1/n	2/n	3/n	4/n	5/n	6/n	7/n	8/n	9/n	10/n	11/n	12/n	13/n	14/n	15/n	16/n	17/n	18/n	$\cdots$	n/n
계급값2(백분위)	0	5	10	15	20	25	30	35	40	45	50	55	60	65	70	75	80	85	90	95	100
도수	k_0	k_1	k_2	k_3	k_4	k_5	k_6	k_7	k_8	k_9	k_{10}	k_{11}	k_{12}	k_{13}	k_{14}	k_{15}	k_{16}	k_{17}	k_{18}	$\cdots$	k_n
상대도수/확률	k_0/k	k_1/k	k_2/k	k_3/k	k_4/k	k_5/k	k_6/k	k_7/k	k_8/k	k_9/k	k_{10}/k	k_{11}/k	k_{12}/k	k_{13}/k	k_{14}/k	k_{15}/k	k_{16}/k	k_{17}/k	k_{18}/k	$\cdots$	$\frac{k_n}{k}$

표본시행의 횟수 k ($=2^n$: 시험횟수)가 충분히 클 경우

$$\left(k_r = {}_nC_r \times \left(\frac{a}{b}\right)^r \left(\frac{b-a}{b}\right)^{n-r} \times 2^n \ (0 \le r \le n)\right),\ p = \frac{a}{b}$$

1) 평균의 계산

— 평균 $E(X) = np,\ E\left(\frac{X}{N}\right) = p$

→ 접근방식1 : 제시된 도수분포표를 이용하여 평균값 계산

$$: \sum (\text{계급값}) \times (\text{확률}) = \sum \left(r \times {}_nC_r \times \frac{a^r(b-a)^{n-r}}{b^n} \right) = \sum r \times {}_nC_r \times p^r q^{n-r} = np$$

$$E(X) = \sum_{r=0}^{n} r \times {}_nC_r p^r q^{n-r} = \sum_{r=1}^{n} r \times {}_nC_r p^r q^{n-r} = \sum_{r=1}^{n} r \cdot \frac{n}{r} \cdot {}_{n-1}C_{r-1} p^r q^{n-r} \ (\because {}_nC_r = \frac{n}{r} \cdot {}_{n-1}C_{r-1})$$

$(r-1 \to k)$

$$= n\sum_{r=0}^{n-1} {}_{n-1}C_k p^{k+1} q^{n-k-1} = np\sum_{r=0}^{n-1} {}_{n-1}C_k p^k q^{n-k-1} = np(p+q)^{n-1} = np = m$$

→ 접근방법2: 관점의 거시적 변경 및 독립시행에서의 평균의 연산성질을 이용

① $E(X)$: 이 표본시행을 n번의 베르누이 시행으로 여긴다.

말하자면 표본시행 전체 측정 결과표를 세로로 해석 하여, n개의 독립 유형별로 각각에 대하여 k번의 시행을 한 것으로 해석한다.

즉 $X = X_1 + X_2 + \cdots + X_n$이 되고, 우측의 도표처럼, 모든 독립확

$X(X_1,\ X_2,\ \cdots,\ X_n)$	$0(\times)$	$1(\odot)$
확률(A)	$1-p$	p

률변수 X_r은 동일한 이항분포 $B(n, p)$를 따른다.

$$E(X_r)=\sum_{i=0}^{1} ip^i(1-p)^{1-i}=0\times p^0(1-p)^1+p^1(1-p)^0=0+p=p$$

$$E(X)=E(X_1+X_2+\cdots+X_n)=E(X_1)+E(X_2)+\cdots+E(X_n)=np=m$$

→ 확률변수의 합의 평균에 대한 직관적 이해 : 한번 시행으로 30을 기대할 수 있다면, 10번을 독립적으로 시행하면 당연히 10×30 을 기대할 수 있는 것이다.

② $E\left(\dfrac{X}{N}\right)=\dfrac{E(X)}{n}=\dfrac{np}{n}=p$

2) 분산/표준편차의 계산

− 분산 $V(X)=npq$, $V\left(\dfrac{X}{N}\right)=pq$ $(q=1-p)$

→ 접근방식1 : 제시된 도수분포표를 이용하여 분산값 계산

: $\sum(계급값-평균)^2\times(확률)=E(X^2)-(E(X))^2$

$$=\sum(r^2\times {}_nC_r\times p^rq^{n-r})-(np)^2=npq$$

$$V(X)=\sum_{r=0}^{n} r^2\cdot {}_nC_rp^rq^{n-r}-(np)^2=\sum_{r=0}^{n}(r^2-r+r)\cdot {}_nC_rp^rq^{n-r}-(np)^2$$

$$=\sum_{r=0}^{n}r(r-1)\cdot {}_nC_rp^rq^{n-r}+np-(np)^2$$

$$=\sum_{r=2}^{n} r(r-1)\cdot \frac{n(n-1)}{r(r-1)}\cdot {}_{n-2}C_{r-2}p^rq^{n-r}+np-(np)^2$$

$$\left(\because {}_nC_r=\frac{n}{r}\cdot {}_{n-1}C_{r-1}=\frac{n(n-1)}{r(r-1)}\cdot {}_{n-2}C_{r-2}\right)$$

$$=n(n-1)\sum_{k=0}^{n-2} {}_{n-2}C_kp^{k+2}q^{n-k-2}+np-(np)^2 \quad (r-2\to k)$$

$$=n(n-1)p^2\sum_{k=0}^{n-2} {}_{n-2}C_kp^kq^{n-k-2}+np-(np)^2$$

$$=(n^2-n)p^2(p+q)^{n-2}+np-(np)^2=np(1-p)=npq=\sigma^2$$

→ 접근방법2 : 관점의 거시적 변경 및 독립시행에서의 분산의 연산성질을 이용

① $V(X)$: 이 표본시행을 n번의 베르누이 시행으로 여긴다. 즉

$$X=X_1+X_2+\cdots$$

$X(X_1, X_2, \cdots, X_n)$	$0(\times)$	$1(\odot)$
확률(A)	$1-p$	p

$+X_n$이 되고, 앞페이지의 우측의 도표처럼, 모든 독립확률변수 X_r은 일한 이항분포 $B(n,\ p)$를 따른다.

$$V(X_r)=E(X_r^2)-m^2=\sum_{i=0}^{1} i^2 \cdot p^i(1-p)^{1-i}-p^2=0\times p^0(1-p)^1+p^1(1-p)^0-p^2=p(1-p)$$

$$V(X)=V(X_1+X_2+\cdots+X_n)=V(X_1)+V(X_2)+\cdots+V(X_n)=np(1-p)=npq=\sigma^2$$

→ 확률변수의 합의 분산에 대한 직관적 이해: 한번 시행에 대한 측정값의 오차의 한계가 3이라면, 10번을 독립적으로 시행한 후 측정값들을 더하면, 오차의 한계는 당연히 10×3 으로 커질 것이다.

$$② \quad V\Big(\frac{X}{N}\Big)=\frac{V(X)}{n^2}=\frac{npq}{n^2}=\frac{pq}{n}$$

※ "한 학생의 문제해결능력의 평가 → 한 학교의 문제해결능력 평가"로의 확장 시 고려사항

1) 학교의 문제해결능력이란 대표학생의 문제해결능력으로 본다.
2) 여러 학생이 같이 시험을 치른다는 것은 대표학생이 여러 번 시험을 치르는 것으로 볼 수 있다. 즉 시험 시행의 횟수는 시험을 치르는 학생들의 수로 대치할 수 있다.
   - 표본의 개수 n : 표본시험 문제수
   - 표본시행의 횟수 k : 시험의 횟수 또는 시험을 치르는 학생들의 수

시행\표본문제		X_1	X_2	X_3	X_4	X_5	X_6	X_7	X_8	X_9	X_{10}	X_{11}	X_{12}	X_{13}	X_{14}	X_{15}	X_{16}	X_{17}	X_{18}	X_{19}	X_{20}	$\cdots(X_n)$
시행1(/학생1)	16	⊙	⊙	⊙	⊙	⊙	⊙	⊙	⊙	⊙	⊙	⊙	×	⊙	⊙	⊙	⊙	×	⊙	×	×	·····
시행2(/학생2)	18	⊙	×	⊙	⊙	⊙	⊙	⊙	⊙	×	⊙	⊙	⊙	⊙	⊙	⊙	⊙	⊙	⊙	⊙	⊙	·····
시행3(/학생3)	17	⊙	⊙	⊙	⊙	⊙	⊙	×	⊙	⊙	⊙	⊙	×	⊙	⊙	⊙	⊙	×	⊙	⊙	⊙	·····
$\cdots(k)\cdots(2^n)\cdots$											·····											

⇩ 정리하면,

표본시험	T_1	T_2	T_3	T_4	T_5	T_6	T_7	T_8	T_9	T_{10}	T_{11}	T_{12}	$\cdots$	T_k
계급값1(측정값)	16	18	17	15	16	15	12	18	19	18	17	19	$\cdots$	a
계급값2(백분위)	80	90	85	75	80	75	60	90	95	80	70	90	$\cdots$	p

4. 정규분포의 이해

1) 일반 이산확률분포와 이항분포와의 관계

지금까지 이항분포를 순방향에서 바라보고, 그 대상들을 대해 미시적 측면에서 이항분포의 특성을 알아보았다. 이제 역방향에서/거시적 측면에서 이항분포를 바라보고, 그 것을 다른 분포들과 비교해보자. 이러한 양방향 시각에서의 연구는 다른 분포들에 대한 이해뿐만 아니라, 이항분포에 대한 이해를 더욱 확실하게 해 줄 것이다.

하나의 예로 다음과 같은 목적을 가지고 표본조사를 시행하고, 통계 분석을 한다고 가정해 보자.

목적: 전국 중학교 1학년 학생의 평균키 알아보기

(내용형상화 및 목표구체화 단계)
<추정/통계를 위한 실행체계의 수립>
- 모집단의 선정: 목적에 나타난 것에 의해, 쉽게 조사대상이 되는 자료 전체인 전국 중학교 1학년 학생들이 모집단이 될 것이다.
- 확률변수의 선정: 목적에 나타난 것에 의해, 모집단의 특성 중 하나인 학생의 키 측정값이 될 것이다.
- 표본집단의 선정: 각 지역별로 학생수 비례로 임의 추출된 총 500명의 학생이 될 것이다.

(이론적용 및 실행 단계)
- 모집단: 전국 중학교 1학년 학생들
- 확률변수: 학생들의 키

→ 확률변수의 특징: 사건 A가 일어난 시행횟수가 확률변수인 이항분포와는 달리, 시행횟수 가 아닌 키 측정기에 의한 측정값이 확률변수가 된다.

→ 계급값의 선정: 분석목적에 따라 확률변수는 측정된 값의 분포를 보고 계급값1/계급값2/계급값3 등으로 유형을 바꾸어 사용할 수 있다.

Cf. 측정값 자체를 확률변수로 삼는 경우 대개 변량의 밀도가 높기 때문에, 일반적으로 변량을 구간별로 나누고, 각 구간의 대표값을 계급값으로 삼는다

측정값	0	1	2	3	4	5	6	7	8	9	$\cdots$	191	192	193	194	195	196	197	198	199	200
확률변수(/계급값1)	0	1	2	3	4	5	6	7	8	9	$\cdots$	191	192	193	194	195	196	197	198	199	200

― 표본집단 선정: 임의 추출, 표본의 개수: 500

확률변수＼표본집단	학생1(X_1)	학생2(X_2)	학생3(X_3)	학생4(X_4)	$\cdots$	학생496(X_{496})	학생497(X_{497})	학생498(X_{498})	학생499(X_{499})	학생500(X_{500})
키 측정값	155	132	147	150	$\cdots$	128	142	163	154	176

→ 이것은 이항분포에서 표본시행의 결과를 정리한 STD 도수분포표에 대응된다. (T_k : 학생#)

표본시험	T_1	T_2	T_3	T_4	T_5	T_6	T_7	T_8	T_9	T_{10}	T_{11}	T_{12}	$\cdots$	T_k
계급값1(측정값)	16	18	17	15	16	15	12	18	19	18	17	19		a
계급값 2 백분위	80	90	85	75	80	75	60	90	95	80	70	90	$\cdots$	p

이 비교를 통해, 이번 조사에서의 표본의 개수는 앞에서 공부한 이항분포에서의 표본의 개수와는 성격이 다르다는 것을 알 수 있다. 이번 조사에서의 표본의 개수는 이항분포에서는 표본의 개수가 아닌 표본(/시험)시행의 횟수에 해당되는 것이다. 즉 이항분포의 표본의 개수처럼 생각해서는 올바른 이해를 할 수 없는 것이다.

일반분포와 이항분포 이론간 올바른 연결고리를 찾기 위하여, 같은 레벨이라 할 수 있는, 이번 조사에서 측정값을 기준으로 작성된 도수분포표와 이항분포의

STD 도수분포표를 매칭해 보자.

- 이항분포에서의 표본의 개수는 STD 도수분포표 상의 확률변수에 대한 세분화 정도를 결정한다. 같은 이치(/이항분포의 원리)를 이번 조사에 적용하고자하면, 이번 조사의 각 측정값을 결정할 수 있는, 적합한 베르누이 시행모델을 찾아내는 것이 필요하다. 과연 이에 해당하는 모델이 있을까? 있다면 무엇일까 한번 생각해 보자 …

  → 상응하는 베르누이 시행 모델 예:
  → 월간 신장성장률 측정 그리고 표본의 개수 : 180개월 (=15세×12개월), 표본시행횟수: 500 (학생수)
  → 측정값 = 180개월간 성장한 월수×1 cm

  → 비유: 십진법으로 表現된 임의의 수(/측정값)는 상응하는 이진법 수(/베르누이 시행모델)를 구할 수 있다.

- 좀더 상상의 나래를 펴서, 유아기/유치기/초등기 등의 성장률을 따로 구분하고자 할 경우, 표본의 개수를 목적에 따라 나누면 될 것이다. 이것은 마치 앞서 이항분포에서 예를 든 문제해결능력 조사시, 표본의 집단을 서로 다른 난이도를 가진 문제들을 가지고 복합적으로 구성하는 것과 같다 할 것이다.
- 이런 방식으로 바꾸어 해석해도 최종적인 평균값은 전체 평균키 또는 종합적인 난이도 문제에 대한 문제해결능력의 평균이 될 것이다. 이러한 연동 방식은 다른 시각에서 모집단을 분석할 수 있으므로, 그룹별로 차이의 발견 및 그에 따른 원인 분석을 이끌어 내는 등 또 다른 의미를 갖게 될 것이다.

다시 원론으로 돌아가, 표본시행에 따라 이어지는 통계분석작업을 수행해 보자.

구간	0 ~ 99	100 ~ 109	110 ~ 119	120 ~ 129	130 ~ 139	140 ~ 149	150 ~ 159	160 ~ 169	170 ~ 179	180 ~
계급값3(최빈/중앙값)	90	105	115	125	135	145	155	165	175	185
도수	1	5	15	40	70	122	190	55	2	0
상대도수 / 확률	1/500	5/500	15/500	40/500	70/500	122/500	190/500	55/500	2/500	0/500

도수	측정값을 가지고 각 계급값(점수구간)에 해당하는 표본(학생)의 수 @ 표본의 개수(/시행횟수)=500
상대도수 / 확률	도수분포표로부터 계산된 각 계급값에 해당하는 상대도수 / 확률
평균(/대표값)	$\sum$(계급값)$\times$(확률)$=90\times 1/500+105\times 5/500+\cdots+175\times 2/500+185\times 0/500 \fallingdotseq 147$
분산 / 표준편차	분산$(V)=\sum$(계급값$-$평균$)^2\times$(확률)$=\sum$(계급값$)^2\times$(확률)$-$평균^2, 표준편차$(S)=\sqrt{(분산)}$
	$=90^2\times 1/500+105^2\times 5/500+\cdots+175^2\times 2/500+185^2\times 0/500-147^2=92.55$, 표준편차 $\fallingdotseq 9.6$

따라서 이 표본시행을 통해 알아낼 수 있는 유효 정보는, 전국 중학교 1학년생의 평균키는 147이며, 이 값의 오차범위는 95% 신뢰도 기준,

$$147 \ -2\times 0.43 \ \leq \ (모집단의 \ 평균키) \ \leq \ 147 \ +2\times 0.43\left(=\frac{\sigma}{\sqrt{n}}\right)이다.$$

→ 이에 대한 내용은 다음 주제에서^^

2) 이산확률분포함수와 연속확률분포함수에서의 확률에 대한 이해

확률함수에 대해 우리가 많이 갖는 의문점 중의 하나는 왜 함수값 자체가 확률이 아니고, 구간의 면적/적분값이 확률에 해당하는지 이다.

앞서 예시로 사용된 아래의 도수분포표를 가지고, 그 이유를 찾아보자.

확률변수 구간	0 : 99	100 : 109	110 : 119	120 : 129	130 : 139	140 : 149	150 : 159	160 : 169	170 : 179	180 : ~
계급값3(최빈/중앙값)	90	105	115	125	135	145	155	165	175	185
도수	1	5	15	40	70	122	190	55	2	0
상대도수 확률	1/500	5/500	15/500	40/500	70/500	122/500	190/500	55/500	2/500	0/500

일반적으로 자료를 정리할 때, 우리는 실제 개별변수 값을 사용하기 보다는 구간별 대표값을 이용하는 경우가 많다. 그것은 추이 분석을 목적으로 할 경우, 결과에 큰 차이는 없지만, 분석작업의 편리성이 크기 때문이다.

위 도수분포표에서 계급값3를 정의한 것처럼, 적절한 크기로 구간을 나누고,

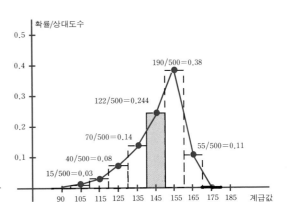

그 구간의 대표값을 계급값으로 정하고, 그것을 기준으로, 우측의 그림처럼 도수분포다각형/히스토그램을 그리는 것이 좋다. 이 경우, 각 계급값은 해당 구간의 대표값이므로 해당구간에 속하는 모든 개체들이 대표값과 같은 값을 가진다고 보는 것이다.

위 그림에서 계급값 145에 해당하는 확률/상대도수가 이 $\frac{122}{500}$인데, 이 말은 그 계급값을 가지는 학생들이 전체 500명중 122명이라는 뜻이다. 그리고 여기서 계급값 145란 전체 확률변수를 10개의 구간으로 나누었을 때, 만들어지는 6번째 구간

의 대표값인 것이다. 즉 이산확률변수에 대한 확률질량함수의 값(/확률)은 개별 확률변수 하나에 대한 함수값이라기 보다는 계급값으로 대표되는 해당 계급구간에 대한 상대도수를 의미한다 하겠다.

다른 시각에서 이 내용을 형상화해 보자. 우측의 그림처럼 면적이 1인 확률파이에 정의된 계급구간별로 각각의 몫(/상대도수)을 할당해 보자. 그리고 각기 할당된 몫을 밑변이 계급의 크기인 막대기로 바꾸어 계급구간별로 좌표상에 옮겨 놓아 보자. 그러면 위와 똑같은 히스토그램이 만들어 질 것이다. 그러면 각각의 막대 모양 직사각형의 넓이가 해당 계급값(/계급구간)의 확률이 되는 것이다.

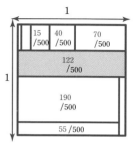

만약 함수값을 각 계급값에 대한 확률 그 자체로 표현하고 싶다면, 막대기의 밑변은 1로 설정되어야 한다. 그럴 경우, 확률 막대기들 사이에 빈 간격이 생길 수 있을 것이다. 말 그대로 이산확률분포가 되는 것이다.
이것이 해당 계급값의 확률은 한 변수의 (확률)함수값이 아니고, 그 변수의 값이 계급값으로 대표되는 계급구간에 해당하는 면적/적분값으로 해석하는 이유이다.

그리고 이것을 함수의 그래프 형태로 간략이 표시한 것이, 각 구간의 대표값들을 연결하여 그린, 우측에 있는 이산확률변수에 대한 확률질량함수 그래프이다. 정리하면,
전체구간(α, β)에 대하여

$$\sum_{\alpha}^{\beta} g(x)\Delta x = 1 \left(\Delta x = \frac{\beta-\alpha}{n}\right)$$

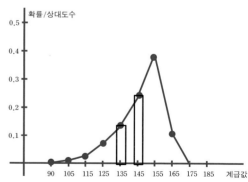

그리고 이 내용을 확장하여, n을 무한대로 가정하여 나타낸 것이 연속확률변수에

형상화수학
고등수학 1등급 비결

대한 확률밀도 함수라 하겠다.

전체구간(α, β)에 대하여

$$\lim_{n\to\infty} \sum_{\alpha}^{\beta} f(x)\Delta x\left(\Delta x = \frac{\beta-\alpha}{n}\right) = \int_{\alpha}^{\beta} f(x)dx = 1$$

일례로, 우측은 정규분포에 대한

확률밀도함수 $f(x) = \dfrac{1}{\sqrt{2\pi}\sigma} e^{-\frac{(x-m)^2}{2\sigma^2}}$

의 그래프이다.

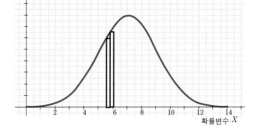

참고로 정규분포에 대한 자세한 이야기는 다음 주제에서 다루어 질것 이다.

이러한 확률밀도함수의 주요한 특징은, 확률을 나타내는 면적의 전체 합이 1을 유지해야 한다는 것이다.

따라서 동일 함수에 대한 표준정규분포함수로의 전환처럼, 이 확률함수의 x값의 주기를 변화시켜,

전체구간의 크기를 줄인다면, 전체면적 1을 유지하기 위해서 이 함수는 위로 솟게

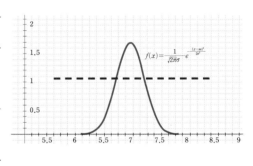

될 것이다. 이렇게 전환된 표준정규분포함수의 개별변수에 대한 함수값은 1을 넘을 수도 있는 것이다. 즉

$$0 \leq \int_{a}^{b} f(z)dz < 1, \quad f(z) > 1 \text{ 수도 있다.}$$

엄밀히 말하면, 원래의 확률밀도함수로부터 전환된 표준정규분포함수는 확률밀도함수가 아니라 할 수 있다.

3) 표준정규분포함수의 이해

우리는 지금까지 확률변수 X의 개수가 n개로 유한한 이산확률분포에 대해 알아보았다.

그리고 모집단의 특성을 알아보기 위한 성분으로서 평균과 분산에 대해 살펴보았다. 이제 이 내용을 가지고 모집단의 분포를 형상화 해보자. 상상의 나래를 펴보면, 대부분의 개체들은 평균값 주변에 몰려있을 것이고, 평균값에서 멀어질 수록 개체들의 수는 분산의 한계까지 점점 감소할 것이다.

평균값 주변에 몰려 있다는 것은 평균값 주변의 확률변수에 대한 도수가 상대적으로 높다는 것이고, 평균값에서 멀어질 수록 개체들의 수가 점점 감소한다는 것은 평균값에서 멀어질 수록 확률변수에 대한 도수는 점점 0에 가까워 진다는 것을 의미한다.

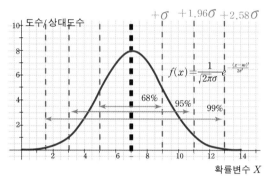

위의 그림은 그러한 모습들의 정형적인 케이스에 대한 분포를 좌표상에 그래프로 나타낸 모습이다.

예상할 수 있듯이, 평균축에 대해 좌우대칭인 산 모습을 하고 있다.

즉 확률변수 X가 무한한 연속값을 가지고, 그 분포가 그림에서 제시된 함수,

(평균 m, 표준편차 σ)의 그래프 형태를 취할 때, $f(x) = \dfrac{1}{\sqrt{2\pi}\sigma}e^{-\frac{(x-m)^2}{2\sigma^2}}$

우리는 그러한 분포를 정규분포라 하고, $N(m,\ \sigma^2)$ 으로 표시한다.

그리고 이러한 정규분포는 임의의 분포에 대한 비교시 기준으로서 활용된다.

앞서 소개한 이항분포 또한 n이 충분히 커지면, 정규분포를 따르게 된다.

$$B(n,\ p)\ \rightarrow\ N(np,\ npq)$$

연속확률변수 X에 대한 이 정규분포함수의 Y축이 확률(/상대도수)일 때, 이 함수를 확률밀도함수라 부른다.

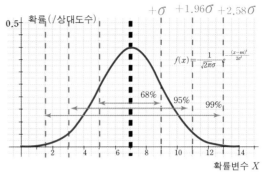

그리고 확률변수 X가 구간 $a \leq x \leq b$ 에 속할 때, 이 사건이 일어날 확률은

그 구간의 모든 확률값을 더한 것과 같으므로, a에서 b까지의 적분값, 즉 구간의 면적에 해당한다. $\displaystyle\int_{a}^{b} f(x)dx$

그런데 위의 적분계산이 만만치 않아, 보통 이미 계산해 놓은 확률분포표를 사용하여, 찾는 방법을 이용하고 있다. 이것은 마치 로그표를 이용하여 로그함수 값을 찾아가는 것과 같은 이치라 할 것이다.

그럼 표준정규분포란 무엇일까?

결론부터 이야기하면, 표준정규분포는
평균이 0이고, 표준편차가 1인 정규분포이다.

이것을 함수적으로 표현하면,
정규분포의 확률밀도함수, $f(x) = \dfrac{1}{\sqrt{2\pi}\sigma} e^{-\frac{(x-m)^{2}}{2\sigma^{2}}}$ 를

— ① $x - m \rightarrow z_1 \Leftrightarrow$ 변수치환: $x \rightarrow z_1$: $E(Z_1)=0$

   x축 음의 방향으로 평균만큼 평행이동 한다. 그리고 변수를 x에서 z_1으로 일대일 치환한다.

$-$ ② $\dfrac{z_1}{\sigma} \to z_2 \Leftrightarrow z_1 \to z_2 : \sigma(Z_2)=1$

z_1값의 주기를 변화시켜 표준편차가 1
이 되게 한다.

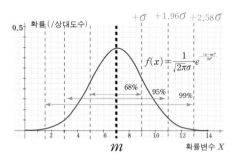

여기까지 정리하면,

$x \to z_1+m \to \sigma z_2 + m \Rightarrow z_2 = \dfrac{x-m}{\sigma}$,

$f(z_2) = \dfrac{1}{\sqrt{2\pi}\sigma} e^{-\frac{z_2^2}{2}}$ 가 된다.

이제 계수에 붙어 있는 σ를 처리
하자.

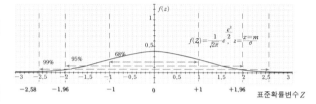

$-$ ③ $y \to \dfrac{y}{\sigma} : f(z_2) \to \dfrac{f(z)}{\sigma}$이

것은 y축 방향에서 그래프의 변동폭을 조절하게 된다. 즉 현재 표준편차가 1
보다 큰 경우는, y축 방향의 변동폭이 줄어들게 되고, 반대로 현재 표준편차
가 1보다 작은 경우는, y축 방향의 변동폭은 반대로 커지게 된다.이 작업으로
인해 y값은 1 보다 커질 수 있다. 즉 이 치환함수 $f(z)$는 확률밀도함수가 아닌
것이다.

이렇게 ①, ②, ③의 작업을 통해 만들어진 함수가 표준정규분포함수

$f(z) = \dfrac{1}{\sqrt{2\pi}} e^{-\frac{z^2}{2}}$, $z = \dfrac{x-m}{\sigma}$ $(E(Z)=0,\ \sigma(Z)=1)$ 인 것이다.

왜 이러한 표준정규분포함수를 정의한 것일까? 그 이유 중 가장 큰 것은 아마도
이용의 편리성 때문일 것이다. 정규분포의 확률밀도함수 그래프는 개략적인 형태는
그림과 같이 산 모양을 하고 있지만, 평균 m 과 표준편차에 따라 위치 및 변동폭
이 달라진다. 이것은 m과 σ 에 따른 확률분포표를 별개로 가져야 함을 의미하는
데, 그것은 너무 불편한 것이다.

그런데 우리가 구하려고 하는 구간 확률값, $\int_a^b f(x)dx$은 전체 확률총합 1에서 해당구간이 차지하는 면적비율을 의미한다. 그리고 정규분포의 확률밀도함수가 표준정규분포함수로 바뀌는 과정을 살펴보면, 평행이동은 해당구간의 면적을 바꾸지 않으나, x값/y값의 주기 변화는 면적에 변화를 가져 오게 된다. 그렇지만 이 두 액션이 상호 보완하여 해당구간의 면적, 즉 구간확률값을 바꾸지 않게 되는데 다음은 그 과정을 보여주고 있다.

$$\int_m^{m+\sigma} \frac{1}{\sqrt{2\pi}\sigma} e^{-\frac{(x-m)^2}{2\sigma^2}} dx = \int_o^{\sigma} \frac{1}{\sqrt{2\pi}\sigma} e^{-\frac{z_1^2}{2}} dz_1 = \int_o^1 \frac{1}{\sqrt{2\pi}} e^{-\frac{z^2}{2}} dz \ (\because z = \frac{z_1}{\sigma} \rightarrow dz = \frac{dz_1}{\sigma})$$

따라서 상용로그표 하나를 가지고 모든 로그함수의 값을 계산하듯이, 표준정규분포함수의 확률분포표 하나를 가지고 모든 정규분포함수의 구간확률값을 구해낼 수 있는 것이다.

정리하면, 표준정규분포함수는 이러한 목적에서 정규분포함수로부터 파생되어진 것으로서, 평균 $m=0$ 이고, 표준편차 $\sigma=1$ 인 정규분포를 따른다.

아래는 평균 $m=0$ 이고, 표준편차 $\sigma=1$ 인 표준정규분포함수 $f(z) = \frac{1}{\sqrt{2\pi}} e^{-\frac{z^2}{2}}$ 의 그래프를 보기 쉽도록 좀더 크게 나타낸 것이다.

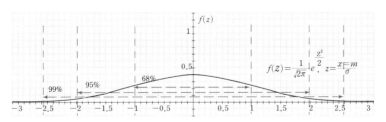

표준확률변수 Z

5. 표본평균의 분산에 대한 이해 : 형상화

우리는 통계 단원에서 추정을 배울 때, 제일 먼저 표본평균의 평균/분산/표준편차에 대해 배운다.

그럼 추정을 하려고 하면, 왜 표본평균의 분산/표준편차를 필요로 하는 것인지 알아보도록 하자.

추정이란, 국회의원 선거결과 예측, 수능 등급컷 예측과 같이, 모집단의 원소의 수가 많아 전수조사를 할 수 없을 때, 표본조사를 시행하고, 거기서 나온 결과를 가지고 모집단의 성향을 예측하는 것이라 할 수 있다.

그런데 임의 결과분석을 통해, 예측은 누구나 할 수 있다. 그래서 여기서 중요한 포인트는 그 예측이 얼마나 정확한가를 아는 것이다. 그것을 위해서는 우선 지켜져야 할 것은 누구나 믿을 수 있도록 체계적인 방법으로 일관성 있는 정확한 분석을 수행해야만 하는 것이고, 최종적으로는 이번 표본조사를 통해서 얻어낸 예측결과가 어느 정도의 오차범위/신뢰도를 가지고 믿을 수 있는지를 아는 것이다.

이것은 마치, 오른쪽 그림과 같이 일정한 눈금을 가진 자를 가지고 물건의 길이를 쟀을 때, 나온 측정 숫자 20에 대한 실제 참값과의 오차의 한계를 묻는 것과 같은 원리이다.

다음은 같은 원리를 가진다는 것을 느낄 수 있도록, 이 두 가지를 관점을 비교하여 정리한 표이다.

형상화수학
고등수학 1등급 비결

통계	-	측정
(선거결과/수능시험결과) 표본조사	-	물건의 길이 측정
체계적인/정확한 분석 수행	-	눈금에 기반하여 정확하게 유효숫자 읽어내기 (20)
예측결과의 신뢰도(/오차의 범위)/표준편차	-	측정값이 가지는 정확도/오차의 한계 (5)
모집단의 실제값/신뢰구간	-	참값/참값의 범위 $(20-5 \leq x < 20+5)$

(좀더 자세한 내용은 앞서 출간된 형상화수학:중등수학 이론학습지침서—제 2 부. 중등수학이론 4. 참값/측정값/오차의 한계/유효숫자의 의미 그리고 연산 단원을 참조하시기 바랍니다.)

세부적으로 들어가지 전에, 한가지 더 의문점을 내고 답변을 하는 과정을 가져 보자.

우리는 어떤 집단에 대한 추정을 할 때, 대부분 평균값을 대상으로 그 작업을 수행한다. 왜 그럴까?

잠시 생각해 보자….

특정(/표본) 집단의 성질에 대해 분석/예측하려고 할 때, 그 대상으로 우리는 아마도 집단의 특성을 잘 나타내는 대표값을 삼으려고 하는 것이 자연스러운 행동일 것이다.

그럼 무엇을 대표값으로 삼는 것이 좋을지 알아보자. 그것은 대상집단에 속한 원소들의 분포형태에 따라 달라진다.

— 원소들이 균등하게 골고루 퍼져 있다면, 중앙값을 선택하는 것이 좋을 것이다.왜냐하면 계산하기가 쉽기 때문이다.

— 원소들이 대부분 한 값에 편중되어 몰려 있다면, 최빈값을 선택하는 것이 좋을 것이다. 또한 방향은 반대지만, 같은 원리를 가지고 특정 원소가 대부분의 원소들과 크게 동떨어져 있다면, 그 원소는 대표값 선정 대상에서 제외하는 것이 좋을 것이다.

- 그리고 위의 케이스에 따르지 않는 나머지 대부분의 경우는 일반적으로 평균값을 대표값으로 선택할 것이다. 이것이 대부분 평균값을 가지고 추정을 하는 이유이다.

그런데 만약, 전체 범위에 비해 대상 구간의 크기가 작을 경우에도 어떤 값을 대표값으로 선택하는 것이 좋을까?
- 중앙값을 선택하는 것이 좋을 것이다. 왜냐하면 어떤 값을 취해도 크게 차이가 없으므로, 제일 쉽게 계산할 수 있는 중앙값을 사용하는 것이 편리하기 때문이다. 이것이 일반적인 경우, 도수분포표의 계급값이 중앙값인 이유이다.

이제 최초의 질문인, 왜 추정을 위해 표본평균의 분산/표준편차를 필요로 하는 것인지 알아보도록 하자.

표본집단은 우측 그림처럼, 다양하게 선정될 수 있을 것이다.
- S_1, S_2, S_3, …

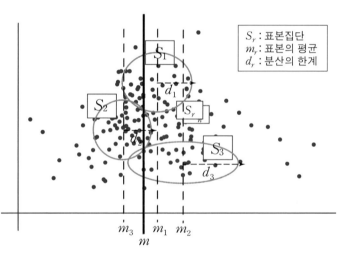

그럼 이러한 표본집단들의 평균값을 각각 m_1, m_2, m_3, … 라 하자. 그럼 이러한 표본집단의 평균값들의 평균은 어떤 값으로 수렴할까?

우선 우측 그림처럼 그 내용을 형상화 해 보면, 표본집단의 평균값은 당연히 모집단의 평균값으로 수렴할 것이며, 그 분포에 대한 분산의 정도는 푸른색 선으로 표현된 것처럼 줄어들 것이다.

이제 이 내용을 구체적으로 수식으로 옮겨보자.

각 집단의 표본의 개수가 n개인 경우, 표본평균 $\overline{X}=\dfrac{X_1+X_2+\cdots+X_n}{n}$가 된다. 그리고

모집단에서의 이 표본평균의 분포를 보면,

– 표본평균의 평균: $E(\overline{X})=E\left(\dfrac{X_1+X_2+\cdots+X_n}{n}\right)=\dfrac{E(X_1+X_2+\cdots+X_n)}{n}=\dfrac{nE(X)}{n}=m$

– 표본평균의 분산: $V(\overline{X})=V\left(\dfrac{X_1+X_2+\cdots+X_n}{n}\right)=\dfrac{V(X_1+X_2+\cdots+X_n)}{n^2}=\dfrac{nV(X)}{n^2}=\dfrac{\sigma^2}{n}$

이 된다.

이것을 이용하여, 각 표본집단 S_r에서의 임의의 원소 x에 대한 모집단에서의 분산을 나타내 보면,

– 모집단기준 특정 표본의 분산(σ^2)=표본평균의 분산$\left(\dfrac{\sigma^2}{n}\right)$+표본집단내에서의 표본의 분산$(d_r)$ 이 된다.

위의 식을 정리하면,

– 모집단기준 특정 표본의 분산(σ^2) − 표본평균의 분산$\left(\dfrac{\sigma^2}{n}\right)$=표본집단내에서의 표본의 분산$(d_r)$

$$\sigma^2-\dfrac{\sigma^2}{n}=\dfrac{(n-1)}{n}\sigma^2=\dfrac{\sum\limits_{k=1}^{n}(x_k-\overline{x_r})^2}{n} \Rightarrow \sigma^2=\dfrac{\sum\limits_{k=1}^{n}(x_k-\overline{x_r})^2}{n-1}=\dfrac{n}{n-1}S_r^2$$

즉 모집단의 분산값(σ^2)은, 각 표본의 값과 표본평균의 차의 제곱에 대한 합을 n이 아닌 $n-1$로 나눔으로써 구할 수 있는 것이다. 참고로 표본의 개수가 적을 때는 이 값이 n으로 나누어 계산된 표본집단의 분산값과 차이가 많이 나지만, 표본의 개수가 클 때는 n으로 나누나 $n-1$로 나누나 그 값에 큰 차이가 없으므로, **보통 표본집단의 분산값을 가지고 모집단의 분산값을 대신하여 사용한다.**

이로써 우리는 표본집단 자체의 분산값($S_r{}^2$)을 이용해, 모집단의 분산값 (σ^2)을 계산할 수 있게 되었다. 즉 종합하여 정리하면, 표본으로부터의 측정값(표본집단의 평균값:표본평균)을 가지고, 계산된 모집단의 분산값(표본 평균의 분산값 $\left(\dfrac{\sigma^2}{n}\right)$)을 이용해, 측정값에 대한 모집단에서의 참값의 범위를 예상할 수 있게 된 것이다. 그리고 표본의 개수 n을 크게 함으로써, 이 오차의 범위를 점점 줄일 수 있는 것이다.

> 즉 이것은 특정 표본 하나의 값을 가지고 모집단의 대표값, 평균을 예측하는 것보다, 표본집단의 평균을 가지고 그 값을 추정한다면, 훨씬 적은 오차를 가지고 예측할 수 있다는 것을 의미한다.

따라서 표본집단의 대표값(/평균값/측정값)을 통해 추정하려는 대상인 모집단의 대표값(/평균/참값)은, 각 신뢰구간에 따라 아래와 같이 정리되어 진다.

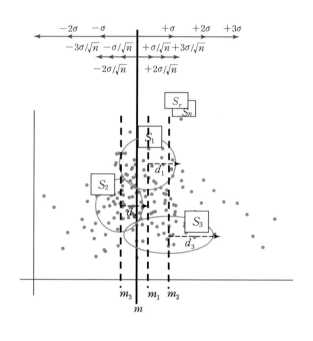

$\overline{X}$:표본평균 (/측정값의 대표값)

$\sigma\hat{}$: (표본을 통해 계산된) 대응하는 모집단의 표준편차

m:모평균 $\hat{}$(/참값의 때표값)$\hat{}$,

▷ 68% 신뢰구간:

$\rightarrow \overline{X}-\dfrac{\sigma}{\sqrt{n}} \leq m < \overline{X}+\dfrac{\sigma}{\sqrt{n}}$

▷ 95% 신뢰구간:

$\rightarrow \overline{X}-\dfrac{2\sigma}{\sqrt{n}} \leq m < \overline{X}+\dfrac{2\sigma}{\sqrt{n}}$

▷ 99% 신뢰구간:

$\rightarrow \overline{X}-\dfrac{3\sigma}{\sqrt{n}} \leq m < \overline{X}+\dfrac{3\sigma}{\sqrt{n}}$

> 주의. 신뢰구간을 가능한 좁게 가져가기 위해서는 서로 레벨이 맞게 사용되어야 함:
> → 표본평균값 $(\overline{X})$ − 표본평균의 표준편차값 $\left(\dfrac{\sigma}{\sqrt{n}}<\sigma\right)$
> → 낱개표본값 (X) − 모표준편차값 (σ)

– 분포함수의 비교

※ 세 종류의 분포함수의 특징 및 관계를 잘 연관하여 기억하자 !!!

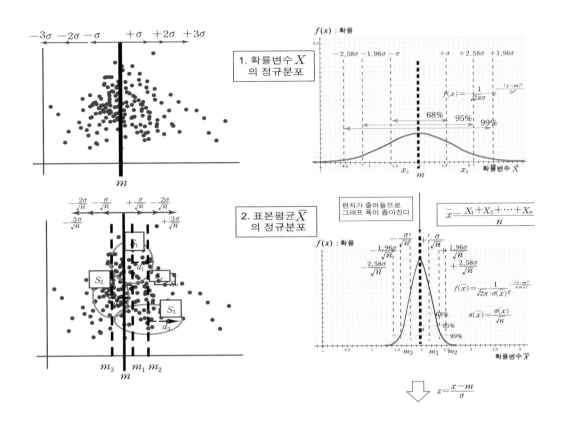

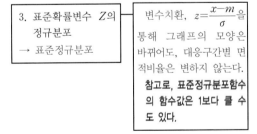

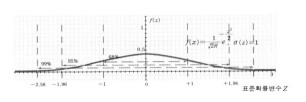

6. 표본비율의 분산에 대한 이해

어떤 시행이 백분위 점수와 같이 비율을 확률변수로 삼게 되면, 확률변수는 0~1 또는 0~100 까지의 값을 갖게 된다. 이때 값의 세분화 정도는 이항분포에서 알아보았듯이 측정을 위한 표본의 개수에 의해 결정된다. 즉 이러한 비율점수는 측정을 할 경우, 하나의 표본시행이 끝난 후에 전체 중 몇 퍼센트의 형태로 산출되지만, 그 평균값은 하나의 개별시행에 대한, 각각의 문제를 풀 수 있는, 확률을 의미하는 것이다. 비율의 이러한 측면은 해당 분포를 개별 사건에 대한 성공 확률 p, 실패 확률 $1-p$가 되는 베르누이 시행에 대한 이항분포로 세분화하여 해석하는 것을 가능하게 해준다. 즉 비율 확률변수의 분포를 이항분포로 해석하면, 이항분포의 성질을 이용하여, 쉽게 분포의 대표값인 평균 및 측정 오차의 범위를 뜻하는 분산을 알아낼 수 있는 것이다.

지금부터 비율 확률변수를 사용하는 분포에 대한 성질을 어떻게 이항분포를 이용하여 쉽게 접근할 수 있는지 알아보자.

예: 문제해결능력, 상품의 불량률(/완성률), 특정후보의 지지율, 비가 올 가능성 …

목적: 어떤 한 사람의 현재 문제해결능력을 알아보기

(내용형상화 및 목표구체화 단계)

〈추정/통계를 위한 실행체계의 수립〉

- 모집단의 선정: 목적을 아무리 읽어 봐도, 무엇을 모집단으로 해야 할지 쉽게 떠오르지 않는다. 다만 문제들을 대상으로 삼아야 할 것 같은데, 정리가 잘 안된다. 앞 방향이 잘 보이지 않는다면, 경우의 수가 그만큼 많다는 뜻이므

로, 역방향인 대우방향에서 접근해 보자. 즉 입장을 뒤집어서 반대로 생각해 보자. 예를 들어, 입장을 사람이 아닌 문제에 맞추어, 목적을 특정 문제 그룹에 대한 난이도를 결정하는 것으로 바꾸어 생각해 보자. 그래서 실행체계를 수립함에 있어, 모집단을 특정 문제 그룹으로 하고, 확률변수로는 시험점수 그리고 표본집단으로는 충분한 수의 문제들로 구성하는데 별 의의를 달지 않을 것이다. 이어 측정방법으로 임의의 대표 한 사람이 그 문제 그룹에서 약 200 문제를 뽑아내어 테스트를 하였다고 해보자. 그리고 테스트 결과가 60점이 나왔다고 하면, 우리는 이 그룹의 문제들은 대략 60% 수준의 난이도를 갖추었다고 평가할 것이다. 그런데 이 결과를 다시 뒤집어서, 특정 문제그룹의 난이도 평가를 테스트한 사람의 입장에서 생각해 보면, 이 60%는 일정 수준의 문제들을 대상으로 한 그 사람의 현재 문제해결능력에 해당됨을 알 수 있다. 이러한 시각에서 바라볼 수 있다면, 이 목적을 위한 모집단을 문제 그룹으로 삼는데 자연스러움을 갖게 될 것이다.

→ 참고로 이러한 접근방식은 시각에 따라 어떤 공장에서의 특정상품의 불량률 또는 그 공장/사람의 제품완성능력을 평가하는 데에도 마찬가지로 적용될 것이다.

(비유:

문제 ⇔ 제조를 위해 일정한 기술력을 필요로 하는 모델에 대한 생산 제품들,

문제를 푼다 ⇔ 완성품을 만들어 낸다,

문제를 틀린다 ⇔ 불량품을 만들어 낸다)

— 확률변수의 선정: 모집단이 문제들의 집합인 입장에서 보면, 테스트 결과인 성공적으로 푼 문제의 개수가 될 것이다. (비유: 제조공정중 완성품(/불량품)의 개수)

— 표본집단의 선정: 모집단인 문제그룹에서 임의 추출된 약 20개의 문제가 될

것이다.

→ 표본 문제들에 대한 백분위 시험점수(20개의 문제를 푼, 표본시행에 따른 평균값: $E(X)$에 해당) 는 우리가 예측하려고 하는 어떤 시행자의 임의의 문제에 대한 문제해결능력에 해당한다.

(이론적용 및 실행 단계)

— 모집단: 일정 난이도를 가진 문제들의 집합
— 확률변수 X: 20개의 문제(표본의 개수 $n=20$)에 대한 정답문항수 → 계급값의 선정: 분석목적에 따라 확률변수는 측정된 값의 분포를 보고 계급값1/계급값2/계급값3 등으로 유형을 바꾸어 사용할 수 있다.

Cf. 1. 확률변수의 밀도가 높은 경우, 즉 변량의 수가 많은 경우, 일반적으로 변량을 구간별로 나누고, 각 구간의 대표값을 계급값으로 삼는다. 그리고 어떤 대표값으로 구간의 계급값을 삼는다는 것은 그 구간에 해당하는 모든 개체들이 고유의 측정값이 아닌 그 대표값을 대신 가진다는 것을 의미한다.

개별시행 측정값		0(틀림)	1(맞음)

확률변수 (X)	0	1	2	3	4	5	6	7	8	9	10	11	12	13	14	15	16	17	18	19	20

— 표본집단 선정: 일정난이도를 가진 임의 추출한 문제들, 표본의 개수: 20개

표본문제		P_1	P_2	P_3	P_4	P_5	P_6	P_7	P_8	P_9	P_{10}	P_{11}	P_{12}	P_{13}	P_{14}	P_{15}	P_{16}	P_{17}	P_{18}	P_{19}	P_{20}
측정값1	16	1	1	1	1	1	1	1	1	1	1	1	1	1	0	1	1	1	1	0	0

— 하나의 표본시행(/시험)을 마친 후,

측정값 0/1을 기준으로, 표본시행에 대한 TF 도수분포표

측정값	0	1
도수	4	16
상대도수/확률	$\frac{4}{20}$	$\frac{16}{20}$

평균	$\sum(\text{계급값}) \times (\text{확률}) = 0 \times \frac{4}{20} + 1 \times \frac{16}{20} = 0.8(\text{백분위점수}:80) = \hat{p}$

이 결과를 가지고, 현재의 문제해결능력을 80%로 추정할 수도 있다.

그러나 표본의 개수가 충분치 못하다고 생각될 경우, 문제의 개수를 더 늘려서 좀더 정확성을 기할 수도 있을 것이다. 이때는 위의 시행에서 문제의 숫자(표본의 개수)를 늘릴 수도 있지만, 위와 유사한 시행(/동일 난이도를 갖춘 시험)에 대한 횟수를 늘려서 평가를 해도 같은 결과를 얻을 수 있다. 다음은 이에 대한 내용이다. 현실적으로 보통의 시험은 여러 난이도의 문제가 섞여 있어서, 한번의 시험으로 난이도별 문제해결능력을 평가하기에는 부족한 점이 있다. 즉 어떤 난이도의 문제에서 아이가 부족한 면을 보이는지 정확히 알아야, 아이게 맞는 효과적인 공부 방향을 설정할 수 있는 것이다. 이를 위해 표본 문제의 집단을 적절한 수를 가진 서로 다른 난이도의 문제들을 가지고 복합적으로 구성하는 것이 필요할 것이다. 그리고 표본 시행을 여러 번 하는 것이 현실적으로 효율적인 방법일 것이다.

— 정해진 모든 k번의 표본시행을 마친 후, 확률변수 X (표본시험에서 정답문항 수)에 대한 STD 도수분포표

계급값1 (X)	0	1	2	3	4	5	6	7	8	9	10	11	12	13	14	15	16	17	18	19	20
계급값2 ($X/20$)	0	$\frac{1}{20}$	$\frac{2}{20}$	$\frac{3}{20}$	$\frac{4}{20}$	$\frac{5}{20}$	$\frac{6}{20}$	$\frac{7}{20}$	$\frac{8}{20}$	$\frac{9}{20}$	$\frac{10}{20}$	$\frac{11}{20}$	$\frac{12}{20}$	$\frac{13}{20}$	$\frac{14}{20}$	$\frac{15}{20}$	$\frac{16}{20}$	$\frac{17}{20}$	$\frac{18}{20}$	$\frac{19}{20}$	$\frac{20}{20}$
도수	k_0	k_1	k_2	k_3	k_4	k_5	k_6	k_7	k_8	k_9	k_{10}	k_{11}	k_{12}	k_{13}	k_{14}	k_{15}	k_{16}	k_{17}	k_{18}	k_{19}	k_{20}
상대도수 / 확률	$\frac{k}{k_0}$	$\frac{k}{k_1}$	$\frac{k}{k_2}$	$\frac{k}{k_3}$	$\frac{k}{k_4}$	$\frac{k}{k_5}$	$\frac{k}{k_6}$	$\frac{k}{k_7}$	$\frac{k}{k_8}$	$\frac{k}{k_9}$	$\frac{k}{k_{10}}$	$\frac{k}{k_{11}}$	$\frac{k}{k_{12}}$	$\frac{k}{k_{13}}$	$\frac{k}{k_{14}}$	$\frac{k}{k_{15}}$	$\frac{k}{k_{16}}$	$\frac{k}{k_{17}}$	$\frac{k}{k_{18}}$	$\frac{k}{k_{19}}$	$\frac{k}{k_{20}}$

평균2: $E(X/20)$	$\sum$(계급값2) × (확률) $= \frac{1}{20} \times \left(\frac{0 \times k_0 + 1 \times k_1 + \cdots + 20 \times k_{20}}{k} \right)$ $(k = k_0 + k_1 + \cdots + k_{20})$ $\longrightarrow$ 좀더 정밀한 $\hat{p}$

→ 예: 표본의 개수 — 12회 → 년간 월별 시행

표본시험	T_1	T_2	T_3	T_4	T_5	T_6	T_7	T_8	T_9	T_{10}	T_{11}	T_{12}
측정값	16	18	17	15	16	15	12	18	19	18	17	19

계급값1 (X)	1	2	3	4	5	6	7	8	9	10	11	12	13	14	15	16	17	18	19	20
계급값2 ($X/20$)	1/20	2/20	3/20	4/20	5/20	6/20	7/20	8/20	9/20	10/20	11/20	12/20	13/20	14/20	15/20	16/20	17/20	18/20	19/20	20/20
도수	0	0	0	0	0	0	0	0	0	0	0	1	0	0	2	2	2	3	2	0
상대도수 / 확률	0	0	0	0	0	0	0	0	0	0	0	1/12	0	0	2/12	2/12	2/12	3/12	2/12	0

도수	각 계급값에 해당하는 점수를 맞은 시험회수
상대도수 / 확률	도수분포표로부터 계산된 각 계급값에 해당하는 상대도수/확률
평균: $E(X)$	$E(X) = \sum$(계급값) × (확률) $= (12 \times 1 + 15 \times 2 + 16 \times 2 + 17 \times 2 + 18 \times 3 + 19 \times 2)/12 = 16.66666667$
평균: $E(X/20)$	$E(X/20) = \sum$(계급값2) × (확률) $= (12/20 \times 1 + 15/20 \times 2 + 16/20 \times 2 + 17/20 \times 2 + 18/20 \times 3 + 19/20 \times 2)/12 ≒ 0.83$ (83%) ($\hat{p}$)
	비교: $E(X) = np$ ⇒ $E(X) = 20 \times 0.83 = 16.6$, $E(X/n) = E(X)/n = np/n = p$ ⇒ $E(X/20) = E(X)/20 = 16.6/20 = 0.83(\hat{p})$
분산 / 표준편차 : $V(X/20)/S(X/20)$	$V(X/20) = \sum$(계급값−평균)^2 × (확률) ≒ 0.015, $S = \sqrt{V} ≒ 0.12$
	(→ 실제시행의 회수(12회)가 논리적인 시행횟수 220 보다 상대적으로 적어 아래의 계산된 값과 차이 발생)
	비교: $V(X/n) = V(X)/n^2 = npq/n^2 = pq/n$ ⇒ $\sqrt{V(X/20)} = 0.83 \times 0.17/20 ≒ 0.007/S = \sqrt{V} = \sqrt{0.007} ≒ 0.08$

측정값	0	1
도수	$240-200=40$	$12×1+(15+16+17+19)×2+18×3=200$
상대도수 / 확률	$40/(20×12)≒0.17(=1-p)$	$200/(20×12)≒0.83(p^{\wedge})$

평균 (/계급값1)	$\sum$ (계급값)×(확률)$=0×(1-0.17)+1×0.83=0.83$

따라서 위의 표본시행을 통한 위 시행자의 문제해결능력의 추정값은

95% 신뢰도 기준 (95%기준, 오차의 한계$=2×0.08=0.16$),

$$E(X^{\wedge})-2×\frac{\sigma}{\sqrt{n}}≤(표본에\ 대한\ 모집단의\ 평균\ 정답회수,\ E(X)=np)≤E(X^{\wedge})+2×\frac{\sigma}{\sqrt{n}}$$

$\rightarrow$ $16.7-2×0.55≤$(표본에 대한 모집단의 평균 정답회수, $E(X))≤16.7+2×0.55$

$$p^{\wedge}-2×\frac{\sqrt{pq}}{\sqrt{n}}≤(모집단의\ 평균\ 문제해결능력,\ E\left(\frac{X}{N}\right)=p)≤p^{\wedge}+2×\frac{\sqrt{pq}}{\sqrt{n}}$$

$\rightarrow$ $0.83-2×0.08≤$(모집단의 평균 문제해결능력, $E\left(\frac{X}{20}\right)=p)≤0.83+2×0.08$

가 된다. 참고로 두 식의 비교를 통해서 알아낼 수 있는 $\sigma=\sqrt{pq}$는 베르누이 시행모델 T/F 도수분포표로부터 계산된 분산/표준편차를 뜻한다. 즉 임의의 한 문제를 풀었을 때, 풀 수 있는 확률 p에 대한 오차한계(에 대한 기준범위)를 의미한다 하겠다.

논리적 사고과정에 의한
문제풀이 학습체계

01

문제해결을 위한 논리적 사고 체계

1. 표준문제해결과정 → 4 STEP 사고 : 효과적인 문제풀이를 위한 논리적 사고과정의 기준

표준문제해결과정 : 논리적인 사고의 흐름

1) **내용의 형상화(V)** : 세분화 및 도식화 — 주어진 내용의 명확한 이해

— 百聞 不如一見 : 주어진 내용의 가장 정확한 이해는 그 내용을 이미지화 하여 상상할 수 있는 것이다.

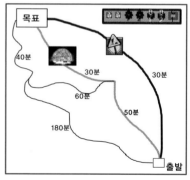

그것을 위해

① 단위문장을 기준으로 각각의 내용을 식으로 표현한다

→ 문장전체를 한번에 읽고 올바로 해석하여, 한꺼번에 관련된 식을 도출하는 것은 쉽지 않지만, 단위 문장 하나씩을 식으로 표현하는 것은 쉽게 할 수 있다. 만약 식으로 표현하지 못한다면 관련

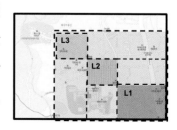

이론 점검이 필요하다.

② 식으로 표현된 조건들을 그림으로 표현하여 종합한다
　→ 각각의 내용을 종합하여 표현하면, 교점과 같이 문맥상에 숨어 있는 사실 및 구체적인 적용범위들이 겉으로 드러나게 된다. 함수의 그래프 표현은 이 과정을 위한 매우 유용한 도구이다.

2) 목표의 구체화(T) : 구체적 방향을 설정하고 필요한 것 확인
　─ 목표의 명확한 인식을 통해 五里霧中을 경계한다.
　① 목표의 형상화 : 형상화된 조건들과 함께 목표를 연관하여 표현
　　→ 조건에 따라 변화하는 목표의 경우, 관련 식을 통해 변화의 궤적을 구체적으로 표현해야 한다.
　② 필요한 것 찾기 : 형상화된 내용을 기반으로, 목표를 달성하기 위해서 추가적으로 필요한 것을 찾는다.
　　→ 이것은 대상을 구체화하여 고민의 범위를 줄이는 것이다.

3) 이론 적용(L) : 구체화된 정보를 가지고 상황에 맞는 최적의 접근방법 결정하기
　─ 주어진 조건들을 실마리로 하여, 필요한 것을 얻기 위하여 적합한 적용이론(/접근방법/루트)을 찾는다.
　→ 쉬운 문제의 경우, 밝혀진 식들을 가지고 단순히 연립방정식을 푸는 형태가 될 것이다.
　그러나 어려운 문제의 경우,
　주어진 조건들에 기반하여 새로운 적용이론을 찾아야 할 것이다.

※ 문제가 잘 안 풀릴 경우, 논리적인 접근방법
① 주어진 조건 중 이용하지 않은 조건이 있는지 확인한다.
　─ 주어진 조건을 모두 이용해야 문제를 가장 쉽게 둘 수 있다.

② 현재 밝혀진 조건 이외의 문맥상에 숨겨진 다른 조건이 더 있는지 확인한다.

③ 현재 고민하고 있는 내용이 목표와 방향성이 맞는지 확인한다.

    — 고민의 범위가 너무 막연한 게 아닌지 확인하다 : 목표의 구체화를 통한 고민의 범위 줄이기

    — 주어진 상황과 접근방법 자체에 대한 점검 : 부정방정식에 대한 접근방법 고려

⇒ 만약 내용형상화 단계에서 주어진 어떤 내용을 식으로 표현(/조건의 구체화) 하지 못했다면, 관련이론에 대한 자신의 이해를 다시 점검한다.

4) 계획 및 실행(M)

    — 해야 될 일들에 대한 우선순위를 정하고, 정리된 계획을 실행에 옮긴다.

전 과정의 실행 후에도 여전히 미 해결내용(모르는 것)이 있을 경우, 모르는 것이 다시 목표가 되고, 현재까지 밝혀진 내용을 주어진 내용으로 삼아, 1—4 과정을 반복 시행한다 (문제의 난이도 상승 : $L1 \rightarrow L2 \rightarrow L3$)

표준문제해결과정 4Step (VTLM)

— 효과적인 문제해결을 위한 논리적 사고의 흐름

1. 내용형상화(V): 내용의 명확한 이해 및 주어진 조건의 규명

    1—1. 단위문장(구· 문)별로 각각의 내용을 식으로 표현한다.

        — 직접적으로 기술된 조건들의 규명

    1—2. 식으로 표현된 조건들을 그림으로 표현하여 종합한다.

        — 전체적인 이해 및 문맥상의 숨겨진 조건들의 규명

2. 목표구체화(T) : 구체적 방향을 설정하고 필요한 것 확인

    2—1. 목표의 형상화 : 형상화된 조건들과 함께 목표를 연관하여 표현

    2—2. 필요한 것 찾기 : 목표와 주어진 내용과의 차이 분석

        — 형상화된 내용을 기반으로,

         목표를 달성하기 위해서 추가적으로 필요한 것을 찾는다.

3. 이론 적용(L) : 필요한 것을 얻기 위한 최적의 접근방법 찾기

    3—1 : 필요한 것과 연관된 조건을 실마리로 하여 적용 이론 찾기

    3—2 : 적용 이론들을 통합하여 전체 솔루션 설계

4. 계획 및 실행(M) : 효율적인 실행순서의 결정 및 실천

    해야 될 일들에 대한 우선순위를 정하고, 정리된 계획을 실행에 옮긴다.

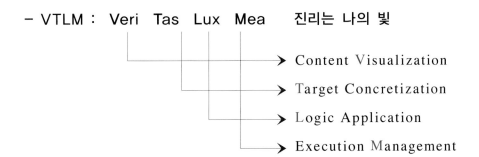

  — VTLM : Veri Tas Lux Mea   진리는 나의 빛

               → Content Visualization

               → Target Concretization

               → Logic Application

               → Execution Management

표준문제해결과정의 형상화

— 표준문제해결과정은 문제를 가장 쉽게 푸는 방법이다.

1. 내용형상화(V)

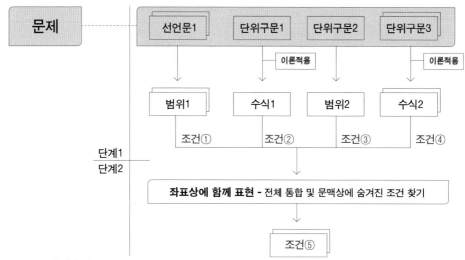

2. 목표구체화(T)

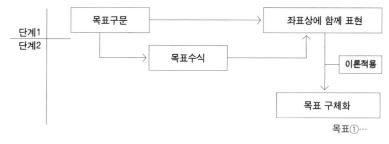

3. 이론적용(L)

밝혀진 조건들(①②③④⑤……)을 실마리로 하여, 구체화된 목표를 구하기 위한 적용이론들(/접근방법)을 찾는다.

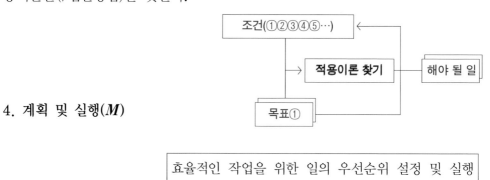

4. 계획 및 실행(M)

효율적인 작업을 위한 일의 우선순위 설정 및 실행

이론학습 및 문제풀이를 통한 논리 사고력 훈련

: 표준문제 해결과정 — 논리적 사고의 흐름

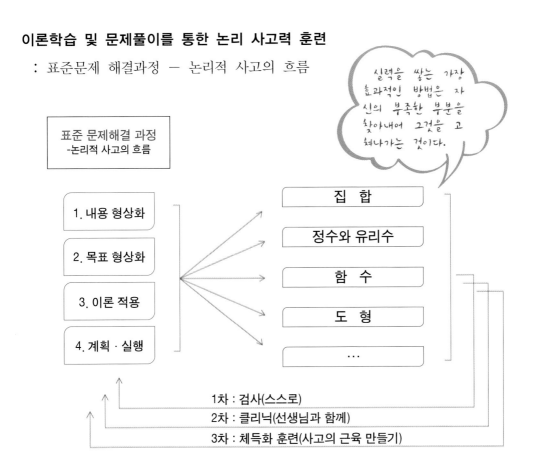

이러한 논리적 접근을 통한 문제해결과정은 학문적으로 꾸준히 연구되고 있는 분야 이다.

대표적인 학자로는 헝가리의 수학자 폴리야(George Polya, 1887－1985)를 들 수 있다. 그는 저서 How to Solve it－New Aspect of Mathematical Method(Princeton University Press, 2004)에서 이러한 내용을 다루고 있는데, 그 내용이 이 책에서 다루고 있는 내용과 큰 맥락을 같이 하고 있다고 하겠다.

표준문제해결과정 : 4Step 사고의 적용 상세 절차

STEP 1: 내용 형상화

의미: 제한된 시간 안에 목표 지점을 찾아가기 위해서는, 내가 이용해야 할 조건들을 구체적으로 알아야 효과적으로 계획할 수 있다. 그런데 문제의 내용은 대부분 제시자의 시각에서 주관적이고 묘사적인 방법으로 기술되어져 있다. 그런데 이는 풀이하는 입장에서는 처음 접하기 때문에, 물론 문장 구성의 정도/난이도에 따라 다르겠지만, 한번에 그 내용을 이해하기는 어렵다. 따라서 주어진 각각의 내용을 객관적으로 구체화하고 이를 전체적으로 구성해 보는 작업은 정확한 상황에 대한 이해를 할 수 있게 하는 데 꼭 필요한 일이 된다. 그리고 그 작업이 표준문제해결과정의 첫 번째 스텝이 되는 것이다. 이 내용을 형상화해 보면, 문제에 관련된 동네의 지도를 준비하고, 그 지도 위에 밝혀진 조건들을 표시하는 것이다.

절차:

① 접속사나 마침표를 기준으로 전체 문장을 하나씩 단위 구문 별로 세분화한다.

② 각 단위 구문을 하나씩 식으로 옮긴다. 식이 성립되지 않는 경우, 그 주된 내용을 알기 쉽게 정리해 놓는다. 이렇게 정리된 내용들을 이용해야 할 구체적 조건으로 삼고, 하나씩 번호를 부여한다.

   — 식으로 옮기는 행위자체가 묘사적인 수식어들을 제외한 핵심사항을 정리하는 것과 같다.

   — 주어진 내용을 식으로 옮기지 못한다면, 관련된 이론에 대한 이해가 부족한 것을 뜻한다. 즉 그 이론을 다시 공부한 후, 이 문제를 다시 도전해야만 한다.

→ 도형이나 그래프로 제시된 문제와 같이, 내용이 이미 형상화 된 문제에 대한 이 스텝의 진행과정은 역방향이라 할 수 있다. 수식을 그림으로 형상화하는 대신에 그림 속에 표현된 각각의 내용에 해당되는 수식을 찾아내는 것이다.

이번 주제의 내용은 '제1부-Part 1-03. 표준문제해결과정 및 적용'과 뒷 부분 추가사항을 제외하면 세부 내용이 동일하나, 이해를 위한 독자의 편의성을 위하여 중복하여 기술하였음.

형상화수학
고등수학 1등급 비결

358

난이도 $L1$이 안되는 문제의 경우, 대부분 이 단계에서 내용형상화는 끝이 난다. 게다가 더욱 쉬운 문제는 처음부터 내용이 아예 식으로 주어지는 경우이다. 그런데 난이도가 올라갈 경우, 어떤 문제는 비록 처음부터 식으로 주어져 있지만, 문맥상에 숨어있는 내용을 파악해내지 못한다면 문제를 풀기 어려운 경우도 있다. 즉 어려운 문제의 경우, 문맥상에 숨어 있는 조건들을 찾아내야만 그 문제를 풀 수 있는 것이다.

③ 문맥상에 숨어 있는 조건들을 겉으로 드러나게 하는(일관성 있게 적용할 수 있는) 좋은 방법중의 하나는 주어진 조건들을 그림으로 형상화하여 상호관계가 눈에 보이도록 하는 것이다. 예를 들어, 구체화된 조건 식들을 같은 좌표평면 상에 통합하여 함께 그래프로 나타내면, 자연스럽게 교점 및 범위 등이 드러나게 되는 것이다. 그렇게 새롭게 발견된 조건들을 이용해야 할 조건으로 추가하고, 각각 번호를 부여한다.

- 함수의 그래프를 그리는 방법(부록1 참조)을 터득해 놓는 다면, 이 작업을 상대적으로 쉽게 할 수 있을 것이다.

- 만약 그래프로 표현하기 어렵다면, 통합을 하여 표현하기 위한 목적을 맞출 수 있는 벤 다이어그램/순서도 등과 같이 다른 그림 수단을 이용할 수 있을 것이다.

→ Tip: 문장이 하나일 때는 대부분의 학생들이 그 내용을 쉽게 구체화 한다. 그런데 서술형문제와 같이 여러 개의 문구나 문장이 길게 늘어져 있을 때는 그 내용을 쉽게 구체화하지 못한다. 그것은 아이들이 욕심을 부려 한꺼번에 머리 속에서 문제에 대한 종합적인 이해를 시도하기 때문이다. 그러한 시도는 자신의 현재 능력을 배재한 체, 그렇게 하는 것이 가장 빨리 가는 방법이라고 머리 속에 잠재하고 있기 때문에 일어나는 자연스런 현상이라 할 수 있다. 그렇지만 그러한 마음을 스스로 통제할 수 있어야 하는 것이고, 그것도 수학공부를 통해 훈련해야 하는 것 중 하나이다. 따라서 이에 대한 생각을 인식시키

고, 그것을 서서히 바꾸어 주어야 한다. 즉 한꺼번에 하려 하지 말고, 현재 할 수 있는 능력에 맞춰, 단위 구문 별로 하나씩을 구체화하고, 이 것을 여러 번 하여 자연히 전체 내용을 구체화할 수 있도록 생각의 전환을 유도해야 한다. — 불행히도 논리적 사고과정이 배제된 패턴별 문제풀이 학습방법이, 쉽게 가려는 아이들의 성급한 욕구에 맞춰준 양상으로 잘못된 공부습관을 고착시키는데, 일조하지 않았나 싶다.

STEP 2: 목표 구체화

의미: 쉽게 말하면, 목표를 형상화된 내용과 함께 연계시키는 것이다. 즉 같은 지도에서 목표의 위치를 확인하는 것이다.

절차:

① 목표구문 및 문장을 해석하여, 목표를 명확히 확인한다.

목표가 상황에 따라 변하는 경우, 그 내용을 수식으로 표현하고, 그 변화하는 궤적을 형상화한다.

→ 목표의 형식 및 표현내용도 이용해야 할 조건이 될 수 있다.

② 목표를 얻기 위해 필요한 것들을 구체화하고, 현재 주어진 조건들과 비교해 본다.

이미 밝혀진 사항을 제외하고 남은 필요한 것을 구체화된 목표로 삼는다.

→ 이렇게 구체화된 목표는 고민의 범위를 줄여준다.

STEP 3: 이론 적용

의미: 지금까지는 목표지점에 가기 위해 어떤 루트를 선택할 지를 결정하기 위해 사전조사를 한 셈이다. 즉 알고 있는 내용들을 가지고 구성된 (이론)지도 위에 출발점과 목표 그리고 지금까지 밝혀진 조건들이 해당 길 위에 표시 되어 있는 셈이다. 이제 남은 것은 이것들을 실마리로 하여 현재 상황에 맞는 최적의 루트를 찾아내는 것이다.

절차:

① 밝혀진 조건을 모두 이용하는 접근방법/루트(/적용이론)를 선정한다.

  - 쉬운 문제인 경우, 이 루트(/적용이론)는 각 조건에 연결된 이론으로부터 이미 만들어진 식들을 가지고 단순히 연립방정식을 푸는 것이 될 것이다.

  - 어려운 문제인 경우, 이 루트(/적용이론)는 여러 개의 이론(/길)들의 조합이나 비교/판단/확장 등 논리적인 추론을 좀더 필요로 한다. 이때 추론의 방향은 무작정 찾는 것이 아니라, 구체화된 목표와 연계하여 주어진 조건들을 실마리로 하여 찾아야 한다.

  → 목표의 형식 및 표현내용도 이용해야 할 조건 및 실마리가 될 수 있다.

  → 주어진 조건들을 실마리로 하여 적용이론을 찾는 과정에 있어, 주어진 조건의 형태가 예상 적용 이론과 직접적인 매치가 될 수도 있지만, 어려운 문제일수록 직접적인 매치보다는 확장을 하여 매치 점을 찾아내야 한다. 마찬가지로 확장의 방향은 무조건 아무거나 시도하는 것을 아니라, 주어진 조건을 실마리로 이용하는 쪽이 되어야 보다 쉽게 문제를 풀어갈 수 있다.

  - 적용이론(/루트)을 찾는 과정이 여러 Cycle의 깊이 있는 사고를 필요로 하는 경우, 한 Cycle의 사고를 통해 새롭게 밝혀진 내용을 구체적으로 표현해 놓아야 한다. 그래야만 그 내용을 다음 Cycle의 사고에서 쉽게 이용할 수 있게 되기 때문이다.

② 문제가 잘 안 풀린다면, 다음의 사항들을 기본적으로 점검한 후 필요한 작업을 수행한다.

  - 구체화된 모든 조건을 다 이용하였는가?

  - 모든 조건을 다 구체화 하였는가? 혹시 선언문 등 빠뜨린 것은 없는가?

  - 목표구체화를 통해 세부 목표를 찾아내고, 거기에 맞추어 고민의 범위를 줄였는가?

  - 형상화를 통해 숨어 있는 조건을 모든 찾아 내었는가?

  - 마음이 조급하여, 논리적인 사고과정에 따라 객관적으로 문제를 풀어가지

않고, 과거에 경험한 특정 패턴에 맞춰 상황을 무리하게 꿰 맞추는 시도를 하고 있지는 않은가?

→ 그렇다면 마음을 바로잡고, 첫 번째 스텝부터 다시 해나가야 한다.

위의 사항들을 모두 점검하였는데도 잘 문제가 풀리지 않는 다면, 현재 실력에 비해 제 시간 안에 풀기 어려운 문제이니 조급해 하지 말고 충분히 시간을 가지고 고민하는 것이 올바른 공부 방법이 될 것이다. 꾸준한 훈련을 통해 사고의 근육을 쌓으면, 정확도와 속도는 점점 빨라질 것이기 때문이다.

STEP 4: 계획 및 실행

의미: 이제는 선택된 루트를 따라 실제 진행하는 것만이 남았다. 그런데 여러 개의 일들이 조합되어 있는 경우, 순서를 반드시 지켜야 하는 일들과 그렇지 않은 일들이 있을 것이다. 즉 실천의 정합성과 효율성을 위하여 일의 우선 순위를 결정한 후, 순서에 따라 실행을 하는 것이 필요하다. 그리고 실행 도중에 혹 가정했던 상황이 바뀐다면, 해당 스텝으로 되돌아 가야 할 것이다.

절차 :

① 실천의 효율성을 위하여 일의 우선 순위 결정한다. 즉 요구된 일들의 실행순서를 결정한다.

② 계획된 순서에 따라 일을 실행한다.

③ 실행 도중에 혹 가정했던 상황이 다르다는 것을 알게 된다면, 해당 스텝으로 되돌아 가서 필요한 조정을 수행한다.

→ 의외로 많은 아이들이 약분을 이용하여 계산을 간략하게 만들지 못해, 계산실수를 하곤 한다.

— 초/중등 학생의 경우, 복합연산에서 나누기를 곱하기로 바꾸어 놓지 않아, 약

분 없이 그냥 순서대로 큰 숫자에 대한 계산을 함에 따라 계산실수를 유발한다.

— 고등학생의 경우, 물론 형태에 따라 다르지만, 소인수분해 형태로 계산을 끌고 가면 나중에 약분할 수 있는 기회가 옴에도 불구하고, 식을 빨리 간략히 정리하고 싶은 마음이 앞서 복잡한 큰 숫자에 대한 계산을 이중으로 함에 따라 실수를 유발하기도 한다.

→ 초/중등 학생의 경우, 의외로 많은 아이들이 음수가 낀 분배법칙 계산에 잦은 실수를 하는 데, 대부분 빨리 풀려는 마음이 앞서서 이다.

※ 내용형상화 및 접근방법의 모색 시 고려할 점

문자식으로만 표현되어 있어, 주어진 내용에 대한 형상화가 잘 되지 않거나 또는 경우의 수가 너무 많거나 아예 목표에 접근하는 길이 잘 안보여 접근방법을 결정하기가 어려울 때는

첫 번째, 우선 몇 가지 케이스를 가지고 구체화 한 후, 그 내용을 일반화 한다.

두 번째, 그래도 해결이 잘 되지 않을 경우, 역으로 뒤집어서 대우방향에서 접근하는 것을 생각해 본다.

2. 증명을 위한 접근방법의 차이에 대한 이해
- 연역법(원방향과 대우방향)/귀납법/귀류법의 이해

이 주제는 앞에서 이미 설명한 것으로 다음의 그림들을 보고, 어떤 내용을 말하려고 하는지 생각이 나시나요?

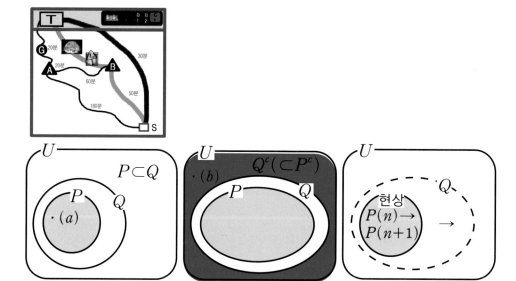

효과적으로 문제풀이 방향을 잡기 위해서는 여러 가지 시각에서 주어진 상황을 바라볼 줄 알아야 합니다.

실제 문제풀이 과정에 들어가기에 앞서, 다양한 시각에서의 대표적인 접근방법에 대해, 앞으로 돌아가서 다음의 내용을 읽고

ㅡ제2부 고등수학이론 : Part 1. 집합과 논리 1. 명제 그리고 증명을 위한 접근방법의 차이에 대한 이해

다시 한번 사고를 점검하는 시간을 가져보시기 바랍니다.

02

논리적 사고를 통한 문제 풀이

◆ 표준문제해결과정의 적용예제들

세부 문제풀이과정에 들어 가기에 앞서,

이 책의 효과를 극대화하기 위하여, 문제풀이과정을 읽어 나갈 때 주의할 점을 집어 보도록 하겠다.

앞서 세부 이론학습과정의 서두에도 이야기 했듯이,

각 문제의 풀이 방법을 아는 것이 문제풀이공부의 주 목적이 아님을 상기하자.

문제풀이 공부의 주 목적은 (특정 이론들을 배경으로 출제된) 문제마다 달리 주어진 상황(/조건)에서 효과적으로 문제를 풀어가는 논리적인 사고과정의 훈련이다. 그리고 그러한 훈련과정을 통해 임의의 상황에서 발휘할 수 있는 자신의 문제해결능력을 키우고, 부차적으로 문제해결과정을 통해 새롭게 밝혀진 내용을 기반으로 그때까지 형성되었던 이론지도의 보완 및 확장을 하는 것이다.

일관성을 위한 논리적인 사고능력을 갖추고,그것을 기반으로 한 단계별 문제해결능력은 우리 사회에서 요구하는 실질적인 필요 능력이라 할 수 있다. 그런데 단순히 시험을 보기 위해 유형별 문제풀이 방법을 외우는 것은 암기력 훈련을 넘어 정작 필요한 자신의 문제해결능력을 키우는데 별 도움을 주지 못한다. 따라서 우리는 단순히 문제풀이방법만을 익힐 것이 아니라, 올바른 문제풀이과정의 훈련을 통해 논리적인 사고과정의 정확성 및 속도를 향상시켜 나가야 하는 것이다. 그럼으로써 점차 필요한 능력을 갖춰 나가는 것이다. 임의의 시점에 주어진 상황에서 올바른 판단을 할 수 있는 능력을 갖춘 사람은 리더가 될 것이고, 그렇지 못한 사람은 리더가 시키는 일을 할 수 밖에 없는 단순 노무자가 될 것이다.

이 책에 예시된 문제풀이과정은 이러한 근본적인 훈련 목적을 달성하는 데 도움을 주고자 쓰여 졌다. 각 4 *Step* 단계별로 그때까지 밝혀진 조건들을 실마리로 하여 목표로 가는 경로를 찾는 논리적인 사고과정(/접근방법)에 초점이 맞추어 쓰여 졌다. 따라서 각 풀이 과정을 읽어 나갈 때, 유형별 문제풀이 방법을 익히는 데에만 초점을 맞추지 말고, 주어진 조건들을 활용하여 논리적으로 문제를 풀어가는 사고과정에 초점을 맞추어 이해하려고 노력해야 한다. 그리고 그러한 일련의 논리적인 사고과정이 몸에 습관처럼 베이도록 해야만 하는 것이다. 노력을 통해 체득된 정도가 여러분의 삶의 질을 결정해 줄 것이다.

수학공부는 "생각의 과정에 대한 훈련"이다.

문제풀이학습이란,

방법적인 측면에서는 문제마다 각기 달리 주어진 상황에서 효과적으로 목표를 찾아가기 위한 해결 실마리를 찾아가는 논리적인 사고과정에 대한 훈련이며, 결과적인 측면에서는 틀린 문제를 통해

1. 자신의 현재 사고과정에 대한 점검 및 보완을 수행하고,

2. 기존에 생성된 이론지도에 대한 내용의 보완 및 상호 연결을 수행하는 것이라 할 수 있다.

표준문제해결과정의 적용 :

Case 1. 함수: 부등식

◎ 문제 : 연립부등식 $0\leq y\leq -x$, $y\leq x+3$을 만족시키는 실수 x, y에 대하여 x^2+y^2의 최대값을 구하여라.

개요) 이 문제를 단순하게 주어진 범위내의 숫자들을 대입하여 최대값을 구하려 들면, 상당히 번거로운 작업이 될 뿐아니라, 어떤 값을 구하더라도 정답에 대한 확신을 갖기도 어렵게 된다.

이제 위의 내용을 어떻게 논리적으로 접근하여, 정확하게 목표에 도달 할 수 있는지 표준문제해결과정에 맞추어 진행해 보도록 할 것이다.

표준문제해결과정

1. 내용 형상화 : 세분화 및 도식화 − 주어진 내용의 명확한 이해

   1) 주어진 조건들이 이미 식으로 주어져 있으므로, 각각에 번호를 붙이고, 그 내용을 공통의 좌표 평면 위에 종합하여 표현한다.

   $0\leq y\leq -x$ − ①

   $y\leq x+3$ − ②

   2) 형상화된 두 가지 조건을 종합하여 보니, 겹쳐진 부분이 구체적인 대상임을 확인할 수 있다.

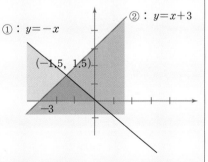

2. 목표 구체화 : 구체적 방향 설정 및 필요한 것 찾기

   − x^2+y^2의 형상화

   1) $x^2+y^2=k$라 놓으면, $x^2+y^2=(\sqrt{k})^2$이 되므로 이 목표는 주어진 범위

의 점들을 대상으로 하는 원을 그릴 때, 그 원의 반지름의 제곱에 해당된다는 것을 알 수 있다.

3. 적용이론(길) 찾기 : 필요한 것을 얻기 위한 적용이론 찾기

 - 구체화된 범위의 점들을 대상으로 하여, 형상화된 목표의 궤적인 원을 투영하면, $(-3, 0)$ 점을 지날 때, 원이 최대가 된다는 것을 알 수 있다.

① : $y=-x$

② : $y=x+3$

$(-1.5, 1.5)$

-3

4. 계획 및 실행: 우선 순위 결정 및 실행

 - $(-3, 0)$를 지나는 원의 반지름의 제곱 $=9$

→ 적용된 이론 : 일차 부등식 좌표에 표현하기, 원의 방정식

 - 유형별 문제풀이 방법을 외우는 것이 아니라, 논리적으로 문제해결 실마리를 찾아가는 사고과정 훈련
 - 다양한 측면에서 해당 이론의 변형 및 반복적용을 통한 적용능력 향상 및 이론 숙지 효과
 - 이론간의 연결 적용을 통한 자신의 지식지도의 확장

Case 2. 행렬

◎ 문제 : 두 이차정사각형 행렬 A, B가

$AB+A^2B=E$, $(A-E)^2+B^2=O$를 만족시킬 때, 다음의 사항들이 만족됨을 보여라

1) B 의 역행렬이 존재한다.

2) $AB=BA$

3) $(A^3-A)^2+E=0$

개요) 행렬은 다차원 대수문제로, 조금만 변형을 시켜도 형상화가 어려워 많은 학생들이 어려워 하는 분야이다. 이제 주어진 내용을 어떻게 이용하여, 목표에 도달 할 수 있는지 표준문제해결과정에 맞추어 진행해 보도록 할 것이다. (수능기출)

표준문제해결과정

1. **내용 형상화** : 세분화 및 도식화 ¡ 주어진 내용의 명확한 이해

   → 단위 구문 별로 식으로 표현

   - $AB+A^2B=E$ ─ ①

   - $(A-E)^2+B^2=O$ ─ ②

목표1〉 B 의 역행렬이 존재한다.

2. **목표 구체화**

   − 필요한 것 찾기: 이것을 보이기 위해 무엇이 필요할까 생각해 보자.

   　　　　　　　　행렬의 구성성분이 주어져 있지 않을 경우, 우리가 알

수 있는 역행렬이 존재하는 경우는 $PQ=C$ (이때, C는 역행렬이 존재, 대표적인 것으로는 E)가 되는 P, Q이다.

3. **이론적용**: 솔루션 찾기   ①번식을 인수분해하여 필요한 형태, $PQ=E$를 취한다. $AB+A^2B=(E+A)AB=E$ 따라서 $(E+A)$, AB는 역행렬이 존재, 그리고 연이어서 AB는 역행렬이 존재 → A, B 역행렬이 존재

4. **계획 및 실행**: 추가적인 실행과정 없이도, 이론적용과정에서 이미 B의 역행렬이 존재함이 증명됨.

목표2〉 $AB=BA$

2. **목표구체화**

− 필요한 것 찾기: 이것을 보이기 위해 무엇이 필요할까 생각해 보자. 주어진 조건을 이용하여, 어떻게든 AB와 BA가 포함된 등식을 만들어 낸다.

3. **이론적용**: 솔루션 찾기   등식의 한쪽 변에 같은 행렬을 좌우로 곱하여, 다른 쪽 변에서 AB와 BA 형태가 나오게 한다.   정해진 방향에 맞추어 고민을 하면,   앞서 구해진 ① 번식의 인수분해 형태의 양변에, (AB)의 역행렬이 존재하므로 $(AB)^{-1}$을 곱한다.

$(E+A)AB=E→(E+A)=(AB)^{-1}$ − ③

이제 양변의 좌우측에 (AB)를 곱하여 각각을 비교하면, 우변은 똑같이 $(AB)(AB)^{-1}=(AB)^{-1}(AB)=E$가 되므로 좌변을 비교하면 등식이 성립하여야 한다.

$AB(E+A)=(E+A)AB$ → $AB+ABA=AB+AAB$ → $ABA=AAB$이제 양변의 좌측에 A^{-1}을 곱하면, $BA=AB$가 성립한다.

4. **계획 및 실행**:   추가적인 실행과정 없이도, 이론적용과정에서 이미 교환법칙이 성립됨이 증명.

목표3〉 $(A^3-A)^2+E=0$

2. 목표구체화

－ 필요한 것 찾기: 이것을 보이기 위해 무엇이 필요할까 생각해 보자. 이미 밝혀진 조건들을 모두 이용하여, 어떻게든 목표관계식이 성립함을 보여야 한다. 그런데 아직 ②번 조건을 이용하지 않았음을 상기하고, 그것을 이용하는 방법을 고민한다.

3. 이론적용: 솔루션 찾기

목표식을 다음과 같이 바꾸면 ②번 조건을 이용할 수 있음을 생각해 낸다.

$(A^3-A)^2=(A(A^2-E))^2=A^2(A+E)^2(A-E)^2=-E$

그럼 ②번과 ③번 조건 그리고 목표2의 결과 $AB=BA$ 를 이용하면,

$A^2(A+E)^2(A-E)^2=A^2(AB)^{-1}(AB)^{-1}(-B^2)=-E$ 가 된다.

→ 참고로 서로 교환법칙이 성립하는 행렬들로만 구성된 곱셈은 일반 대수연산의 규칙들을 보다 자유롭게 이용할 수 있게 된다.

: $(A+B)^2=A^2+2AB+B^2$, $(AB)^2=A^2B^2$, $(A+B)(A-B)=A^2-B^2$ ··

4. 계획 및 실행:

추가적인 실행과정 없이도, 이론적용과정에서 목표관계식이 성립됨이 증명됨.

－ 유형별 문제풀이 방법을 외우는 것이 아니라, 논리적으로 문제해결 실마리를 찾아가는 사고과정 훈련

－ 다양한 측면에서 해당 이론의 변형 및 반복적용을 통한 적용능력 향상 및 이론 숙지 효과

－ 이론간의 연결 적용을 통한 자신의 지식지도의 확장

Case 3. 상용로그

◎ 문제 : 양의 실수 x에 대하여 $\log x$의 지표와 가수를 각각 $f(x)$, $g(x)$ 라 하자. 자연수 n에 대하여 $f(x)-(n+1)g(x)=n$을 만족시키는 모든 x의 값의 곱을 a_n이라 할 때, $\lim\limits_{n \to \infty} \dfrac{\log a_n}{n^2}$의 값은?

개요) 이 문제는 막상 풀려고 들면 그렇게 쉽지 않음을 알 수 있다. 그 동안 접해보지 못한 낯선 상황을 만나겠지만, 당황하지 말고 주어진 조건들을 이용하여 침착히 실마리를 풀어가 보자. 이제 위의 내용을 표준문제해결과정에 기반하여 어떻게 목표에 도달 할 수 있는지 알아 보도록 할 것이다. (수능기출)

표준문제해결과정

1. 내용 형상화 :

세분화 및 도식화 − 주어진 내용의 명확한 이해

− $\log x=f(x)+g(x)$, $f(x)$ 는 정수, $0 \le g(x)<1$ − ①

− n은 자연수 − ②

− $f(x)-(n+1)g(x)=n$ − ③

2. 목표 구체화 :

구체적 방향 설정 및 필요한 것 찾기

1) 구하는 것 : $\lim\limits_{n \to \infty} \dfrac{\log a_n}{n^2}$

2) 필요한 것 : a_n을 n의 관계식으로 풀기 → x를 먼저 구해야 함

— x를 구하기 위해서는 어떤 조건을 이용해야 할까?

x를 구할 수 있는 식은 $log\ x=f(x)+g(x)$ 이므로, $x=10^{f(x)+g(x)}$로 구체화되어 진다. 그런데 구하는 것을 살펴보면, a_n 이 n에 관한 식으로 나타내 져야 함을 알 수 있다. 즉 이 두 가지 사실을 연결하여 범위를 좁혀 보면, $f(x)+g(x)$를 n에 관한식으로 나타내야 한다.

3. 적용이론(길) 찾기 : 필요한 것을 얻기 위한 적용이론 찾기

그럼 어떻게 $f(x)+g(x)$ 를 n 에 관한식으로 나타낼 수 있을까?

알아야 할 것은 두 개인데, 등식으로 주어진 관계식은 달랑 ③번 하나뿐이라, 부정방정식의 형태이다. 그러면 나머지 조건들을 이용하여 범위를 좁혀가야 한다.

이제부터 나머지 조건들을 이용하여 그 실마리를 찾아가 보자.

1) ③번 조건을 이용하면, $f(x)=(n+1)g(x)+n$ 인데, ①에서 $0 \leq g(x) < 1$

   → $n \leq f(x) < 2n+1$ 그런데 $f(x)$는 정수이므로, $n \leq f(x) \leq 2n$가 된다.

2) 이제 $f(x)$가 모습을 드러냈으므로, a_n을 구체화해 보자.

(a_n 구체화 접근방법1: 케이스 구체화를 통해 일반화한 후 목표 해를 구하기)

$n=1$ 일 때, $f(x)=1,\ 2$

   → ③번식에서 $g(x)=\dfrac{f(x)-n}{n+1}$ 이므로, $g(x)=0,\ \dfrac{1}{3}$ → $x=10^1,\ 10^{2+\frac{1}{3}}$

$n=2$ 일 때, $f(x)=2,\ 3,\ 4$ → $g(x)=0,\ \dfrac{1}{4},\ \dfrac{2}{5}$ → $x=10^2,\ 10^{3+\frac{1}{4}},\ 10^{4+\frac{2}{5}}$

$n=3$ 일 때, $f(x)=3,\ 4,\ 5,\ 6$ → $g(x)=0,\ \dfrac{1}{5},\ \dfrac{2}{6},\ \dfrac{3}{7}$

   → $x=10^3,\ 10^{4+\frac{1}{5}},\ 10^{5+\frac{2}{6}},\ 10^{6+\frac{3}{7}}$

$\cdots\cdots$

$n=n$ 일 때, $f(x)=n,\ n+1,\ n+2,\ \cdots,\ 2n$

$\quad \rightarrow g(x)=0,\ \dfrac{1}{n+2},\ \dfrac{2}{n+3},\ \cdots,\ \dfrac{n}{2n+1}$

$\quad \rightarrow x=10^{n+0},\ 10^{n+1+\frac{1}{n+2}},\ 10^{n+2+\frac{2}{n+3}},\ \cdots,\ 10^{2n+\frac{n}{2n+1}}$

$\quad \therefore\ a_n=10^{\{n+(n+1)+(n+2)+\cdots+2n\}+\left(\frac{1}{n+2}+\frac{2}{n+3}+\cdots+\frac{n}{2n+1}\right)}$

$\rightarrow \log a_n=\displaystyle\sum_{k=n}^{2n}k+\sum_{k=1}^{n}\dfrac{k}{n+k+1}$

여기서 뒤쪽 $\displaystyle\sum_{k=1}^{n}\dfrac{k}{n+k+1}$ 식을 어떻게 처리해야 할까?

$n\to\infty$ 갈 때, 이 값은 무한대로 발산한다. 그렇지만 이 값의 크기를 생각하면, $\dfrac{k}{n+k+1}$, 1보다 작은 값을 계속 더하는 것이므로, $n\to\infty$ 가면, 앞 식의 값들에 비해 무시할 정도임을 생각하자. 참고로 이 합이 가지는 발산함수는 로그함수의 형태를 가지게 되므로 $y=x$ 보다도 작은 값을 가지게 된다.

3) 그러면,

$\rightarrow \log a_n=\displaystyle\sum_{k=n}^{2n}k+\sum_{k=1}^{n}\dfrac{k}{n+k+1}$

$\rightarrow \displaystyle\sum_{k=n}^{2n}k=\dfrac{3}{2}n^2+n<\log a_n<\dfrac{3}{2}n^2+n+\sum_{k=1}^{n}1=\dfrac{3}{2}n^2+2n$

$\rightarrow \therefore\ \displaystyle\lim_{n\to\infty}\dfrac{\log a_n}{n^2}=\dfrac{3}{2}$ 이 나온다.

(a_n 구체화 접근방법2: 주어진 식을 통해 직접적으로 목표 해를 구하기)

$-\ n\le f(x)\le 2n$이고 $g(x)=\dfrac{f(x)-n}{n+1}$ 이므로, $f(x)+g(x)=f(x)+\dfrac{f(x)-n}{(n+1)}$

이 된다. 따라서

$$a_n=10^{\sum\limits_{f(x)=n}^{2n}\{f(x)+g(x)\}}\to \log\,a_n=\sum_{f(x)=n}^{2n}\left\{f(x)+\frac{f(x)-n}{n+1}\right\}=\sum_{f(x)=n}^{2n}\left\{\frac{n+2}{n+1}f(x)-\frac{n}{n+1}\right\}$$

$$\to \log\,a_n=\frac{n+2}{n+1}\sum_{k=n}^{2n}k-\frac{n}{n+1}\sum_{k=n}^{2n}1$$

$$\to \frac{n+2}{n+1}\left(\frac{2n(2n+1)}{2}-\frac{(n-1)n}{2}\right)-\frac{n}{n+1}(2n-n)=\frac{3n^3+7n^2+6n}{2n(n+1)}$$

$$\to \therefore \lim_{n\to\infty}\frac{\log\,a_n}{n^2}=\lim_{n\to\infty}\frac{3n^3+7n^2+6n}{2n(n+1)}\cdot\frac{1}{n^2}=\frac{3}{2}$$

4. 계획 및 실행:

우선 순위 결정 및 실행 추가적인 실행과정 없이도, 이론적용과정에서 목표 관계식이 성립됨이 증명되었다.

- 유형별 문제풀이 방법을 외우는 것이 아니라, 논리적으로 문제해결 실마리를 찾아가는 사고과정 훈련
- 다양한 측면에서 해당 이론의 변형 및 반복적용을 통한 적용능력 향상 및 이론 숙지 효과
- 이론간의 연결 적용을 통한 자신의 지식지도의 확장

Case 4. 함수−미분

◎ 문제 : 최고차항의 계수가 1 인 삼차함수 $f(x)$가 모든 실수 x에 대하여 $f(-x)=-f(x)$를 만족시킨다. 방정식 $|f(x)|=2$의 서로 다른 실근의 개수가 4 일 때, $f(3)$의 값은?

개요) 이 문제는 함수 표현식의 해석 및 확장그래프를 자유롭게 그려낼 수 있다면 쉬운 문제이지만, 아직 그러한 능력을 갖추지 못했다면, 대수적으로 해결 실마리를 찾기는 쉽지 않은 문제이다. 이제 위의 내용을 표준문제해결과정에 기반하여 어떻게 목표에 도달 할 수 있는지 알아 보도록 할 것이다. (수능기출)

표준문제해결과정

1. **내용 형상화** : 세분화 및 도식화 − 주어진 내용의 명확한 이해

　주어진 조건은

최고차항의 계수가 1 인 삼차함수 − ①

$f(-x)=-f(x) \rightarrow f(x)=-f(-x)$ 인데,

이것은 원점 대칭함수 − ②

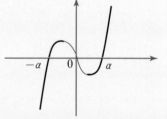

이 두 가지 조건을 가지고 개략적인 형상화를 하면, $f(x)=x(x+a)(x-a)$로 위의 그림과 같은 형태가 나온다.

2. **목표 구체화** :

구체적 방향 설정 및 필요한 것 찾기

– 목표형상화 및 필요한 것 찾아내기:

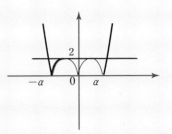

$|f(x)|=2$의 해는 $y=|f(x)|$와 $y=2$와의 교점에

해당한다.   우선 $y=|f(x)|$와 $y=2$를 통합하여

형상화하면, 우측 그래프의 형태가 되므로, 실

근의 개수가 4 이려면, 교점의 개수가 4개가

되어야 한다. 그리고 $f(3)$을 구하려면,   우선

$f(x)$를 구해야 한다. 그런데 현재 $f(x)$에는 미지수가 하나뿐이므로, 이를

결정하기 위해서 필요한 것은 관계식 하나이다.

3. 적용이론(길) 찾기 : 필요한 것을 얻기 위한 적용이론 찾기

– 구체화된 목표에 방향을 맞추어 생각하자. 관계식 하나를 찾기 위해서,

아직 이용하지 않은 조건인 교점의 수가 4개인 것을 이용하자. 교점이 4

개이려면, 우측그림과 같이 $y=2$가 극대값과 일치하면   된다.

4. 계획 및 실행: 우선 순위 결정 및 실행

정해진 시나리오를 실행하자.

극대값을 구해 보면, $f'(x)=0$으로 부터 $x=-\frac{\sqrt{3}}{3}\alpha$에서 극대값 $\frac{2\sqrt{3}}{9}\alpha$를 갖는다.

따라서 $\frac{2\sqrt{3}}{9}\alpha=2 \rightarrow \alpha=3\sqrt{3}$

$\therefore f(3)=3(3+3\sqrt{3})(3-3\sqrt{3})=-54$

– 함수관계식의 해석 훈련: x축 대칭, y축 대칭, 원점대칭
– 주어진 조건을 이용하여 전체내용을 통합하여 형상화하고, 그것을 기반으로 문제해결 실마리를 찾아가 는 사고과정 훈련
– 이론간의 연결 적용을 통한 자신의 지식지도의 확장

Case 5. 함수-미분

◎ 문제 : 평균값의 정리를 이용하여, $x>1$ 일 때,

부등식 $0<ln\dfrac{e^{x-1}-1}{x-1}<x-1$이 성립함을 보여라.

개요) 이 문제는 평균값의 정리란 방향이 주어져 있지 않았다면, 무척 어려운 문
제가 될 것이다. 그럼 이번에는 평균값이 정리라는 선행조건을 이용하여,
어떻게 실마리를 찾아갈 수 있는지 표준문제해결과정에 기반하여 그 내용
을 알아 보도록 할 것이다.

표준문제해결과정

1. **내용 형상화** : 세분화 및 도식화 — 주어진 내용의 명확한 이해

주어진 조건은

— 방향: 평균값 정리 → ①

— 변수의 범위: $x>1$ → ②

평균값 정리: 구간 (a, b)에서 미
분가능한 함수 $y=f(x)$ 에 대하여
$\dfrac{f(b)-f(a)}{b-a}=f'(c)$를 만족시키는 c 가 구간 $(a,$
$b)$ 에 적어도 하나 이상 존재한다.

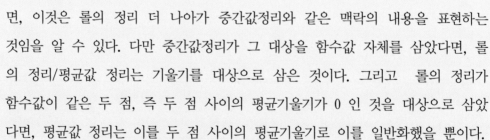

이 내용을 형상화하여 종합적으로 생각해 보
면, 이것은 롤의 정리 더 나아가 중간값정리와 같은 맥락의 내용을 표현하는
것임을 알 수 있다. 다만 중간값정리가 그 대상을 함수값 자체를 삼았다면, 롤
의 정리/평균값 정리는 기울기를 대상으로 삼은 것이다. 그리고 롤의 정리가
함수값이 같은 두 점, 즉 두 점 사이의 평균기울기가 0 인 것을 대상으로 삼았
다면, 평균값 정리는 이를 두 점 사이의 평균기울기로 이를 일반화했을 뿐이다.

2. **목표 구체화** : 구체적 방향 설정 및 필요한 것 찾기

우선 지수와 로그가 섞여 있는 목표식을 한가지 함수로 정리해 보자.

로그함수는 증가함수 이므로,

$$0 < ln\frac{e^{x-1}-1}{x-1} < x-1 \rightarrow e^0 < \frac{e^{x-1}-1}{x-1} < e^{x-1}$$ 가 된다.

그런데 가운데 식은

구간 $(1, x)$ 에서의 지수함수 $y=e^x$ 의 평균변화율 형태를 띠고 있으므로, 평균값 정리와 연관됨을 알 수 있다. 즉 나머지 사항들을 거기에 맞추어 생각하는 것이 필요하다.

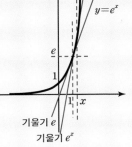

3. **적용이론(길) 찾기** : 필요한 것을 얻기 위한 적용 이론 찾기

— 구체화된 목표에 방향을 맞추어 생각하자.

구간이 $(1, x)$ 이므로, 이에 맞추어 주어진 식

의 양변에 e 를 곱하여 다시 한번 정리하면, $e^0 < \frac{e^{x-1}-1}{x-1} < e^{x-1} \rightarrow$

$e < \frac{e^x-e}{x-1} < e^x$ 이 된다. 그런데 $y=e^x$ 에서 $f(1)=e$ 이 되므로, 가운데 식

은 구간 $(1, x)$ 에서의 평균기울기를 의미한다. 또한 $y'=e^x$ 이므로 부등식 좌우의 값 e 와 e^x 는 각각 1 과 x 에서의 접선의 기울기가 된다.

그런데 이 함수는 도함수가 증가함수이므로, 이 구간에서의 접선의 기울기에 대한 최소값은 e 가 되고, 최대값은 e^x 가 된다. 따라서 평균기울기는 자연히 그 사이의 값을 갖게 될 수 밖에 없다.

4. **계획 및 실행** : 우선 순위 결정 및 실행 추가적인 실행과정 없이도, 결론이 도출되었다.

— 주어진 방향에서 전체내용을 통합하여 이해하고, 그것을 기반으로 문제해결 실마리를 찾아가는 사고과정 훈련
— 이론간의 연결 적용을 통한 자신의 지식지도의 확장

Case 6. 통계

◎ 문제 : 어느 공장에서 생산되는 제품의 길

z	$P(O{\le}Z{\le}z)$
1.0	0.3413
1.5	0.4332
2.0	0.4772

이 X는 평균이 m이고, 표준편차가 4인 정규분포를 따른다고 한다.

$P(m{\le}X{\le}a)=0.3413$ 일 때, 이 공장에서 생산된 제품 중에서 임의 추출한 제품 16개의 길이의 표본평균이 $a-2$ 이상일 확률을 오른쪽 표준정규분포표를 이용하여 구한 것은? (단, a는 상수이고, 길이의 단위는 cm이다.)

개요) 이 문제를 풀려면, 통계에 관한 배경이론으로서 모집단의 원소 중 그냥 임의의 한 개를 추출하여, 모집 단을 추정하는 것은 오차의 범위(/신뢰구간)가 너무 크게 된다. 대신 n개의 표본집단에 대한 평균을 가지고 모집단을 추정한다면, 오차의 범위가 줄어들므로, 추정을 좀더 정확히 할 수 있다는 개념과 더불어 정규분포와 표준정규분포의 상호관계를 정확히 알고 있어야 한다. 그렇다면 이 문제는 그리 어려운 문제가 아닐 것이다. 이제 위의 내용을 표준문제해결과정에 기반하여 어떻게 목표에 도달 할 수 있는지 알아 보도록 하자. (수능기출)

표준문제해결과정

1. 내용 형상화 : 세분화 및 도식화 – 주어진 내용의 명확한 이해

한꺼번에 내용을 이해하려는 욕심을 버리고, 한 구문씩 주어진 내용을 정리하면서, 관계는 식으로 표현하여 구체화하고, 필요시 좌표상에 그림으로 형상화한다.

1) 제품의 길이 X→확률변수 X,

평균 m → $E(X)=m$,

표준편차 4 → $\sigma(X)=4$

그리고 정규분포 →좌우 대칭 그리고 확률밀

도함수: 일단

이 내용을 형상화하면, 우측 그림과 같다.

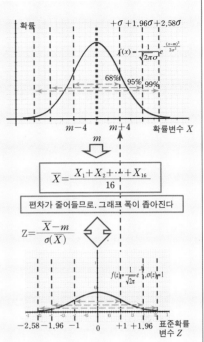

2) $P(m \leq X \leq a)=0.3413$을 해석해 보자.

주어진 표준정규분포표를 보면, 평균 m은 표준정규분포에서는 0에 해당하고, $P(0 \leq Z \leq 1)$이 같은 값 0.3413 을 가지므로, a는 $z=1.0$ 즉 $m+4$에 해당함을 알 수 있다.

2. 목표 구체화 : 구체적 방향 설정 및 필요한 것 찾기

임의 추출한 제품 16개→표본의 개수 $n=16$

표본평균이 $a-2$ 이상일 확률 → $P(\overline{X} \geq a-2)$ → $P(\overline{X} \geq m-2)$

표준정규분포표를 이용해서 이 확률을 찾아야 하므로 $\overline{X}$와 Z의 관계를 찾아야 한다.

3. 적용이론(길) 찾기 : 필요한 것을 얻기 위한 적용이론 찾기

$-$ $Z=\dfrac{\overline{X}-m}{\sigma(\overline{X})}$, $\sigma(\overline{X})=\dfrac{\sigma}{\sqrt{n}}$ → $\sigma(\overline{X})=\dfrac{4}{\sqrt{16}}=1$ → $Z=\dfrac{-1-m}{1}$,

를 이용하여 $P(\overline{X} \geq m+2)$ → $Z=\dfrac{m+2-m}{1}=2$ → $P(Z \geq 2)$

그러면, $P(z \geq 2)=0.5 - P(0 \leq z \leq 2)=0.0228$ 이 된다.

4. 계획 및 실행: 우선 순위 결정 및 실행

추가적인 실행과정 없이도, 결론이 도출되었다.

$-$ 문제 내용의 전체적인 관계를 형상화하고, 논리적으로 문제해결 실마리를 찾아가는 사고과정 훈련

$-$ 이론간의 연결 적용을 통한 자신의 지식지도의 확장

실마리가 잘 안 풀릴 때

1. 주어진 내용을 모두 형상화했는지 점검한다. (정확한 문제 내용의 이해)

- 필요에 따라 문장을 식으로, 식을 그래프로, 그리고 종합하여 표현해야 한다. 종합하여 표현할 경우, 문맥상에 숨어있는 조건들을 손쉽게 찾아낼 수 있다.

- 겉으로 표현된 내용 뿐만 아니라 용어의 정의 자체가 내포하고 있는 조건들도 활용해야 한다.

-

2. 실마리를 찾기 위한 정보로서 형상화된 내용이 모두 이용되었는지 점검한다. 정제된 문제일 수록, 문제에 표현된 모든 내용들은 나름대로의 주어진 이유가 있다. (표현된 모든 정보의 이용)

- 주어진 변수가 자연수일 경우, 분수 및 곱셈의 형태를 취하면 대상 값의 범위를 한정시킬 수 있다.

- 단순 선언문과 같이 특정한 식의 형태로 주어진 값이 0이 아니라면, 그만한 이유가 있다. 형태로부터 왜 그렇게 주어졌을 지를 생각하면, 접근 방향을 좁힐 수 있다.

-

3. 올바른 적용이론의 선택은 문제에 주어진 조건들과 연관하여 생각하여야 한다. 즉 내용상에 힌트가 있는 경우가 많다. (문제 자체에 실마리가 포함되어 있다)

- 도형상에 중점이 표시되어 있다면, 중점연결정리와 같이 중점과 관련된 이론을 적용할 방법을 찾아본다.

- 두 직선의 길이의 합에 대한 대소 및 범위 비교는 삼각형의 관련 정리와 연

관된 경우가 많다.

- 특별한 조건이 주어지지 않은 두 값의 합에 대한 범위 값에 관한 문제는 산술평균/기하평균/조화평균에 관련된 경우가 많다.

-

4. 주어진 내용의 특수한 형태가 왜 만들어 졌는지 생각해 본다. (특수한 형태가 가지는 이유)

- 계산된 결과가 아닌 과정의 형태로 문제식이 주어졌다면, 그 자체가 답을 풀어가는 실마리가 된다.

-

5. 문제를 풀어 가는 방법에는 항상 연역적으로 단계를 밟아가는 방법만 있는 것이 아니다. (목적지에 가는 방법은 여러 가지가 있다). 생각의 방식을 바꾸어 보자.

- 귀류법 : 결론을 부정하면 그 명제의 가정도 모순됨을 보여 그 명제가 참일 수 밖에 없다는 것을 증명하는 방법
  → 직접적인 대상 집합이 눈에 보이지 않을 경우, 그 여집합에 해당하는 내용을 규명함으로써 그 대상의 내용을 확정하려 할 때 유용하다.
- 귀납법적인 접근 : 개별적인 특수한 현상으로부터 일반적인 명제를 끌어내는 방법
  → 수학적 귀납법 : 초기값이 참 & $P(n)$이 참 → $P(n+1)$이 참 → $P(n)$은 참
- 틀에 관한 문제 : 적어도, 최소한의 개수 등에 관한 문제는 비둘기집(바스켓) 관련 정리를 생각해 본다.

-

이상 소개된 내용들은 모두 주어진 상황을 정확히 이해하고 구체화하여, 가장 효과적으로 목표를 찾아가는 방법, 길을 찾기 위한 점검 사항들이다.

그런데 마음이 급하면, 조금씩 접근방식이 틀어 지게 된다. 이럴 경우 발생하는 대표적인 경우에 대해 살펴보자.

첫 번째는, 냉정히 상황분석을 하나씩 하기 보다는 빨리 그리고 쉽게 하는 방법, 즉 한번에 목표 지점을 찾아갈 수 있는 Short−Cut을 찾게 된다. 그러한 마음 상태는 기존에 알고 있던 유사한 패턴에 현재 상황을 인위적으로 끼워 맞춰 보려는 시도를 하게 하는데, 대부분 어려운 문제는 이러한 시도가 당사자를 미궁으로 빠뜨리는 결과를 낳게 된다. 물론 상황이 딱 맞아 떨어질 경우, 패턴적용은 실행시간을 단축시켜주므로 무척 유용하다. 그러나 패턴 적용에 앞서 반드시 정확한 상황 판단을 위한 논리적 사고과정이 우선 되어야만 한다.

두 번째는 눈에 보이는 조건들은 어느 정도 구체화를 했으나, 급한 마음에 전체적으로 상황을 돌아보지 못해 문맥상에 숨어 있는 조건들을 이용하지 못하는 경우이다. 이런 경우 현재 나타난 조건들만을 이용해서 경로를 찾다 보니, 그 범위가 너무 넓어 찾기가 쉽지 않은 것이다. 때론 이것 저것 시도해 보다가 우연히 목표경로를 찾기도 하지만, 우연함에 뭔가 찜찜함을 느끼게 된다.

부정방정식의 풀이는 이 경우의 연장선상에 있다.

일반적으로 주어진 조건들 모두 구체화하면, 즉 한 문장씩 대응하는 식으로 옮기면, 대부분 미지수의 수와 관계식의 수가 일치하게 된다. 따라서 연립방정식을 푸는 것이 실행의 주 내용이 된다. 그런데 주어진 식의 개수가 미지수의 개수보다 적을 경우, 일반적으로 해가 무수히 많게 되기 때문에, 아무리 식을 변형시켜 보아도 문제를 풀 수 없게 된다. 즉 연립방정식을 푸는 일반적인 방법으로는 특정 해를 구할 수 없는 것이다.

만약 여러분이 무작정 해를 구하러 나서기에 앞서, 잠시 숨을 돌려 전체적인 상황을 돌아 보고 어떤 접근방법이 좋을 지 결정하는 순간을 가질 수 있다면, 그래서 별다른 조건이 더 이상 없음을 확인한다면, 이 문제는 부정방정식의 케이스임을 알아차릴 수 있을 것이다. 그리고 앞서 부정방정식의 풀이방법에서 소개된 것처럼, 선언문과 같은 준 조건을 이용하여 케이스를 제한하는 방법을 생각해내어 효과적으로 접근해 나갈 수 있을 것이다.

세 번째는 명시적인 조건 뿐만 아니라 숨어 있는 조건들도 찾아 냈으나, 그것을 구체화적으로 표현해 놓지 않아서, 정작 목표경로를 선택할 때는 생각했던 조건들을 이용하지 못하는 경우이다. 이것은 평소 잘하는 학생들도 종종 범하는 실수이다.

긴장상황에서도 이성적으로 접근하여, 문제풀이에 있어 일관성을 확보하는 것 또한 학생들이 반드시 훈련을 통해 갖추어야 하는 덕목이다.

03

틀린 문제를 통해, 반드시 실력향상의 기회를 잡아라

1. 문제 클리닉의 목적

문제 클리닉의 근본적인 목적은

해당 문제에 대한 효과적인 풀이방법을 찾아내어 그 자체를 익히는 것이 목적이 아니라,

틀린 이유를 통해 문제를 풀어 가는 데 있어 현재 자신을 지배하고 있는 일련의 사고 과정(/판단 기준)을 바로잡기 위해서이다.

주어진 상황에 따라 달라져야만 하는 목표지점을 찾아가는 길은 외워야 할 대상이 아닌 것이다.

문제를 틀린 이유는 크게 보면, 다음의 두 가지로 분류할 수 있다.

하나는 이론의 이해가 부족하여, 문제에 표현된 해당 내용을 형상화/구체화 하지 못하는 것이고,

둘째는 문제풀이를 위한 일련의 논리적인 사고과정이 정립되어 있지 않거나, 전개

의 깊이가 충분하지 못하여, 효과적인 사고의 전개를 하지 못하는 것이다.

따라서 틀린 문제에 대한 해결 방법 자체를 아는 것보다,

어디서 틀렸는지 확인하고 그리고 왜 틀렸는지 찾아내어,

현재 자신에게 체득된 부족한 사고방식에 변화를 주고, 그것을 향상시키는 것이 더욱 중요하다 하겠다.

→ 틀린 문제에 대해, 다시 시도해보고 문제를 맞췄을 때, 맞았다고 그냥 넘어갈 것이 아니라, 처음의 접근 방식에서 어디서 틀렸는지 확인하고 그리고 왜 틀렸는지 찾아내는 것이 중요하다. 왜냐하면 처음의 접근방식이 현재 나를 지배하고 있는 체득된 사고방식이기 때문이다.

2. 표준클리닉 과정

- 표준클리닉과정 첫 번째 : 표준문제해결과정의 점검을 통해, 잘못한 부분 찾아내기

1. **내용의 형상화 :** 세분화 및 도식화문제 내용의 명확한 이해를 통해 현재 나에게 주어진 조건들이 무엇 무엇인지를 찾아낸다.

   → 형상화 부족 : 관련이론의 이해 부족으로 주어진 단위문장을 도식화하지 못한 경우

1 ✓	형상화 부족
2	목표구체화 부족
3-1	밝혀진 모든 조건을 이용하지 않음
3-2	접근방법을 찾아 내지 못함
4	비효율적 실행

2. **목표의 구체화 :** 구하는 것 확인 및 그에 따른 필요한 것 도출 형상화된 목표를 통해 내가 가야 할 방향을 설정하고 그에 따라 필요한 것을 찾는다.

   → 목표에 대한 구체화 부족: 고민의 범위가 너무 넓은 경우

3. **이론 적용 :** 적용이론(길) 찾기목표에 도달하는 수 많은 방법 중, 현재 주어진 상황에 적합한 방법(길/이론)을 찾는다. 난이도에 따라 단계적 이론 적용이 필요한 경우도 발생한다.

   → 3-1. 모든 조건을 이용하지 않음 : 주어진 모든 조건을 이용하지 않음에 따라, 현재 상황에 맞지 않는 이론(길)을 선택한 경우

   → 3-2. 효과적인 접근방법을 찾아 내지 못함 : 숨어 있는 조건들을 찾지 못했거나, 종합적인 판단 실수로 비효율적인 접근방법을 적용한 경우

1	형상화 부족
2	목표구체화 부족
3-1 ✓	밝혀진 모든 조건을 이용하지 않음
3-2	접근방법을 찾아 내지 못함
4	비효율적 실행

4. **계획 및 실행, 그리고 정리** : 실행순서 및 변경관리우선순위 및 효과적인 실행 방법을 가지고 할 일에 대한 순서 및 시간계획을 세우고, 실천에 따른 변경관리를 수행한다.

　→ 비효율적인 실행 : 실행의 순서가 잘못된 경우

– 표준 클리닉 과정 두 번째 : 발생한 원인 찾아내기 ($Where \rightarrow Why$)

클리닉을 하는 목적은 결과적으로는 자신의 행동에 변화를 주기 위해서 이다. 그래야만 뭔가 다른 결과를 기대할 수 있기 때문이다. 행동의 변화가 없다면, 상응하는 결과의 변화도 없다.

그리고 변화의 방향이 맞다면, 우리는 변화의 노력에 따른 최적의 결과를 기대할 수 있게 된다.

말하자면 잘못된 결과에 대해, 현재 자신의 행동을 돌아보고, 어디에 문제가 있었는지, 잘못된 부분을 찾는 목적은 최적의 행동 변화를 주기 위한 구체적인 방향을 설정하기 위해서 이다. 그리고 구체적인 행동변화를 주기 위해서는 Where(어디서?) 를 통해 Why(왜?)를 찾아야 하는 것이다.

문제를 틀린 이유는 크게 보면, 다음의 두 가지로 분류할 수 있다.

첫째는 이론의 이해가 부족하여, 문제에 표현된 해당 내용을 형상화/구체화 하지 못하는 것이고,

둘째는 문제풀이를 위한 일련의 논리적인 사고과정이 정립되어 있지 않거나, 전개의 깊이가 충분하지 못하여, 효과적인 사고의 전개를 하지 못하는 것이다.

표준문제해결과정을 살펴보면, 가장 기본으로서 제시된 문장(/구)을 하나씩 식으로 표현해 감으로써 주어진 내용/목표를 형상화/구체화 하도록 가이드하고 있는데,

만약 이 부분을 실행하지 못했다면, 그것은 관련이론에 대한 이해부족으로 볼 수 있다.

이것을 제외한 나머지 부분에 대한 원인은 자신에게 아직 문제풀이를 위해 일관성 있게 적용할 수 있는 일련의 논리적인 사고과정이 정립되어 있지 않거나, 사고의 전개 깊이가 충분하지 못하다고 볼 수 있다.

위의 첫 번째 점검과정에서 파란색으로 표시된 부분이 이러한 Why에 해당되는 내용이라 할 수 있다.

– 표준 클리닉 과정 세 번째 : 원인조치를 통한 부족한 부분의 개선 그리고 체득화

원인을 찾았으면, 이제 요구되는 행동(/사고)의 변화를 주어야 한다. 그리고 꾸준한 적용노력을 통해 자신에게 새로운 변화를 체득시켜야 한다.

– **"행동의 변화가 없다면, 상응하는 결과의 변화도 없다."**

1. 클리닉을 수행한 문제는 가능하면 당일 꼭 다시 풀어보고, 그 클리닉 사항이 맞는지 스스로 확인해야만 한다.

2. 틀린 문제에 대한 이유 적기 : Where → Why 에 초점을 맞추어 구체적으로 적는다.
   – 표준문제해결과정에 준하여 자신이 실수한 부분에 대한 정확한 원인 자각
   – 구체적인 행동의 변화를 주기 위한 주안점 찾기
   → 실제 행동의 변화는 마음 먹었다고 금방 오는 것이 아니다. 일정기간 꾸준히 적용노력을 해야 생기는 것이다. 따라서 일정 시간이 지난 후에 자신의 변화를 뒤돌아 보는 것이 필요한데, 이렇게 적어 놓은 구체적인

이유는 그러한 점검을 하는데 아주 유용한 수단이 된다. 예를 들어 시험 때, 틀렸었던 문제를 모두 풀어보는 것이 아니라, 이렇게 적어 놓은 이유를 살펴보고 자신의 사고방식이 과연 변했는지 확인해 보는 것이다. 만약 이제는 더 이상 같은 실수를 하지 않는다는 것을 확인할 수 있다면, 자신의 실력이 그만큼 늘었음을 느끼게 될 것이다. 그래도 ☆☆ 문제는 그 당시 스스로 해결을 못했던 문제이므로, 다시 풀어보기를 권장한다.

〈적용 시 유의 사항〉

① 시간이 지나면 잘 생각이 나지 않기 때문에, 최소한 한 단원이 넘어가기 전에 채점을 하고, 틀린 문제에 대해 클리닉을 수행하여야 한다. 그리고 다시 풀어본 후, 틀린 문제들에 대해 구체적인 이유를 적는 것으로 마무리를 하여야 한다.

② 연습장에 구체적인 과정을 써가며, 문제풀이를 하도록 한다. 그래야만 클리닉 수행시 자신이 어디에서/왜 실수를 했는지 정확히 알아 낼 수 있다. 명심해야 할 것은 클리닉을 하는 가장 중요한 이유는 틀린 문제에 대한 해결 방법을 아는 것이 아니라, 현재 자신에게 체득된 일련의 사고방식에 변화를 주고, 그것을 향상시키는 데에 있다. 상기하면 수학공부는 문제풀이 방법을 외우는 것이 아니라, 문제를 풀어가며 논리적인 사고과정을 연습하는 것이기 때문이다.

③ 틀린 문제에 대해, 다시 시도해보고 문제를 맞췄을 때, 맞았다고 그냥 넘어갈 것이 아니라, 처음의 접근 방식에서 어디서 틀렸는지 확인하고 그리고 왜 틀렸는지 찾아내는 것이 중요하다. 왜냐하면 처음의 접근방식이 현재 나를 지배하고 있는 체득된 사고방식이기 때문이다.

이 클리닉 과정에서 중요한 점은 같은 실수를 반복하지 않기 위해서 어떻게 행동/사고의 변화를 할 것인가를 찾는 것이다. 즉 생각 상의 원인을 찾는 것보다 한 단계 더 나아가야 한다. 예를 들어 관련이론의 이해부족이라는 원인이 나왔다면, 단순히 원인을 생각하는 것에 그칠 것이 아니라. 1차적으로는 이 기회에 관련이론을 다시 공부하여 구체적인 지식지도를 바로 잡아야 할 것이며, 2차적으로는 그러한 원인을 발생시킨 현재 자신의 이론공부방법에 어떤 문제가 있는지 살펴보아야 하는 것이다. 단순히 외우지 않았는지, 선생님의 설명을 듣고 기본적인 이해(10% 또는 50%)는 하였으나 추가적인 노력을 게을리하여 온전히 이론의 내용을 나의 것으로 만들지 못했는지 알아차려려야하는 것이다. 그리고 다음 이론 공부 시 그러한 깨달음을 실천에 옮겨야 하는 것이다. 즉 실질적인 변화는 구체적인 실천을 통해서만 만들어 진다는 것을 명심하여야 한다.

3. 이론의 내용이 생각나지 않았을 경우, 관련된 부분 뿐만 아니라 해당 이론 전반에 대한 자신의 이론을 다시 점검할 기회를 갖는다. 왜냐하면 그 이론을 잊었다는 것은 그만큼 반복기회가 적었다는 것을 의미하므로, 비슷한 처지에 있는 주변 내용을 같이 돌아보는 것이 필요하기 때문이다.

이론에 대한 새로운 시각을 알아낸 경우, 새롭게 알아낸 내용(길)을 반영하여 자신의 지식지도를 확장한다.

4. 일련의 논리적인 사고과정에서 발생하는 이유에 대해서는 어느 과정에서 자신이 반복적으로 실수를 하는 지 인지하여, 다음 문제 풀이 시 반영하도록 해야 한다.그러나 실효적인 사고의 변화는 이후 유사한 문제들을 통해 몇 번의 반복적용을 하고, 관련 근육이 만들어 졌을 때 발생한다. 그러기 때문에, 일정기간이 지난 후에 점검하는 것이 필요하다.각 문제 별로 적어 놓은 구체적인 틀린 이유는 시험 때, 그 동안 자신이 정말 바뀌었는지 그래서 실질적인 능력이 향상되었는지 점검하는 것을 가능하게 한다.

- 시험 때는, 주 교재상에 틀린 문제 별로 쓰여진 내용들을 읽어 봄으로써 그러한 점검을 수행하고, 그 동안 자신이 얼마나 바뀌었는지 확인한다. 단 별두 개로 체크된 문제들에 대해서는 직접 다시 풀어 봄으로써 자신의 행동변화를 점검한다.
- 이러한 점검과정은 과거와 다른 자신의 변화를 느껴 봄으로써, 뿌듯함을 가질 수 있는 순간이 될 것이다.

3. 올바른 클리닉 과정을 통한 이론 이해 단계의 발전모습

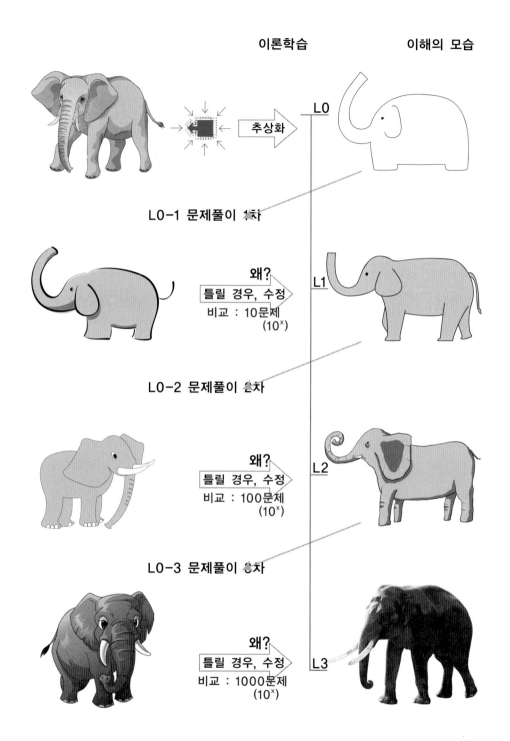

이론학습　　　　이해의 모습

추상화　　L0

L0-1 문제풀이 1차

왜?
틀릴 경우, 수정
비교 : 10문제
(10ˣ)　　L1

L0-2 문제풀이 2차

왜?
틀릴 경우, 수정
비교 : 100문제
(10ˣ)　　L2

L0-3 문제풀이 3차

왜?
틀릴 경우, 수정
비교 : 1000문제
(10ˣ)　　L3

앞서 설명한 바와 같이

아이들은 해당 단원에 대해 처음 이론공부를 마쳤을 때, 각자의 사고력 단계에 따라 대상 이론에 대한 각기 다른 수준의 이미지를 갖게 된다.

그리고 이렇게 형성된 최초의 이론에 대한 이미지를 가지고 문제풀이를 접하게 된다. 그런데 자신이 이해했던 방향과 다른 시각에서 비춰진 이론의 이미지가 문제에서 제시되면, 그것을 해당 이론과 쉽게 연결시키지 못하게 된다. 결국 주어진 내용을 구체화시키지 못하여 문제를 틀리게 될 것이다.

그런데 문제를 틀린 원인을 정확히 파악하는 과정에서, 잘 모르고 있었거나 이해가 부족한 이론들을 찾아내게 된다면, 문제에서 제시된 시각에서 해당이론을 다시 점검할 기회를 갖게 될 것이다. 그리고 이 기회를 이용해 이론의 이해수준을 한 단계 더 높일 수 있게 될 것이다.

즉 단순히 유형별 문제풀이 방법을 외워서 적용하는 것이 아니라, 논리적 사고과정을 통해 문제를 풀이하고 틀린 문제에 대한 원인을 정확히 찾아낸다면, 학생들은 현재 자신이 가진 일련의 사고과정에 대한 향상 뿐만 아니라 이론에 대한 이해수준을 계속해서 끌어 올릴 수 있을 것이다.

정리하면, 논리적 사고과정에 의거한 문제풀이 과정은
— 기본적으로 사고의 깊이를 더할 수 있는 논리적 사고과정에 대한 효과적인 훈련방법이다. 이때 일관성 있는 논리적 사고과정의 기준이 되는 도구가 바로 표준문제해결과정이다.
— 자신이 훈련하고 있는 난이도(/사고력 레벨)에 따라 요구되어 지는 이론의 이해 정도가 부족한 이론들을 찾아낼 수 있는 좋은 방법이다.

효과적인 문제해결방법 학습 : 다양한 문제풀이를 통한 사고의 과정 점검

— 표준문제해결과정을 기준으로 부족한 부분 찾아내기

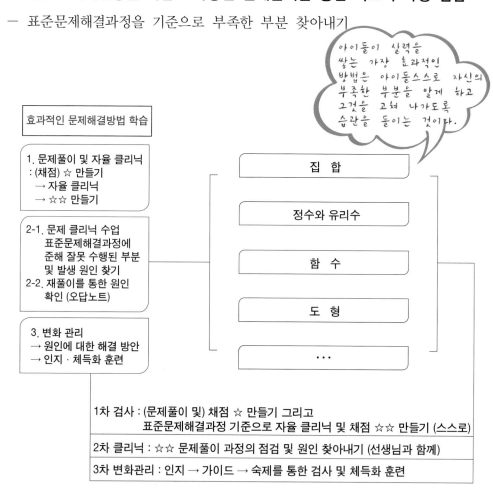

아이들이 실력을 쌓는 가장 효과적인 방법은 아이들스스로 자신의 부족한 부분을 알게 하고 그것을 고쳐 나가도록 습관을 들이는 것이다.

효과적인 문제해결방법 학습

1. 문제풀이 및 자율 클리닉
   : (채점) ☆ 만들기
   → 자율 클리닉
   → ☆☆ 만들기

2-1. 문제 클리닉 수업
     표준문제해결과정에
     준해 잘못 수행된 부분
     및 발생 원인 찾기
2-2. 재풀이를 통한 원인
     확인 (오답노트)

3. 변화 관리
   → 원인에 대한 해결 방안
   → 인지·체득화 훈련

집 합

정수와 유리수

함 수

도 형

…

1차 검사 : (문제풀이 및) 채점 ☆ 만들기 그리고
표준문제해결과정 기준으로 자율 클리닉 및 채점 ☆☆ 만들기 (스스로)

2차 클리닉 : ☆☆ 문제풀이 과정의 점검 및 원인 찾아내기 (선생님과 함께)

3차 변화관리 : 인지 → 가이드 → 숙제를 통한 검사 및 체득화 훈련

※ 문제풀이수업에서의 선생님의 역할

— 표준문제해결과정을 기준으로 아이들이 잘못하고 있는 부분을 찾아낸다.

— *Where → Why* : 왜 그러한 잘못이 야기되었는지 그 원인을 파악한다.

대표적인 원인으로는

- 단순 공식 암기로 인해 이론에 대한 이해가 부족하여, 주어진 내용의 형상화
  를 잘 못한다.

- 빨리 답을 구하려는 마음이 앞서, 주어진 조건들을 모두 활용하지 못하고,

눈에 띠는 몇 개의 조건에 매달린다.

→ 용어의 정의 자체에 함축되어 있는 조건 등 문맥상에 숨겨진 있는 조건들을 잘 이용하지 못한다.

→ 논리적으로 생각하는 습관이 들지 않아, 단순히 풀이 방법을 외우려 한다.

— 파악된 원인에 대해, 아이들이 스스로 인지하도록 하고, 재발방지를 위해 어떤 변화가 필요한 지 생각하도록 한다.

— 틀린 문제들에 대해, 제 때에 클리닉을 수행한 후 틀린 이유를 구체적으로 적어 놓았는지 확인한다.

"틀린 문제에 대한 마무리는 구체적인 이유를 가지고!"

※ 클리닉수업 규칙

〈이론 클리닉〉

공부한 내용 중 스스로 설명할 수 없는 부분을 체크하여 질문을 한다.

→ What이 아니라 Why에 초점을 맞추어 질문을 하라.

　왜냐하면 Why가 이론간의 연결을 대한 자연스런 시도로부터 나오기 때문이다.

〈문제 클리닉〉

① 문제를 풀고 채점을 한 후, 틀린 문제에 대히 ☆표시를 한다. 이때, 정답지의 풀이과정은 보지 않도록 한다.

　- 바로 풀이 과정을 본다면, 접근방식의 선택을 위한 자신의 판단 훈련 기회를 잃게 된다.

② 각 단원(범위)별로 ☆문제들에 대해, 표준문제해결과정에 준해서 자신의 연습장에다 셀프 클리닉을 한다.

③ 다시 채점을 한 후, 맞은 문제는 ☆에 ○를 치고, 틀린 구체적인 과정 및 왜 그렇게 틀린 사고를 하게 되었는지 생각하여, 구체적인 원인을 적는다. 그리고 여전히 모르는 문제에 대해서는 ☆☆를 표시한다.

④ ☆☆ 문제들에 대해, 자신의 풀이과정(고민의 내용)을 담은 연습장을 준비하여, 선생님께 클리닉 요청을 한다.

⑤ 클리닉을 수행한 문제들에 대해서는 수업시간 또는 당일 (오답노트에) 표준문제해결과정에 준해, 다시 풀어보고 정리하도록 한다. 그리고 틀리게 된 구체적인 이유를 적고, ☆☆에 ○를 침으로써 마무리를 하도록 한다.

형상화수학
고등수학 1등급 비결

04

체득화를 위한 훈련과정

　최고의 자유형 수영영법을 배웠다고 해서 그 다음날부터 수영을 잘할 수 있는 것은 아니다. 비록 내용 측면의 영법(이론)은 배웠지만, 주가 되는 동작들에 관한 것일 뿐, 모든 경우에 대한 세부동작을 알고 있는 것은 아니기 때문이다. 또한 실행측면에서 아직은 해당 동작을 수행할 힘도 없고 감각도 없다. 즉 요구되어지는 수준의 수영을 잘 할 수 있기 위해서는 그에 따른 실질적인 몸의 변화가 뒤따라야만 한다. 즉 꾸준한 훈련을 통해 필요한 관련 근육들이 생겼을 때 비로서 해당 영법을 소화해 낼 수 있는 힘과 감각이 갖춰지는 것이다.

　공부도 마찬가지 이치를 따른다.

　같이 이론을 공부했더라도, 학생마다 이해에 대한 이해 수준이 다르고, 문제해결능력 또한 다르다.

　그래서 문제에 대한 틀린 원인 또한 다를 수 밖에 없다.

　문제를 틀렸다는 것은 부정적인 측면에서는 즉 자신의 능력을 평가하기 위한 시험에서는 해당 수준의 문제를 풀기에는 아직 능력이 부족하다는 것을 뜻하지만, 긍정적인 측면에서는 특히 공부하는 과정에 있을 때는 능력을 향상시킬 수 있는 원인을 발견할 수 있는 계기를 마련했다는 것을 의미한다. 반대로 맞았다는 것은 긍정적인 측면은 시험에서 현재 자신의 능력이 평가수준에 다다랐다는 것을 의미하지만, 부정적인 측면은 공부하는 과정에 있을 때 현재 자신의 능력을 좀더 향상시킬 수 있는 계기를 아직 찾지 못했다는 것을 의미한다.

따라서 공부하는 과정에 있을 때는 틀렸다는 것은 자신의 현재 능력을 향상시킬 수 있는 기회를 잡았다는 것이므로, 스트레스를 받을 것이 아니라 긍정적인 자세로 임하는 것이 좋다. 비유하자면, 어떤 문제를 틀렸다는 것은 아픈 사람이 병원에 가서 어떤 검사를 통해 해당 증세가 나타났다는 것을 뜻한다. 즉 아픈데 증세가 나타나지 않는 다면, 더 큰 문제이기 때문이다.

그런데 나타난 증세를 통해 해당 문제의 발생 원인을 찾아 해결하지 못한다면, 그것 또한 비용만 치르고 시간을 허비한 것과 마찬가지가 될 것이다.

우리는 전문가와의 클리닉 과정을 통해 문제 발생에 대한 해당 원인을 찾아야만 한다. 그것이 첫 번째 할 일이며, 이때 학생이 문진 및 검사를 똑바로 해야만 전문 선생님이 제대로 도와줄 수 있을 것이다. 그러나 원인을 찾았다고 해서 아직 문제가 해결된 것이 아니다. 중요한 치료과정이 남아 있기 때문이다. 즉 선생님이 내려준 처방전에 따라, 학생이 필요한 조치를 취할 때 비로서 문제는 해결되기 시작할 것이다. 이때의 치료과정을 비유하면, 필요한 내용을 비로서 자기 것으로 만들어가는 체득화/습관화 과정이라 할 수 있다. 그리고 이것은 꾸준한 노력이 수반되어질 때에만 비로서 결실이 만들어 진다. 이것에 관여된 수행능력이 바로 실천능력이고, 이는 성취감/끈기/인내 등으로 달리 표현되어 지기도 한다.

이러한 실천능력에 대한 수준은 사고의 근육 형성 정도에 따라 결정되어 진다. 근육이 쌓일 수록, 해당 사고과정을 수행하는 정확도와 속도는 빨라질 것이고, 다음 단계로 진입할 수 있는 기저를 마련하게 될 것이다.

자신의 능력을 효과적으로 향상시키기 위해서는 잘못의 원인을 찾아내는 과정뿐만 아니라, 개선된 사고/행동의 체득화/습관화 과정 또한 무엇보다도 중요한 일임을 잊지 말아야 한다. 그리고 처음에 습관을 들이기까지는 무척 어려우나, 한번 습관이 들면 그러한 과정이 점점 수월해 진다는 것을 알고, 최초의 변화에 꽤 공을 들여야 할 것이다.

　－ 주요 평가기준 : 일일 자율집중 공부시간

※ 논리사고력 관점에서의 효과적인 실력향상을 위한 훈련과정 전반에 대한 정리

① 훈련을 위한 논리적인 사고과정에 대한 기준 체계

   → 표준 문제해결과정 : 수영방법 (코칭)

② 수준에 맞는 훈련 방법 및 훈련 량의 가이드

   → 사고력 향상을 위한 일일 집중공부시간 *vs* 근육향상을 위한 하루 집중훈련시간

   → 실질 사고근육의 생성 시간 : 실력이 쌓이는 시간

③ 훈련의 평가 및 개선방법 가이드

   → 기준 체계 : 표준 클리닉과정 (코칭)

   → 개인별로 잘못하는 부분의 지적 및 개선방법 가이드 (코칭)

   → 틀린 문제에 대한 구체적인 원인쓰기

   → 개인별 훈련의 방향 설정

④ 주기적인 훈련과정의 점검 및 훈련성과의 평가

   → 코치에 의한 훈련과정 전반에 대한 모니터링 (관리)

   → 주기적인 향상과정의 자율 점검 그리고 정기테스트에 대한 준비

     → 훈련 내용의 주기적인 점검 및 테스트 준비 : 일정 시간이 지난 후,

       틀린 문제들에 쓰여진 원인들을 점검해 봄으로써 요구된 각 변화에 대한 체득

       내용 평가

     → 정기테스트 및 평가 (관리)

....

이번 주제의 내용은 '제1부-Part 2-03. 사고력단계에 따른 아이들의 기본 성향에 대한 이해 및 바람직한 훈련방향'과 세부 내용이 동일하나, 이해를 위한 독자의 편의성을 위하여 중복하여 기술하였음.

❶ 사고력단계에 따른 아이들의 기본 성향에 대한 이해 및 바람직한 훈련 방향 (Recap)

1. 사고력 Level 0 – 1 단계

① 기본 행동 자세

주로 앞만 보고 간다. 목표 지점에 가는 것 외에 다른 것은 별로 관심 없다.

현재 상황패턴을 인식하기 위한 정도로 주위를 돌아 본다.

충분한 근육이 없어, 돌아다니는 것을 힘들어 한다.

— 깊이 있게 사고를 하는 것을 힘들어 한다.

— 남의 입장을 생각하여, 그에 대한 배려를 하기 힘들다.

문제가 생기면, 원인을 파악해서 재발을 막을 생각을 하진 않고, 단지 문제를 없애려고만 한다. 그리고 잘 안되면, 원인을 찾을 엄두는 안 남으로 주변 환경 탓을 하거나 재수가 없다고 한다.

② 수학 공부 자세

문제풀이 공부는 패턴 별로 문제풀이방법을 익히려(외우려)한다. 그래서 문제풀이 방법은 문제패턴을 인식하고 문제해결방법을 기억해내려 한다. 이렇게 단순사고방식에 익숙해 있기 때문에 집중을 하여 깊이 있는 사고를 하는 것을 골치하프게 생각하며 꺼린다. 틀린 문제에 대한 클리닉은 단지 풀이방법을 설명 듣고 그 방법을 외우려고 한다.

→ 단지 문제풀이방법을 외우는 것이 아니라, 전체 사고과정 중에서 틀린 이유를 찾아 고치도록 해야 한다. 즉 점차 그러한 공부습관이 들도록 단계적으로 훈련시켜 나가야 한다.

보통 기존의 잘못된 공부습관에서 탈피하여, 새로운 공부습관을 어느 정도 몸에 배이게 하는 데는 아이들의 실천의지에 따라 최소 3개월에서 2년 이상 걸리기도 한다.

③ 내용(/수학 이론)에 대한 인식 수준

같은 내용을 들었을, 단 방향 이해만을 시도하며, 코끼리 코 등 특징적인 것만을 기억한다.

→ 이론학습 시 왜란 생각을 끄집어 내어, 질문과 대답을 통해 자연스럽게 배경이론과 신규이론이 연결되도록 해야 한다.

▶ 누구나 훈련을 통해 근육을 만들 수 있다. 왜냐하면 근육이란 순전히 땀의 대가로 만들어 지는 것이기 때문이다. 그러나 근육이 만들어 지기 까지는 일정 기간 동안 땀 흘릴 정도의 꾸준한 노력이 필요한데, 그 기간 동안 힘든 것을 참고 이겨내는 것이 성취 경험이 없는 아이들에게는 아주 힘든 일이 될 것이다. 대개 이 단계에 있는 아이들은 의지가 약하여, 처음 몇 번 노력해 보고는 바로 결과를 원한다. 그리고 기대한 결과가 나오지 않는다면, "나는 수학에 소질이 없나 봐" 하고 쉽게 포기해 버리는 경향이 많다. 즉 스스로에게서 힘든 것을 그만두려는 나름의 이유를 찾는 것이다.

따라서 이렇게 의지가 약하거나 목표의식이 없는 아이들에게는 체계적인 도움이 필요하다. 우선 단계 성취에 대한 목표를 부여하고, 그에 대한 적절한 동기부여를 통해 기본적인 실천의지를 갖추게 하는 것이 필요하다. (그래야 선생님의 설명에 집중하기 때문이다.) 그리고 일정한 성취감을 맛볼 때까지 위에 제시된 훈련 방향을 가지고 일관성 있는 교육을 하는 것이 뒤따라야 할 것이다. 그래야 자신도 할 수 있다는 성취감과 더불어, 그 기간 동안 실천을 위한 기본 근육이 만들어 지기 때문이다. 이 변화 기간이 처음 겪는 아이들에게는 분명 가장 힘든 시간이 될 것이다.

이 단계에 있는 아이들에게 훈련시켜야 할 내용의 주된 방향은 우선 논리적인 사고과정이 무엇인지를 인식시키는 것이다. 그것을 위한 기준으로 표준문제해결과정을 익히게 한 후, 4Step 사고—One Cycle에 해당하는 Level 1 사고과정이 몸에 베어 자유롭게 이루어 지도록 하는 것이다.

사실 이 단계에 교육을 받는 대부분의 학생들이 몰려 있다. 즉 교육의 주 대상 층이 되는 것이다. 그리고 이 때의 교육 방법이 아이들의 첫 번째 공부습관을 결정짓게 되므로, 아주 중요한 시기라 하겠다. 그런데 많은 학원과 학교에서 경제적인 타당성과 학생들의 수 그리고 실행의 어려움/선생님의 의지 등 나름의 이유를 가지고, 암기식 이론 공부 및 유형별 문제풀이 방법을 학습시키고 있는 실정이다. 그것이 시험이 쉬울 때는 단기간의 성과를 기대할 수 있을 뿐만 아니라, 일단은 가르치기 쉽고 아이들이 따라 하기도 쉬운 방법이기 때문이다. 그렇지만 문제는 이러한 교육방법이 아이들에게 나쁜 공부습관을 들이게 된다는 데 있다. 쉬운 데에는 그 만한 이유가 있는 것이다. 즉 사고방식의 변화가 필요한 아이들에게 그냥 원래 하던 대로 생각하라고 맞춰 주는 꼴이기 때문이다.

사고력 Level 1-2 단계

① 기본 행동 자세

길의 연결을 통한 지도생성에 관심을 갖기 시작한다. 그래서 좀더 주위를 관심 있게 돌아본다.

일정수준의 근육이 생성됨에 따라 좀더 돌아다니는 것이 덜 힘들게 된다.

− 어느 정도의 깊이 있는 사고를 할 수 있고, 남의 입장을 생각하기 시작한다.

② 수학 공부 자세

이론간의 연결을 시도한다. 부분적인 이론지도의 모습을 갖춘다.

문제풀이과정을 통한 다양한 시각에서의 이론의 완성도를 높여 나간다.

집중력을 발휘하는데 있어 주변 환경의 영향을 많이 받는다. 공부 잘되는 곳을 찾아다닌다.

→ 문제풀이 시 논리적인 사고과정이 패턴에 앞서 자유롭게 적용될 수 있도록 체득해야 한다. 그리고 문제 클리닉 과정을 통해, 틀린 이유가 무엇인지 구체적으로 찾아 낼 수 있어야 한다.

→ 수학공부를 통해 개선된 사고방식이 일반 행동 자세에 반영이 되려면, 충분한 사고의 근육이 쌓여야 한다.

③ 내용에 대한 인식 수준

같은 내용을 들었을 때, 양 방향 이해를 시도하고, 점차 코끼리의 대략적인 윤곽을 그려낼 수 있다.

→ 처음 이론을 접했을 때 먼저 설명을 한다는 입장에서 이론의 내용을 꼼꼼히 읽어 본다. 이때 알고 있는 것을 넘어서 설명이 안 되는 부분을 찾아내어 수업시간을 통해 또는 스스로 그 이유를 찾아 낼 수 있어야 한다.

▶ 이 단계에 올라선 아이들은 앞 단계를 통과했던 노력을 통해 이미 기본 근육을 갖추었고, 일정한 성취감도 맛보았기 때문에, 지속적인 훈련을 하기가 훨씬 수월해 진다. 그렇지만 아직 맛본 수준이기 때문에 관련 근육을 충분히 쌓고 필요한 감각을 익히는 것이 무엇보다 중요하다. 그것만이 그 다음 단계로의 도약을 가능하게 해 줄 것이기 때문이다.

이 단계에게 훈련시켜야 할 내용의 주된 방향은 2단계의 사고 깊이까지 논리적인 사고를 자유롭게 전개할 수 있도록, Level 1 기초 근육을 충분히 다지고, 점차적으로 Level 2 근육을 만들어 가는 것이다. 그것을 위해서는 표준문제해결과정 4Step 사고—Two Cycle에 해당하는 Level 2 사고과정을 인지하여야 하고, 그러한 사고의 깊이를 요구하는 난이도를 가진 문제 풀이를 통해 필요한 사고근육이 충분히 만들어 지도록 해야 한다.

사고력 Level 2 – 3 단계

① 기본 행동 자세

처음부터 지도를 만들 작정으로 주위를 관심 있게 둘러본다.

이미 온 김에 약간의 시간을 더 투자하여 일부러 돌아가 보기도 한다.

— 새로운 길을 가는 것을 두려워하지 않고, 오히려 즐긴다.

전체 입장을 고려하여, 각 상황에 맞는 최선의 선택을 생각한다.

② 수학 공부 자세

이론간의 연결을 통해 통합지도를 완성하려 한다.

이론의 이해과정이 문제풀이의 사고과정이 같음을 인식한다.

필요시 집중할 수 있으며, 그에 따라 깊이 있는 사고에 자유롭다.

→ 문제풀이를 위한 논리적인 사고과정이 긴장상황에서 조차도 자유롭게 적용될 수 있도록 체득되어야 한다. 그리고 문제 클리닉 과정을 통해, 스스로 틀린 이유가 무엇인지 정확히 찾아 내고, 요구되어 지는 부분을 고칠 수 있어야 한다.

③ 내용에 대한 인식 수준

같은 내용을 들었을 때, 다 방향 이해를 시도하고, 실제에 가까운 코끼리의 모습을 그려낼 수 있다.

→ 혼자서 이론공부를 마친 후, 바로 난이도 2−3단계의 문제를 풀어본다. 이론에 대한 자신의 이해정도 및 표준문제해결과정의 체득수준을 점검할 수 있다.

▶ 이 단계에 올라선 아이들은 앞 단계를 통과했던 노력을 통해, 나름의 이론지도를 갖춘다면 이미 스스로 문제를 풀어 갈 수 있는 기본사고능력을 충분히 갖추었다고 본다. 이제 남은 것은 문제해결과정에 대한 속도 감각을 키우면서, 누군가의 도움 없이도 스스로 이론지도를 완성해 나갈 수 있는 능력을 갖추어야 한다. 즉 스스로 지속적인 발전을 해 나갈 수 있는 수준으로 올라서는 것이다.

이 단계에 있는 아이들에게 훈련시켜야 할 내용의 주된 방향은 3단계의 사고 깊이까지 논리적인 사고를 자유롭게 전개할 수 있도록, Level 1/2 기본 근육을 충분히 다지고, 점차적으로 Level 3 근육을 만들어 가는 것이다. 그것을 위해 표준문제해결과정 4 *Step* 사고−Three Cycle에 해당하는 Level 3 사고과정을 인지하고, 그러한 사고의 깊이를 요구하는 최상 난이도를 가진 문제 풀이를 통해 필요한 사고근육을 만들어 가야 한다.

결언

실력이 가장 빨리 느는 방법에 대한 청사진

이론 학습과정
문제풀이 학습과정

지금까지 수학공부를 올바르게 하는 방법, 자기주도학습 방법과 그 의미 그리고 구체적인 절차에 대해 알아보았다. 이제 그러한 내용들을 종합하여, 쉽게 머리에 떠올릴 수 있도록 수학공부에 대한 하나의 청사진을 만들어 보자.

큰 줄기는 "논리적인 사고를 기반으로 한 문제해결능력을 단계적으로 키우는 쪽으로 공부의 방향을 잡고, 집중적인 훈련을 통해 체득화 함으로써 키워진 능력의 실전 적용에 대한 정확도와 속도를 향상시킨다."이다.

구체적으로는

– 이론 학습과정:

1. 표준 이론학습 과정에 기준하여, 각 단원의 이론에 대한 일차 자기주도학습을 수행한다.
2. 체크된 모르는 부분에 대해, 수업시간에 선생님께 질문하고 답변을 듣는 과정을 통해, 각 이론에 대한 자신의 일차 지식지도를 완성한다.
   – 이 지식지도의 완성도는 자신의 문제해결능력 단계에 따라 상이하다.
   – 이론의 내용을 이미지화해서 상상하고, 그것을 남에게 설명할 수 있다면, 이론공부를 제대로 했다는 것을 의미한다.

– 문제풀이 학습과정:

1. 표준 문제해결 과정에 기준하여, 각 난이도별 문제를 풀고 틀린 문제를 찾아낸다.
   – 공부하는 과정에서 문제를 틀렸다는 것은, 자신의 현재 실력을 높일 수 있는 기회를 잡았다는 것을 의미하므로 실망할 것이 아니라 그 원인을 찾아 실력을 높일 수 있어야 한다.
   – 현재 난이도에서 틀린 문제가 없을 경우, 문제의 난이도를 높여서 풀어야 한다.

2. 틀린 문제에 대해, 표준 클리닉 과정에 기준하여 자신의 논리적인 사고과정을 점검하고, 잘 못하고 있는 부분을 찾는다. 그리고 해당 부분을 발생시킨 자신의 사고의 과정을 살펴보고 그 원인을 찾아, 자신의 현재 사고 패턴에 변화를 준다.

   − 1차 자율 클리닉을 통해 틀린 원인을 찾지 못할 경우, 수업시간에 선생님을 통해 2차 클리닉을 받고 무엇이 문제였는지 그리고 어떻게 보완해야 하는 지 알아낸다.

   − 틀린 문제의 원인이 논리적인 사고의 과정 이전에 관련 이론에 대한 이해 부족으로 나타날 경우, 자신의 해당 이론에 대한 지식지도를 보완한다.

3. 꾸준한 자율집중 훈련을 통해 변화된 사고 과정을 체득화 한다. 체득화 수준에 따라 문제해결의 속도와 정확도는 점점 높아질 것이다.

   − 이 과정을 게을리 하여, 배운 내용을 제때에 자기 것을 만들지 못한다면, 일정 시간이 지나면 자연스럽게 잊혀 지게 되어. 그때까지 투자한 노력을 수포로 만들게 될 것이다.

위 과정의 반복을 통해 자신의 문제해결능력 레벨을 단계적으로 향상시킨다. 그리고 노력과 결실이라는 성취 경험을 통해 올바른 공부습관이 몸에 베도록 한다.

참고로 문제해결능력 단계가 높아질 수록, 이론에 대한 지식지도 작성의 효율성은 점점 좋아질 것이며 또한 미리 연습해 보아야 할 문제의 수는 점점 줄어들 것이다. 반면 문제해결능력을 높이지 못한다면, 이론들은 개별적으로 외워야 할 대상이 될 것이며, 문제의 난이도가 높아질 수록 미리 풀어서 익혀야 할 문제의 수는 기하급수적으로 늘어날 것이다.

이러한 방법이 본인 스스로 똑똑해지고 있음을 느끼면서, 최소한의 노력을 통해 실력을 향상시킬 수 있는 가장 좋은 방법이다.

여러분이 문제해결능력 2단계를 넘어선다면, 당신은 서울대에 갈 수 있는 기본 여건을 갖추었다고 할 수 있다. 그러면 노력의 결과는 당신의 것이 될 것이다.

〈사고력 발전단계〉　　　　〈공부의 형태/효율〉　　　　〈사고과정 훈련방법〉

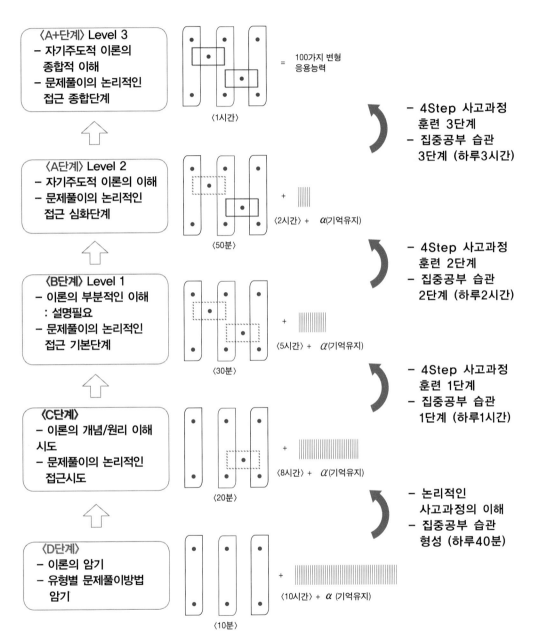

〈A+단계〉 Level 3
– 자기주도적 이론의
　종합적 이해
– 문제풀이의 논리적인
　접근 종합단계

〈1시간〉

= 100가지 변형
　응용능력

– 4Step 사고과정
　훈련 3단계
– 집중공부 습관
　3단계 (하루3시간)

〈A단계〉 Level 2
– 자기주도적 이론의 이해
– 문제풀이의 논리적인
　접근 심화단계

〈50분〉

〈2시간〉 + α(기억유지)

– 4Step 사고과정
　훈련 2단계
– 집중공부 습관
　2단계 (하루2시간)

〈B단계〉 Level 1
– 이론의 부분적인 이해
　: 설명필요
– 문제풀이의 논리적인
　접근 기본단계

〈30분〉

〈5시간〉 + α(기억유지)

– 4Step 사고과정
　훈련 1단계
– 집중공부 습관
　1단계 (하루1시간)

〈C단계〉
– 이론의 개념/원리 이해
　시도
– 문제풀이의 논리적인
　접근시도

〈20분〉

〈8시간〉 + α(기억유지)

– 논리적인
　사고과정의 이해
– 집중공부 습관
　형성 (하루40분)

〈D단계〉
– 이론의 암기
– 유형별 문제풀이방법
　암기

〈10분〉

〈10시간〉 + α (기억유지)

자신의 현재 실현 능력 측정 :

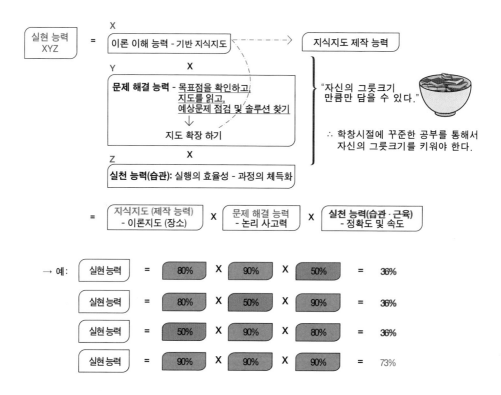

※ 자신의 현재 부족한 부분이 어디 인지를 명확히 인식하고, 그것을 갖추려고 노력하자.

100% 목표	이론이해능력 – 지도작성능력	문제해결능력 – 논리사고력 깊이	실천능력 – 자율집중공부시간
초등학생	Level 1 (단방향 이해)	Level 1 (한바퀴 적용)	하루 1시간
중학생	Level 2 (양방향 이해)	Level 2 (두바퀴 적용)	하루 2시간
고등학생	Level 3 (전방향 이해)	Level 3 (세바퀴 적용)	하루 3시간

CHAPTER

Appendix

01 주제 함수 그래프 그리기

이 함수 그래프 그리기는 한 단원의 주제 이상으로 특히 아주 중요하다. 왜냐하면 이것은 문제풀이를 효과적으로 하기 위한 첫 번째 과정인 내용 형상화를 위한 가장 중요한 도구이기 때문이다. 내용형상화는 단위 문장별로 1차 수식으로 옮기고, 2차 그림으로 종합하여 표현하는 것이라 할 수 있는데, 수식을 그림으로 표현하는 가장 유용한 방법이 함수 그래프 그리기이다.

$y=f(x)$ 그래프의 수학적 정의 :

주어진 관계식, $y=f(x)$를 만족하는 모든 점들을 좌표상에 나타낸 것이라 할 수 있다.

즉 $y=f(x)$의 그래프는 어렵게 생각하지 말고, 정의역에 해당하는 x변수에 몇 가지 값을 대입하여 만족하는 y값들을 가지고 순서쌍 (x, y)를 만들어 그 점들을 좌표상에 표시하면 될 것이다. 만약 그래프의 표준형을 안다면, 몇 개의 점들을 가지고도 보다 정확한 그래프의 개형을 그려낼 수 있을 것이다.

1) $y=f(x)$의 표준형 그래프의 개형을 논리적으로 알아내기

주어진 관계식의 형태를 통해 알 수 있는 조건들을 찾고, 그것들을 가지고 개괄적인 그래프의 모습을 그려 보자.

가. 짝수차 다항함수 (예: $y=x^2+bx+c$, $y=x^4+bx^2+cx^2+dx+e$, ⋯)

❶ $x→-\infty$와 $x→+\infty$에서의 함수합이 모두 양의 무한대 값을 가지므로 그래프 개형은 전체적으로 아래로 볼록인 형태를 띨 수 밖에 없다.

❷ (미분이전 해석) $y = 0$ 일 때 x축과의 교점은 2차 방정식과 4차 방정식의 해

를 의미하므로, 해가 존재한다면 일반적으로 각각 2개, 4개가 될 것이다.

(미분이후 해석) 1차 도함수 $f'(x)=0$, 기울기 0이 되는 극점이 각각 1개, 3개가 될 것이다.

→ ❶과 ❷의 조건을 만족하는 그래프는 결국 아래의 형태를 띨 수 밖에 없게 된다.

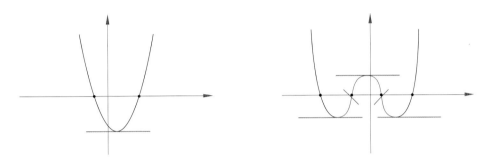

나. 홀수차 다항함수 (예: $y=x^3+bx^2+cx+d$, $y=x^5+bx^4+cx^3+dx^2+ex+f$, …)

❶ $x \rightarrow -\infty$에서의 함수값은 음의 무한대, $x\rightarrow+\infty$에서의 함수값은 양의 무한대 값을 가지므로, 이 그래프는 한 번은 x축을 통과해야만 한다.

이 뜻은 $y=0$에서의 홀수차 다항 함수는 최소 하나의 실근을 가진다는 것을

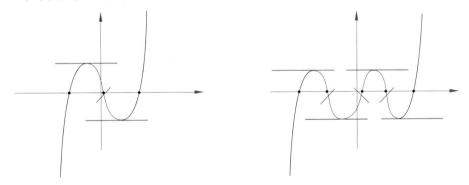

의미한다.

❷ (미분이전 해석) $y=0$ 일 때 x축과의 교점은 3차 방정식과 5차 방정식의 해를 의미하므로, 해가 존재한다면 일반적으로 각각 3개, 5개가 될 것이다.

(미분이후 해석) 1차 도함수 $f'(x)=0$가 되는 극점이 각각 2개, 4개가 될 것이다.

→ 변곡점의 이해 : 1차 도함수 $f'(x)$는 원함수 그래프의 각 점에서의 $\frac{\Delta y}{\Delta x}$, 즉 순간기울기를 뜻한다. 그리고 2차 도함수 $f''(x)$는 1차 도함수 $f'(x)$의 기울기, 즉 원함수 그래프의 기울기의 변화율을 뜻하므로, $f''(x)=0$가 되는 점을 기점으로 기울기의 변화가 −(위로 볼록)에서 +(아래로 볼록), 또는 +(아래로 볼록)에서 −(위로 볼록)로 바뀐다는 것을 의미한다.

말하자면 $f''(x)=0$가 되는 점들이 변곡점이 된다.

다. 홀수차 분수함수 (예: $\frac{1}{x}$, $\frac{1}{x^3}$, ⋯)

❶ 분수함수 이므로 분모가 0이 되는 $x=0$에서의 함수값이 존재하지 않고 나머지 정의역의 값들에서는 함수값이 존재하므로, 그래프는 양쪽으로 나뉘게 된다.

❷ $x→-\infty$에서의 함수값은 −0으로 $x→0-$에서의 함수값은 음의 무한대로 향하며, $x→+\infty$에서의 함수값은 +0으로 $x→0+$에서의 함수값은 양의 무한대로 향한다.

❸ 주어진 관계식이 분수의 형태이므로 $y=0$가 되는 분수방정식의 x값은 존대하지 않는다. 즉 $y=0$인, x축 과의 교점이 없다는 것을 뜻한다.

→ ❶, ❷, ❸의 조건을 만족하는 그래프는 결국 아래 왼쪽 그래프의 형태를 띨 수 밖에 없게 된다.

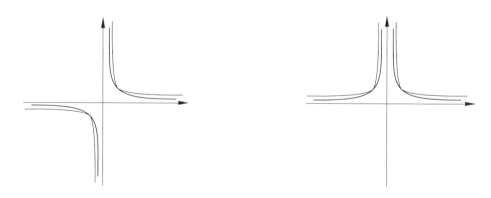

라. 짝수차 분수함수 (예: $\dfrac{1}{x^2}$, $\dfrac{1}{x^4}$, $\cdots$)

❶ 분수함수 이므로 분모가 0이 되는 $x=0$에서의 함수값이 존재하지 않고 나머지 정의역의 값들에서는 함수값이 존재하므로, 그래프는 양쪽으로 나뉘게 된다.

❷ $x \to -\infty$와 $x \to +\infty$ 모두 에서의 함수값은 -0으로 $x \to 0-$과 $x \to 0+$에서의 함수값은 양의 무한대로 향한다.

$x \to +\infty$에서의 함수값은 $+0$으로 $x \to 0+$에서의 함수값은 양의 무한대로 향한다.

❸ 주어진 관계식이 분수의 형태이므로 $y=0$이 되는 분수방정식의 x값은 존대하지 않는다.

즉 $y = 0$ 인, x축 과의 교점이 없다는 것을 뜻한다.

→ ❶, ❷, ❸의 조건을 만족하는 그래프는 결국 위 오른쪽 그래프의 형태를 띨 수 밖에 없게 된다.

마. 지수함수, 로그함수 등 특수함수

－ 지수함수 $y=a^x$ $(a>0)$

❶ 지수의 특성상 함수값(치역)은 항상 양수임을 알 수 있다.

❷ $x \to -\infty$일 때, 함수값은 0으로, $x \to +\infty$일 때 함수값은 $+\infty$로 향한다.

❸ 특정값 : $x=0 \to y=1$

→ ❶, ❷, ❸의 조건을 만족하는 그래프는 결국 아래 왼쪽 그래프의 형태를 띨 수 밖에없게 된다.

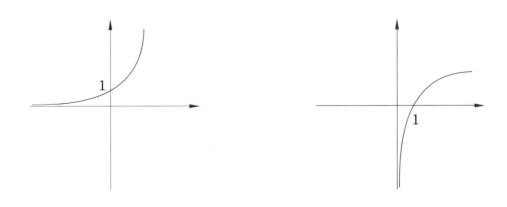

─ 로그함수 $y=\log x$

❶ 로그의 정의상 정의역은 항상 양수임을 알 수 있다.

❷ $x\to 0+$일 때, 함수값은 $-\infty$으로, $x\to +\infty$일 때 함수값은 $+\infty$로 향한다.

❸ 두 번째 조건에서 이 그래프는 x축을 통과한다는 것을 뜻한다. 그리고 그것은 특정값 $x=1$, $y=0$를 가진다.

→ ❶, ❷, ❸의 조건을 만족하는 그래프는 결국 위 우측 그래프의 형태를 띨 수 밖에 없게 된다.

─ 무리함수 $y=\sqrt{x}$

❶ 루트의 정의상 정의역의 원소 $x\geq 0$ 임을 알 수 있다. 그에 따라 함수값 $y\geq 0$ 이다.

❷ 정의역 구간의 양 끝값을 알아보면,

$x\to 0+$일 때, 함수값은 0으로, $x\to +\infty$일 때 함수값은 $+\infty$로 향한다.

→ ❶, ❷의 조건을 만족하는 그래프는 아래 그래프의 형태를 띨 수 밖에 없게 된다.

→ 참고로, 주어진 식 $y=\sqrt{x}$의 양변을 제곱하면, $y^2=x$(단, x, $y\geq 0$)가 된다.

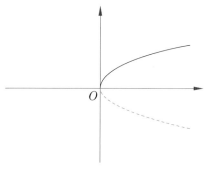

이 그래프의 형태는 $y=x^2$에서 정의역과 공역을 바꾼 모습, 즉 $Y\to X$ 로의 함수라 할 수 있다. 다만 그 중 x, $y\geq 0$를 만족하는 부분이다.

지금까지 각 종 표준형 그래프의 개형을 어떻게 논리적으로 생각하여 그려낼 수 있는 지 알아보았다. 다음은 대표적인 확장함수들에 대하여, 어떻게 그들을 논리적으로 이해할 수 있는지 그리고 어떤 형태로 표준형 그래프가 변화되는지 알아보도록 하겠다. 예제는 2차 함수로 들었지만, 적용 개념 및 방식은 임의의 함수에 적용 가능하다.

2) $y=f(x)$의 확장형 그래프 논리적으로 알아내기

이 내용을 보다 쉽게 접근하려면, 함수의 기본 적인 성질 및 그래프의 정의에 대한 정확한 이해가 뒷받침 되어야 한다.

$f : X{\rightarrow}Y$, $y=f(x)$에 사용된 각 구성요소를 살펴보면,

- x는 정의역의 임의의 원소를 의미한다.

- $f(x)$는 원소 x에 $f(function$: 기능)에 해당하는 어떤 변화를 준 함수값을 의미한다.

- y는 공역의 원소를 의미하므로,

$y=f(x)$는 각 원소 x에 대해 $f(x)$라는 특정 함수값에 일치하는 공역의 원소 y를 할당한다는 것을 의미한다.

그리고 이것을 만족하는 값들을 순서쌍으로 표시하면 $\{(x,\ y)|y=f(x),\ x{\in}X,\ y{\in}Y\}$가 되고, 이러한 점들을 모두 좌표상에 표시한 것이 해당 함수의 그래프가 되는 것이다.

가. 그래프의 평행이동

❶ x축 방향으로 p만큼 평행이동

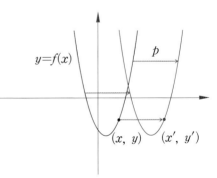

이것은 $y=f(x)$를 만족하는 모든 점들, $\{(x,\ y)|y=f(x),\ x{\in}X,\ y{\in}Y\}$을 y값은 변화 없이 x값만 p 만큼 더한 것을 의미하므로 새로운 그래프를 만족하는 점들은 $\{(x+p,\ y)|y=f(x),\ x{\in}X,\ y{\in}Y\}$가 된다.

그런데 평행 이동한 새로운 그래프의 관계식은 $y'=f(x')$ 형태로 표현돼야 한다. 따라서 $x'=x+p$, $y'=y$이 된다.

$x=x'-p$, $y=y'$이므로 주어진 관계식 $y=f(x)$는 $y'=f(x'-p)$로 바뀌게 된다.

즉 새로운 그래프의 관계식은 $y=f(x-p)$가 되는 것이다.

이것을 직관적으로 이해하자면, $y=f(x)$에서는 $x=a$일 때, $y=f(a)$가 되는데,

$y=f(x-p)$에서는 $x=a+p$일 때, $y=f(a)$가 되는 것이다. 즉 $(a,\ f(a))\rightarrow (a+p,\ f(a))$. 이러한 연유로 원래의 함수식 $y=f(x)$에서 $x\rightarrow x-p$로 바꾼 $y=f(x-p)$의 그래프는 x축 방향으로 p만큼 평행이동한 형태가 되는 것이다.

❷ y축 방향으로 q만큼 평행이동

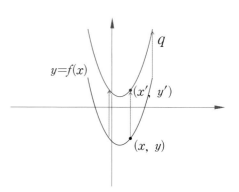

같은 방식으로 새로운 그래프를 만족하는 점들은

$\{(x,\ y+q)|y=f(x),\ x\in X,\ y\in Y\}$가 된다.

따라서 $x'=x$, $y'=y+q$가 되고, $y=f(x)$는

$y'-q=f(x')$로 바뀌게 된다.

즉 새로운 그래프의 관계식은

$y-q=f(x)-y=f(x)+q$가 되는 것이다.

이러한 연유로 원래의 함수식 $y=f(x)$에서 $y\rightarrow y-q$로 바꾼 $y-q=f(x)$의 그래프는 y축 방향으로 q만큼 평행이동한 형태가 되는 것 이다.

나. 그래프의 대칭이동

❶ $x\rightarrow -x$로 바꾸면, $y=f(-x)$: y축 대칭

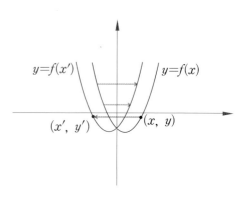

이것은 $y=f(x)$를 만족하는 모든 점들,

$\{(x,\ y)|y=f(x),\ x\in X,\ y\in Y\}$

$\rightarrow \{(-x,\ y)|y=f(x),\ x\in X,\ y\in Y\}$

$=\{(x',\ y')|y'=f(x'),\ x'\in X,\ y'\in Y\}$로 바

뀌게 되는 것을 의미한다.

이 점들은 좌표상에 표시하면, 우측 그림과 같이 원래 그래프의 y축 대칭 형태가 됨을 알 수 있다.

여기서 $x'=-x$, $y'=y$이므로 주어진 관계식 $y=f(x)\rightarrow y'=f(-x')$로 바뀌게 된다.

이러한 연유로 원래의 함수식 $y=f(x)$에서 $x\rightarrow -x$ 로 바꾼 $y=f(-x)$의 그래프는 원 함수 그래프의 y축 대칭 형태가 되는 것이다.

❷ $y \to -y$로 바꾸면, $-y=f(x)$:x축 대칭

이것은 $y=f(x)$를 만족하는 모든 점들,

$\{(x,\ y)|y=f(x),\ x\in X,\ y\in Y\}$

$\to\{(x,\ -y)|y=f(x),\ x\in X,\ y\in Y\}$

$=\{(x',\ y')|y'=f(x'),\ x'\in X,\ y'\in Y\}$로 바

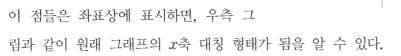

뀌게 되는 것을 의미한다.

이 점들은 좌표상에 표시하면, 우측 그

림과 같이 원래 그래프의 x축 대칭 형태가 됨을 알 수 있다.

여기서 $x'=x,\ y'=-y$이므로 주어진 관계식 $y=f(x) \to -y'=f(x') \Leftrightarrow y'=-f(x')$

로 바뀌게 된다. 이러한 연유로 원래의 함수식 $y=f(x)$에서 $y \to -y$로 바꾼

$y=-f(x)$의 그래프는 원 함수 그래프의 x축 대칭 형태가 되는 것이다.

❸ $x \to y$ & $y \to x$로 바꾸면, $x=f(y)$:

$y=x$ 직선 대칭

이것은 $y=f(x)$를 만족하는 모든 점

들,

$\{(x,\ y)|y=f(x),\ x\in X,\ y\in Y\}$

$\to\{(y,\ x)|y=f(x),\ x\in X,\ y\in Y\}$

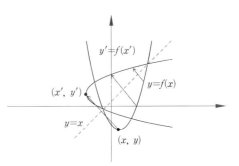

$=\{(x',\ y')|y'=f(x'),\ x'\in X,\ y'\in Y\}$ 로 바뀌게 되는 것을 의미한다.

이 점들은 좌표상에 표시하면, 우측 그림과 같이 원래 그래프의 $y=x$ 직

선 대칭 형태가 됨을 알 수 있다. 여기서 $x'=y,\ y'=x$이므로 주어진 관계식

$y=f(x) \to x'=f(y')$로 바뀌게 된다. 이러한 연유로 원래의 함수식 $y=f(x)$에서

$x \to y$ & $y \to x$로 바꾼 $x=f(y)$의 그래프는 원 함수 그래프의 $y=x$ 직선 대칭 형

태가 되는 것이다.

다. 절대값을 포함한 함수의 그래프 그리기

❶ $x \rightarrow |x|$로 바꾸면, $y=f(|x|)$: $x \geq 0$ 부분을 기준으로 y축 대칭

정의역의 원소 값에 절대값이 씌워진 $y=f(|x|)$의 그래프를 그리려면, 우선 모르는 부분인 $|x|$ 부터 해결해야 한다. 그런데 $|x|$는 x의 범위를 나누면 그 값을 결정할 수 있다. 즉

Case 1 : $x \geq 0 \rightarrow |x|=x \Rightarrow y=f(|x|) \rightarrow y=f(x)$

   : 원 함수의 그래프를 그대로 따른다

Case 2 : $x < 0 \rightarrow |x|=-x \Rightarrow y=f(|x|) \rightarrow y=f(-x)$

   : y축 대칭함수의 그래프를 따른다.

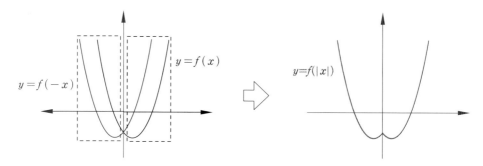

각각의 내용을 좌표에 나타낸 후, 범위에 따른 점들을 취하면, 위 그림과 같이 $y=f(|x|)$의 그래프가 완성된다. 이것을 직관적으로 이해하자면,

$|x|$로 인해 음수인 x값들도 대응하는 양수인 x값과 똑같은 y값을 취하게 된다. 따라서 자연스럽게 $x \geq 0$인 부분의 점들을 기준으로 하여, y축 대칭인 점들을 추가하여 그리면, 전체 그래프가 만들어지게 된다.

❷ $y \rightarrow |y|$로 바꾸면, $|y|=f(x)$: $y \geq 0$ 부분을 기준으로 x축 대칭

공역의 원소 값에 절대값이 씌워진 $|y|=f(x)$의 그래프를 그리려면, 우선 모르는 부분인 $|y|$부터 해결해야 한다. 그런데 $|y|$는 y의 범위를 나누면 그 값을 결정할 수 있다. 즉,

Case 1 : $y \geq 0 \rightarrow |y|=y \Rightarrow |y|=f(x) \rightarrow y=f(x)$

   : 원 함수의 그래프를 그대로 따른다.

Case 2 : $y<0 \ \rightarrow \ |y|=-y \ \Rightarrow \ |y|=f(x) \ \rightarrow \ -y=f(x)$

　　　: x축 대칭함수의 그래프를 따른다

각각의 내용을 좌표에 나타낸 후, 범위에 따른 점들을 취하면 아래 그림과 같이 $|y|=f(x)$의 그래프가 완성된다.

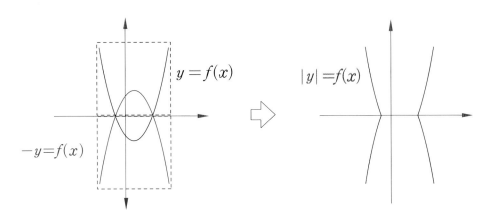

이것을 직관적으로 이해하자면, $|y|$로 인해 음수인 y값들도 대응하는 양수인 y값과 똑같은 x값을 취하게 된다. 따라서 자연스럽게 $y≥0$인 부분의 점들을 기준으로 하여, x축 대칭인 점들을 추가하여 그리면, 전체 그래프가 만들어지게 된다.

※ 함수의 관점에서의 이해 :

$|y|=f(x)$라면 $y=±f(x)$ (단, $f(x)≥0$)가 되므로, 각각의 정의역의 원소 x에 대하여 결정되어진 $f(x)$값에 양수와 음수를 취한 두 가지 값을 해당하는 공역의 원소 y에 할당한다는 것을 의미한다. 이런 경우, 함수의 정의에 따라 $f : X \rightarrow Y$로의 함수는 성립하지 않지만, 대신 정의역과 공역을 바꾼 $f : Y \rightarrow X$로의 함수는 성립하게 된다.

❸ $x \rightarrow |x|$ & $y \rightarrow |y|$로 바꾸면,

　$|y|=f(|x|)$: $x≥0$, $y≥0$ 부분을 기준으로 x축, y축 대칭 정의역 과 공역 모두의 원소 값에 절대값이 씌워진 $|y|=f(|x|)$의 그래프를 그리는 것은 지금까지 배

운 것을 활용하면 된다.

$y=f(|x|)$를 원 함수로 하고 $y \rightarrow |y|$로 바꾸거나

$|y|=f(x)$를 원 함수로 하고 $x \rightarrow |x|$로 바꾸면 된다.

두 가지 모두 적용방식은 앞서 알아본 바와 동일하다.

아래 그림에 첫 번째 경우를 묘사하였다.

이것을 쉽게 그리는 방법은, $y=f(x)$에서 $x \geq 0$, $y \geq 0$인 부분의 점들을 기준으로

하여, 먼저 x축 또는 y축 대칭인 점들을 추가 한 후, 다시 모든 점들에 대해

나머지 축에 대칭인 점들을 추가하여 그리면, 전체 그래프가 만들어지게 된다.

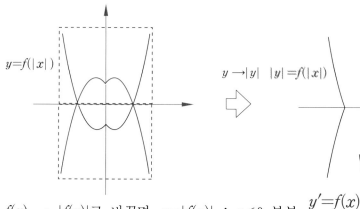

❹ $f(x) \rightarrow |f(x)|$로 바꾸면, $y=|f(x)|$: $y<0$ 부분
을 x축 대칭

이것은 함수의 할당 순서에서, 함수값 $f(x)$를 공
역의 원소 y에 바로 할당하는 것이 아니라, 절대
값을 씌운 후 그 값을 공역 y에 할당하는 것을 뜻한다.

원 함수 $y=f(x)$를 만족하는 모든 점들, $\{(x, y)|y=f(x),\ x \in X,\ y \in Y\}$에 대해
y 값에 절대값을 씌운 것과 같게 된다.

$\rightarrow \{(x'\ y')|y'=|f(x')|,\ x' \in X,\ y' \in Y\}$

이 점들은 좌표상에 표시하면, 위 우측 그림과 같이 원래의 함수식 $y=f(x)$에

서 $f(x) \rightarrow |f(x)|$로 바꾼 $y=|f(x)|$의 그래프는 함수값이 음수인 점들을 x축

대칭해준 형태가 되는 것이다.

라. 주기의 변화를 줄 경우, 그래프 그리기

❶ $x \rightarrow ax$ (예: $y=f(2x)$, $y=f\left(\dfrac{x}{2}\right)$로 바꾸면,

그래프의 전체적인 모양은 $y=f(x)$ 와 같지만,

$a>1$ 경우, 그래프는 가파르게 변하고 $a<1$ 경우, 그래프는 완만하게 변한다.

$y=f(x)$ 는 y값이 $f(0)$에서 $f(2)$로 변할 때, x값이 0에서 2로 변한다.

그에 비해,

$y=f(2x)$는 y값이 $f(0)$에서 $f(2)$로 변하기 위해서는, x값이 0에서 1로 변해야 한다.
즉 같은 구간의 y값의 변화에 대해, x값의 변화주기가 $\dfrac{1}{2}$배로 줄어 들게 됨을
의미한다. 반대로

$y=f\left(\dfrac{x}{2}\right)$는 y값이 $f(0)$에서 $f(2)$로 변하기 위해서는, x값이 0에서 4로 변해야 한다. 즉 같은 구간의 y값의 변화에 대해, x값의 변화주기가 2배로 늘게 됨을 의미한다. 아래 이차함수의 그래프를 가지고, 위의 설명을 형상화하였다.

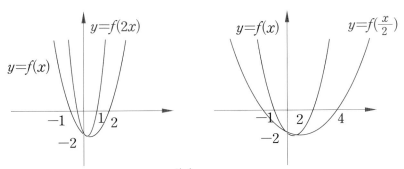

❷ $y \rightarrow by$ (예: $2y=f(x) \Leftrightarrow y=\dfrac{f(x)}{2}$, $\dfrac{y}{2}=f(x) \Leftrightarrow y=2f(x)$)로 바꾸면,

그래프의 전체적인 모양은 $y=f(x)$와 같지만,

$b>1$ 경우, 그래프는 완만하게 변하고 $b<1$ 경우, 그래프는 가파르게 변한다.

$y=f(x)$ 는 x값이 0에서 2로 변할 때, y값이 $f(0)$에서 $f(2)$로 변한다.

그에 비해,

$2y=f(x)$는 x값이 0에서 2로 변할 때, y값이 $\dfrac{f(0)}{2}$에서 $\dfrac{f(2)}{2}$로 변한다.

즉 같은 구간의 x값의 변화에 대해, y값의 크기가 $\dfrac{1}{2}$배로 줄어 들게 됨을 의미한다. 반대로

$\frac{y}{2}=f(x)$는 x값이 0에서 2로 변할 때, y값이 $2f(0)$에서 $2f(2)$로 변한다.

즉 같은 구간의 x값의 변화에 대해, y값의 크기가 2배로 늘게 됨을 의미한다.

아래에 이차함수의 그래프를 가지고, 위의 설명을 형상화하였다.

참고로 이 개념을 원의 방정식에 적용하여, $x^2+y^2=r^2$인 원의 방정식에 주기 변화를 주면, 타원의 방정식이 됨을 아직 배우지 않았더라도 자연스럽게 알 수 있게 된다.

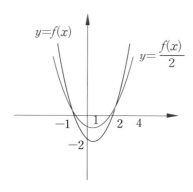 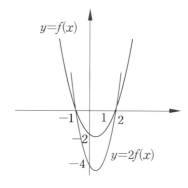

마. 변수의 역수를 취할 경우, 그래프 그리기

❶ $x \rightarrow \frac{1}{x}$ 로 바꾸면,

$x>0$인 부분의 점들은, $x=1$ 직선을 기준으로 양쪽 부분을 각각 x축 방향으로 축소/확대 대칭 이동하고

$x<0$인 부분의 점들은, $x=-1$ 직선을 기준으로 양쪽 부분을 각각 x축 방향으로 축소/확대대칭 이동한다.

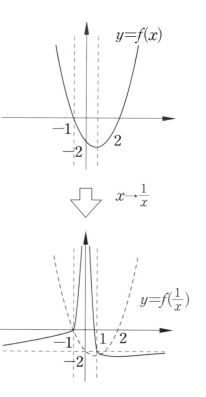

$\frac{1}{x}$는 분수이므로

－분모가 0이 되는 $x=0$에서의 정의역 원소가 존재하지 않는다. 즉 그래프가 둘로 나뉜다는 것을 의미한다.

— 다음과 같이 정의역의 원소에 변화가 생긴다.

$x=a$ $(a\neq0)$의 정의역 원소는 $\dfrac{1}{a}$로 바뀐다.

$x\to+\infty$의 정의역 원소는 $+0$로,

$x\to-\infty$의 정의역 원소는 -0로,

$x\to+0$의 정의역 원소는 $+\infty$로,

$x\to-0$의 정의역 원소는 $-\infty$로 바뀐다.

그리고 $x=1$의 정의역 원소는 $x=\dfrac{1}{1}=1$로 제자리이다.

이러한 변화를 형상화하면,

$x>1$ 인 $(x,\ f(x))$ 점들이 상응하는 $0<x'<1$ 인 $\{(x',\ f(x')|x'=\dfrac{1}{x}\}$ 점들로 좁혀서 이동한다는 것을 의미한다. 또한

$0<x<1$ 인 $(x,\ f(x))$ 점들이 상응하는 $x'>1$ 인 $\{(x',\ f(x')|x'=\dfrac{1}{x}\}$ 점들로 넓혀서 이동한다는 것을 의미한다.

이는 $x=1$ 직선을 기준으로 각 부분을 x축 방향으로 축소/확대대칭 이동한 형태이다. 마찬가지로

$x<-1$ 인 $(x,\ f(x))$ 점들이 상응하는 $-1<x'<0$ 인 $\{(x',\ f(x')|x'=\dfrac{1}{x}\}$ 점들로 좁혀서 이동한다는 것을 의미한다. 또한

$-1<x<0$ 인 $(x,\ f(x))$ 점들이 상응하는 $x'<-1$ 인 $\{(x',\ f(x')|x'=\dfrac{1}{x}\}$ 점들로 넓혀서 이동한다는 것을 의미한다.

이는 $x=-1$ 직선을 기준으로 각 부분을 x축 방향으로 축소/확대대칭 이동한 형태이다.

❷ $y\to\dfrac{1}{y}$로 바꾸면,

$y=0$, 즉 x축과의 교점을 기준으로 그래프는 나뉘어 지고, 나뉘어진 각 부분의 점들은, y값을 기준으로 무한대는 무한소로, 무한소는 무한대가 되는 방향으로 위상을 바꾸어 이동하게 된다.

$\dfrac{1}{y}$는 분수이므로

― 분모가 0이 되는 $y=0$에서의 값이 존재하지 않는다.

즉 $y=0$가 되는 정의역 값들이 존재하지 않으므로, 그러한 점들을 기준으로 그래프는 나뉘어 지게 된다.

따라서 그러한 점들을 기준으로 각 극점에서의 $f(x)$값의 변화를 알아보는 것이 필요하다.

― 정의역에 변화는 없지만, $\dfrac{1}{y}$로 인해

　　다음과 같이 대응하는 함수값에 변화가 생긴다.

　　$y \rightarrow +\infty$ 때의 함수값은 $+0$로,

　　$y \rightarrow -\infty$ 때의 함수값은 -0로,

　　$y \rightarrow +0$ 때의 함수값은 $+\infty$로,

　　$y \rightarrow -0$ 때의 함수값은 $-\infty$로 바뀐다.

아래에 이차함수의 그래프를 가지고, 위의 설명을 형상화하였다.

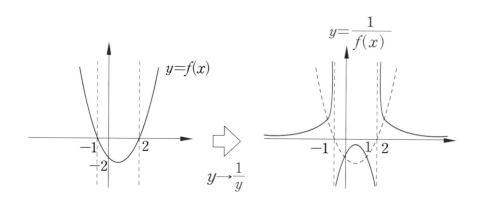

이 내용을 이해했다면, 이제 분모가 다항함수인 분수함수도 쉽게 그릴 수 있을 것이다.

이상의 내용을 정확히 이해한다면, 대부분 함수의 그래프를 쉽게 그릴 수 있게 될 것이다. 이것은 문제해결과정의 첫 번째 스텝인 내용형상화에서 수식화된 내용

을 그래프를 통해 종합적으로 가시화 할 수 있다는 것을 뜻하므로, 문제해결을 훨씬 쉽게 할 수 있게 됨을 의미한다.

또한 이러한 내용에 대한 이해를 기반으로, 앞서 잠시 소개했던 1차 도함수(함수값의 변화율: 기울기), 2차 도함수(기울기의 변화: 변곡점)의 미분 개념을 활용한다면 좀 더 일반적인 방법으로 다양한 함수의 그래프 그리기를 해 나갈 수 있게 될 것이다.

만약 여러분이 이렇게 논리적으로 이해하지 않고, 모든 변화의 경우에 대해 외우려 한다면, 여러분의 머릿속은 복잡해 질 수 밖에 없고, 그런 관점에서의 수학은 점점 어려워 질 것이다.

02 주제 표준자기주도학습과정

〈표준학습과정 - 자기주도 학습훈련〉

〈학생 1〉이론 이해능력 적용훈련

: 이론 예습과정 (표준이론학습과정 참조)

-자기주도 학습훈련 1

: 단계별 이론 이해능력 체득화 훈련

〈수업 1〉이론 학습과정

: 학생의 이론 예습내용 중 어려웠던 부분을 참고하여, 수준별/단계별로 아이들에게 이론의 개념과 원리를 설명하고, 예제를 통해 기본적인 습득훈련을 한다.

〈학생 2〉문제해결능력 체득훈련

: 문제 풀이과정 (표준문제해결과정 참조)

: 자기주도학습훈련 2 : 단계별 문제해결능력 체득화 훈련

① 각자의 단계에 따라 지정된 문제들을 푼다.

이때, 코칭시 지적된 부분들을 상기하여, 같은 실수를 반복하지 않도록 유의하는 것이 중요하다. 이 과정은 1차적으로는 자신의 부족한 부분을 반복훈련을 통해 자기 것으로 체득화하기 위한 것이며, 2차적으로는 새로운 부족부분을 찾아내기 위함이다.

② 1차 채점을 한 후, ☆문제에 대해, 표준문제해결과정에 준하여, 지정 연습장에 다시 풀어본다. 표준문제해결과정 적용을 통해, 잘못된 부분을 발견했을 경우, 왜 그러한 잘못이 일어났었는지 찾아낸다. 그래야만, 같은 잘못이 반복되지 않는다. 정확한 인식없이 그냥 넘어간다면, 그 잘못은 또 일어날 것이다.

③ 2차 채점을 하여, 또다시 틀린 문제에 대해, ☆☆를 표시한다.

〈수업 2〉문제 해결능력 코칭과정

: 틀린 문제의 클리닉 과정을 통해, 관련 이론에 대한 이해 및 논리적인 문제해결과정 중 학생들이 부족한 부분을 찾아내고 설명한다.

: ☆☆문제에 대해,

왜 학생이 그 문제를 틀리게 되었는지, 표준문제해결과정에 준해 논리적인 사고의 과정을 점검하고, 그 발생원인을 찾는 과정을 통해 학생 스스로 무엇이 부족했었는지를 인식시킨다.

(단순히 답을 풀어주는 것은, 학생들이 자신의 잘못된 사고과정을 인지하기 보다는 하나의 풀이패턴을 외우게 하기 쉽다.)

〈수업 3〉문제해결능력 체득화 기본훈련과정

: 코칭을 통해 발견된 부족한 부분을 스스로 재인식하고, 자기 것으로 만들기 위한 기본훈련을 한다.

① 설명이 완료된 ☆☆문제에 대해, 문제해결과정 중 자신이 부족했던 부분을 상기하며, 다시 스스로 풀어본다.

② 이해가 부족했던 이론 부분에 대한 복습하기

: 표준이론학습과정 참조

❶ 비유를 통한 능력향상을 위한 표준학습과정의 이해

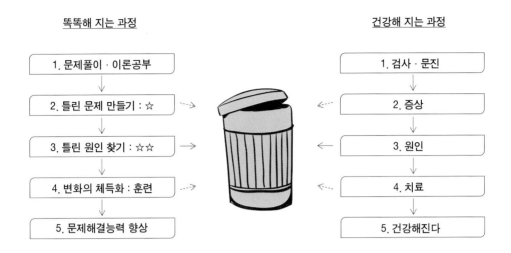

똑똑해 지는 과정

1. 문제풀이 · 이론공부

2. 틀린 문제 만들기 : ☆

3. 틀린 원인 찾기 : ☆☆

4. 변화의 체득화 : 훈련

5. 문제해결능력 향상

건강해 지는 과정

1. 검사 · 문진

2. 증상

3. 원인

4. 치료

5. 건강해진다

1. 문제풀이/이론공부 : 자기주도학습

2. 틀린 문제(☆)의 규명 : 시험 볼 때와 공부할 때 의 차이

— 아이들은 문제가 틀리면 스트레스를 받고 그것을 감추려고 한다. 그러나 이 점에 대한 인식에 변화를 주어야 한다. 시험에서 점수가 낮다는 것은, 자신의 현재 능력이 기준에 미달되는 것을 뜻하므로 창피한 일이 될 수 있다. 그래서 평소에 자신의 능력을 키우기 위해서 우리는 공부를 하는 것이다. 그런데 실력 향상을 위해서는 자신의 부족한 점을 찾아내어 그것을 개선시켜야만 한다. 그 러면 평소 공부할 때 어떻게 자신의 부족한 점을 찾아낼 것인가? 우리는 그것 을 위해 일종의 검사를 하고, 나타난 증상을 통해 원인을 찾음으로써, 비로서 자신이 개선해야 할 부족한 점을 찾아내게 되는 것이다. 즉 평소 공부할 때, 어떤 문제를 틀렸다는 것은 능력향상을 위한 구체적인 기회를 가졌다는 것을 의미하므로 그것에 대해 스트레스를 받는 것이 아니라, 다행이라 생각해야 할 것이다.

3. ☆☆에 대해 틀린 원인 찾기

— 원인을 찾지 못하고, 증상만을 없애기 위해서 치료를 받는다면(정답을 외운다면) 같은 현상은 재발될 것이다.

— 그렇네요 *vs* 아하! *vs* 스스로 해결 의 차이 :

선생님의 설명을 듣고, 그렇네요 라고 답한다면 스스로 판단하려는 노력을 해 본 것이 아니라 단순히 단순히 선생님의 판단이 이해가 간다는 뜻이므로 그냥 답을 외운 것보다 조금 나은 수준이 된다. 그래서 약 10% 정도만 자기 것으로 만들었다고 볼 수 있다.

선생님의 설명을 듣고 '아하!' 라고 답한다면 스스로 생각해본 판단기준과 비교해서 잘못된 점을 찾았다는 것이므로 50% 정도의 추가 노력을 기울이면 자기 것으로 만들 수 있다는 것을 뜻한다. 만약 스스로 틀린 원인을 찾아 해결했다면 약 80% 정도 이해한 것으로 볼 수 있다.

4. 집중적인 노력을 통한 변화의 체득화 : 사고의 근육 만들기

5. 결과 : 문제해결능력 향상

→ 1~4까지의 전체 과정이 온전히 실행되어야 비로서 결실을 얻을 수 있다. 중간 의 한 과정이 빠진다면, 제대로 된 결과를 기대할 수 없게 된다. 공부를 열심 히 하려는 의지를 가진 있는 학생들에게서 조차도 3, 4번의 과정을 소홀히 대 함으로써 앞의 1, 2 과정 동안의 노력을 낭비하게 되는 경우를 많이 볼 수 있 었다.

→ 시험 볼 때와 달리, 공부할 때는 문제가 틀렸다고 스트레스를 받을 필요가 없 다. 오히려 틀린 문제를 찾지 못한 다면 능력을 향상시킬 수 있는 기회를 발견 하지 못한 것이므로 그것이 더욱 큰 문제이다. 그런데 틀린 문제를 통해 발생 원인을 찾지 못한다면, 그것은 화가 나는 일이 된다. 왜냐하면 시간(비용)을 투 자하고도 능력향상을 위한 기회를 얻지 못한 것과 마찬가지기 때문이다.

올바른 자기주도학습과정의 모습

1. 이론학습의 올바른 방향을 이해하고, 효과적인 이론학습을 위한 훈련 기준이 될, 표준이론학습과정을 익히고, 그것을 자신의 것으로 체득화한다.

논리적인 사고력 훈련을 위한 기준이 될 표준문제해결과정을 익히고, 그것을 자신의 것으로 체득화 한다.

2. 표준이론학습과정에 의거하여 각 이론을 공부하고, 이론의 이해에 대한 자신의 1차 이미지를 마련한다.

3. 자신의 레벨에 맞는 문제들을 대상으로 표준문제해결과정에 기반한 문제풀이를 함으로써 단계적인 논리 사고력 훈련을 한다.

4. 틀린 문제를 대상으로 표준클리닉과정을 수행하여, 현재 자신의 논리적인 사고과정과 더불어 이해가 부족한 이론 부분을 찾고, 필요한 사고변화와 이론 보완을 통해자신의 논리적인 사고과정 및 해당 이론의 이해단계를 높여 나간다.

03 ^{주제}
학교공부 그리고
효과적인 시험공부 방법

1. 3단계 Reminding 복습과정을 가져가라

공부는 똑바로 생각하는 방법을 연습하는 것이다. 그리고 훌륭한 사람은 똑바로 생각하고 그것을 실천하는 사람이다.

공부를 통해 우리가 얻어야 하는 것은

1) 똑바로 생각하는 방법, 즉 논리적인 사고능력 그 자체와

2) 생각한 내용을 효과적으로 전달하기 위해서 필요한 방법 및 언어라고 할 수 있다. 즉 우리는 공부를 통해 과목별로 다양한 분야의 이러한 지식을 습득하려고 하는 것이다.

우리는 지금까지 논리적인 사고능력의 효과적인 훈련을 위해서 수학을 이용한 자기주도학습방법에 대해 살펴보았다. 그리고 이것의 실질적인 향상을 이루기 위해서는 본인의 수준에 따라 하루에 40분에서 2시간 정도의 집중적인 사고의 노력이 필요하다고 하였다. 물론 이 시간은 수학만을 위한 시간을 의미하는 것은 아니고, 다른 과목의 시간 또한 포함하는 것이다. 다만 집중적인 사고훈련을 위해서는 초기에는 수학공부가 다른 무엇보다 효과적인 수단이 될 것이라는 것이다. 일정 수준이상의 단계에 올라 집중적인 사고습관이 몸에 베이면, 본인 스스로 적합한 조절점을 찾게 될 것이다.

그런데, 학생들에게 있어 학교에서 공부하는 과목은 너무 많아서 공부해야 할 내

용이 너무 많은 것이 고민이다. 그리고 우리는 기억한 것을 쉽게 잊어 먹는다. 특히 대량으로 많은 것을 한꺼번에 습득하려고 할 때는 더욱 그렇다. 그래서 우리는 다음의 접근 전략을 써야 한다.

한번 공부한 것은 되도록 이면 오래 기억할 수 있도록 하자.

기억유지를 위해 다시 공부해야 하는 시간을 최대한 줄이자.

첫 번째 목적을 이루는 방법은 표준이론학습방법에서 알아본 것처럼, 각각의 지식을 단일 사실로 기억하는 것이 아니라 가능한 연관된 많은 사실들과 연결을 꾀하여, 하나의 지도형태로 기억하는 것이다. 그러면 통째로 까먹는 경우는 거의 없기 때문에 비록 일부분에 대한 기억을 잃더라고 연결된 루트를 통해서 점차 회복이 가능하게 될 것이다. 예를 들어 한국사를 공부할 때, 동 시대의 주변 중국사나 세계사와 연결 지어서 서로 어떻게 영향을 주면서 왜 그러한 변화가 생겨 났는지를 공부하면, 단순하게 외우는 것보다 훨씬 이해도 쉽고 기억도 오래가게 될 것이다. 물론 처음에는 쉽지 않을 것이다. 그러나 이러한 작업은 지금까지 알아본 것처럼 문제해결능력이 높아 질수록 점점 보다 쉽게 이루어 지게 될 것이다.

두 번째 목적을 이루는 방법으로는 기억을 오래하기 위해서는 잊어먹기 전에 여러 번 반복하여 회상하는 것이 필요하다는 것이다. 경험상 첫 번째 반복은 2−3배, 두 번째 반복은 4−6배, 세 번째 반복은 6배 이상으로 기억을 배가시킬 것이다. 기본적으로는 적어도 3번의 반복기회를 가져야 한다.

첫 번째 반복, 그날 배운 것은 그날 복습하는 과정을 통해 배운 내용에 대해 내 자신 스스로의 이해로 전환시킨다. 이러한 첫 번째 *Reminding* 과정은 대개 적어도 약 1주일 간의 기억력을 유지시켜 준다. 이러한 과정이 없다면 대개 2−3일 내에 배운 내용을 잊어 먹게 된다. 물론 수업시간에 집중하여 일정 수준의 지식지도를 만들어 낼 수 있다면, 1주일이상의 기억유지를 하게 될 것이다.

두 번째 반복, 주말을 이용하여 약 1주일 간 배운 내용을 점검하는 형식으로 두 번째 복습과정을 갖는다. 당일 당일의 복습이 되어진 경우, 이미 자신 스스로의 이해로 전환된 상태이므로 재 복습과정은 무척 빠르게 진행되기 때문에 생각만큼 많은 시간을 소요하지 않는다. 또한 당일 복습 이후의 시간 동안 새로운 학습 내용이 나의 지식지도로의 매핑 및 정제 활동이 매일 매일의 생각 속에서 자연스럽게 이루어졌을 것이므로 재 복습과정은 전체적인 조율 및 정제의 측면에서 중요한 의미를 가진다. 이러한 두 번째 *Reminding* 과정은 대개 적어도 약 1달 간의 기억력을 유지시켜 준다. 마찬가지로 이러한 과정이 없다면 대개 1-2주 안에 이해한 내용을 잊어 먹게 된다.

지금까지의 과정은 대개 1-2주 동안의 짧은 시간에 이루어 지므로, 계획 및 실행에 옮기기가 쉽다. 그러나 한 달 이상이 넘어가는 경우, 특별한 이벤트가 없이 그것을 일정한 계획의 틀 안에서 실행에 옮기는 것은 일관성 측면에서 볼 때 상대적으로 무척 어렵다. 그런데 우리는 중간고사나 기말고사란 시험이벤트를 가지고 있다. 이 시점을 이용하면 우리는 적절한 3번째 반복기회를 자연스럽게 가질 수 있다.

세 번째 반복, 두 번째 반복 이후, 자신의 기억력에 따라 다를 수 있지만, 약 1-2달 안에 그 동안의 배운 내용을 점검한다. 1차 및 2차 반복이 수행되어진 경우 그 이후의 시간 동안 매일 매일의 생각 속에서 이미 자연스럽게 많은 정제가 이루어져 있음을 기대할 수 있다. 따라서 이 세 번째 반복과정은 같은 내용을 더욱 더 짧은 시간 안에 살펴볼 수 있을 것이다. 그리고 이 시점이 시험이벤트와 연결되었을 경우, 자연스럽게 시험준비가 될 수 있을 것이다. 이렇게 세 번째 *Reminding* 과정을 거치게 되면, 우리는 적어도 6개월, 대개 1년 이상의 기억력을 유지할 수 있을 것이다.

이러한 측면에서 시험은 나에게 자연스럽게 세 번째 반복기회를 제공해 줄뿐 아니라, 학교에서 공부하라고 별도의 시간도 배려해 주는 좋은 제도라고 긍정적으로 볼 수 있다. 그리고 세 번째 반복의 수행 이후에는 시험자체 또한 그 동안 공부했던 내용을 확인 및 점검한다고 생각하고 즐겁게 임할 수 있을 것이다.

그러나 첫 번째 및 두 번째의 반복기회를 가지지 않고, 바로 시험준비를 하는 경우, 이미 배운 내용 중 많은 부분을 잊어 버렸을 것이기 때문에 시간이 많이 걸릴 뿐만 아니라 이해의 품질 면에서도 자신 스스로의 이해로 전환시키기 보다는 그냥 암기하는 쪽으로 기울기 쉽다. 그리고 이 때가 다시 첫 번째 반복단계가 되므로 내 것으로 삼을 수 있게 되려면 그 많은 분량에 대해 두 번째, 세 번째 반복단계를 가져가야 할 것이다. 그러나 이것의 실현을 위해서는 처음에 비해 상대적으로 엄청난 노력을 기울여야만 할 것이다. 물론 이미 늦은 때란 없다, 사실을 인지한 시기가 자신에게는 가장 빠른 때이기 때문이다. 다만 그 동안의 안 했던 것에 상응하는 노력이란 대가를 필요로 한다.

그 이상의 반복기회는 방학 및 진학시험, 모의고사 등을 이용하여 자연스럽게 기회를 접할 수 있을 것이다.

과연 공부를 잘한다는 것은 무엇일까?

서두에 말한 바와 같이 그것은 결국 똑바로 생각하는 힘이 강하다는 것을 의미한다. 즉 이것을 공부라는 꾸준한 훈련을 통해 얻으려고 하는 것이다. 생각하는 힘이라 할 수 있는 논리적인 사고력, 즉 문제해결능력에는 여러 단계가 있다. 대부분의 사람들은 첫 번째 떠오르는 생각은 비교적 쉽게 구성해 낼 수 있다. 그러나 첫 번째 떠오른 1차적인 사고를 바탕으로 2차적인 사고를 전개해 나가는 것은 그리 쉽지 않게 느낀다. 말하자면 1차적인 사고의 틀이 견고한 사람은 2차적인 사고를 체계적으로 전개해 나가는 것이 어렵지 않은 반면, 대부분의 사람들은 그렇지 못한 것이 사실이다. 더욱이 불완전한 2차적인 사고의 틀로부터 3차적인 사고를 올바르게 전개해 나간다는 것은 거의 불가능한 것이 되고 만다. 그래서 처음에는 생각의 방향을 올바르게 잡았음에도 불구하고 상응하는 사고 전개를 올바르게 할 수 없어 방향을 틀어 차선책을 찾는 일이 빈번하다. 반면 공부를 잘하는 사람들의 특징은 이러한 사고 전개의 힘이 상대적으로 무척 강하여 본인이 설정한 방향을 꾸준히 유지해 나갈 수 있는 힘이 있다고 할 수 있다.

그런데 단순히 내용을 외우거나 정해진 문제의 패턴들을 익혀 쉽게 문제를 푸는 연습을 통해서는 사고 전개의 힘을 강하게 만들 수는 없다. 피상적으로 나타나는 노력의 결과만을 본다면 비슷해 보이지만, 거기에는 중요한 논리적으로 사고하는 과정이 빠진 것이다. 자유로운 사고의 전개를 통해 스스로 패턴을 찾아낼 수 있는 사람들만이 1차적인 사고의 틀을 견고히 할 수 있다. 이 말은 각 단계에 도달하는 과정에 대한 체득을 의미한다. 직관적인 이해를 하기 위해 내 개인적인 생각을 말하자면, 그냥 공부를 잘하는 사람은 1차적인 사고의 전개과정에 충분히 체득된 단계에 있다고 할 수 있고, 소위 *Top Class*에 있는 사람들 또는 천재는 2차적, 3차적 사고 전개과정이 자유로운 사람들이라 할 수 있을 것이다. 이것은 다른 시각에서의 본 문제해결능력 단계 향상의 모습이라 할 수 있다.

2. 스스로 질문하고 답하라

공부는 학교, 학원 그리고 집/도서관에서 하는 것이다. 공부를 하는 주된 장소를 들자면 틀리지 않은 말이지만, 공부가 똑바로 생각하는 연습을 하는 것이라면 굳이 장소에 제한을 둘 필요는 없을 것이다. 오히려 고정된 환경이 아닌, 변화하는 환경에서의 연습이 좀더 실전적일 것이다.

사실 우리는 끊임없이 생각을 한다. 위에 언급한 장소 이외에도 이동 중 또는 잠시 쉬면서 그리고 식사를 하면서도 생각을 한다. 이 시간들을 이용한 쉽고 효과적인 훈련방법은 없을까? 많은 수험생들이 한 번쯤은 고민해 보았을 것이다.

지금부터 특정한 교재 없이 짬짬이 여유로운 시간 중에 생각하는 방법에 대한 효과적인 훈련방법 한가지를 소개하겠다. 그것은 단순하게도 스스로의 지식의 내용과 생각의 과정을 점검하는 자문자답이다. 실력을 향상시키는 가장 빠른 방법은 자신의 부족한 점을 똑바로 보고, 그 원인을 찾아내어, 변화를 실천에 옮기는 것이라 하였다. 이러한 맥락에서 문제를 푸는 과정이 자신의 부족한 점에 대한 증상을 찾아 내는 과정이라고 하였다.

그런데 자신의 부족한 부분을 가장 잘 알 수 있는 사람이 과연 누구일까? 아마도 선입견을 배제할 수 있다면, 바로 자기 자신일 것이다. 스스로 의문을 품고, 그것에 대한 답을 찾으려는 생각의 과정, 즉 자문자답의 과정이 훌륭한 사고력 훈련 방법인 것이다.

예를 들어, 학교 수업을 한 후에 의문이 드는 한가지 주제를 정하고, 그 내용을 이동할 때와 같이 다소 여유로운 시간에 자신에게 무언가 설명해보는 시도를 머리 속으로 하는 것이다. 처음에는 배경이 되는 내용도 잘 생각이 나지 않고, 생각의 과정도 잘 연결이 되지 않아 무척 어렵게 느껴지지만, 익숙해 짐에 따라 점차 좋아짐을 느끼게 될 것이다. 그리고 이것이 습관화된다면, 별도의 시간을 빼지 않고도 할 수 있는 아주 훌륭한 실전적인 공부방법 하나를 얻게 되는 것이다.

저자는 이 방법의 꾸준한 적용을 통해서 별도의 시간을 내지 않고도 흐트러진 지식들의 정리 및 잘 풀리지 않던 문제에 대한 실마리 찾기 등의 직접적인 도움 이외에도 장소에 크게 구애 받지 않고 쉽게 집중할 수 있는 능력을 갖게 되었다고 생각한다. 간혹 왜 그렇게 딴 생각을 하냐고 핀잔을 받을 때도 있지만^^

04 주제 |||||||||||||||||||||||||||||||||||||||||||||||||||||||||||||
자신의 인생을 스스로
선택할 수 있는 사람이 되자

많은 학생들이 말한다.

우리 집은 부자니까, 나는 공부 못해도 돼…

나는 운동할 꺼니까/미술할 꺼니까/음악할 꺼니까 공부 못해도 돼…

이러한 말들은 공부를 단지 좋은 대학, 좋은 직장에 들어가기 위한 수단 정도로만 생각하고 있기 때문에 나오는 것이다. 불행히도 우리 사회는 공부를 왜 해야 하는지에 대해 아이들에게 말해주지 않고 있다. 오히려 사회에 팽배되어 있는 부모들의 인식 및 행동은 아이들의 이러한 생각을 정당화해 주고 있다. 이것이 현재 우리 사회가 가지고 있는 교육에 대한 가치관의 현 주소라 하겠다.

어떤 일을 하던지, 우리는 항상 선택의 순간을 맞이하게 된다. 그리고 그 순간의 선택은 경중에 따라 얼마 동안, 각자의 삶의 방향을 결정하게 된다. 그리고 위치에 따라 주변 사람들의 삶에도 영향을 끼치게 된다. 따라서 임의의 상황에서 올바른 선택을 할 수 있는 능력을 갖춘 사람은 자연스럽게 방향을 결정짓는 리더의 위치에 설 것이고, 그렇지 못한 사람은 정해진 일을 수행해야만 하는 팔로우어가 될 수 밖에 없을 것이다. 이러한 상황은 자신의 인생에 대해서도 마찬가지로 적용된다. 성인이 되어 주어진 상황에서 스스로 올바른 선택을 할 수 없다면, 주변 사람들이 선택하는 방향대로 눈치를 보며 쫓아갈 수 밖에 없는 것이다.

운동을 하든/미술을 하든/음악을 하든 그 외 어떤 일을 하던지, 그 곳에는 잘하는 사람이 있고 못하는 사람이 있게 된다. 그리고 그 안에서 잘하는 사람은 스스로 방향을 선택하며 시키는 사람이 되고, 못하는 사람은 스스로 방향을 결정하지 못하고 다른 사람이 정해준 역할을 해야만 하는 것이다.

우리 모두는 자신의 인생을 스스로 선택하길 원한다.

그렇지만 선택에는 항상 상응하는 책임과 결과가 따르게 된다. 그리고 성인이 되면 그것을 스스로 짊어져야만 한다. 그래서 책임을 가지고 무언가를 선택한다는 것이 결코 쉬운 일이 아니다. 다행히도 대부분의 우리들에게는 그것을 준비할 수 있는 학창시절이 주어지는 것이다. 그런데 성인이 되어서야 비로서 선택과 책임 그리고 필요한 능력에 대해 깨닫게 된다면, 어쩔 수 없이 남이 한 선택을 쫓아갈 수밖에 자신의 삶을 바라보게 될 것이다.

　성인이 되어, 자신의 인생을 스스로 선택하며 살아가기 위해서는
　학생시절에 우리는 올바른 선택을 할 수 있는 능력을 갖추어야만 하는 것이다. 그것이 우리가 공부를 해야만 하는 이유이다.

　"공부는 똑바로 생각하는 방법을 연습하는 것이다. 그리고 훌륭한 사람은 똑바로 생각하고, 그것을 실천하는 사람이다."
　이것을 분명히 인지한다면, 우리 학생들은 왜 공부해야 하는지, 그리고 어떻게 공부해야 하는지 자연스럽게 알게 될 것이다. **공부는 단지 시험을 잘 보아, 좋은 대학에 들어가기 위함이 아닌 것이다. 그것은 목적이 아니라, 누군가의 하나의 이정표일 뿐이다. 다른 이정표를 가진 사람도 많음을 잊지 말아야 한다.**

　우리 사회가 진정 원하는 사람은 주어진 상황에서 올바른 선택을 하고, 그것을 실천해 나갈 수 있는 사람이다. 좋은 대학을 나온 사람을 선호하는 이유중의 하나는 꾸준한 노력을 통해 그러한 능력을 갖춘 사람들이 상대적으로 많기 때문인 것이다. 그렇지만 소위 좋은 대학을 나오지 않았더라도, 그러한 능력을 갖춘 사람들은 많이 있음을 우리는 잊지 말아야 한다. 진정한 능력이란 결과의 명패가 아닌 노력의 과정을 통해서만 쌓이는 것임을 잊지 말아야 할 것이다.

05
방향과 동기: 인생의 의미와
인생의 행복 만들기

인생의 의미는 나의 선택에 의해서 주어지고,
인생의 행복은 나의 노력에 의해 만들어진 가치에 따라 결정된다!

청춘에게
인생에서 절대 실패하지 않는
한 가지 방법은 절대 도전하지 않는 것
이다.
상처받길 두려워 하기보다는
도전하지 못했음을 안타까워 해라.
젊음이 좋은 건 도전할 기회가 있기 때
문이다.

내가 올바른 선택을 할 수
있는 능력을 갖춘다면, 나의
인생의 깊이와 폭이 커질 것
이다.
그렇지 못하다면, 나의 인생
은 단조로울 것이다.

사고
능력

어떤 위치에서 시작하던지,
내가 느끼는 행복은
노력을 통해 이루어 낸 가치
만큼 나오게 된다.

실천
능력

– 희망/발전을 위한 삶의 태도

왜 그러한 태도를 가져야 하는가? 그리고 삶에 있어 무엇을
갖추는 것이 필요한가?

별첨

표준문제해결과정 4Step (VTLM)

  — 효과적인 문제해결을 위한 논리적 사고의 흐름

1. **내용형상화**(V) : 내용의 명확한 이해 및 주어진 조건의 규명

    1-1. 단위문장(구^문)별로 각각의 내용을 식으로 표현한다.

       — 직접적으로 기술된 조건들의 규명

    1-2. 식으로 표현된 조건들을 그림으로 표현하여 종합한다.

       — 전체적인 이해 및 문맥상의 숨겨진 조건들의 규명

2. **목표구체화**(T) : 구체적 방향을 설정하고 필요한 것 확인

    2-1. 목표의 형상화 : 형상화된 조건들과 함께 목표를 연관하여 표현

    2-2. 필요한 것 찾기 : 목표와 주어진 내용과의 차이 분석

      — 형상화된 내용을 기반으로,

      목표를 달성하기 위해서 추가적으로 필요한 것을 찾는다.

3. **이론 적용**(L) : 필요한 것을 얻기 위한 최적의 접근방법 찾기

    3-1 : 필요한 것과 연관된 조건을 실마리로 하여 적용 이론 찾기

    3-2 : 적용 이론들을 통합하여 전체 솔루션 설계

4. **계획 및 실행**(M) : 효율적인 실행순서의 결정 및 실천

  해야 될 일들에 대한 우선순위를 정하고, 정리된 계획을 실행에 옮긴다.

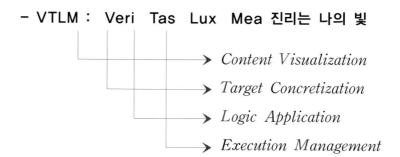

- VTLM : Veri Tas Lux Mea 진리는 나의 빛

  → *Content Visualization*
  → *Target Concretization*
  → *Logic Application*
  → *Execution Management*

표준문제해결과정의 형상화

　― 표준문제해결과정은 문제를 가장 쉽게 푸는 방법이다.

1. 내용형상화(V)

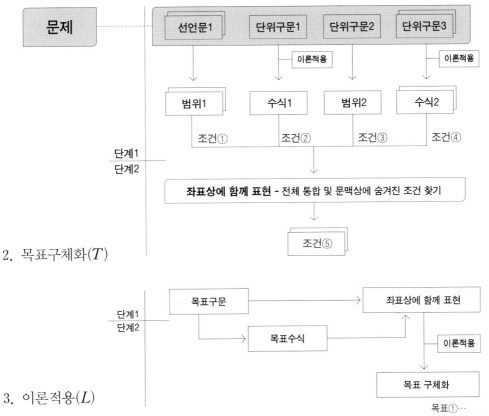

2. 목표구체화(T)

3. 이론적용(L)

　밝혀진 조건들(①②③④⑤……)을 실마리로 하여, 구체화된 목표를 구하기 위한 적용이론들(/접근방법)을 찾는다.

4. 계획 및 실행(M)

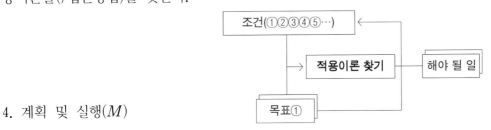

표준문제해결과정 적용노트

    − $(VTLM)$: 문제해결을 위한 논리적인 사고과정

1. **내용형상화**$(Content\ Visualization)$

    − 단위구문 별로 수식화 (조건의 구체화 : 조건 ①②③…) $(L1)$

    − 수식들을(좌표상에) 통합 형상화

    → 문맥상에 숨어있는 조건을 찾는다. (조건 ④⑤…) $(L2)$

2. **목표구체화**$(Target\ Concretization)$

    − 목표형상화 (변화하는 목표에 대한 인식) $(L2)$

    − 목표를 구하기 위해 필요한 것 찾기

    → 세부목표를 통해 고민의 범위 줄이기 $(L1)$

3. **이론 적용**$(Logic\ Application)$

    − 밝혀진 모든 조건들(조건 ①②③④⑤…)을 이용하여, 구체화된 목표에 대한 접근방법을 모색한다.

    ※ 주어진 조건들을 모두 이용해야 문제를 쉽게 풀 수 있다.

    − 만약 잘 안 풀린다면, 우선 이용하지 않은 조건을 찾는다. $(L1)$

    − 모든 조건을 이용하였다면, 숨겨진 조건들을 찾아본다. $(L2)$

4. **계획 및 실행**$(Execution\ Management)$

    − 효율적인 실천(계산)을 위한 실행의 우선순위 결정

"뭘$(What)$ → 왜(Why)?"

"사고과정을 연습하는 것이 공부다."

    − 문제풀이 과정을 구체적으로 연습장에다 적는다.

    − 틀린 문제에 대해서는

    첫째, 어느 과정에서 틀렸는지 파악하고,

    둘째, 처음 문제를 풀 때, 왜 그렇게 틀린 사고를 했었는지 이유를 적는 것이 무엇보다 중요하다.

수학공부 할 때는?

※ 1. 해결방법을 하늘에서 찾지 말고, 내가 서있는 땅에서부터 시작하라.

→ 문제/이론상에 주어진 조건을 실마리로 하여, 논리적인 접근방법을 찾아라.

✓똑똑해지는 방법을 훈련하는 것이다 (수학공부의 목적)

✓반대로, 단순히 문제풀이 방법을 익힌다면, 수학공부는 지겹고 힘들기만 할 것이다.

※ 2. 인내의 과정을 통해 근육을 기르고, 그것을 통해 정확도와 속도를 향상시켜라. 그것이 실제 능력이다.

✓땀을 내야만(/집중해서 공부를 해야만), (사고의)근육은 만들어 진다. 그리고 근육이 만들어져야지, 정확도와 속도가 향상되어진다.

※ 3. 공부의 효율에 대한 고민은 노력의 방향에 관한 것 이어야지, 노력의 정도에 관한 것이 되어서는 안된다.

✓공부를 덜할 목적으로, 효율을 생각지 마라!
실력이 쌓여야만, 시간적 효율이 상응하여 자연스럽게 향상되어 진다.

✓방향이 세워지면, 꾸준히 노력하라. 그리고 습관을 형성하라.
노력한 만큼 어딘가에 근육(/감각/실력)은 반드시 쌓인다.

✓노력의 방향을 잘 잡아야지, 필요한 근육이 만들어 진다.

※ 이 책에서 다루지 않은 궁금한 내용에 대해서는,
다음 카페 "생각의 공간 2TR(http://cafe.daum.net/2thinkright)"
에 질문을 올려주세요 ^^

초판 1쇄 인쇄일 2015년 01월 07일
초판 1쇄 발행일 2015년 01월 16일

지은이 손중모
펴낸이 김양수
표　지 도서출판 맑은샘 디자인팀
편　집 한경근·산디자인

펴낸곳 　도서출판 맑은샘
출판등록 제2012-000035
주소 경기도 고양시 일산서구 중앙로 1456(주엽동) 서현프라자 604호
대표전화 031.906.5006　팩스 031.906.5079
이메일 okbook1234@naver.com
홈페이지 www.booksam.co.kr

ISBN 979-11-5778-006-8 (54410)
ISBN 978-89-98374-10-5 (세트)

어떻게 하면 수학공부를 잘 할 수 있을까?

공부의 방향을 잘 잡아라! 그리고 효과적으로 노력하는 습관을 들여라!
기회는 반드시 온다! 그리고 그때를 잡아라!

형상화수학 : 고등수학 1등급의 비결

손중모 지음 | 2015년 01월 16일

- 4Step 사고에 기반한 효과적인 수학공부 방법 : 이론공부 및 문제풀이 학습을 위한 구체적인 표준체계
- 문/이과를 망라한 실제 고등수학이론의 구성원리 및 이론 지도에 대한 설명
- 이 책의 이론내용을 소화해서 남에게 설명할 수 있으면, 1등급은 문제없다!

형상화수학 : 중등수학 이론학습 지침서

손중모 지음 | 2014년 07월 21일

- 4Step 사고에 기반한 효과적인 수학공부 방법 : 이론공부 및 문제풀이 학습을 위한 구체적인 표준체계
- 실제 중등수학이론을 대상으로 구성원리 및 이론 지도에 대한 설명
- 최상위권으로 가기 위한 기반학습서 : 학습방향과 습관

형상화수학 : 4Step 사고를 길러라

- 손중모 지음 | 2013년 04월 12일
- 지금 우리 학생들은 어떻게 공부하고 있는가? 왜 공부의 방법을 바꾸어야 하는가?
- 올바른 수학공부를 위한 실질적이고 효과적인 자기주도 학습방법 및 구체적인 과정의 설명
- 논리적인 사고 훈련을 위한 수학 이론 및 문제풀이 공부에 대한 구체적인 표준절차의 제시
- 선생님 및 학부모를 위한 수준별 학생들에 대한 구체적인 수업방법 가이드

MSF/CD 기반 컴포넌트 설계방법론 집필

손중모 지음 | 2004년 11월 15일

Microsoft .NET System 구축방법론

손중모 지음 | 2002년 06월 20일